中　外　物　理　学　精　品　书　系

本书出版得到"国家出版基金"资助

中 外 物 理 学 精 品 书 系

引 进 系 列 · 76

离子与固体相互作用

——基本原理及应用

Ion-Solid Interactions: Fundamentals and Applications

〔美〕迈克尔·纳斯塔西（Michael Nastasi）
〔美〕詹姆斯·W. 迈耶（James W. Mayer）
〔美〕詹姆斯·K. 希尔沃宁（James K. Hirvonen）著
王晨旭　王宇钢　译

北京大学出版社
PEKING UNIVERSITY PRESS

著作权合同登记号：图字 01-2024-5102

图书在版编目 (CIP) 数据

离子与固体相互作用 ：基本原理及应用 / (美) 迈克尔 · 纳斯塔西, (美) 詹姆斯 · W. 迈耶, (美) 詹姆斯 · K. 希尔沃宁著 ；王晨旭, 王宇钢译. -- 北京 ：北京大学出版社, 2024. 10. -- (中外物理学精品书系).
ISBN 978-7-301-35235-9
Ⅰ. O646.1；O481
中国国家版本馆 CIP 数据核字第 2024LX1240 号

书　　名	离子与固体相互作用——基本原理及应用 LIZI YU GUTI XIANGHU ZUOYONG——JIBEN YUANLI JI YINGYONG
著作责任者	〔美〕迈克尔 · 纳斯塔西(Michael Nastasi) 〔美〕詹姆斯 · W. 迈耶(James W. Mayer) 〔美〕詹姆斯 · K. 希尔沃宁(James K. Hirvonen)　著 王晨旭　王宇钢　译
责任编辑	班文静
标准书号	ISBN 978-7-301-35235-9
出版发行	北京大学出版社
地　　址	北京市海淀区成府路 205 号　100871
网　　址	http://www.pup.cn　新浪微博：@北京大学出版社
电子邮箱	zpup@pup.cn
电　　话	邮购部 010-62752015　发行部 010-62750672　编辑部 010-62765014
印 刷 者	北京中科印刷有限公司
经 销 者	新华书店
	730 毫米×980 毫米　16 开本　26.25 印张　545 千字
	2024 年 10 月第 1 版　2024 年 10 月第 1 次印刷
定　　价	89.00 元

序　言

物理学是研究物质、能量以及它们之间相互作用的科学。她不仅是化学、生命、材料、信息、能源和环境等相关学科的基础，同时还与许多新兴学科和交叉学科的前沿紧密相关。在科技发展日新月异和国际竞争日趋激烈的今天，物理学不再囿于基础科学和技术应用研究的范畴，而是在国家发展与人类进步的历史进程中发挥着越来越关键的作用。

我们欣喜地看到，随着中国政治、经济、科技、教育等各项事业的蓬勃发展，我国物理学取得了跨越式的进步，成长出一批具有国际影响力的学者，做出了很多为世界所瞩目的研究成果。今日的中国物理，正在经历一个历史上少有的黄金时代。

为积极推动我国物理学研究、加快相关学科的建设与发展，特别是集中展现近年来中国物理学者的研究水平和成果，在知识传承、学术交流、人才培养等方面发挥积极作用，北京大学出版社在国家出版基金的支持下于 2009 年推出了“中外物理学精品书系”项目。书系编委会集结了数十位来自全国顶尖高校及科研院所的知名学者。他们都是目前各领域十分活跃的知名专家，从而确保了整套丛书的权威性和前瞻性。

这套书系内容丰富、涵盖面广、可读性强，其中既有对我国物理学发展的梳理和总结，也有对国际物理学前沿的全面展示。可以说，“中外物理学精品书系”力图完整呈现近现代世界和中国物理科学发展的全貌，是一套目前国内为数不多的兼具学术价值和阅读乐趣的经典物理丛书。

“中外物理学精品书系”的另一个突出特点是，在把西方物理的精华要义“请进来”的同时，也将我国近现代物理的优秀成果“送出去”。这套丛书首次成规模地将中国物理学者的优秀论著以英文版的形式直接推向国际相关研究的主流领域，使世界对中国物理学的过去和现状有更多、更深入的了解，不仅充分展示出中国物理学研究和积累的“硬实力”，也向世界主动传播我国科技文化领域不断创新发展的“软实力”，对全面提升中国科学教育领域的国际形象起到一定的促进作用。

习近平总书记 2020 年在科学家座谈会上的讲话强调：“希望广大科学家和科技工作者肩负起历史责任，坚持面向世界科技前沿、面向经济主战场、面向国家重大需求、面向人民生命健康，不断向科学技术广度和深度进军。”中国未来的发展在于创新，而基础研究正是一切创新的根本和源泉。我相信“中外物理学精品书系”会持续努力，不仅可以使所有热爱和研究物理学的人们从书中获取思想的启迪、智力的挑战和阅读的乐趣，也将进一步推动其他相关基础科学更好更快地发展，为我国的科技创新和社会进步做出应有的贡献。

“中外物理学精品书系”编委会主任
中国科学院院士，北京大学教授
王恩哥
2022 年 7 月于燕园

译 者 序

离子与固体相互作用是离子束技术应用的基础. 自离子注入在半导体及集成电路工业中发挥不可替代的作用后, 金属、绝缘体, 乃至高分子材料等的离子束材料改性技术也迅速发展. 同时, 以卢瑟福 (Rutherford) 背散射谱、质子激发 X 射线发射谱和二次离子质谱为代表的离子束分析技术也在各个领域中崭露头角, 成为材料研究的重要工具. 近年来, 核能的蓬勃发展、质子/重离子放疗的快速兴起、聚焦离子束技术的广泛应用、深空探索与粒子探测的迫切需求, 都需要深入认识离子与固体相互作用, 以及辐照损伤的基本原理. 例如, 反应堆中材料的辐照损伤主要源于中子与晶格原子碰撞后产生的初级移位原子, 其本质就是载能离子的辐照损伤; 太空飞行器所用芯片需要耐受宇宙中高能质子/重离子的辐照; 而质子/重离子放疗中也面临着离子射程不确定等挑战.

1988 年, 复旦大学的汤家镛和张祖华两位先生根据林哈德 (Lindhard) 的讲稿, 编写并出版了《离子在固体中的阻止本领、射程和沟道效应》一书; 南京大学的王广厚先生撰写并出版了《粒子同固体相互作用物理学》(上、下册). 这些书为国内相关领域的科研人员及研究生提供了宝贵的参考.

译者在 “粒子束与物质相互作用” 课程的教学及材料辐照损伤研究经历中, 深感国内尚缺少一本浅显易懂地讲解离子与固体相互作用, 以及辐照损伤基本原理的书籍. 纳斯塔西 (Nastasi) 教授等撰写的《离子与固体相互作用——基本原理及应用》一书介绍了离子能量损失 (简称能损, 包括核能损与电子能损)、离子射程、辐照损伤、溅射, 以及蒙特卡罗 (Monte Carlo) 和分子动力学模拟等内容. 该书内容全面、结构合理、物理概念清晰, 是研究生及初级研究人员理想的学习参考书. 2018 年, 在离子束材料改性国际会议召开期间, 译者巧遇纳斯塔西教授. 他热情地介绍了基于该书的教学经验, 并欣然将该书的版权授予北京大学出版社. 在此, 译者向纳斯塔西教授致以衷心的感谢.

此外, 译者的多位研究生及博士后参与了本书的翻译工作, 在此一并致谢. 没有他们的帮助, 本书的翻译工作难以顺利完成.

由于译者知识和语言水平有限, 书中可能存在一些不够准确甚至错误的翻译之处, 敬请读者批评指正. 同时, 我们也希望本书能够帮助更多读者深入理解离子与固体相互作用的基本原理及应用, 并从中受益.

译者

2024 年 5 月于燕园

前　　言

现代科技的发展依赖于对材料特性的精确控制. 离子束在集成电路技术中有广泛应用, 能够实现表面和近表面区域的可控化改性, 例如, 在每条集成电路生产线中都有离子注入系统. 除了集成电路技术外, 离子束还可用于改变金属、金属间化合物和陶瓷材料的机械、摩擦学和化学性能, 但并不影响材料的整体性能. 离子与固体相互作用是离子束广泛应用于材料改性技术的基础. 本书内容涵盖了离子与固体相互作用的基本原理及应用.

当我们计划在亚利桑那州立大学开设 "离子注入" 课程时, 没有找到合适的教科书, 因此我们根据自己的讲义编写了本书的基础内容. 虽然我们编写本书的目的是将它作为教科书, 但是我们相信, 基于我们在该领域的工作经验, 本书也可以为对离子与固体相互作用感兴趣的研究人员提供有价值的参考.

本书面向对电子器件、材料表面工程、反应堆和核工程, 以及与亚稳相合成相关的材料学感兴趣的高年级本科生及研究生. 原课程由材料工程系开设, 但是大约有一半学生来自电气工程系, 他们的学科背景及培养方案与材料工程系的学生不同, 因此不能认为他们已经牢固掌握了课程中所涉及的离子与固体相互作用的基本概念, 所以本书前 4 章主要讨论了原子之间的相互作用势 (简称原子间势)、两体碰撞和碰撞截面等内容, 编写这些章节的目的是为后续章节的学习提供全面的知识基础.

本书后面的内容可分为 3 部分. 第 1 部分 (第 5—9 章) 讲解了离子能损、射程、辐照损伤和溅射. 第 8 章包含了对蒙特卡罗和分子动力学模拟的讨论. 这些计算技术对研究离子与固体相互作用愈加重要. 第 2 部分 (第 10—13 章) 涉及了与材料相关的离子束问题, 包含了离子注入冶金、离子束混合、相变及薄膜生长. 第 3 部分 (第 14 章) 讨论了有关的工业应用和离子束设备. 由于将离子注入技术应用到集成电路是一个高度专业化的内容, 因此我们没有对此进行详细介绍, 而是在第 14 章的推荐阅读部分列出了相关参考文献.

在编写本书的过程中, 课堂上学生们的帮助令我们受益匪浅, 他们对我们讲授内容的提问和反馈提高了本书的内容编写质量. 我们还要感谢许多同事的建议.

我们尤其感谢雷伊 (Rej) 在第 14 章中对等离子体离子源离子注入部分的贡献, 感谢麦克马斯特大学的戴维斯 (Davis), 他担任了我们课程的客座讲师, 并对课程提供了重要的指导. 我们非常感谢阿韦尔巴克 (Averback) 在辐照损伤和分子动力学模拟部分的贡献, 感谢劳 (Lau) 和程 (Cheng) 在离子束混合部分的贡献, 感谢洛斯阿拉莫斯国家实验室的帕金 (Parkin) 对多组元材料中损伤效应的贡献, 以及他对我们的鼓励与支持. 我们真诚地感谢伍兹 (Woods) 女士对原稿的精准录入. 在此还要感谢剑桥固态科学丛书编辑卡恩 (Cahn) 的坚持和耐心, 以及剑桥大学出版社的卡珀兰 (Capelin)、梅勒 (Meyler)、汤姆森 (Thomson) 和匹兹 (Pizzie) 的帮助. 美国能源部、基础能源研究办公室和国家科学基金会也为本书的编写提供了部分支持.

目　录

第 1 章　基本特征和概念

1.1　引　　言

材料的离子束加工源自 eV—MeV 能量的离子与固体中的原子碰撞后, 在固体的表面层引入其他原子的过程. 此处, 固体的概念相当广泛. 因为固体的很多物性对微量注入原子十分敏感, 所以其力学、电学、光学、磁学和超导性质均会受到影响, 而且某些性质可能会被这些注入原子主导. 载能离子能够在材料中引入广泛的注入原子种类, 且不依赖于热力学因素, 因此能够获得很多其他方法无法获得的所需的杂质浓度和特定的杂质分布.

最近, 人们对离子束加工的研究主要集中在离子注入、离子束混合、离子辐照致相变和离子束沉积等方面. 在半导体、摩擦学、腐蚀和光学领域中, 合成具有潜在应用前景的新型材料的可能性激发了人们对此类研究的兴趣.

离子束加工为在晶格中引入掺杂原子提供了一种可替代的且非平衡的方法. 在典型的应用中, 用于掺杂的离子束的加速电压通常为 10—100 kV. 如图 1.1 所示的离子注入系统显示了这项技术的基本构成单元: 离子源、加速腔、质量分离器、束流扫描系统和靶室. 利用不同类型的离子源, 可以产生各种具有足够强度的离子束, 来实现集成电路技术中所需的离子注入. 例如, 常见的离子剂量为 10^{14}—10^{15} ions/cm^2 (少于单层晶面的原子数, 见 1.4 节). 离子剂量的定义为注入每平方厘米样品中的离子数目, 也可用注量这个术语来替代剂量. 束流强度的单位是 A/cm^2, 剂量率或注量率的单位是 ions/(cm^2·s).

对于半导体加工而言, 用于去除会污染引出束的杂质离子的质量分离器在离子注入系统中是必需的, 然而, 对于冶金而言, 质量分离器并不太重要, 因此该系统的基本装置会相对简单.

两种不需要使用质量分离器且能够输出极高强度束流的离子注入系统分别是宽束离子源和等离子体离子源. 如图 1.2 (a) 所示, 宽束离子源通常在源的前端使用栅极, 从而使离子获得静电加速. 这类离子源起源于 20 世纪 60 年代早期的研究项目, 那时, 将其作为一种用于空间推进的技术. 自此之后, 宽束离子源已成功应用在离子注入、离子束沉积和离子束辅助沉积领域, 其离子能量一般在低能区, 为数十到几千 eV.

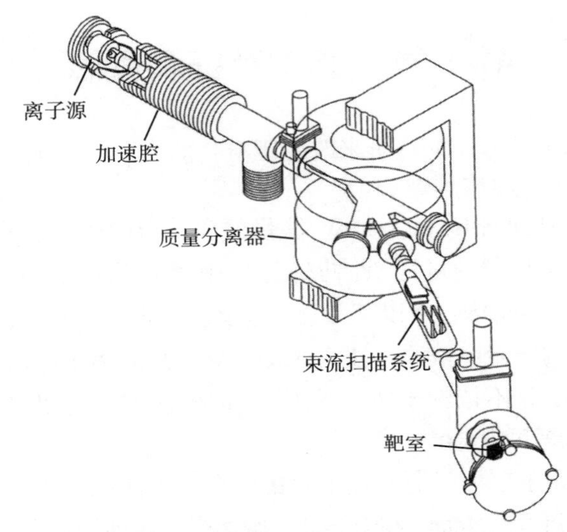

图 1.1　离子注入系统的示意图, 其中, 质量分离器用于选择需要的离子种类 (元素和同位素), 束流扫描系统用于实现大面积的均匀注入

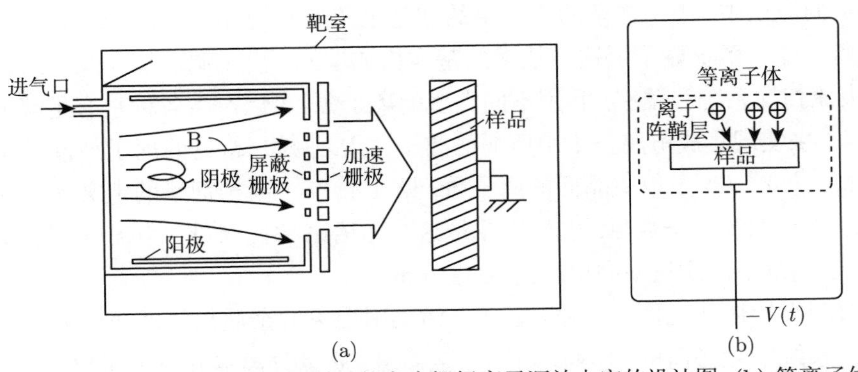

图 1.2　(a) 典型的用于近距离处理样品的宽束栅极离子源放电室的设计图, (b) 等离子体浸没式离子注入系统的几何结构示意图

等离子体离子源没有利用传统的质量分离器中的引出和加速机制 (见图 1.1), 而是将样品放在等离子体环境中 (见图 1.2 (b)). 在高负压 (通常为 -100 kV) 下, 重复用脉冲触发样品, 使其表面被高能等离子体离子流包围. 因为等离子体环绕

着样品、被加速离子垂直于样品表面, 以及等离子体离子源的注入同时在整个样品表面发生, 所以避免了离子束注入非平面样品时所需的额外操作.

离子束加工技术应用的成功主要取决于载能离子的射程分布、造成的晶格无序的程度和性质, 以及离子最终停留在晶格中的位置. 在本章中, 我们将简要介绍这些因素, 并在后续章节中对每一种因素进行仔细讲解. 在高剂量下 (通常为注入超过 5%—10%原子百分比的离子来改变靶材料的组分), 其他一些现象会变得更为重要, 例如, 溅射、离子辐照致相变等, 这些内容将在后续章节中进行讨论.

1.2 射程分布

在所有离子与固体相互作用的描述中, 最重要的参数之一就是注入离子的射程 (深度) 分布. 大量的实验和理论工作已经研究了主导射程分布的能损过程, 现在, 其中的大部分因素已能够准确预测, 例如, 中等剂量的载能离子在非晶材料中的典型射程分布近似符合高斯 (Gauss) 型, 因此能够使用投影射程 R_p、射程歧离 ΔR_p 来对其进行描述, 如图 1.3 所示. 令 Z 和 M 分别代表原子序数和原子质量, 加上下角标 1 (Z_1, M_1) 可用于表示离子, 加上下角标 2 (Z_2, M_2) 可用于表示被离子轰击的样品 (或称作靶、基底原子). 按照惯例, 离子的能量用 E_0 或没有下角标的 E 表示.

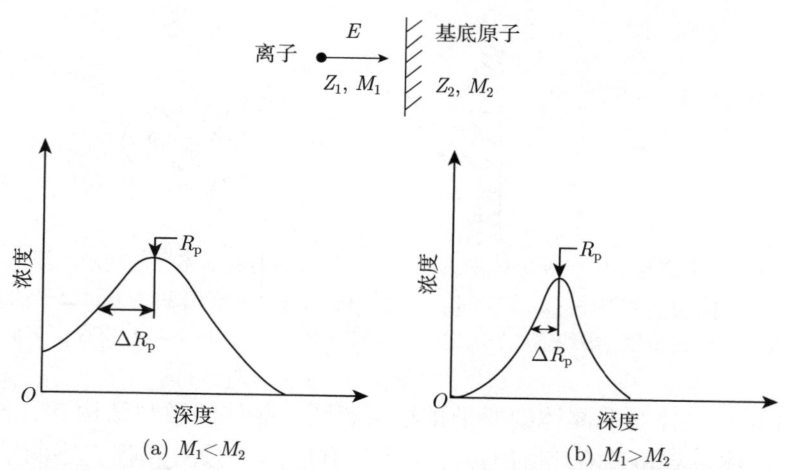

图 1.3 非晶材料中注入离子的射程分布: (a) 离子质量小于基底原子的质量, (b) 离子质量大于基底原子的质量. 在一级近似下, 投影射程 R_p 取决于离子的质量 M_1 和能量 E, 而相对宽度 $\Delta R_\mathrm{p}/R_\mathrm{p}$ 主要取决于离子的质量 M_1 与基底原子的质量 M_2 之比

1.3　晶 格 无 序

入射离子会在靶中产生晶格无序和辐照损伤效应. 随着入射离子在靶中减速并最终停留在靶内, 它会与晶格原子发生碰撞, 从而导致原子从晶格位点移位 (或离位). 这些离位的原子又能使其他原子离位, 最终的结果是在离子的路径周围形成一个高度无序的区域. 图 1.4 是能量为 10—100 keV 的重离子注入材料的示意图. 在足够高的剂量下, 这些分立的无序区域可能会相互交叠, 形成一个非晶层.

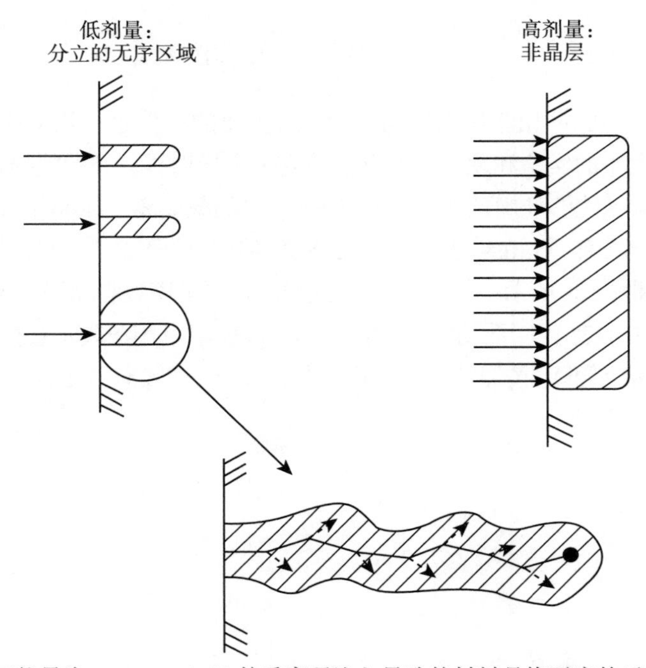

图 1.4　室温下能量为 10—100 keV 的重离子注入导致的材料晶格无序的示意图. 在低剂量下, 离子路径周围的高度无序区域在空间上彼此分立, 无序区域的体积主要由离子的最终停留位置和离位原子的范围 (虚线箭头) 确定. 在高剂量下, 无序区域会相互交叠而形成非晶层

图 1.5 是晶体和非晶体的原子排布示意图. 晶体的微观结构具有长程有序性, 而非晶体具有短程有序 (周边原子排列有序), 但没有长程有序的结构. 在单晶中, 整个样品是由明确定义的晶面和晶列组成的. 图 1.6 (a) 是单晶的侧视图, 此处, 晶面用一组平行线描述. 多晶样品由较小的单晶组成, 这些较小的单晶称为晶粒, 晶粒的晶面和晶列与周边的晶粒不是同向的. 单晶基底上的多晶层如

图 1.6 (b) 所示.

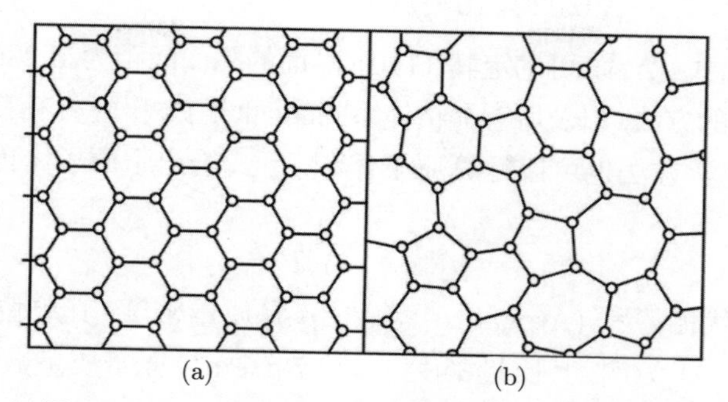

图 1.5 (a) 晶体和 (b) 非晶体的原子排布示意图

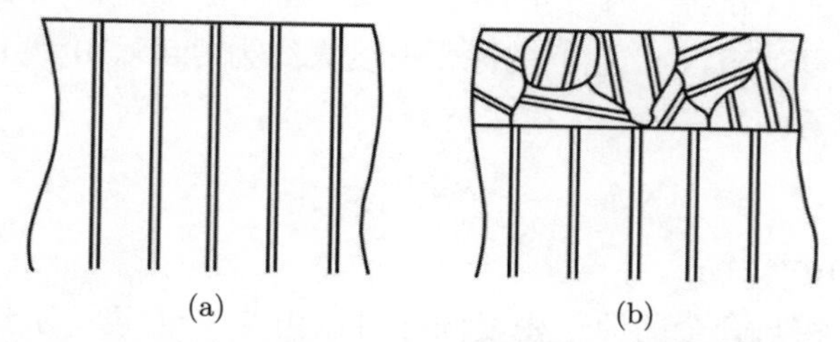

图 1.6 (a) 单晶的侧视图, (b) 单晶基底上的多晶层的示意图

1.4 原子密度和面密度

为了描述离子注入情况及其剂量, 需要了解原子密度、晶面间距和某个给定晶面上每平方厘米的原子数等. 晶面间距可以用米勒 (Miller) 指数表示, 即 d_{hkl}. 在原子密度为 N atoms/cm^3 的立方体系中, 晶格常数 a_c 为

$$a_c = \left(\frac{\text{单个晶胞内的原子数}}{\text{原子密度}}\right)^{1/3}. \tag{1.1}$$

对于每个晶格位点上只有 1 个原子的体系, 例如, 面心立方 (fcc) 结构 (Al, Ag, Au, Pd, Pt), 其单个晶胞内的原子数为 4; 而对于常见的半导体元素 Ge 和 Si, 其晶格为金刚石 (dia) 结构, 其单个晶胞内的原子数为 8. Al 的原子密度是 6.02×10^{22} atoms/cm^3, 其晶格常数为

$$a_c = \left(\frac{4}{6.02 \times 10^{22}}\right)^{1/3} \text{cm} = 4.05 \times 10^{-8}\ \text{cm},$$

即 0.405 nm, 由式 (A.4) 可确定其 (110) 晶面的晶面间距为 0.286 nm. 晶体学中描述晶向和晶面的方法, 以及所有晶格体系的晶面间距方程可参考表 A.2 和 A.5 节.

不利用晶体学方法也可以计算原子体积, 下式给出了原子密度 N 的表达式:

$$N = \frac{N_A}{A}\rho, \tag{1.2}$$

其中, N_A 是阿伏伽德罗 (Avogadro) 常数, ρ 是质量密度, 其单位为 g/cm^3, A 是原子质量数. 以 Al 为例, 其质量密度 $\rho = 2.7\ g/cm^3$, 原子质量数 $A = 27$, 原子密度 $N = (6.02 \times 10^{23} \times 2.7)/27\ \text{atoms/cm}^3 = 6.02 \times 10^{22}\ \text{atoms/cm}^3$. 半导体元素 Ge 和 Si 的原子密度分别大约为 $4.4 \times 10^{22}\ \text{atoms/cm}^3$ 和 $5.0 \times 10^{22}\ \text{atoms/cm}^3$. 对于金属, 例如, Co, Ni, Cu, 它们的原子密度大约为 $9.0 \times 10^{22}\ \text{atoms/cm}^3$. 一个原子占据的体积 Ω_V 为

$$\Omega_V = \frac{1}{N}, \tag{1.3}$$

其值约为 $2.0 \times 10^{-23}\ \text{cm}^3$.

金属间化合物与合金的原子密度同样可以由此来确定. 对于合金 A_xB_y, 将式 (1.2) 中的 A 替换为 A_c (A_c 为分子量除以 $x + y$), 并利用合金的质量密度即可得到其原子密度. 例如, 金属间化合物 Fe_2Al 的质量密度为 $6.33\ g/cm^3$, $A_c = (2 \times 55.8 + 27)/3\ \text{g/mol} = 46.2\ \text{g/mol}$. 因此 $N_{Fe_2Al} = 8.25 \times 10^{22}\ \text{atoms/cm}^3$. 利用式 (1.3) 得到的 Ω_V 是平均原子体积.

对于单层材料, 其平均面密度 N_s 也可以利用原子密度 N 的 2/3 次方进行估算, 而不需要使用晶体学方法, 即

$$N_s \cong N^{2/3}. \tag{1.4}$$

式 (1.4) 给出了原子密度为 N 的单层材料的平均面密度. 然而, 为了计算晶体中一组特定晶面的面密度, 还需要知道这组晶面的晶面间距. 关于这些内容的详细介绍, 请参见附录 A. 对于特定晶体而言, 有

$$N_s^{hkl} = N d_{hkl}, \tag{1.5}$$

其中, d_{hkl} 是 (hkl) 晶面的晶面间距 (见附录 A). 例如, 对于 Al 的 (110) 晶面, 从上述例子和附录 A 可知, $d_{110} = 0.286\ \text{nm} = 2.86 \times 10^{-8}\ \text{cm}$, 原子密度为

6.02×10^{22} atoms/cm^3. 由式 (1.5) 可得, Al 中 (110) 晶面的平均面密度为 1.72×10^{15} atoms/cm^2.

1.5 能量和粒子

在 SI(国际) 单位制或 MKS(米–千克–秒) 单位制中, 能量的单位是焦耳 (J), 但是在描述离子与固体相互作用时, 所使用的传统单位是电子伏 (eV): 1 eV 定义为 1 个电子被 1 V 电势差加速时所获得的动能. 1 个电子的电荷量是 1.602×10^{-19} C, 1 J = 1 C·V, 所以 eV 和 J 之间的关系为

$$1 \text{ eV} = 1.602 \times 10^{-19} \text{ J}. \tag{1.6}$$

常用的能量单位是千电子伏 (keV, 1 keV = 10^3 eV) 和兆电子伏 (MeV, 1 MeV = 10^6 eV).

当涉及热力学问题时, MKS 单位制中常用的能量密度单位是 kJ/mol, 此处, 1 mol 代表数量为 1 N_A 的粒子或分子, 即 1 $N_\text{A} = 6.02 \times 10^{23}$ particles/mol. 在 cgs (厘米–克–秒) 单位制中, 能量的单位是卡路里 (cal), J 与 cal 之间的关系为

$$1 \text{ cal} = 4.186 \text{ J}. \tag{1.7}$$

热力学上的其他能量密度单位还有 $\dfrac{\text{能量}}{\text{克}}$ 和 $\dfrac{\text{能量}}{\text{厘米}^3}$. $\dfrac{\text{能量}}{\text{克}}$ 转换为 $\dfrac{\text{能量}}{\text{摩尔}}$ 时需要乘以原子质量或分子质量, 同样地, $\dfrac{\text{能量}}{\text{厘米}^3}$ 转换为 $\dfrac{\text{能量}}{\text{克}}$ 时需要除以质量密度, 即

$$\frac{\text{能量}}{\text{摩尔}} = \frac{\text{能量}}{\text{克}} \times \frac{\text{克}}{\text{摩尔}}, \tag{1.8a}$$

$$\frac{\text{能量}}{\text{克}} = \frac{\text{能量}}{\text{厘米}^3} \Big/ \frac{\text{克}}{\text{厘米}^3}. \tag{1.8b}$$

另一个常见的能量密度单位是每克–原子 (gram-atom) 的能量. 关于克–原子和摩尔单位之间的关系, 我们以金属间化合物 Ni_3Al 为例来解释.

1 mol Ni_3Al 代表 1 mol Ni_3Al 分子, 且 1 mol Ni_3Al 分子由 4 mol 原子组成, 其中, 25%是 Al, 75%是 Ni. 4 mol 原子也可以表示为 4 gram-atoms Ni_3Al. 因此, 在 1 gram-atom Ni_3Al 中有 1 mol 原子, 而在 1 mol Ni_3Al 中有 4 mol 原子, 所以 1 gram-atom 指的是 1 mol 原子.

克–原子和摩尔单位之间的差别在考虑反应热或形成焓时很重要. 例如, 实验中报道的 Ni_3Al 的形成焓是 -41 kJ/gram-atom. 因为 1 个 Ni_3Al 分子中有 4 个原子, 所以用摩尔单位表示的形成焓是 -164 kJ/mol, 是前一数据的 4 倍.

当分析原子层面上的热力学过程时, 常用的能量密度单位是 eV/atom. 从摩尔单位转换为原子数值时的转换因子如下:

$$1\ \mathrm{eV/atom} = 23.06\ \mathrm{kcal/gram\text{-}atom}, \tag{1.9a}$$

$$1\ \mathrm{eV/atom} = 96.53\ \mathrm{kJ/gram\text{-}atom}. \tag{1.9b}$$

在研究离子与固体相互作用时, 由于涉及电子的电荷量, 因此使用 cgs 单位制会比使用 SI 单位制更方便. 当考虑两个相距为 r 的带电离子 Z_1 和 Z_2 之间的库仑 (Coulomb) 力时, cgs 单位制的优势更明显, 此时,

$$F = \frac{Z_1 Z_2 e^2 k_\mathrm{c}}{r^2}. \tag{1.10}$$

在 SI 单位制中, 库仑常数 $k_\mathrm{c} = \pi\varepsilon_0/4 = 8.988 \times 10^9$ m/F, 而在 cgs 单位制中该常数的值为 1.

转换因子如下:

$$e^2 k_\mathrm{c} = (1.602 \times 10^{-19})^2 \times 8.988 \times 10^9\ \mathrm{C^2 \cdot m/F} = 2.31 \times 10^{-28}\ \mathrm{C^2 \cdot m/F}.$$

由 $1\ \mathrm{C} \equiv 1\ \mathrm{A \cdot s}$, $1\ \mathrm{J} \equiv 1\ \mathrm{C \cdot V}$ 可以导出单位法拉 (F):

$$1\ \mathrm{F} \equiv 1\ \mathrm{A \cdot s/V}\ ,$$

因此

$$\begin{aligned} 1\ \mathrm{C^2 \cdot m/F} &\equiv 1\ \mathrm{C^2 \cdot V \cdot m/(A \cdot s)} \equiv 1\ \mathrm{J \cdot m} \equiv 10^9\ \mathrm{J \cdot nm} \\ &= \frac{10^9}{1.602 \times 10^{-19}}\ \mathrm{eV \cdot nm} = \frac{10^{28}}{1.602}\ \mathrm{eV \cdot nm}, \end{aligned}$$

且

$$e^2 k_\mathrm{c} = 2.31 \times 10^{-28}\ \mathrm{C^2 \cdot m/F} = \frac{2.31}{1.602}\ \mathrm{eV \cdot nm} = 1.44\ \mathrm{eV \cdot nm}.$$

在本书中, 将会用 cgs 单位制表示 e^2, 且 $k_c = 1$, 所以

$$e^2 = 1.44\ \text{eV} \cdot \text{nm}. \tag{1.11}$$

每一种原子核都会有确定的原子序数 Z 和质量数 A, 为了清楚起见, 在动力学方程中使用符号 M 表示原子质量. 原子序数 Z 是原子核中的质子数, 因此也等于中性原子中的电子数, 它反映了原子的性质. 通过质量数 A 可以得到核子、质子和中子的数目. 拥有相同的原子序数 Z 和不同的质量数 A 的原子核 (通常称为核素) 互称为同位素. 目前的方法是使用化学名称且用质量数作为上角标来表示每一种原子核, 例如, ^{12}C. 元素周期表中列出的原子质量是平均质量, 是根据稳定核素的丰度得到的加权平均值. 例如, C 的原子质量为 12.011, 这表明 ^{13}C 有 1.1%的丰度. 附录 B 列出了元素和它们的相对丰度、原子质量、原子密度和质量密度.

表 1.1 是用爱因斯坦 (Einstein) 质能方程

$$E = Mc^2 \tag{1.12}$$

得到的粒子的质量. 方程 (1.12) 将 1 J 的能量与 $1/c^2$ 的质量相关联, 此处, $c = 2.998 \times 10^8$ m/s 代表光速. 电子的质量 $m_e = 9.11 \times 10^{-31}$ kg, 相应的能量为

$$E = 9.11 \times 10^{-31} \times (2.998 \times 10^8)^2\ \text{J} = 8.188 \times 10^{-14}\ \text{J} = 0.511\ \text{MeV}. \tag{1.13}$$

表 1.1 粒子和轻核的质量, 以及相应的能量

粒子和轻核	符号	原子质量/u	质量/(10^{-27} kg)	相应的能量/MeV
电子	e 或 e^-	0.000549	9.1095×10^{-4}	0.511
质子	p 或 $^1H^+$	1.007276	1.6726	938.3
原子质量单位 (amu)	u	1.00000	1.6606	931.7
中子	n	1.008665	1.6747	939.6
氘	d 或 $^2H^+$	2.01410	3.3429	1875.6
α	α 或 $^4He^{2+}$	4.00260	6.6435	3727.4

也可使用爱因斯坦质能方程计算质量为 M、能量为 E 的离子的速度 v:

$$v = \left(\frac{2E}{M}\right)^{1/2} = c\left(\frac{2E}{Mc^2}\right)^{1/2}. \tag{1.14}$$

例如, 能量为 2 MeV 的 ^{4}He 离子的速度为

$$v = 2.998 \times 10^8 \times \left(\frac{2 \times 2 \times 10^6}{3727.4 \times 10^6}\right)^{1/2} \text{ m/s} = 9.8 \times 10^6 \text{ m/s}.$$

1.6　玻尔速度和半径

玻尔 (Bohr) 原子为原子参数的简单估计提供了有用的关系式. H 原子的玻尔半径为

$$a_0 = \frac{\hbar^2}{m_e e^2} = 0.5292 \times 10^{-8} \text{ cm} = 0.05292 \text{ nm}, \tag{1.15}$$

此轨道中电子的玻尔速度为

$$v_0 = \frac{\hbar}{m_e a_0} = \frac{e^2}{\hbar} = 2.188 \times 10^8 \text{ cm/s}, \tag{1.16}$$

其中, $\hbar = h/(2\pi)$, $h = 4.136 \times 10^{-15}$ eV · s 为普朗克 (Planck) 常量. 为了与玻尔半径进行比较, 先由经验公式求出原子核的半径:

$$R = R_0 A^{1/3}, \tag{1.17}$$

其中, A 是质量数, R_0 是一个值为 1.4×10^{-13} cm 的常数. 由此可知, 原子核的半径大约比玻尔半径小 4 个数量级.

推 荐 阅 读

Atomic Physics, J. C. Willmott (John Wiley & Sons, New York, 1975).

Electronic Materials Science, J. W. Mayer and S. S. Lau (Macmillan, New York, 1990).

Electronic Thin Film Science, K. N. Tu, J. W. Mayer, and L. C. Feldman (MacMillan Publishing Company, New York, 1992).

Elementary Modern Physics, R. T. Weidner and R. L. Sells (Allyn & Bacon, Boston, MA, 1980), 3rd edn.

Elementary Solid State Physics: Principles and Applications, M. A. Omar (Addison-Wesley Publishing Company, Boston, MA, 1975).

Elements of X-Ray Diffraction, B. D. Cullity (Addison-Wesley Publishing Company, Inc., Massachusetts, 1978).

Fundamentals of Surface and Thin Film Analysis, L. C. Feldman and J. W. Mayer (North-Holland, New York, 1986).

Introduction to Modern Physics, J. D. McGervey (McGraw-Hill, New York, 1969), 6th edn.
Ion Implantation: Basics to Device Fabrication, E. Rimini (Kluwer Academic, Boston, 1995).
Ion Implantation in Semiconductors, J. W. Mayer, L. Eriksson, and J. A. Davies (Academic Press, New York, 1970).
Modern Physics, R. L. Sproull and W. A. Phillips (John Wiley & Sons, New York, 1980), 3rd edn.
Modern Physics, P. A. Tipler (Worth Publishers, New York, 1978).
The Atomic Nucleus, R. D. Evans (McGraw-Hill, New York, 1955).

第 2 章 原子间势

2.1 引 言

两粒子系统的势能随着两个粒子中心之间距离的变化而变化的机制, 决定了一组原子的平衡特性, 以及载能粒子与静止的晶格原子之间相互作用的方式. 几乎所有的物理现象都可以直接或间接地归因于原子之间的相互作用力, 例如, 温度、压力、固体的硬度、液体的黏度, 以及离子–原子碰撞的散射概率等基本概念都与原子之间的相互作用力密切相关.

2.2 原子之间的相互作用力

本章从原子是由原子核与轨道电子构成的这个基本概念开始讨论, 并考虑到两个原子之间的相互作用力. 原子核可以等效为一个直径约为 10^{-12} cm 的带正电荷 Z 的刚体, 其中, Z 的大小取决于原子核内的质子数. 如果没有轨道电子, 则两个相距为 r 的原子核之间存在库仑力:

$$F(r) = \frac{Z_1 Z_2 e^2}{r^2}, \tag{2.1}$$

其中, Z_1 和 Z_2 分别是两个原子核内的质子数, $e^2 = 1.44\ \text{eV}\cdot\text{nm}$ (见式 (1.11)).

大多数情况下, 两个原子之间的相互作用力以原子间势来表示, 原子间势主要取决于原子之间或其他带电粒子之间的距离 r. 如果忽略原子间势对其他坐标参数的依赖 (有心力近似), 那么相互作用力 $F(r)$ 与原子间势 $V(r)$ 之间的关系为

$$F(r) = -\frac{\mathrm{d}}{\mathrm{d}r}V(r). \tag{2.2}$$

通常, 限定 $F(r)$ 和 $V(r)$ 仅依赖于 r 是一个很好的近似条件. 本书中用变量 r 定义两个相互作用粒子之间的距离, 这些相互作用的粒子可以是原子与原子、原子与电子、电子与电子、离子与原子等.

单原子的势能 (或称为结合能) 就是将该原子的所有组分从无穷远处移到它们在该原子中的平衡位置时所做的功. 最简单的例子就是氢原子的半经典图像. 如果在氢原子的库仑引力场下将一个电子或电荷 e 从无穷远处移到距离质子中心为 r 的位置, 那么氢原子的 (负) 势能为

$$V_{\mathrm{a}}(r)=\int_{\infty}^{r}\frac{e^2}{r^2}\mathrm{d}r=-\frac{e^2}{r}. \tag{2.3}$$

2.3 原子之间的短程和长程相互作用力

当两个原子之间的距离不同时, 它们之间的相互作用力有多种形式. 从实验和理论的角度都表明, 这些力可以分为短程力和长程力.

长程力的性质取决于体系是否由中性原子、带电离子或二者混合而成. 可以将两个相距较远的带电离子看成两个点电荷, 它们之间最强的长程力为库仑力. 将式 (2.2) 代入式 (2.1), 可以得到库仑势:

$$V_{\mathrm{c}}(r)=-\frac{Z_1Z_2e^2}{r}, \tag{2.4}$$

其中, Z_1e 和 Z_2e 分别是两个带电离子的电荷. 由式 (2.2) 可知, 对于一个给定的有心力场, 原子间势与相互作用力之间的关系可以表示为

$$V_{\mathrm{c}}(r)=\int_{r}^{\infty}F(r)\mathrm{d}r. \tag{2.5}$$

如果其中一个粒子为中性或两个粒子均为中性, 那么两体近似下的库仑力为零, 长程力会大大减小.

2.4 原子间势模型

在许多涉及原子间势的物理和材料学应用中, 我们不需要知道相互作用的原子间势的精确函数形式. 即便已知原子间势的精确函数形式, 但是其数学上的复杂性也会限制该函数在简单分析工作上的应用, 因此其仅适用于详细的计算机计算工作. 原子之间的相互作用表述通常都是基于简单的解析模型, 它为成对的两个原子或离子之间的相互作用提供了数学上易于处理的解析表达.

2.4.1　刚球势

如图 2.1(a) 所示的刚球势定义为

$$V(r)=\begin{cases}\infty, & r<\Gamma_r,\\ 0, & r>\Gamma_r,\end{cases} \tag{2.6}$$

其中, 参数 Γ_r 表示两个刚球球心之间的距离. 该模型完全忽略了原子之间的吸引力, 并且认为原子是无法穿透的刚球, 因此 Γ_r 即为两个刚球的半径之和.

2.4.2　方阱势

方阱势 (见图 2.1(b)) 对刚球势做了一定的修正, 考虑了原子之间的吸引力:

$$V(r)=\begin{cases}\infty, & r<\Gamma_r,\\ -\varepsilon, & \Gamma_r<r<R,\\ 0, & r>R.\end{cases} \tag{2.7}$$

此模型中, 刚球被一深度为 ε、宽度为 $R-\Gamma_r$ 的势阱包围.

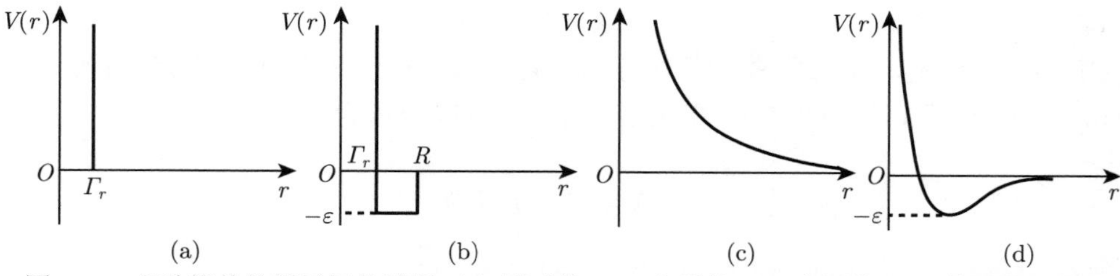

图 2.1　几种简单的原子间势模型, (a) 刚球势, (b) 方阱势, (c) 负幂势, (d) 伦纳德–琼斯 (Lennard-Jones) 势

2.4.3　负幂势

此模型中, 原子不像方阱势所描述的那样是完全坚硬的, 原子间势随着原子之间距离的变化呈现负幂次关系 (见图 2.1(c)):

$$V(r)=\varepsilon\left(\frac{\Gamma_r}{r}\right)^n, \tag{2.8}$$

其中, n 是幂参数, 当 n 趋于正无穷时, 负幂势趋于刚球势.

2.4.4 伦纳德–琼斯势

伦纳德–琼斯势适用于凝聚态固体或液体:

$$V(r)=\varepsilon\left[\left(\frac{\Gamma_r}{r}\right)^m-\left(\frac{\Gamma_r}{r}\right)^n\right], \tag{2.9}$$

势函数的形式如图 2.1(d) 所示. 固体中的原子间势将会在 2.5 节讨论.

2.5 固体中的原子间势

固体中的原子之间有确定的距离, 该距离 r_0 称为最近邻原子之间的平衡原子间距, 通常为 10^{-8} cm 的数量级. 该平衡原子间距的存在意味着该系统的势能有极小值, 原子在此处没有净力.

势函数

$$V(r)=\frac{pq}{p-q}\varepsilon_{\mathrm{b}}\left[\frac{1}{p}\left(\frac{r_0}{r}\right)^p-\frac{1}{q}\left(\frac{r_0}{r}\right)^q\right] \tag{2.10}$$

就是该类型势能的一种定义方式, 其中, ε_{b} 是势能的最小值, p 和 q 为正值, 其具体数值取决于势函数的形状, 这里, $p>q$.

图 2.2(a) 画出了一个原子间势 $V(r)$ 随原子间距 r 变化的曲线的示意图, 其中, $\left(\frac{r_0}{r}\right)^p$ 是正势能 (排斥势), 代表原子之间的排斥力, 它随着原子间距 r 的增大急剧减小; $-\left(\frac{r_0}{r}\right)^q$ 是负势能 (吸引势), 代表原子之间的吸引力, 其绝对值也随着原子间距 r 的增大急剧减小, 但减小的速度低于排斥势. 图 2.2(a) 显示了这些函数, 以及由它们之和所得到的 $V(r)$ 曲线.

在平衡点, $r=r_0$, 势函数取最小值, 即 $V(r_0)=-\varepsilon_{\mathrm{b}}$. $r=0$ 处原子对位于 r_0 附近的近邻原子所施加力的方向如图 2.2(b) 所示. 如果这两个原子相向移动, 则排斥力会使原子间距增大. 由原子间距较 r_0 增大还是减小可以确定力的正负, 其中, 排斥力为正.

对于固态晶体而言, 平衡原子间距 r_0 可以通过晶体的间距来估计, 并通常表示为晶格常数 a_{c} 的分数. 例如, 铝是面心立方结构, 它的晶格常数是 $a_{\mathrm{c}}=0.405$ nm. 其晶格中的最密堆积方向沿着面对角线方向, 也就是 $\langle 110\rangle$ 方向 (见附录 A), 因此铝的平衡原子间距是 $\frac{\sqrt{2}}{2}a_{\mathrm{c}}=0.29$ nm. 我们也可以通过原子体

积 Ω_V 近似计算平衡原子间距, 这里, Ω_V 是原子密度 N(单位为 atoms/cm^3) 的倒数 ($\Omega_V = \dfrac{1}{N}$, 面心立方结构的 $\Omega_V = \dfrac{a^3}{4}$). 这样近似得到的平衡原子间距 $r_0 \cong \Omega_V^{1/3} = 0.26$ nm. 利用原子密度计算 r_0 的方法也适用于液体.

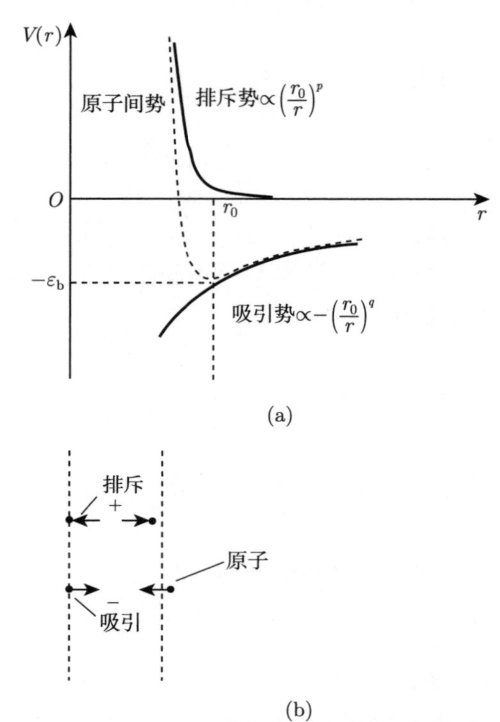

图 2.2　(a) 虚线为原子间势 $V(r)$, 它由排斥势和吸引势构成, (b) 原子受近邻原子作用力的示意图 (引自参考文献 (Tu et al., 1992))

式 (2.10) 适用于简单固体的短程相互作用, 例如, 在固态的惰性气体 Ar 中, p 和 q 的值分别是 12 和 6, 式 (2.10) 可以简化为

$$V(r) = \varepsilon_{\mathrm{b}} \left[\left(\frac{r_0}{r} \right)^{12} - 2 \left(\frac{r_0}{r} \right)^6 \right], \tag{2.11}$$

式 (2.11) 通常称为伦纳德–琼斯势, 和式 (2.9) 描述的模型相同, 只是将参数 Γ_r 变为 r_0.

2.6 固体的物理性质

原子间势的形状取决于原子之间化学键的类型, 这对于确定凝聚态物质的许多物理性质来说很重要, 其中最重要的物理性质包括弹性模量、热力学性质 (例如, 熔点、热膨胀系数), 以及固体的结合能等.

2.6.1 结合能

固体的结合能与 r_0 处的势阱深度直接相关, 其中, $V(r_0) = -\varepsilon_b$. 由于大多数金属中的原子之间的吸引力是短程的, 因此我们可以采用最近邻相互作用来近似估算 1 mol 原子之间的结合能. 定义 n_c 为固体或液体中的原子配位数 (最近邻原子数), 则 1 mol 原子之间的结合能 E_b 为

$$E_b = \frac{1}{2} n_c N_A \varepsilon_b, \tag{2.12}$$

其中, N_A 为阿伏伽德罗常数, 因为在计算 $n_c N_A$ 的乘积时, 每个键统计了两次, 所以需要乘以 1/2. 六方密排 (hcp) 和面心立方结构的原子配位数 $n_c = 12$. 对于更加稀疏的金刚石结构 Si, 它有 4 个最近邻原子, 即 $n_c = 4$. 对于体心立方 (bcc) 结构, $n_c = 8$.

结合能 E_b 可以近似为升华热 ΔH_g, 升华热是熔化热与蒸发热的总和, 而且升华热取决于原子配位数 n_c. 在固体中, 与相同半径刚球接触的刚球数最多为 12, 然而, 在熔融状态下, 其中的原子可能有 10 到 11 个最近邻原子, 大约是固体状态下的 12 个最近邻原子的 90%. 在熔融状态下, 最近邻原子数的减少导致了化学键大约减少 10%, 因此蒸发热比升华热大约少 10%, 熔化热大约是升华热的 10%.

2.6.2 弹性模量

如图 2.2(b) 所示, 如果原子偏离其平衡位置, 则原子间势提供一个回复力, 使得原子回到其平衡位置. 下面考虑在材料上施加一个外力时的平衡原子间距. 如果外力趋于将原子推往一起 (压缩), 那么平衡原子间距 $r < r_0$, 该状态下原子受到的原子力与外力的合力为零. 同样的情况下, 如果外力趋于将原子分开 (拉伸), 那么平衡原子间距 $r > r_0$.

当外力很小且在材料的弹性极限内时, 原子在外力作用下产生一个小位移 $\Delta r = r - r_0$. 在弹性极限内, Δr 与外力成正比. 这个正比关系可以通过原子间势 $V(\Delta r)$ 的泰勒 (Taylor) 展开表示, 即

$$V\left(\Delta r\right)=V\left(r_{0}\right)+\left.\frac{\mathrm{d}V}{\mathrm{d}r}\right|_{r_{0}}\Delta r+\frac{1}{2}\left.\frac{\mathrm{d}^{2}V}{\mathrm{d}r^{2}}\right|_{r_{0}}\left(\Delta r\right)^{2}+\cdots,\tag{2.13}$$

其中, $V(r_0)$ 是平衡位置 r_0 处的势能, 导数 $\mathrm{d}V/\mathrm{d}r$ 和 $\mathrm{d}^2V/\mathrm{d}r^2$ 等都可以在平衡位置 r_0 处取值. 需要注意的是, Δr 是一个很小的值, 因此可以通过忽略式 (2.13) 中泰勒展开的高阶项来对其进行简化. 当 $r=r_0$ 时, $\mathrm{d}V/\mathrm{d}r=0$, 则式 (2.13) 可简化为

$$V\left(\Delta r\right)=V\left(r_{0}\right)+\frac{1}{2}\left.\frac{\mathrm{d}^{2}V}{\mathrm{d}r^{2}}\right|_{r_{0}}\left(\Delta r\right)^{2}.\tag{2.14}$$

力 $F(r)$ 与势能 $V(r)$ 之间的关系如式 (2.2) 所示:

$$F\left(r\right)=-\frac{\mathrm{d}}{\mathrm{d}r}V\left(r\right),\tag{2.15}$$

将式 (2.14) 代入式 (2.15), 可以得到

$$F\left(\Delta r\right)=-\frac{\mathrm{d}V\left(\Delta r\right)}{\mathrm{d}\Delta r}=-\left.\frac{\mathrm{d}^{2}V}{\mathrm{d}r^{2}}\right|_{r_{0}}\Delta r.\tag{2.16}$$

式 (2.16) 表明, 力与位移 Δr 是线性相关的. 比例系数 $\left.\dfrac{\mathrm{d}^{2}V}{\mathrm{d}r^{2}}\right|_{r_{0}}$ 是势能取最小值时的曲率. 如果力和位移分别为应力 σ_{S} 和应变 ε_{S}, 则 $\left.\dfrac{\mathrm{d}^{2}V}{\mathrm{d}r^{2}}\right|_{r_{0}}$ 称为弹性模量 E_{m}, 即

$$\sigma_{\mathrm{S}}=E_{\mathrm{m}}\varepsilon_{\mathrm{S}},\tag{2.17}$$

其中, $\sigma_{\mathrm{S}}=F/A$, A 是面积, $\varepsilon_{\mathrm{S}}=\Delta r/r$ 是单位长度的长度改变量. 窄且深的势阱 (势阱曲率半径小) 对应于高弹性模量, 宽且浅的势阱 (势阱曲率半径大) 对应于低弹性模量.

2.6.3　热力学性质

熔点与结合能 E_{b} 和势阱深度 ε_{b} 密切相关, 许多材料 (并非所有) 还遵循另外一个关系, 即熔点越高, 弹性模量越大. 这两个关系分别受两种因素影响: 熔点取决于势阱深度, 而弹性模量取决于势阱底部的曲率.

对于温度超过 0 K 的固体, 原子在其平衡位置附近振动, 热能正比于 $k_{\mathrm{B}}T$, 其中, k_{B} 是玻尔兹曼 (Boltzmann) 常量. 这些振动的振幅受限于势阱的形状. 随着

温度升高, 原子以高于势阱底部的能量在势阱中来回振动, 该能量等于原子的热能. 图 2.3 显示了不同温度下的情况, 由此可知, 温度越高, 原子的热能越大, 原子振动的振幅越大. 因为势阱形状的不对称, 原子的平均位置随着温度的升高而改变, 且趋于彼此分开的状态.

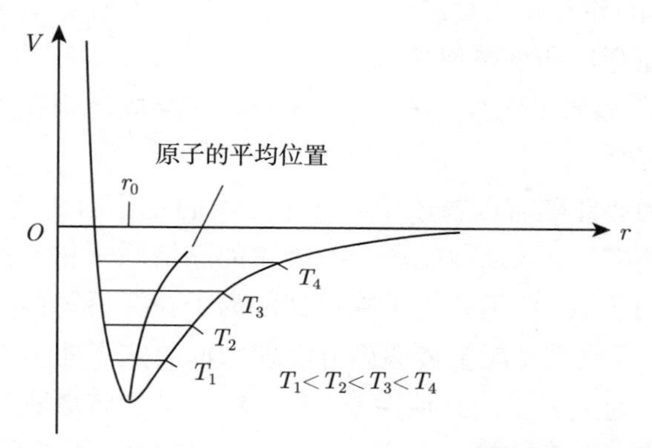

图 2.3 随着温度升高, 最近邻原子之间的距离增大 (引自参考文献 (Barrett et al., 1973))

材料的势阱形状不同意味着其性质存在差异, 如图 2.4 所示. 一般而言, 一个宽且浅的势阱代表了较小的结合能和弹性模量, 该势阱更加不对称, 并且原子间距随温度升高的变化相对较大. 相反, 一个窄且深的势阱代表了较大的结合能和弹性模量, 该势阱比较对称, 原子间距随温度升高的变化相对较小. 原子间距随温度升高而增大就是热膨胀效应, 通常用线性热膨胀系数 α 来描述, 它是宏观样品在给定温升下所对应的长度增量的度量.

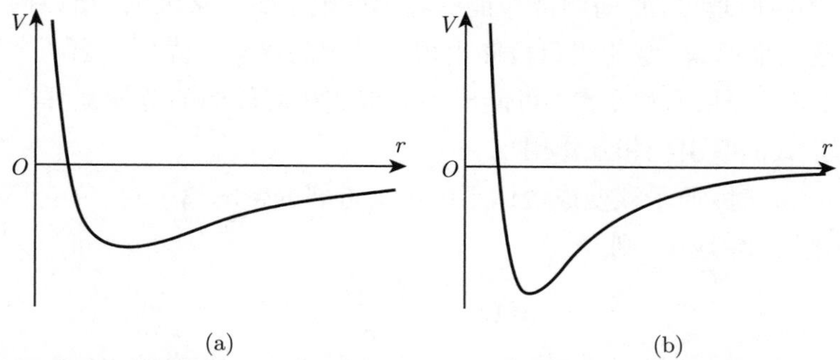

图 2.4 不同形状的势阱与材料性质之间关系的示意图: (a) 低熔点、低弹性模量、高热膨胀系数, (b) 高熔点、高弹性模量、低热膨胀系数 (引自参考文献 (Barrett et al., 1973))

2.7　载能离子与原子的碰撞

现在从平衡态原子之间的相互作用过渡到能量和速度超过热运动的粒子之间的相互作用. 这就引出了固体中小于平衡原子间距 r_0 的原子之间的相互作用的范围, 碰撞过程中的相互作用距离 r 取决于碰撞的相对能量. 这时会发生一定程度的电子壳层相互穿透和重叠现象, 将导致粒子波函数在碰撞时发生相当大的改变. 显然, 理解近距离原子间势, 对于解决涉及离子与固体相互作用和固体中的辐照损伤问题至关重要.

两粒子系统的势能随着两粒子中心之间距离的变化而变化, 其变化方式决定了一组原子的平衡特性, 以及载能离子与静止的晶格原子相互作用的方式. 在离子与固体相互作用领域, 势函数用于确定载能离子在穿透固体时的能损率. 在辐照损伤理论中, 势函数通过能量传递微分散射截面决定了能损率、碰撞密度、平均自由程和离子减速过程中的其他性质. 在后续章节中将会看到能量传递微分散射截面是由势函数唯一确定的.

作为对载能离子与固体中原子相互作用问题的初步介绍, 先考虑碰撞的极限. 假设有两个原子, 其质量分别为 M_1 和 M_2, 原子序数分别为 Z_1 和 Z_2, 间距为 r. 它们受到的作用力能够很好地用包括电子和原子核在内的多体相互作用势函数 $V(r)$ 来描述.

两个原子的间距有两个有用的参照点: 一个是氢原子的玻尔半径, $a_0=0.053\ \mathrm{nm}$, 它反映了原子的电子壳层的空间范围; 另一个是晶体中两相邻原子的间距 r_0, 通常为 0.25 nm. 对于 $r \gg r_0$ 的极端条件, 电子占据独立原子的能级, 并且由泡利 (Pauli) 不相容原理可知, 每组能级能够容纳的电子数有最大值, 所以内壳层的最低能级会被完全填满, 空能级只可能出现在外部的价电子壳层. 当两个原子相互接近时, 价电子壳层开始重叠, 可能出现成键或相对较弱的范德瓦耳斯 (van der Waals) 力形式的吸引型相互作用.

当 $r \ll a_0$ 时, 原子核变成两体系统中最近邻的带电离子对, 库仑势在总作用势 $V(r)$ 中占主导地位, 则

$$V(r) = \frac{Z_1 Z_2 e^2}{r}, \tag{2.18}$$

其中, $e^2 = 1.44\ \mathrm{eV \cdot nm}$.

在中等距离 $a_0 < r \leqslant r_0$ 处, 相互作用的正势能导致两个原子之间产生排斥

力. 正势能主要来自: (1) 带正电的原子核之间的静电排斥; (2) 在符合泡利不相容原理的情况下, 维持相邻原子的电子在同一空间区域内所需的能量. 由于两个电子不能占据相同的位置, 因此来自两个原子的电子壳层重叠必然伴随着一些电子向原子结构中较高且未被占据的能级跃迁. 由于大量的轨道电子受到影响, 因此这个过程所需的能量随着原子彼此接近而增大.

在中等距离处, 由于壳层的空间分布会对核电荷产生静电屏蔽, 库仑势会有所降低, 因此, 可以得到下面的屏蔽库仑势:

$$V(r) = \frac{Z_1 Z_2 e^2}{r}\chi(r), \tag{2.19}$$

其中, $\chi(r)$ 是屏蔽函数, 定义为在某个半径 r 处的实际原子间势与库仑势之比.

理想情况下, 屏蔽函数 $\chi(r)$ 可以通过适当调节库仑势来描述所有距离下离子与原子的相互作用. 对于较大的距离, $\chi(r)$ 应该趋于 0; 对于较小的距离, $\chi(r)$ 应该趋于 1. 这个特征使得屏蔽库仑势 (见式 (2.19)) 能够描述完整的碰撞过程. 为了更好地理解屏蔽函数, 需要用到原子的托马斯–费米 (Thomas-Fermi, 简称 TF) 原子模型.

2.8　TF 原子模型

在离子注入和其他离子表面改性实验中, 绝大多数离子与固体的相互作用属于相对低速的碰撞模式. 离子与原子之间的距离一般在 $a_0 < r < r_0$ 的范围内, 因此核电荷会受到电子的屏蔽作用. 调节库仑势的屏蔽函数是基于 TF 的原子描述, 除了比例系数外, 它将所有原子视为相同的.

TF 原子模型假设电子可以使用费米–狄拉克 (Dirac) 原子模型来处理, 将电子看成能量为 E 的理想气体粒子, 且填充在带正电的原子核周围的势阱中. 利用周期性边界条件并对一个长度为 L 的元胞进行箱归一化, 可以得到自由电子气的态密度 $n(E)$ (见附录 C) 为

$$n(E) = \frac{1}{2\pi^2\hbar^3}(2m_e)^{3/2}E^{1/2}, \tag{2.20}$$

其中, h 是普朗克常量, $\hbar = h/(2\pi)$. 自由电子气的能量随着电子数目的增大而增大. 对于大量电子构成的集合, 位置 r 处的电子数目为

$$N(r)=\int_{0}^{E_{\mathrm{F}}(r)} n(E)\,\mathrm{d}E=\frac{L^{3}(2m_{\mathrm{e}})^{3/2}}{2\pi^{2}\hbar^{3}}\int_{0}^{E_{\mathrm{F}}(r)} E^{1/2}\mathrm{d}E=\frac{L^{3}(2m_{\mathrm{e}})^{3/2}}{3\pi^{2}\hbar^{3}}E_{\mathrm{F}}^{3/2}(r),\tag{2.21}$$

其中, $E_{\mathrm{F}}(r)$ 与电子构成的集合在 r 处的最大能量有关.

费米能量 E_{F} 就是最高填充态的能量. 在我们所处理的多电子原子中, 电子的总能量是 $E_{\mathrm{r}}=E_{\mathrm{k}}+V(r)$, 其中, E_{k} 是电子的动能. 对于束缚态的电子, $E_{\mathrm{r}}\leqslant 0$, 所以电子的最大动能 $E_{\mathrm{k}}=-V(r)$. 从式 (2.21) 可以得到自由电子气的电荷密度为

$$\rho(r)=\frac{N(r)}{L^{3}}=\frac{(2m_{\mathrm{e}})^{3/2}}{3\pi^{2}\hbar^{3}}[-V(r)]^{3/2}.\tag{2.22}$$

式 (2.22) 给出的电荷密度分布带来的势能与核电荷带来的势能共同自洽调整成为势能 $-V(r)$, 结果是 $-e\rho$ 与静电势 $-V(r)/e$ 之间必定满足泊松 (Poisson) 方程:

$$-\frac{1}{e}\nabla^{2}V=-4\pi(-e\rho),\tag{2.23}$$

或者

$$\nabla^{2}V=\frac{1}{r^{2}}\frac{\mathrm{d}}{\mathrm{d}r}\left(r^{2}\frac{\mathrm{d}V}{\mathrm{d}r}\right)=-4\pi e^{2}\rho=\frac{-4e^{2}[-2m_{\mathrm{e}}V(r)]^{3/2}}{3\pi\hbar^{3}}.\tag{2.24}$$

ρ 和 V 可以由式 (2.22) 与式 (2.24) 求解, 其中, 边界条件为: 当 r 趋于 0 时, 势能主要来自原子核, 所以 $V(r)$ 趋于 $-\frac{Ze^{2}}{r}$; 当 r 趋于 ∞ 时, 半径为 r 的球壳内部不存在净电荷, 所以 $V(r)$ 比 $1/r$ 降低得更快, 即 $rV(r)$ 趋于 0.

为了方便, 将式 (2.22) 和上述边界条件表达为无量纲的形式, 即 Z, E, m_{e} 和 h 只出现于比例系数中. 此时, 势能为

$$V(r)=-\frac{Ze^{2}}{r}\chi(x).\tag{2.25}$$

接下来做如下变量替换:

$$r=a_{\mathrm{TF}}x,\tag{2.26}$$

其中, a_{TF} 为 TF 屏蔽长度, 其大小为

$$a_{\mathrm{TF}}=\frac{1}{2}\left(\frac{3\pi}{4}\right)^{2/3}\frac{\hbar^{2}}{m_{\mathrm{e}}e^{2}Z^{1/3}}=\frac{0.885a_{0}}{Z^{1/3}},\tag{2.27}$$

这里, $a_0 = \dfrac{\hbar^2}{m_e e^2}$ 是玻尔半径. 式 (2.25) 和式 (2.19) 十分相似, 它们表示的都是以屏蔽函数来屏蔽简单的库仑势. 通过上述变量替换和少量微分运算, 就得到了如下无量纲的 TF 方程 (详见附录 D):

$$x^{1/2}\frac{\mathrm{d}^2\chi}{\mathrm{d}x^2} = \chi^{3/2}. \tag{2.28}$$

2.9 TF 方程的解

式 (2.28) 可用数值方法获得相对精确的解. 托伦斯 (Torrens) 在 1972 年已经讨论过相应的数值方法, 其中, 典型的解以级数的形式来表示. 当 $r/a_{\mathrm{TF}} \leqslant 0.44$ 时, 该解可以表达成贝克 (Baker) 级数展开的形式:

$$\chi(x) = 1 + a_2 x + a_3 x^{3/2} + a_4 x^2 + \cdots = \sum_{k=1}^{\infty} a_k x^{k/2}, \tag{2.29a}$$

其中, a_k 是贝克级数的系数, 并且

$$a_2 = \chi(0). \tag{2.29b}$$

表 2.1 中展示了计算得到的式 (2.29) 中的贝克级数 $k = 0$—40 的前 41 项的系数. 当 x 较小时, 贝克级数快速收敛; 当 x 趋于 1 时, 收敛性变差.

表 2.1 TF 屏蔽函数 $\chi(x)$(见式 (2.29)) 的前 41 项系数

k	a_k	k	a_k
0	0.100 000 000 000 000 E + 01	21	0.183 630 138 770 471 E − 01
1	0.000 000 000 000 000 E − 99	22	−0.215 554 971 245 295 E − 01
2	−0.158 807 102 260 000 E − 01	23	0.257 019 114 152 481 E − 01
3	0.133 333 333 333 333 E + 01	24	0.309 897 649 249 270 E − 01
4	0.000 000 000 000 000 E − 99	25	0.377 325 337 147 117 E − 01
5	−0.635 228 409 040 000 E − 00	26	−0.463 731 187 493 039 E − 01
6	0.333 333 333 333 333 E − 00	27	0.574 928 598 343 257 E − 01
7	0.108 084 410 263 792 E − 00	28	0.718 526 562 912 179 E − 01
8	−0.211 742 803 013 333 E − 00	29	0.904 603 152 141 467 E − 01
9	0.899 671 962 902 535 E − 01	30	0.114 659 258 089 710 E − 00
10	0.144 112 547 018 389 E − 01	31	0.146 244 556 793 361 E − 00
11	−0.271 286 107 057 753 E − 01	32	−0.187 619 238 525 825 E − 00

续表

k	a_k	k	a_k
12	−0.295 055 008 478 292 E − 03	33	0.242 007 418 156 681 E − 00
13	0.173 443 041 642 727 E − 01	34	−0.313 745 267 564 561 E − 00
14	−0.167 709 556 143 035 E − 01	35	0.408 678 305 314 600 E − 00
15	0.112 763 141 431 646 E − 01	36	−0.534 704 559 574 435 E − 00
16	−0.911 028 066 991 997 E − 02	37	0.702 518 484 493 754 E − 00
17	0.102 762 683 449 552 E − 01	38	0.926 631 598 151 114 E − 00
18	−0.123 240 451 261 030 E − 01	39	0.122 677 504 660 947 E + 01
19	0.141 442 924 276 242 E − 01	40	−0.162 983 000 387 084 E + 01
20	−0.159 860 960 349 775 E − 01		

注: 表中数据引自参考文献 (Torrens, 1972).

对于原子统计理论的许多应用, 最重要的是找到合理近似范围内满足 TF 方程的解析表达式.

2.10 TF 屏蔽函数 (近似解)

我们下面介绍 TF 屏蔽函数更为简单的近似解析形式, 它们更适用于那些对精度要求不是很高的各种原子问题. 这些 TF 屏蔽函数的近似解析形式是通过简单数学表达式对数值积分获得的精确形式进行拟合得到的. 本节中讨论的屏蔽函数的近似解析形式可以在托伦斯的著作 (1972) 中找到参考.

在此类拟合中, 最早也是最著名的拟合结果是索末菲 (Sommerfeld) 提出的渐近形式:

$$\chi(x) = \left[1 + \left(\frac{x}{a}\right)^{\lambda}\right]^{-c}, \tag{2.30}$$

其中, 常数 a, λ, c 被设置成使得 $\chi(0) = 1$, $\chi(\infty) = 0$ 的数值, 即

$$a = 144^{1/3}, \quad c\lambda = 3. \tag{2.31}$$

索末菲发现, 在 x 较大时, 拟合得到的结果为 $\lambda = 0.772$, $c = 3.886$, 因此式 (2.30) 的最终形式为

$$\chi(x) = \left[1 + \left(\frac{x}{12^{2/3}}\right)^{0.772}\right]^{-3.886}. \tag{2.32}$$

林哈德及其同事提出了两个更简单、近似程度更高的 TF 屏蔽函数, 即

$$\chi(x) = 1 - \frac{x}{(3+x^2)^{1/2}} \tag{2.33}$$

和

$$\chi(x) = 1 - \frac{1}{2x}. \tag{2.34}$$

克纳 (Kerner) 提出了一个简单的表达式:

$$\chi(x) = \frac{1}{1+Bx}, \quad B = 1.3501, \tag{2.35}$$

其中, 参数 B 后来被调整为 1.3679.

TF 屏蔽函数的一个常用的近似是莫利雷 (Moliere) 给出的包含三个指数的形式:

$$\chi(x) = 7p\mathrm{e}^{-qx} + 11p\mathrm{e}^{-4qx} + 2p\mathrm{e}^{-20qx}, \tag{2.36}$$

其中, $p = 0.05$, $q = 0.3$. 表 2.2 中总结了几种 TF 方程的近似解析解的形式.

表 2.2 TF 方程的近似解析解的形式

作者	TF 方程的近似解析解的形式
(1) 索末菲	$\left[1+\left(\frac{x}{12^{2/3}}\right)^{\gamma}\right]^{-3/\gamma}$ $\gamma = 0.772$(索末菲) $\gamma = 0.8034$(马奇 (March)) $\gamma = 0.8371$(梅田 (Umeda))
(2) 克纳	$(1+Bx)^{-1}$ $B = 1.3501$(克纳) $B = 1.3679$(梅田)
(3) 莫利雷	$0.35\mathrm{e}^{-0.3x} + 0.55\mathrm{e}^{-1.2x} + 0.10\mathrm{e}^{-6.0x}$
(4) 罗森塔尔 (Rozental)	$0.7345\mathrm{e}^{-0.562x} + 0.2655\mathrm{e}^{-3.392x}$
(5) 罗森塔尔	$0.255\mathrm{e}^{-0.0246x} + 0.581\mathrm{e}^{-0.947x} + 0.164\mathrm{e}^{-4.356x}$
(6) 恰文斯基 (Csavinsky)	$(0.7111\mathrm{e}^{-0.175x} + 0.2889\mathrm{e}^{-1.6625x})^2$
(7) 罗伯茨 (Roberts)	$(1 + 1.7822x^{1/2})\mathrm{e}^{-1.7822x^{1/2}}$
(8) 韦德波尔 (Wedepohl)	$317x\mathrm{e}^{-6.62x^{1/4}}$
(9) 林哈德	$1 - \frac{x}{(3+x^2)^{1/2}}$
(10) 林哈德	$1 - \frac{1}{2x}$

注: 表中内容引自参考文献 (Torrens, 1972).

图 2.5 比较了莫利雷 (见式 (2.36)) 与索末菲 (见式 (2.32)) 的 $\chi(x)$ 近似解析形式与 TF 方程 (见式 (2.28)) 的数值解. 可以看出, 这些解析形式给出了屏蔽函数的合理近似, 同时提供了比式 (2.29) 的级数展开式更为简单的数学形式. 因此, 对于给定的问题, 选择使用哪种近似解析形式, 需要在精确度和简单性之间进行折中.

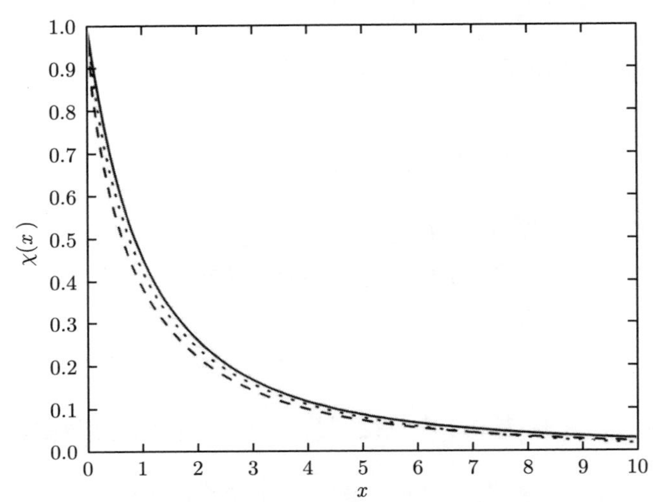

图 2.5　TF 方程的数值解 (实线) 与一些近似解析解的对比: 莫利雷 (点线)、索末菲 (虚线) (引自参考文献 (Torrens, 1972))

获得数学上简单的近似解析解的另一种方法是在 $x = r/a_{\mathrm{TF}}$ 的不同范围内用负幂次函数来近似表示屏蔽函数, 从而得到简单的形式: $\chi(x) \propto x^{-s}$. 如图 2.6 所示, 在有限距离上, TF 屏蔽函数可以近似为

$$\chi(x) = \chi\left(\frac{r}{a_{\mathrm{TF}}}\right) = \frac{k_s}{s}\left(\frac{a_{\mathrm{TF}}}{r}\right)^{s-1}, \tag{2.37}$$

其中, $s = 1, 2$ 等, k_s 是整数. 幂次律势的一个优点在于: 对于 s 的几个值, 可以针对 r/a_{TF} 的有限值得到简单的屏蔽函数的解析形式.

使用不同的经典原子模型也可以得到其他形式的屏蔽函数, 例如, 玻尔原子在 $x = r/a_{\mathrm{TF}}$ 处的屏蔽函数是

$$\chi_{\mathrm{Bohr}}(x) = \mathrm{e}^{-x}; \tag{2.38}$$

伦斯–詹森 (Lenz–Jensen) 原子的屏蔽函数是

$$\chi_{\mathrm{LJ}}(x) = 0.7466\mathrm{e}^{-1.038x} + 0.2433\mathrm{e}^{-0.3876x} + 0.01018\mathrm{e}^{-0.206x}. \tag{2.39}$$

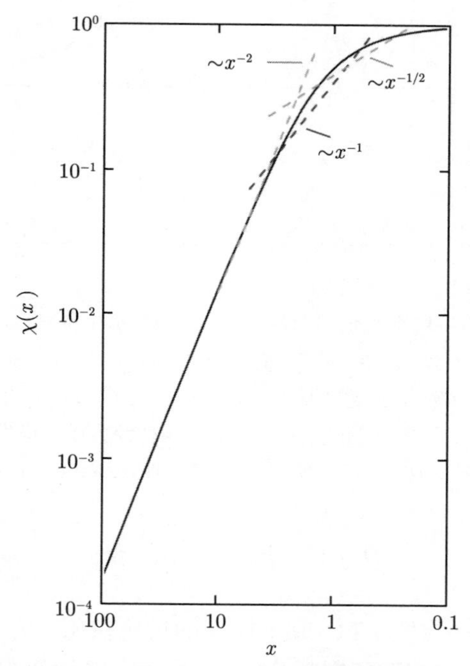

图 2.6 中性原子的 TF 屏蔽函数 $\chi(x)$, 以及幂次律势近似下的 $\chi(x) =$ 常数 $\cdot\, x^{-s}$, 其中, $s = 1/2, 1, 2$ (引自参考文献 (Sigmund, 1972))

这些函数与 TF 屏蔽函数一样, 定义为原子间势 V 与非屏蔽裸核势的比值:

$$\chi(r) = \frac{V(r)}{Ze^2/r}. \tag{2.40}$$

这与式 (2.25) 的定义一致.

在图 2.7 中, 我们列举了使用四种经典原子模型得到的屏蔽函数. 屏蔽函数由式 (2.40) 定义并绘制成 r/a_{TF} 的函数. TF 原子在远离原子核处具有的电子贡献最大, 表明其电子对原子核的屏蔽作用较弱, 因此拥有比其他原子更高的散射势.

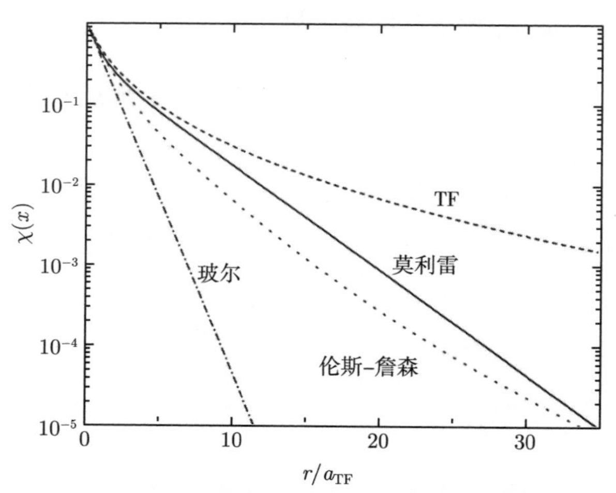

图 2.7　使用四种经典原子模型得到的屏蔽函数. 该图的纵坐标是屏蔽函数, 定义为原子间势与非屏蔽裸核势的比值, 如式 (2.40) 所示. 横坐标为约化半径, 定义为半径 r 与 TF 屏蔽长度 (见式 (2.27)) 的比值. TF 原子在远离原子核处具有的电子贡献最大, 表明其原子核受到的屏蔽较少, 因此拥有比其他原子更高的散射势. 使用这四种经典原子模型得到的屏蔽函数的函数形式可以在 2.10 节中查到 (引自参考文献 (Ziegler et al., 1985))

2.11　原子间势

2.9 节和 2.10 节中对于 TF 原子模型的讨论仅限于单个原子. 用屏蔽函数 $\chi(x)$ 可将单原子势推广到原子序数分别为 Z_1 和 Z_2 的两个原子之间的相互作用势, 得到的原子之间的屏蔽库仑势为

$$V(r)=\frac{Z_1Z_2e^2}{r}\chi(r), \tag{2.41}$$

其中, r 是两个原子之间的距离. 在两原子体系中, 原子之间的屏蔽函数为

$$\chi(r)\equiv\frac{V(r)}{Z_1Z_2e^2/r}, \tag{2.42}$$

此时, a_{TF} 是两个原子碰撞过程中的 TF 屏蔽长度:

$$a_{\mathrm{TF}}=\frac{0.88534a_0}{Z_{\mathrm{eff}}^{1/3}}, \tag{2.43}$$

其中, Z_{eff} 是两个原子相互作用时的有效电荷数. 虽然 Z_{eff} 存在许多近似值, 但基于平均值的简单描述是

$$Z_{\text{eff}} = \left(Z_1^{1/2} + Z_2^{1/2}\right)^2. \tag{2.44}$$

此前, 构造经典原子之间的屏蔽函数的方法是使用简单的原子间势, 并调整屏蔽长度 a 的定义以计算两原子势. 原子间势中的约化坐标 $x = r/a$ 中的屏蔽长度 a 一般是建议值而不是推导结果. 玻尔建议采用如下形式:

$$a_{\text{B}} = \frac{a_0}{\left(Z_1^{2/3} + Z_2^{2/3}\right)^{1/2}}, \tag{2.45}$$

其中, $a_0 = 0.0529$ nm 是玻尔半径, Z_1 和 Z_2 是两个原子的原子序数. 菲尔索夫 (Firsov) 提出, 在原子之间可使用由屏蔽长度

$$a_{\text{F}} = \frac{0.8853 a_0}{\left(Z_1^{1/2} + Z_2^{1/2}\right)^{2/3}} \tag{2.46}$$

定义的约化距离, 其中, 常数 0.8853 由 TF 原子模型推导得到. 这与我们在 2.8 节中的关于 a_{TF} 的定义式相似. 在玻尔之后, 林哈德也建议利用原子的屏蔽长度

$$a_{\text{L}} = \frac{0.8853 a_0}{\left(Z_1^{2/3} + Z_2^{2/3}\right)^{1/2}} \tag{2.47}$$

来表示原子之间的屏蔽函数.

式 (2.45)—(2.47) 中描述的屏蔽长度之间的差别并不大, 在所有情况下, 屏蔽长度大约与碰撞原子的 $Z^{1/3}$ 成正比.

2.12 普适原子间势

到目前为止, 已给出的原子间势中均采用原子的简单统计模型来计算碰撞原子的电荷分布. 由玻尔、TF、伦斯–詹森和莫利雷等发展的经典模型得到的电荷分布仅仅与原子序数有关, 并不包括任何壳层结构信息. 虽然根据经典模型得到的电荷分布可为原子间势提供基本的认识, 但基于哈特里–福克 (Hartree–Fock, 简称 HF) 原子模型并根据量子力学推导得到的电荷分布, 能够为原子间势提供更多的细节.

基于 HF 和 TF 模型得到的 Ni 原子的电荷分布如图 2.8 所示. 图中给出了两个基于 HF 模型的计算结果, 一个是面心立方结构中 Ni 原子的电荷分布, 另一个是孤立 Ni 原子的电荷分布, 二者都显示出电子壳层结构的影响. 而基于 TF 模型得到的电荷分布表明没有电子壳层结构, 使用 TF 方程计算可得

$$4\pi r^2 \rho_{\mathrm{TF}} = \frac{Z}{r}\left(x\chi_{\mathrm{TF}}\right)^{3/2}, \tag{2.48}$$

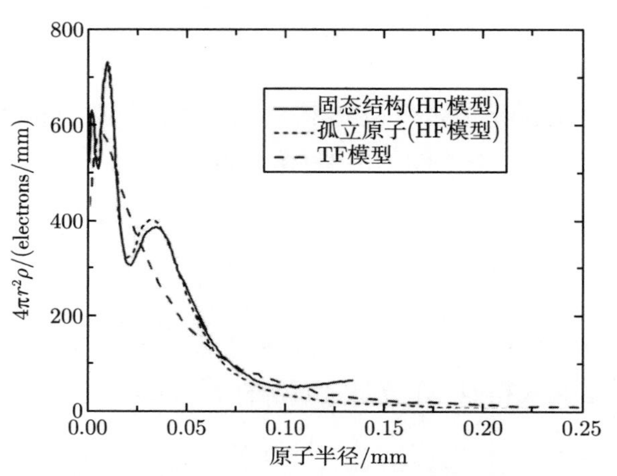

图 2.8　Ni 原子的电荷分布. 纵坐标是 $4\pi r^2\rho$, 其中, ρ 是电荷密度. 平缓的虚线是根据 TF 模型得到的电荷分布, 表明没有电子壳层结构; 点线是赫尔曼–斯基尔曼 (Herman-Skillman) 基于 HF 模型和量子力学针对孤立原子的计算结果; 实线是基于 HF 模型针对面心立方结构中的 Ni 原子得到的电荷分布 (引自参考文献 (Ziegler et al., 1985))

其中, Z 是原子序数, ρ_{TF} 是 TF 电荷密度, χ_{TF} 是 TF 屏蔽函数, 并且 $x = r/a$. 一般而言, 通过泊松方程, 可以得到

$$4\pi\rho = \frac{Z}{r}\frac{\mathrm{d}^2\chi}{\mathrm{d}r^2}. \tag{2.49}$$

图 2.9 展示了几个根据经典模型得到的屏蔽函数, 并与根据量子力学推导得到的屏蔽函数进行了比较, 计算的对象是具有代表性的原子, 例如, B, Ni, Au. 图 2.9 表明, 经典模型仅在电子最内部壳层与量子力学的计算结果一致, 且莫利雷得到的屏蔽函数几乎为详细的固态结构计算结果的精确程度的两到三倍.

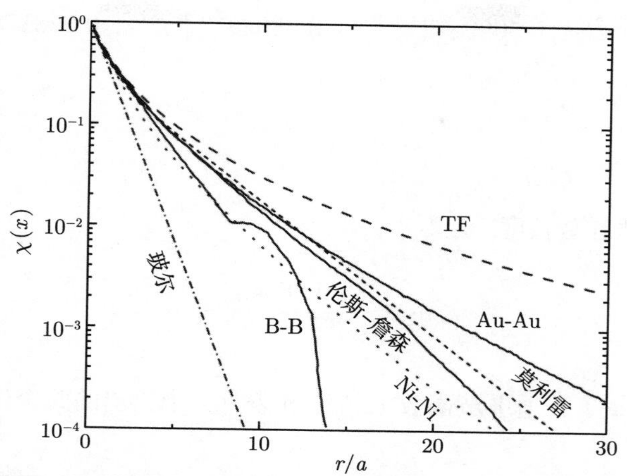

图 2.9 不同原子–原子组合下的原子之间的屏蔽函数, 包括了 B-B, Ni-Ni, Au-Au. 这些原子之间的屏蔽函数可以与图 2.7 中的单原子屏蔽函数进行比较. 图中也包括了经典的单原子屏蔽函数. 这些单原子屏蔽函数可以通过重新定义屏蔽长度 a 拓展到原子之间的屏蔽函数, 也就是将式 (2.27) 中的单原子定义下的 a_{TF} 转换为式 (2.45)—(2.47) 中的形式 (引自参考文献 (Ziegler et al., 1985))

为了找到能够精确描述原子间势的解析形式, 齐格勒 (Ziegler)、比尔扎克 (Biersack) 和利特马克 (Littmark) (简称 ZBL) (1985) 拓展了威尔逊 (Wilson) 等人 (1977) 的早期研究, 并对 261 个原子对进行了详细的固态结构原子间势的计算. 在用于计算原子间势的模型中, 假设每个原子都具有球对称的电荷分布. 总相互作用势是

$$V = V_{\mathrm{nm}} + V_{\mathrm{en}} + V_{\mathrm{ee}} + V_{\mathrm{k}} + V_{\mathrm{a}}, \tag{2.50}$$

其中, V_{nm} 是两个原子核之间的静电势, V_{ee} 是两个电子分布之间的纯静电相互作用势, V_{en} 是一个原子核与另一个电子分布之间的相互作用势, V_{k} 是在电子叠加区域由于泡利激发导致的动能增量, V_{a} 是这些电子交换能的增量, 则库仑势为

$$V_{\mathrm{c}}(r) = V_{\mathrm{nm}} + V_{\mathrm{en}} + V_{\mathrm{ee}}. \tag{2.51}$$

在齐格勒等人 (1985) 的文章中可以找到计算的细节.

结合计算得到的总相互作用势与屏蔽函数 (2.42), 我们可以得到普适屏蔽函数, 即

$$\chi_{\mathrm{U}} = 0.1818\mathrm{e}^{-3.2x} + 0.5099\mathrm{e}^{-0.9423x} + 0.2802\mathrm{e}^{-0.4028x} + 0.02817\mathrm{e}^{-0.2016x}, \quad (2.52)$$

其中, 约化距离是

$$x = \frac{r}{a_{\mathrm{U}}}, \quad (2.53)$$

这里, a_{U} 是普适屏蔽长度, 定义为

$$a_{\mathrm{U}} = \frac{0.8854a_0}{Z_1^{0.23} + Z_2^{0.23}}. \quad (2.54)$$

图 2.10 列举了普适屏蔽函数 (2.52) 和表 2.2 中给出的几个经典屏蔽函数.

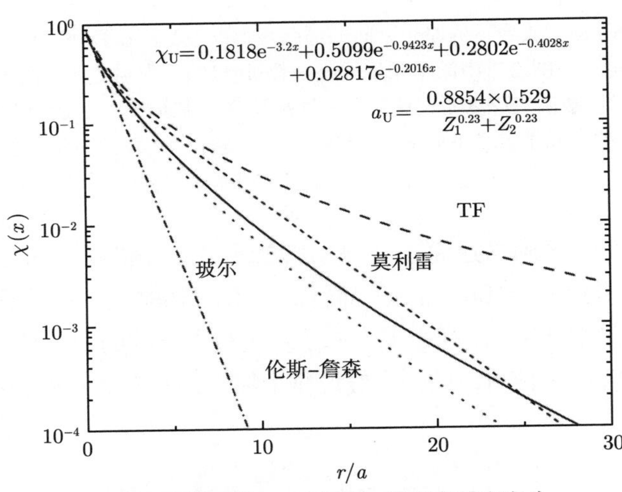

图 2.10 式 (2.52) 给出的普适屏蔽函数 χ_{U} (实线), 其自变量定义为 $x \equiv r/a_{\mathrm{U}}$, 其中, a_{U} 是式 (2.54) 给出的普适屏蔽长度 (引自参考文献 (Ziegler et al., 1985))

参考文献

Barrett, C. R., W. D. Nix, and A. S. Tetelman (1973) *The Principles of Engineering Materials* (Prentice-Hall, Inc., New Jersey).

Sigmund, P. (1972) Collision Theory of Displacement Damage, Ion Ranges, and Sputtering, *Rev. Roum. Phys.* **17**, pp. 823, 969 & 1079.

Torrens, I. M. (1972) *Interatomic Potentials* (Academic Press, New York).

Tu, King-Ning, J. W. Mayer, and L. C. Feldman (1992) *Electronic Thin Film Science for Electrical Engineers and Materials Scientists* (Macmillan Publishing Company, New York).

Wilson, W. D., L. G. Haggmark, and J. P. Biersack (1977) Calculations of Nuclear Stopping, Rayes and Straggling in the Low-Energy Region, *Phys. Rev.* **15**, 2458.

Ziegler, J. F., J. P. Biersack, and U. Littmark (1985) *The Stopping and Range of Ions in Solids* (Pergamon Press, New York).

推荐阅读

Computer Simulation of Ion-Solid Interactions, W. Eckstein (Springer-Verlag, Berlin, 1991), chap. 4.

Eine Statistische Methode zur Bestimmung einiger Eigenschaften des Atoms und ihre Anwendung auf die Theorie des periodischen Systems der Elemente, E. Fermi, *Z. Phys.* **48**, 73 (1928).

Electronic Materials Science: For Integrated Circuits in Si and GaAs, J. W. Mayer and S. S. Lau (Macmillan Publishing Company, New York, 1990).

Fundamental Aspects of Nuclear Reactor Fuel Elements, D. R. Olander (Technical Information Center Energy Research and Development Administration, Springfield, 1976), chap. 17.

Fundamentals of Surface and Thin Film Analysis, L. C. Feldman and J. W. Mayer (North-Holland Publishing Co., New York, 1986).

Interatomic Potentials, I. M. Torrens (Academic Press, New York, 1972).

The Application of the Fermi-Thomas Statistical Model to the Calculation of Potential Distribution in Positive Ions, E. B. Baker, *Phys. Rev.* **36**, 630 (1930).

The Calculation of Atomic Fields, L. H. Thomas, *Proc. Cambridge Phil. Soc.* **26**, 542 (1927).

The Stopping and Range of Ions in Solids, J. F. Ziegler, J. P. Biersack, and U. Littmark (Pergamon Press, New York, 1985).

第 3 章　两体弹性碰撞动力学

3.1　引　　言

在离子束材料改性中, 载能离子与固体相互作用, 其作用力可以用离子和靶原子之间的相互作用势描述. 搞清楚这种相互作用是发展固体中离子射程和离子辐照损伤理论的基础. 考察离子注入实验中一个载能离子在固体中的运动, 其路径如图 3.1 所示. 离子在穿过固体的过程中, 会与静态靶原子碰撞, 从而偏离最初的运动方向, 也会与固体中的电子碰撞, 从而损失能量, 但是离子运动方向的改变主要源于它与靶原子的碰撞. 在本章中, 我们重点讨论载能离子与靶原子的两体碰撞.

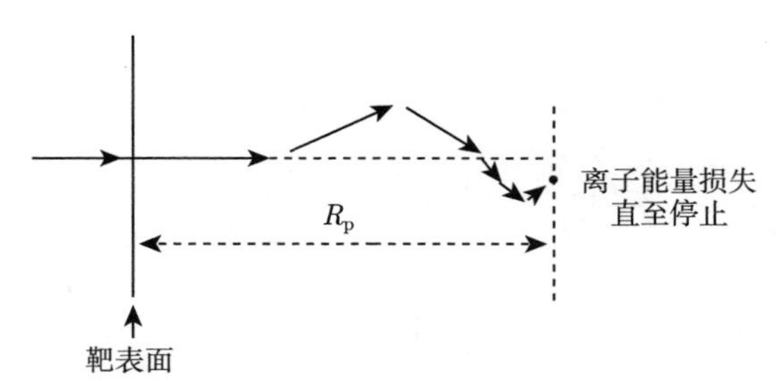

图 3.1　在离子注入实验中一个载能离子在固体中的运动路径. 图中展示了离子的完整路径和投影射程 R_{p}. 离子在穿过固体的过程中, 会与静态靶原子碰撞, 从而偏离最初的运动方向

最简单的碰撞事件是带电离子和原子核的碰撞. 如果两次碰撞之间的平均自由程远大于原子间距, 那么可以将碰撞视为两体碰撞. 近邻原子同时反冲造成关联效应的概率很低. 反冲靶原子的动量决定了固体靶中的损伤产生率. 离子的能损在很大程度上也是因为离子将动量传递给反冲靶原子导致的.

为了加深对离子与固体相互作用的理解, 从而更好地进行离子束材料改性, 我们首先仅采用远离碰撞位置处的动量近似值来推导出两体碰撞所遵循的一般关系式, 用动量守恒定律和能量守恒定律就可以得到反冲靶原子的能量与出射角之间的函数关系. 在推导过程中, 假定碰撞是弹性的, 而且运动速度足够小, 从而可以应用非相对论力学.

3.2 经典散射理论

在描述固体中载能离子的散射过程时, 通常要做如下假设 (Sigmund, 1972):

(a) 只考虑两个原子的碰撞;

(b) 应用经典理论;

(c) 电子的激发或电离只作为能损的一部分来源, 不影响碰撞的动力学;

(d) 参与碰撞的两个原子中的一个最初是静止的.

假设 (a) 在剧烈碰撞的情况下是较为合理的. 在较高能量 (keV) 区间的原子之间发生剧烈碰撞需要碰撞体之间非常接近, 因此发生三体或多体碰撞的概率很低. 较远的距离上可能会发生同时涉及超过两体的软碰撞, 但是软碰撞通常可以用微扰理论 (动量或冲量近似, 见 4.4 节) 来处理, 这种情况下没有两体碰撞的限制. 在较低能量 (1 keV 以下) 区间, 集体效应变得越来越重要, 假设 (a) 不再成立. 然而, 在较低能量区间的多体碰撞问题可以由分子动力学模拟来解决, 不再需要假设 (a) 成立.

在假设 (b) 的限制下, 经典理论的适用性通常会受到特定物理量的限制, 例如, 角微分散射截面 $\mathrm{d}\sigma(\theta_\mathrm{c})$, 其中, θ_c 是质心系下的散射角.

如果忽略电子激发对碰撞动力学的影响, 则当传递给电子的能量比原子之间的动能交换小很多 (从而可以假定碰撞是弹性的), 或者没有明显的角度偏转时, 假设 (c) 是合理的. 在这两种情形中, 电子能损都被包含在能量吸收里.

除了分子动力学模拟外, 前述的其他工作都基于假设 (d), 即其中一个碰撞原子最初是静止的. 但是, 在高密度的级联碰撞中, 尤其是当能损的程度高到使级联内的大多数原子都运动起来的时候, 假设 (d) 就不再满足了.

3.3 弹性碰撞动力学

利用能量守恒定律和动量守恒定律, 可以完全解决两个孤立粒子在弹性碰撞过程中的能量传递和运动学问题. 把动能守恒的碰撞定义为弹性碰撞, 把动能不守恒的碰撞定义为非弹性碰撞. 例如, 在碰撞时 K 壳层大量重叠, 电子跃迁到更高能态. 用来激发电子的这一部分能损在碰撞之后不再参与粒子–原子的运动学过程. 在本章中, 在离子与固体相互作用中只考虑弹性碰撞过程. 在第 5 章中, 将讨论非弹性碰撞过程.

在两体碰撞过程中, 定义入射载能离子的质量为 M_1、速度为 v_0、能量为 E_0 ($E_0 = M_1 v_0^2/2$), 靶原子的质量为 M_2 并处于静止状态. 在碰撞后, 散射离子和靶原子的速度分别变成 v_1 和 v_2, 能量变成 E_1 和 E_2, 这些值取决于散射角 θ 和反冲靶原子的出射角 ϕ. 图 3.2 为实验室系下碰撞过程中各物理量的符号及碰撞几何示意图. 表 3.1 列出了碰撞过程中各物理量的名称和对应的符号.

表 3.1　碰撞过程中各物理量的名称和对应的符号

E_0	入射载能离子的能量
E_c	质心系下的总能量
E_1	实验室系下入射载能离子散射后的能量
E_2	实验室系下反冲靶原子的能量
T	入射载能离子传递给靶原子的能量 E_2
θ_c	图 3.7 中定义的质心系下的可变散射角
K	背散射运动学因子 E_1/E_0
M_1	入射载能离子的质量
M_2	靶原子的质量
M_c	质心系下的约化质量
μ	质量比 M_1/M_2
v_0	实验室系下入射载能离子的速度
v_1	实验室系下入射载能离子散射后的速度
v_2	实验室系下反冲靶原子的速度
v_c	质心系下约化质量的速度
v_{ion}	质心系下入射载能离子的速度
v_{atom}	质心系下靶原子的速度
θ	实验室系下入射载能离子的散射角
θ_c	质心系下入射载能离子的散射角
θ_m	实验室系下 M_1 的最大散射角 ($M_1 > M_2$)
ϕ	实验室系下反冲靶原子的出射角
ϕ_c	质心系下反冲靶原子的出射角
π	$\pi = 180^\circ = \theta_c + \phi_c$

两体弹性碰撞过程中的能量守恒, 以及动量在平行和垂直于入射方向分量的守恒可分别表示为

$$E_0 = \frac{1}{2}M_1 v_0^2 = \frac{1}{2}M_1 v_1^2 + \frac{1}{2}M_2 v_2^2, \tag{3.1}$$

$$M_1v_0 = M_1v_1\cos\theta + M_2v_2\cos\phi, \tag{3.2}$$

$$0 = M_1v_1\sin\theta - M_2v_2\sin\phi. \tag{3.3}$$

式 (3.1)—(3.3) 可以有很多求解方式, 例如, 将式 (3.2) 和式 (3.3) 等号右边的第一项移到等号左边, 然后对其求平方并相加, 消去 ϕ, 可得

$$(M_2v_2)^2 = (M_1v_0)^2 + (M_1v_1)^2 - 2M_1^2v_0v_1\cos\theta. \tag{3.4}$$

将式 (3.4) 代入式 (3.1), 消去 v_2, 可以得到入射载能离子在散射前后的速度之比为

$$\frac{v_1}{v_0} = \frac{M_1}{M_1+M_2}\cos\theta \pm \left[\left(\frac{M_1}{M_1+M_2}\right)^2\cos^2\theta + \frac{M_2-M_1}{M_1+M_2}\right]^{1/2}. \tag{3.5}$$

将式 (3.5) 和式 (3.4) 结合, 可以得到 v_2 和 E_2, 也可以由式 (3.5) 和式 (3.2) 得到反冲靶原子的出射角 ϕ.

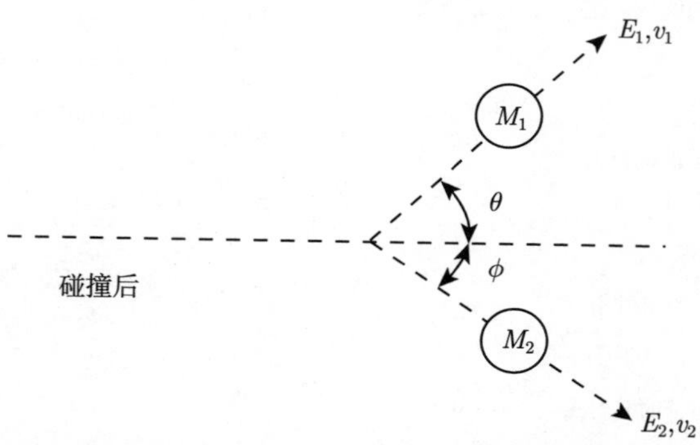

图 3.2　实验室系下两个不同质量物体弹性碰撞的几何示意图

如果 $M_1 > M_2$, 则式 (3.5) 中根号下的数在 $\theta = \theta_{\rm m}$ 时为 0, 其中, $\theta_{\rm m}$ 满足

$$\cos^2\theta_{\rm m} = 1 - \frac{M_2^2}{M_1^2}, \quad 0 \leqslant \theta_{\rm m} \leqslant \frac{\pi}{2}. \tag{3.6}$$

当 $\theta > \theta_{\rm m}$(并且 $\theta \leqslant \pi$) 时, v_1/v_0 只能为虚数或负数, 这两种情况都不满足物理要求, 所以 $\theta_{\rm m}$ 表示 M_1 的最大散射角.

如果 $M_1 < M_2$, 则 θ 可以取从 0 到 π 的所有值. 如果在式 (3.5) 中取正号, 则得 v_1/v_0 为正值. 如果在式 (3.5) 中取负号, 则得 v_1/v_0 为负值, 而这在物理上是不现实的. 当 $M_1 < M_2$ 时, 在式 (3.5) 中取正号, 则得入射载能离子在散射前后的能量之比为

$$\frac{E_1}{E_0} = \left[\frac{\left(M_2^2 - M_1^2 \sin^2\theta\right)^{1/2} + M_1\cos\theta}{M_1 + M_2}\right]^2. \tag{3.7}$$

其他能量和散射角之间的关系在表 3.2 中给出.

表 3.2　能量和散射角之间的关系

质心系下的总能量	$E_c = \dfrac{M_2E_0}{M_1+M_2} = \dfrac{E_0}{1+\mu}$, 其中, $\mu = \dfrac{M_1}{M_2}$.
当 $M_1 \leqslant M_2$ 时, 实验室系下入射载能离子在散射前后的能量之比	$\dfrac{E_1}{E_0} = \dfrac{\left[\mu\cos\theta + \left(1-\mu^2\sin^2\theta\right)^{1/2}\right]^2}{(1+\mu)^2}$, 当 $M_1 = M_2$ 时, $\theta \leqslant \dfrac{\pi}{2}$.
当 $M_1 > M_2$ 时, 实验室系下入射载能离子在散射前后的能量之比	$\dfrac{E_1}{E_0} = \dfrac{\left[\mu\cos\theta \pm \left(1-\mu^2\sin^2\theta\right)^{1/2}\right]^2}{(1+\mu)^2}$, 其中, $\theta \leqslant \sin^{-1}\dfrac{1}{\mu}$.
实验室系下反冲靶原子的能量与入射载能离子的能量之比	$\dfrac{E_2}{E_0} = 1 - \dfrac{E_1}{E_0} = \dfrac{4M_1M_2}{(M_1+M_2)^2}\cos^2\phi = \dfrac{4\mu}{(1+\mu)^2}\cos^2\phi = \dfrac{4\mu}{(1+\mu)^2}\sin^2\dfrac{\theta_c}{2}$, 其中, $\phi \leqslant \dfrac{\pi}{2}$.
实验室系下反冲靶原子的出射角	$\phi = \dfrac{\pi-\theta_c}{2} = \dfrac{\phi_c}{2}$; $\sin\phi = \left(\dfrac{M_1E_1}{M_2E_2}\right)^{1/2}\sin\theta$.
实验室系下入射载能离子的散射角	$\tan\theta = \dfrac{M_2\sin\theta_c}{M_1+M_2\cos\theta_c}$.
质心系下入射载能离子的散射角	$\theta_c = \pi - 2\phi = \pi - \phi_c$. 当 $M_1 \leqslant M_2$, 从而 $\mu \leqslant 1$ 时, 所有的 $\theta \leqslant \pi$ 都有定义, 并且 $\theta_c = \theta + \sin^{-1}(\mu\sin\theta)$. 当 $M_1 > M_2$, 从而 $\mu > 1$ 时, θ_c 的值变为原来的两倍, 实验室系下入射载能离子的散射角限制在 $\theta > \sin^{-1}(1/\mu)$ 的范围内. 在此情况下, $\theta_c = \theta + \sin^{-1}(\mu\sin\theta)$ 或 $\theta_c = \pi + \theta - \sin^{-1}(\mu\sin\theta)$.

注: 表中内容引自参考文献 (Weller, 1995).

3.4 经典两体散射

现在将图 3.2 定义的碰撞和散射问题用质心系坐标来表示. 在本章后面讨论有心力场散射问题时, 会发现做这个变换的原因是显而易见的. 使用质心系坐标后, 无论两个粒子之间的作用力多么复杂, 只要这个力沿着两者的连线方向 (无横向力), 那么两个粒子的相对运动就可以简化为单个粒子在以质心系原点为中心的力场中的运动. 引入质心系坐标后, 两个粒子的相互作用就可以用力场 $V(r)$ 来描述, 它仅取决于原子间距 r 的绝对值. 这样, 两个粒子的运动便可以由一个运动方程给出. 这个方程以 r 为自变量, 用于描述粒子在有心力场 $V(r)$ 中的运动.

两体系统的质心系坐标在零动量参考系下定义. 在这个参考系下, 作用在两个粒子上的总外力为零. 将这个总外力定义为

$$\boldsymbol{F}_{\mathrm{T}} = \boldsymbol{F}_1 + \boldsymbol{F}_2 = \frac{\mathrm{d}\boldsymbol{p}_{\mathrm{T}}}{\mathrm{d}t}, \tag{3.8}$$

其中, $\boldsymbol{F}_{\mathrm{T}}$ 是总外力, $\boldsymbol{F}_1$ 和 $\boldsymbol{F}_2$ 分别是单独作用于粒子 1 和粒子 2 上的力, $\boldsymbol{p}_{\mathrm{T}}$ 是两体系统的总动量. 因为 $\boldsymbol{F}_{\mathrm{T}} = \boldsymbol{0}$, 所以 $\mathrm{d}\boldsymbol{p}_{\mathrm{T}} = \boldsymbol{0}$, 这表明在相互作用过程中总动量不变, 或者说总动量守恒.

质心系下弹性碰撞的结论之一是碰撞前后各个粒子的动能不变, 因此质心系下两个粒子的速度在碰撞前后是相同的. 另外, 质心系下粒子 1 的散射角等于粒子 2 的散射角. 最后, 质心系下的散射角可以是任意角度, 这不同于实验室系下的散射角取决于 M_1/M_2 的情况.

对于质心系, 如图 3.3(b) 所示, 定义质心系下约化质量的速度 (质心速度) 为 $\boldsymbol{v}_{\mathrm{c}}$, 它可以使得该坐标系下的净动量保持不变, 因此

$$M_1\boldsymbol{v}_0 = (M_1 + M_2)\,\boldsymbol{v}_{\mathrm{c}}. \tag{3.9}$$

再定义质心系下的约化质量 M_{c}, 使其满足

$$\frac{1}{M_{\mathrm{c}}} = \frac{1}{M_1} + \frac{1}{M_2}, \tag{3.10}$$

即

$$M_{\mathrm{c}} = \frac{M_1 M_2}{M_1 + M_2}. \tag{3.11}$$

结合式 (3.9) 和式 (3.11), 可以用约化质量来表示质心速度:

$$\boldsymbol{v}_{\mathrm{c}} = \boldsymbol{v}_0 \frac{M_{\mathrm{c}}}{M_2}. \tag{3.12}$$

由图 3.3 所示的速度矢量图和式 (3.12), 可以得到质心系下入射载能离子和靶原子的速度分别为

$$\boldsymbol{v}_{\mathrm{ion}} = \boldsymbol{v}_0 - \boldsymbol{v}_{\mathrm{c}} = \boldsymbol{v}_0 \frac{M_{\mathrm{c}}}{M_1}, \tag{3.13}$$

$$\boldsymbol{v}_{\mathrm{atom}} = \boldsymbol{v}_{\mathrm{c}} = \boldsymbol{v}_0 \frac{M_{\mathrm{c}}}{M_2}. \tag{3.14}$$

式 (3.14) 表明, 在实验室系下碰撞前速度为 $\mathbf{0}$ 的靶原子在质心系下碰撞前后均具有速度 $\boldsymbol{v}_{\mathrm{c}}$.

式 (3.13) 和式 (3.14) 显示了质心系的优点. 质心速度 $\boldsymbol{v}_{\mathrm{c}}$, 以及靶原子和入射载能离子的速度 $\boldsymbol{v}_{\mathrm{atom}}$ 和 $\boldsymbol{v}_{\mathrm{ion}}$ 在碰撞前后保持不变, 并且与两个粒子之间的散射角无关 (见图 3.3(b)). 因此, 无论碰撞是弹性的还是非弹性的, 碰撞前后的总动量都不会改变. 此外, 由式 (3.13) 和式 (3.14) 可知, 入射载能离子与靶原子的速度之比与它们的质量之比成反比:

$$\frac{\boldsymbol{v}_{\mathrm{ion}}}{\boldsymbol{v}_{\mathrm{atom}}} = \frac{\boldsymbol{v}_0 - \boldsymbol{v}_{\mathrm{c}}}{\boldsymbol{v}_{\mathrm{c}}} = \frac{M_2}{M_1} = \frac{1}{\mu}. \tag{3.15}$$

质心系的另一个优点是质心系下的总能量 E_{c} 等于质心系下的初始动能:

$$E_{\mathrm{c}} = \frac{1}{2} M_{\mathrm{c}} v_0^2, \tag{3.16a}$$

即

$$E_{\mathrm{c}} = \frac{1}{2} \frac{M_1 M_2}{M_1 + M_2} v_0^2 = \frac{M_2}{M_1 + M_2} E_0, \tag{3.16b}$$

其中, $M_1 v_0^2/2 = E_0$.

为简单起见, 在讨论离子与固体相互作用时, 将在质心系下进行大量计算, 但是希望将结果与实验室系下的实验结果联系起来, 因此了解不同参考系变量之间的转换是很有必要的.

从实验室系到质心系, 散射角的转换如图 3.3 所示. 观察图 3.3(a) 中靶原子 (M_2) 的径迹, 可以发现实验室系下反冲靶原子的速度 $\boldsymbol{v}_2$ 与质心系下反冲靶原子的速度 $\boldsymbol{v}_{\mathrm{atom}}(\boldsymbol{v}_{\mathrm{atom}} = \boldsymbol{v}_{\mathrm{c}})$ 的矢量差为 $\boldsymbol{v}_{\mathrm{c}}$. 由于这些速度矢量形成的三角形是等腰的, 因此

$$\phi_{\mathrm{c}} = 2\phi. \tag{3.17}$$

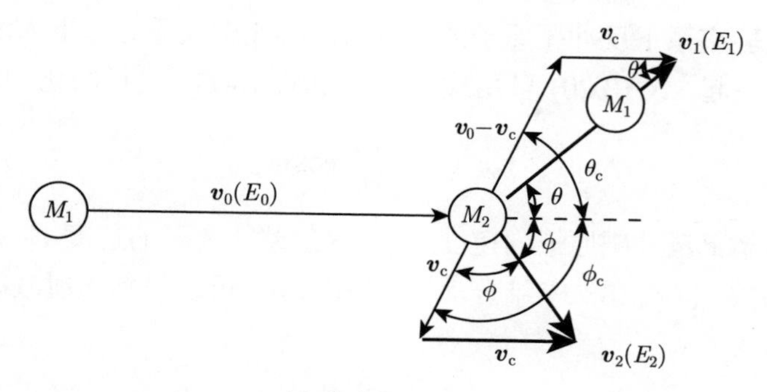

(a) 实验室系

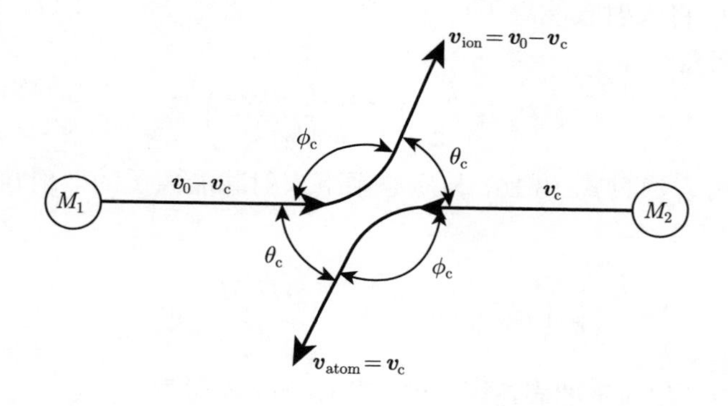

(b) 质心系

图 3.3 两个不同质量物体的弹性碰撞示意图

由图 3.3 所示的质心系示意图, 可以得到 $\theta_c + \phi_c = \pi$, 因此式 (3.17) 可改写为

$$\phi = \frac{\pi - \theta_c}{2}. \tag{3.18}$$

它将实验室系下反冲靶原子的出射角与质心系下入射载能离子的散射角关联在一起.

在之后讨论离子阻止和辐照损伤理论时需要的另一个重要关系是入射载能离子传递给靶原子的能量与离子的散射角 θ_c 或 θ 之间的关系. 由图 3.3(a) 所示的速度矢量图结合余弦定理, 可得

$$v_2^2 = v_c^2 + \left[v_c^2 - 2v_c^2 \cos(\pi - \phi_c)\right]. \tag{3.19}$$

利用式 (3.17) 和式 (3.18), 将 ϕ_c 替换为 θ_c, 可得

$$v_2^2 = 2v_c^2 (1 - \cos\theta_c). \tag{3.20}$$

式 (3.20) 将实验室系下反冲靶原子的速度与质心速度及质心系下入射载能离子的散射角关联在一起. 式 (3.20) 可用式 (3.14) 和式 (3.17) 进行简化, 从而得到

$$v_2 = 2v_0 \frac{M_c}{M_2} \cos\phi. \tag{3.21}$$

这表明实验室系下反冲靶原子的速度 v_2 是入射载能离子的速度 v_0 和反冲靶原子的出射角的函数. 将式 (3.21) 结合动能–速度关系, 可以得到入射载能离子传递给靶原子的能量为

$$E_2 = \frac{1}{2} M_2 v_2^2. \tag{3.22}$$

在许多书中, 将入射载能离子传递给靶原子的能量 E_2 写作 T. 将式 (3.21) 代入式 (3.22), 可得

$$T \equiv E_2 = \frac{M_2}{2}\left(\frac{2v_0 M_c \cos\phi}{M_2}\right)^2. \tag{3.23}$$

传递的能量 T 可以通过式 (3.18) 与质心系下入射载能离子的散射角 θ_c 相关联, 它们之间满足如下关系:

$$T = \frac{2}{M_2}\left(v_0 M_c \sin\frac{\theta_c}{2}\right)^2 = \frac{4E_c M_c}{M_2}\sin^2\frac{\theta_c}{2}. \tag{3.24}$$

利用式 (3.11) 中约化质量的表达式, 可将式 (3.24) 改写为

$$T = E_0 \frac{4M_1 M_2}{(M_1 + M_2)^2}\sin^2\frac{\theta_c}{2} \tag{3.25}$$

或

$$T = T_M \sin^2\frac{\theta_c}{2}, \tag{3.26}$$

其中, T_M 是可传递的最大能量, 即对头碰撞 ($\theta_c = 0$) 时传递的能量, 由下式给出:

$$T_M = \frac{4M_1 M_2}{(M_1 + M_2)^2} E_0 = \gamma E_0, \tag{3.27}$$

这里, $\gamma = 4M_1 M_2 / (M_1 + M_2)^2$. 由式 (3.27) 可知, 如果两个粒子的质量相等, 则所有能量都可以传递过去, 但是, 对于质量差异较大的情形, 只有一小部分能量可以在弹性碰撞中传递过去.

最终得到的这些关系式给出了入射载能离子与靶原子在弹性碰撞过程中的能损. 它们将在能损截面和核阻止概念的发展中发挥重要作用, 我们将在第 4 章和第 5 章中对此做进一步讨论.

例如, 能量为 100 keV 的 B 离子 ($M_1 = 10$) 入射到材料 Si ($M_2 = 28$) 上, 并以 $\theta = 45°$ 散射. 为了确定两体碰撞过程中传递的能量, 首先需要根据表 3.2 中给出的表达式确定相应的质心系下入射载能离子的散射角 θ_c, 由 $\theta_c = \theta + \sin^{-1}(\mu \sin\theta)$ 可知, $\theta_c = 60°$. 接下来通过式 (3.25) 计算 T_M/E_0, 可得 $T_M = 0.78E_0$. 最后通过式 (3.26), 可得 $E_0 = 100$ keV, $T = 19.5$ keV.

表 3.3 总结了 θ_c 的取值范围和以 M_1/M_2 为自变量传递能量的限制. 附录 E 详细讨论了实验室系下散射角的限制.

表 3.3　能量传递和 θ_c 的取值范围

重靶	$M_1 \ll M_2$	$0 \leqslant \lvert\theta_c\rvert < \pi$	$\dfrac{T}{E_0} \cong \dfrac{2}{\pi}(1 - \cos\theta_c)$
质量相等	$M_1 = M_2$	$0 \leqslant \lvert\theta_c\rvert < \dfrac{\pi}{2}$	$\dfrac{T}{E_0} = \sin^2\theta_c$
轻靶	$M_1 \gg M_2$	$0 \leqslant \lvert\theta_c\rvert \leqslant \tan^{-1}\dfrac{M_2}{M_1} < \dfrac{\pi}{2}$	$\dfrac{T}{E_0} \cong \dfrac{M_1}{M_2}\theta_c^2$

注: 表中内容引自参考文献 (Johnson, 1982).

3.5　有心力作用下的运动

在讨论离子与固体相互作用时, 限定为在有心力作用下的运动, 其中, 势能 V 仅是 r 的函数, 即 $V = V(r)$, 因此力总是沿着 r 的方向. 这样, 只需考虑质量为 M_c 的单个粒子围绕固定力心运动的问题, 力心同时也是坐标系的原点. 由于势能仅与径向距离有关, 因此该问题具有球对称性, 围绕固定轴的任何旋转都不会对求解该问题产生影响. 换句话说, 如果任意一个粒子位于原点, 则另一个粒子受的力由有心力 $F(r)$ 给出, 并且该有心力仅取决于两个粒子的间距 r.

在本节所讨论的问题中, 假设在实验室系下, 其中一个粒子位于原点 O, 另一个粒子以速度 $\boldsymbol{v}$ 运动. 当静止粒子比运动粒子重得多时, 这是一个很好的近似.

3.5.1　角动量守恒

假设空间中 P 点处有一个质量为 M 的粒子, 它到原点 (力心) O 的距离为 r (见图 3.4). 如果力 $\boldsymbol{F}$ 作用于 P 点处的粒子, 则有

$$\boldsymbol{F} = M\boldsymbol{a} = M\frac{\mathrm{d}\boldsymbol{v}}{\mathrm{d}t},$$

将上式等号两边同时叉乘位置矢量 $\boldsymbol{r}$, 可得

$$\boldsymbol{r} \times \boldsymbol{F} = \boldsymbol{r} \times M\frac{\mathrm{d}\boldsymbol{v}}{\mathrm{d}t}. \tag{3.28}$$

式 (3.28) 等号左边的 $\boldsymbol{r} \times \boldsymbol{F}$ 是 $\boldsymbol{F}$ 关于原点 O 的力矩 $\boldsymbol{\tau}$. 粒子相对于原点 O 的角动量 $\boldsymbol{l}$ 为

$$\boldsymbol{l} = \boldsymbol{r} \times M\boldsymbol{v} = \boldsymbol{r} \times \boldsymbol{p}. \tag{3.29}$$

角动量 $\boldsymbol{l}$ 是垂直于图 3.4(a) 中的由 $\boldsymbol{r}$ 和 $\boldsymbol{v}$ 确定的平面的矢量, 它与动量 $\boldsymbol{p}$ 之间的关系如同力矩 $\boldsymbol{\tau}$ 与力 $\boldsymbol{F}$ 之间的关系.

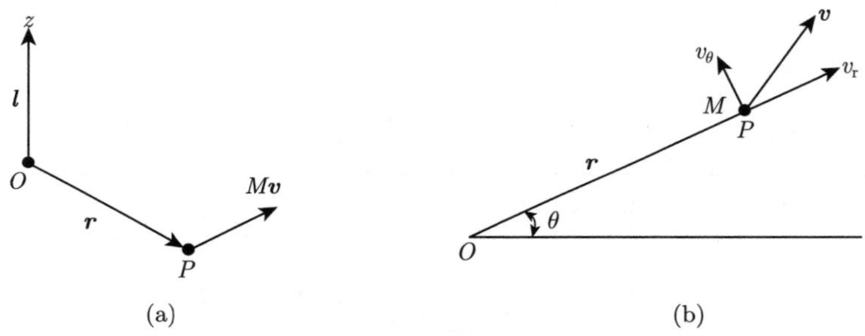

图 3.4　(a) 位移、动量、角动量三者之间的矢量关系, (b) 将速度分解为径向速度和横向速度的示意图 (引自参考文献 (French, 1971))

$\boldsymbol{l}$ 的时间变化率为

$$\frac{\mathrm{d}\boldsymbol{l}}{\mathrm{d}t} = \frac{\mathrm{d}\boldsymbol{r}}{\mathrm{d}t} \times M\boldsymbol{v} + \boldsymbol{r} \times M\frac{\mathrm{d}\boldsymbol{v}}{\mathrm{d}t} = \boldsymbol{v} \times M\boldsymbol{v} + \boldsymbol{r} \times M\frac{\mathrm{d}\boldsymbol{v}}{\mathrm{d}t}.$$

由图 3.4 可知, $\boldsymbol{v} \times M\boldsymbol{v}$ 的大小为零, 因为这两个矢量相互平行. 上式等号右边的第二项是 $\boldsymbol{F}$ 关于原点 O 的力矩 (见式 (3.28)), 因此可得

$$\boldsymbol{\tau} = \boldsymbol{r} \times \boldsymbol{F} = \frac{\mathrm{d}\boldsymbol{l}}{\mathrm{d}t}. \tag{3.30}$$

式 (3.30) 将力矩与粒子围绕原点 O 的角动量 $\boldsymbol{l}$ 的时间变化率联系在一起. 对于有心力 $\boldsymbol{F} = \boldsymbol{F}(\boldsymbol{r})$, 它的方向沿径向指向或背离原点 O, 因此 $\boldsymbol{F}$ 与 $\boldsymbol{r}$ 相互平行, 故 $\boldsymbol{\tau} = \boldsymbol{r} \times \boldsymbol{F} = \boldsymbol{0}$. 所以, 对于有心力, 有

$$\frac{\mathrm{d}\boldsymbol{l}}{\mathrm{d}t} = \boldsymbol{0}. \tag{3.31}$$

将式 (3.31) 代入式 (3.29), 可得

$$\boldsymbol{l} = \boldsymbol{r} \times \boldsymbol{p} = \text{常数}. \tag{3.32}$$

式 (3.32) 描述的是在有心力作用下质量为 M 的粒子运动时的角动量守恒.

如果在矢量 $\boldsymbol{r}$ 和 $\boldsymbol{v}$ 确定的平面中考察图 3.4(a) 所描述的情况, 那么问题可以用极坐标来表达, 速度可分解成径向速度 v_{r} 和横向速度 v_θ, 见图 3.4(b). 对于图 3.4(b) 中的极坐标表达, 矢量 $\boldsymbol{l}$ 的方向垂直于纸面向外, 其大小为

$$l = rMv_\theta = Mr^2\frac{\mathrm{d}\theta}{\mathrm{d}t}. \tag{3.33}$$

对于有心力, 乘积 $rv_\theta = r^2\mathrm{d}\theta/\mathrm{d}t$ 是常数. 对于质心系下的离子与固体相互作用, 只需将式 (3.33) 中的 M 替换成 M_{c} 即可.

3.5.2 有心力作用下的能量守恒

对于保守有心力和确定的势能 $V(r)$, 可以写出与有心力 $\boldsymbol{F}$ 相距为 $\boldsymbol{r}$ 且质量为 M 的粒子 (见图 3.4(b)) 的总能量:

$$E = \frac{M}{2}\left(v_{\mathrm{r}}^2 + v_\theta^2\right) + V(r), \tag{3.34}$$

其中, v_{r} 和 v_θ 分别是径向速度和横向速度. 式 (3.34) 等号右边的第一项表示极坐标系下的动能.

除了式 (3.34) 给出的总能量, 还有式 (3.33) 给出的角动量守恒条件

$$l = Mrv_\theta.$$

在式 (3.33) 和式 (3.34) 中, E 和 l 是运动常量, $V(r)$ 是有心力场中质量为 M 的粒子的势能. 式 (3.33) 和式 (3.34) 可以将图 3.4(a) 描述的三维问题简化为图 3.4(b) 描述的一维问题, 这是有心力场公式的一个优点.

将式 (3.33) 代入式 (3.34), 可以得到

$$E = E(r) = \frac{Mv_{\mathrm{r}}^2}{2} + \frac{l^2}{2Mr^2} + V(r). \tag{3.35}$$

式 (3.35) 第二个等号右边的所有项均仅是 r 的函数: 第一项是动能的径向分量, 第二项是离心势能, 第三项是原子间势. 离心势能是动能的一部分, 是由粒子沿垂

直于径向的横向运动导致的. 正因为离心势能可以描述为仅是 r 的函数, 所以才可以将粒子的径向运动视为 r 的一维问题. 式 (3.35) 就是一个简单的依赖于 r 的函数.

3.5.3　角动量和碰撞参数

假设当 r 趋于无穷大时, 原子间势 $V(r)$ 趋于零. 在这种情况下, 运动粒子在无穷远处的动能为正值. 如果 $V(r)$ 在任何地方均为正值并随 r 单调递减, 那么该势能是排斥势, 且粒子在势场中的径向运动对 r 的最大值没有约束. 但是 r 有最小值, 也就是最接近距离 $r_{\min}$, 它取决于粒子的总能量和原子间势的特性.

图 3.5(a) 展示了吸引势和排斥势的势能曲线 (二者仅在符号上不同), 以及一条离心势能曲线. 在图 3.5(b) 中, 有效势能

$$V'(r) = V(r) + \frac{l^2}{2Mr^2} \tag{3.36}$$

展示了上述两种情形. 图 3.6 给出了有效势能如何影响能量为 $E = Mv^2/2$ 的粒子的运动径迹示意图. 最接近距离由满足条件 $E = V'(r)$ 时的 r 值确定.

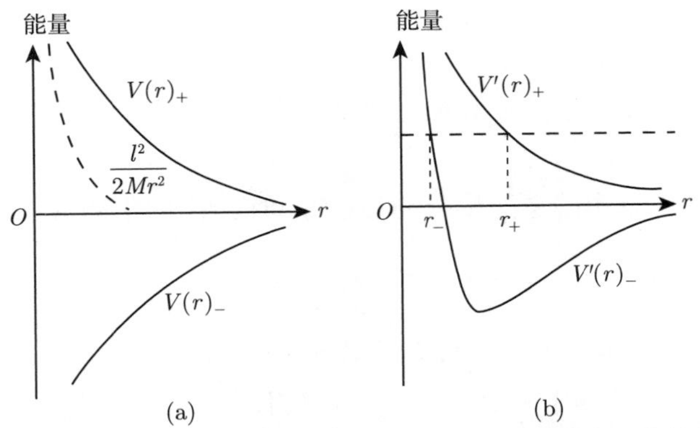

图 3.5　(a) 离心势能曲线 (虚线) 和两条势能曲线, 这两条势能曲线仅在符号上不同, 符号取决于粒子之间是同种电荷还是异种电荷的相互作用; (b) 图 (a) 中的两种情形对应的有效势能曲线, 该图表明在一个给定的正的总能量下, 两种情形的最接近距离是不同的 (引自参考文献 (French, 1971))

如图 3.6 所示, 在距离力心 (靶原子) 很远的地方, $V(r)$ 和 $\dfrac{l^2}{2Mr^2}$ 的大小可以忽略不计. 此时, 能量为 E 的粒子以速度 $v_0 = (2E/M)^{1/2}$ 沿直线运动. 粒子运

动的直线与其通过力心的平行线之间的偏离距离为 b. 该距离与离心势能和角动量直接相关. 从角动量守恒定律来看, 有

$$l = Mr_{\min}v_{\theta}. \tag{3.37a}$$

当 $r_{\min}$ 趋于无穷大时, 角动量趋于

$$l = Mv_0 b. \tag{3.37b}$$

由于角动量在有心力散射中是守恒的, 因此 l 可有式 (3.37) 中的两种定义. 偏离距离 b 称为碰撞参数, 它在表征接近力心的粒子运动时非常有用.

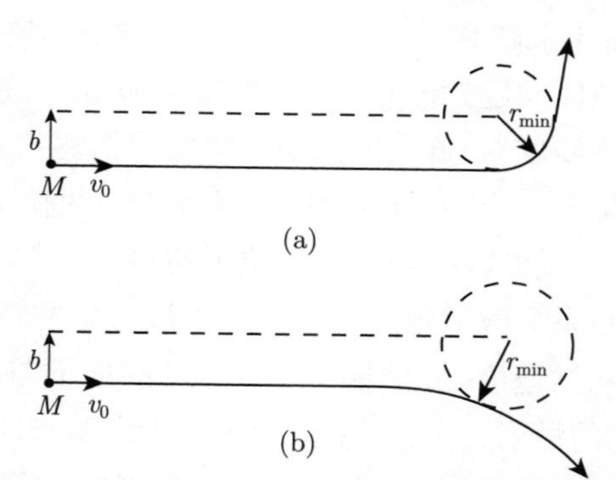

图 3.6 (a) 入射粒子受到有心力吸引后的运动径迹示意图, 角动量由碰撞参数 b 定义; (b) 在与图 (a) 中碰撞参数相同的条件下, 将吸引力变为排斥力时对应的运动径迹示意图 (引自参考文献 (French, 1971))

由图 3.5 可以看出, 最接近距离 $r_{\min}$ 由 $E = V'(r)$ 确定, E 又可以写作

$$E = V(r_{\min}) + \frac{l^2}{2Mr_{\min}^2}. \tag{3.38}$$

用式 (3.37b) 定义的角动量, 并将其代入式 (3.38), 可得

$$0 = 1 - \frac{V(r_{\min})}{E} - \frac{b^2}{r_{\min}^2}. \tag{3.39}$$

在质心系下, $E = E_{\mathrm{c}}$. 式 (3.38) 表明, $r_{\min}$ 取决于粒子的总能量和原子间势的形式. 如果知道 $V(r)$, 就可以通过求解式 (3.39) 得到 $r_{\min}$.

3.6 经典散射积分

本节将推导质心系下散射角 θ_c 的表达式, 会看到 θ_c 取决于原子间势 $V(r)$、总能量 E 和碰撞参数 b.

在 3.3 节和 3.4 节的讨论中, 回顾了两体弹性散射过程, 但是仅考虑了远离碰撞位置时的动量和能量渐近值. 为了继续探究离子与固体相互作用, 必须知道每个散射角的概率, 以确定散射过程中传递的能量. 有了散射角的概率, 也将引出第 4 章中能量传递微分散射截面的概念. 确定每个散射角概率的唯一方法就是分析散射过程中粒子在有心力作用下的运动情况.

正如在 3.5 节中展示的, 假设两个粒子之间的力仅沿着它们的连线作用而没有横向力, 则会大大简化求解有心力场中运动粒子散射径迹的问题. 利用质心系, 可将两体问题简化为单体问题, 也就是简化为质量为 M_c、速度为 v_c 的粒子与以质心系原点为力心的势场 $V(r)$ 的相互作用. 之所以能够这样简化, 是因为在质心系下粒子的总动量总是零, 两个粒子的路径是对称的 (见图 3.3), 因此通过求解一个粒子的路径 (散射角) 就可以得到另一个粒子的路径. 然后再利用表 3.2 中总结的方程就能实现从质心系下散射角到实验室系下散射角的转换.

图 3.7 展示了以初始速度 v_0 和能量 E_0 运动的离子与静止靶原子 (在图 3.2 和图 3.3 中出现) 之间的散射过程, 其中包含了实验室系和质心系下的散射径迹细节. 图中的距离 b 是碰撞参数, 如 3.5.3 小节所述, 它定义了靶原子的初始位置与离子的入射径迹之间的垂线长度, 在散射过程中是一个重要的物理量, 并决定了碰撞的硬度. 图 3.7 中的虚线表示离子和靶原子径迹的渐近线. 参数 $r_{\min}$ 是散射过程中的最接近距离.

因为仅讨论两个粒子且没有横向力, 所以问题是二维的, 即只在由离子的初始速度和靶原子的初始位置矢量确定的平面上. 求解的是由离子与原子之间相互作用势 $V(r)$ 定义的保守有心力, 因此质心系下的能量守恒由下式表述:

$$E_c = \frac{1}{2} M_c \left(\dot{r}^2 + r^2 \dot{\Theta}_c^2\right) + V(r), \tag{3.40}$$

其中, 等号右边的第一项是体系的动能. 变量 r 在图 3.7 中定义为

$$r = r_1 + r_2, \tag{3.41}$$

质心系下距离 r_1 和 r_2 分别为

$$r_1 = \frac{M_2}{M_1 + M_2} r, \tag{3.42a}$$

$$r_2 = \frac{M_1}{M_1 + M_2} r. \tag{3.42b}$$

变量 r 是质心系下离子 (M_1) 和靶原子 (M_2) 之间的距离, r_1 和 r_2 分别表示从质心到 M_1 和 M_2 的距离. Θ_c 为直线 $r_1 + r_2$ 与垂直于 r_min 的直线之间的夹角, 它与质心系下的散射角 θ_c 不同. $\dot{\Theta}_\mathrm{c}$ 是散射角的时间变化率 $\mathrm{d}\Theta_\mathrm{c}/\mathrm{d}t$. E_c 是式 (3.16) 定义的质心系下的总能量, M_c 是式 (3.11) 定义的质心系下的约化质量.

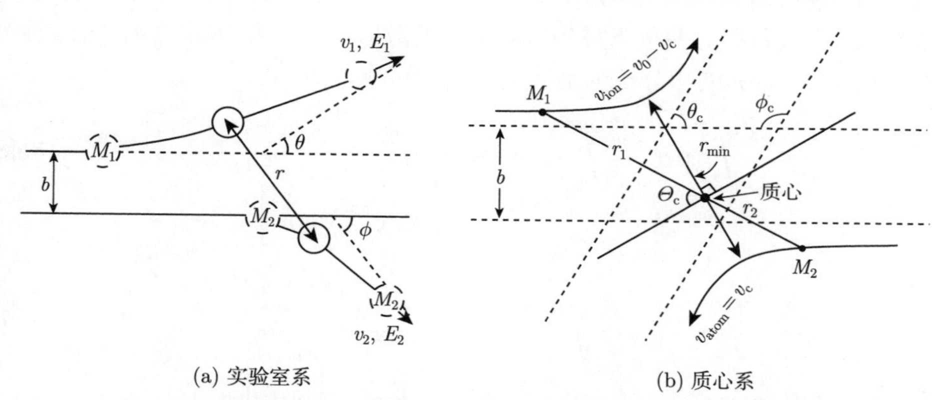

(a) 实验室系　　(b) 质心系

图 3.7　碰撞参数为 b 的两个不同质量物体的弹性散射径迹示意图

除了能量守恒外, 还有角动量守恒 (见式 (3.33)). 角动量守恒在质心系下的散射过程中可写作

$$l = M_\mathrm{c} r^2 \dot{\Theta}_\mathrm{c}, \tag{3.43}$$

其中, l 是常角动量. 当 r 很大时, 角动量只与碰撞参数有关且等于 $M_\mathrm{c} v_0 b$ (见式 (3.37b)). 由于角动量守恒, 即

$$l = M_\mathrm{c} r^2 \dot{\Theta}_\mathrm{c} = M_\mathrm{c} v_0 b, \tag{3.44}$$

因此可得

$$\dot{\Theta}_\mathrm{c} = \frac{v_0 b}{r^2}. \tag{3.45}$$

结合式 (3.40)、式 (3.44) 和式 (3.45), 可以把 Θ_c 表述成任一有心力场 $V(r)$ 的函数. 从这些式子能够得到径向运动方程:

$$\dot{r}=v_0\left[1-\frac{V(r)}{E_c}-\left(\frac{b}{r}\right)^2\right]^{1/2}. \tag{3.46}$$

由于 $\dot{r}=\mathrm{d}r/\mathrm{d}t$ 且 $\dot{\Theta}_c=\mathrm{d}\Theta_c/\mathrm{d}t$, 将之代入式 (3.46) 可得

$$\frac{\mathrm{d}\Theta_c}{\mathrm{d}t}\cdot\frac{\mathrm{d}t}{\mathrm{d}r}=\frac{\mathrm{d}\Theta_c}{\mathrm{d}r}=\frac{b}{r^2\left[1-\frac{V(r)}{E_c}-\left(\frac{b}{r}\right)^2\right]^{1/2}}. \tag{3.47}$$

将式 (3.47) 第二个等号左边的 dr 变换到第二个等号右边. 对 Θ_c 在上半轨道 (从 $\theta_c/2$ 到 $\pi/2$) 进行积分便可以得到质心系下的散射角 θ_c. 因为式 (3.47) 第二个等号右边相应的对 dr 的积分范围是从 $r_{\min}$ 到无穷远, 即

$$\int_{\frac{\theta_c}{2}}^{\frac{\pi}{2}}\mathrm{d}\Theta_c=\int_{r_{\min}}^{\infty}\frac{b\mathrm{d}r}{r^2\left[1-\frac{V(r)}{E_c}-\left(\frac{b}{r}\right)^2\right]^{1/2}}, \tag{3.48}$$

也就是

$$\frac{1}{2}(\pi-\theta_c)=\int_{r_{\min}}^{\infty}\frac{b\mathrm{d}r}{r^2\left[1-\frac{V(r)}{E_c}-\left(\frac{b}{r}\right)^2\right]^{1/2}}, \tag{3.49}$$

所以

$$\theta_c=\pi-2b\int_{r_{\min}}^{\infty}\frac{\mathrm{d}r}{r^2\left[1-\frac{V(r)}{E_c}-\left(\frac{b}{r}\right)^2\right]^{1/2}}. \tag{3.50}$$

最终得到的这个方程称为经典散射积分, 它给出了两粒子在有心力下的散射角. 由式 (3.50), 便可以根据总能量 E_c、原子间势 $V(r)$ 和碰撞参数 b 来计算散射角 θ_c. 在由 $V(r)$ 定义的势场中运动的具有能量 E 的离子, 其散射角会随着碰撞参数 b 的变化而变化. 这一点的重要性将在第 4 章讨论微分散射截面时清楚地显现出来, 那时会直接利用库仑势求解式 (3.50). 通常情况下, 势函数会比较复杂, 需要采用数值求解. 表 3.2 列出的方程可以将质心系下的散射角 θ_c 转化为实验室系下的角度 θ 和 ϕ.

比较式 (3.50) 和式 (3.39) 可以发现, 想得到最接近距离 $r_{\min}$, 可以令式 (3.50) 中根号下的表达式为零. 既然式 (3.50) 中根号下的表达式在 $r=r_{\min}$ 时为零, 那

么式 (3.50) 在 $r=r_{\min}$ 时就有一个奇点. 为了在积分过程中避开这个奇点, 可以通过以下变量替换来实现:

$$u=\frac{1}{r}. \tag{3.51}$$

通过该变量替换, 式 (3.50) 中的积分限被转换为 $1/\infty=0$ 和 $1/r_{\min}$, 于是式 (3.50) 变为

$$\theta_{\mathrm{c}}=\pi-2b\int_{0}^{1/r_{\min}}\frac{\mathrm{d}u}{\left[1-\dfrac{V(u)}{E_{\mathrm{c}}}-(bu)^{2}\right]^{1/2}}. \tag{3.52}$$

散射积分的这种最终形式消除了当 u 趋于零时的奇点.

3.7 最接近距离

最接近距离 $r_{\min}$ 由式 (3.39) 定义, 并可以改写为

$$\frac{V(r_{\min})}{1-b^{2}/r_{\min}^{2}}=E_{\mathrm{c}}=\frac{M_{2}}{M_{1}+M_{2}}E_{0}. \tag{3.53}$$

在式 (3.53) 中, 是利用式 (3.16) 将质心系下的总能量 E_{c} 转换为实验室系下的总能量 E_0 的. 对于库仑势 (见式 (2.4)) 和对头碰撞 ($b=0$), 可将式 (3.53) 改写为

$$d_{\mathrm{c}}\equiv r_{\min}|_{b=0}=\frac{M_{1}+M_{2}}{M_{2}E_{0}}Z_{1}Z_{2}e^{2}=\frac{Z_{1}Z_{2}e^{2}}{E_{\mathrm{c}}}. \tag{3.54}$$

对于对头碰撞, $r_{\min}\equiv d_{\mathrm{c}}$, 其中, d_{c} 称为碰撞直径. 对于给定的原子间势和离子能量, 碰撞直径给出了 $r_{\min}$ 的下限.

例如, 对于能量为 1 MeV 的 He ($Z_1=2$) 离子入射到 Si ($Z_2=14$) 上的情况, 质心系下的总能量 $E_{\mathrm{c}}=M_2E_0/(M_1+M_2)=875$ keV. 最接近距离, 也就是碰撞直径, 等于 $Z_1Z_2e^2/E_{\mathrm{c}}=4.6\times10^{-5}$ nm, 这比屏蔽距离 a_{TF} 小得多. 定义约化能量 ε 为 $a_{\mathrm{TF}}/d_{\mathrm{c}}$, 即

$$\varepsilon\equiv\frac{a_{\mathrm{TF}}}{d_{\mathrm{c}}}=\frac{a_{\mathrm{TF}}E_{\mathrm{c}}}{Z_{1}Z_{2}e^{2}}=\frac{E_{0}}{Z_{1}Z_{2}e^{2}}\frac{a_{\mathrm{TF}}M_{2}}{M_{1}+M_{2}}. \tag{3.55}$$

由式 (3.55) 可知, ε 是一个无量纲的能量单位. 在物理上, ε 给出了碰撞的剧烈程度, 以及离子与靶原子的接近程度. 例如, He 对 Si 的 TF 屏蔽距离 a_{TF} 为

$$a_{\mathrm{TF}} = \frac{0.885 \times 0.053}{\left(Z_1^{1/2} + Z_2^{1/2}\right)^{2/3}} \text{ nm} = 1.5 \times 10^{-2} \text{ nm}.$$

能量为 1 MeV 的 He 离子的约化能量为

$$\varepsilon = \frac{a_{\mathrm{TF}}}{d_{\mathrm{c}}} = \frac{1.5 \times 10^{-2}}{4.6 \times 10^{-5}} = 3.3 \times 10^2.$$

这个较大的 ε 值与非常小的碰撞直径是一致的.

为了便于计算, 可将式 (3.55) 简化为

$$\varepsilon = \frac{0.03255E}{Z_1 Z_2 \left(Z_1^{2/3} + Z_2^{2/3}\right)^{1/2}} \frac{M_2}{M_1 + M_2}. \tag{3.56}$$

参 考 文 献

French, A. P. (1971) *Newtonian Mechanics* (W. W. Norton & Co., New York).

Johnson, R. E. (1982) *Introduction to Atomic and Molecular Collisions* (Plenum Press, New York).

Sigmund, P. (1972) Collision Theory of Displacement Damage, Ion Ranges and Sputtering, *Rev. Roumaine Phys.* **17**, pp. 823, 969 & 1079.

Weller, R. (1995) in *Handbook of Modern Ion-Beam Materials Analysis*, eds. J. R. Tesmer, and M. Nastasi (Materials Research Society, Pittsburgh, PA), 1995.

推 荐 阅 读

Classical Mechanics, H. Goldstein (Addison-Wesley Publishing Co., Reading, Mass., 1959).

Defects and Radiation Damage in Metals, M. W. Thompson (Cambridge University Press, 1969).

Fundamental Aspects of Nuclear Reactor Fuel Elements, D. R. Olander (National Technical Information Service, Springfield, Virginia, 1976), chap. 17.

Fundamentals of Surface and Thin Film Analyses, L. C. Feldman and J. W. Mayer (North-Holland Science Publishing, New York, 1986).

Interatomic Potentials, I. M. Torrens (Academic Press, New York, 1972).

Mechanics, K. R. Symon (Addison-Wesley Publishing Co., Reading, Mass., 1953).

The Stopping and Range of Ions in Solids, J. F. Ziegler, J. P. Biersack, and U. Littmark (Pergamon Press Inc., New York, 1985).

第 4 章 截　面

4.1 引　言

在第 2 章和第 3 章中, 引入了理解离子与固体相互作用所必需的概念. 在第 3 章中, 推导出了描述两体弹性碰撞动力学的方程. 当出射原子或靶原子的散射角已知时, 这些方程能够用于计算碰撞中传递给靶原子的能量. 反之, 如果已知碰撞过程中的能损, 则可以计算散射角. 在第 3 章末尾, 我们推导出了质心系下散射角 θ_c 的表达式, 它是离子能量、碰撞参数 b 和原子间势 $V(r)$ 的函数. 在第 2 章中, 我们讨论了原子间势的细节.

在第 4 章中, 将考察离子与固体散射事件发生的概率. 在离子辐照损伤和离子注入实验中, 许多离子或载能粒子与靶原子核之间会发生相互作用. 由于大量的相互作用, 导致在碰撞中传递多少能量或散射角是多大等问题必须使用统计和概率的方式来回答. 微分散射截面是将要引入的基本参量, 它给出了传递给靶原子的能量在 T 和 $T + \mathrm{d}T$ 范围内的概率, 或者经散射后出射原子落在 θ_c 和 $\theta_c + \mathrm{d}\theta_c$ 范围内的概率. 微分散射截面具有面积的单位, 即单位通常为 cm^2. 将微分散射截面对所有角度积分就可以得到总散射截面, 通常简称为截面.

微分散射截面是描述固体中离子射程和辐照损伤的重要参数, 这将在本书后面章节中讨论. 微分散射截面在很大程度上取决于原子间势的形式.

4.2 角微分散射截面

在离子与固体相互作用中, 通常根据角微分散射截面的大小来描述以不同角度 θ_c 散射的离子数目. 想象一下图 4.1 给出的实验图像, 一离子束入射到薄箔 (靶) 上, 并以 θ_c 和 $\theta_c + \mathrm{d}\theta_c$ 之间的极角散射到面积为 Δa 的探测器中. 入射离子束中的每个离子具有不同的碰撞参数 b (如第 3 章所述), 并且以不同的角度散射. 将 $\mathrm{d}n_\theta$ 定义为单位时间内散射到面积为 Δa 的探测器中的离子数, 它们的散射角在 θ_c 和 $\theta_c + \mathrm{d}\theta_c$ 之间. 将单位时间内入射到单位面积靶上的离子数 (即每秒钟时间内入射到每平方厘米靶上的离子数)I_0 定义为入射离子的通量. 探测器的立体角 $\Delta\Omega$ 与其面积 Δa 和其与靶之间的距离 R 有关, 即

$$\Delta\Omega = \frac{\Delta a}{R^2} = \frac{(R\Delta\theta_c)(R\Delta\varphi\sin\theta_c)}{R^2} = \Delta\theta_c\Delta\varphi\sin\theta_c. \tag{4.1}$$

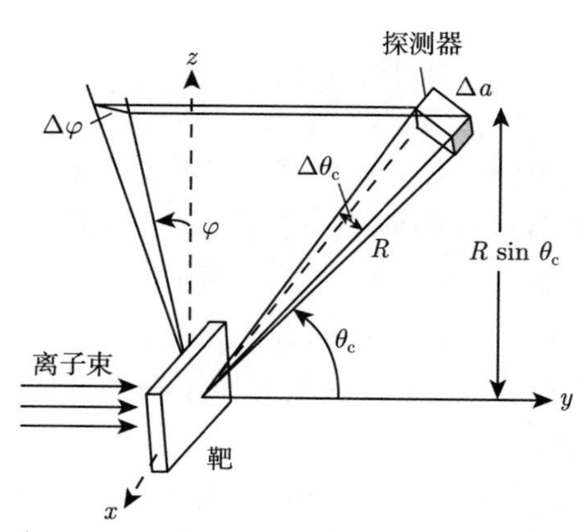

图 4.1 测量角微分散射截面的实验示意图. 探测器的面积 $\Delta a = (R\Delta\theta_c)(R\Delta\varphi\sin\theta_c)$. 通过把探测器移动到 R 固定时的所有角度, 则所有散射离子都能被计数, 探测器可覆盖一个大小为 $4\pi R^2$ 的面积或一个大小为 4π 的立体角

现在定义角微分散射截面 $\mathrm{d}\sigma(\theta_c)$, 它满足

$$\frac{\mathrm{d}\sigma(\theta_c)}{\mathrm{d}\Omega} \equiv \frac{1}{I_0}\frac{\mathrm{d}n_\theta}{\mathrm{d}\Omega}, \tag{4.2}$$

其中, 对于 $\Delta a \to 0$, 有 $\Delta\Omega \to \mathrm{d}\Omega$. $\mathrm{d}\sigma(\theta_c)$ / $\mathrm{d}\Omega$ 是单位立体角的角微分散射截面, $\mathrm{d}n_\theta/\mathrm{d}\Omega$ 是单位立体角在单位时间内散射到 θ_c 和 $\theta_c + \mathrm{d}\theta_c$ 之间的离子数. 由于立体角 Ω 的单位 (立体弧度) 是无量纲的, 因此角微分散射截面具有面积的单位.

可以简单地认为截面是每个散射中心 (靶原子核) 对于入射离子束的有效靶面积. 在更微观的水平上, 可以看到角微分散射截面依赖于碰撞参数 b. 图 4.2 展示了一个入射离子被靶原子核散射到 θ_c 方向的碰撞过程. 入射离子以近乎直线的方式运动, 直到它相当接近靶原子核, 在此处它将偏转一个角度 θ_c. 在偏转之后, 入射离子的径迹再次近乎变成直线. 如果入射离子和靶原子核之间没有相互作用, 则入射离子将保持直线运动并以距离 b (碰撞参数) 通过靶原子核.

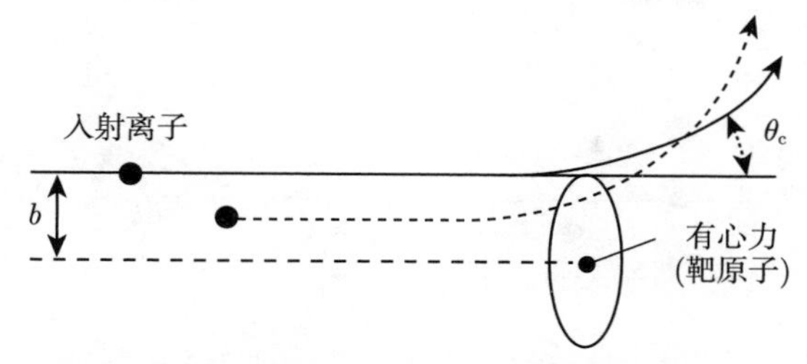

图 4.2 入射离子以距离 b 接近靶原子核, 截面是 $\sigma(\theta_c) = \pi b^2$

由图 4.2 可知, 所有具有碰撞参数 b 的入射离子都将迎头撞向一个绕靶原子核的圆周上, 并将偏转一个角度 θ_c. 该圆的面积为 πb^2, 对于撞向圆内任何位置 (距离小于 b) 的离子, 其运动径迹都将偏转一个大于 θ_c 的角度. 由碰撞参数定义的靶面积称为截面 $\sigma(\theta_c)$:

$$\sigma(\theta_c) = \pi b^2. \tag{4.3}$$

对于以较小 b 值运动的入射离子, 由式 (4.3) 定义的截面很小. 但是, 由于入射离子与靶原子核的相互作用, 散射角会很大, 因此 b 与 $\sigma(\theta_c)$ 成正比, 而 I_0 和 $\sigma(\theta_c)$ 与 θ_c 成反比. 从这个讨论中可知, $b = b(\theta_c)$.

除了截面外, 还需讨论角微分散射截面 $\mathrm{d}\sigma(\theta_c)$ 及其与 b 之间的关系. 如图 4.3 所示, 在碰撞参数 b 和 $b + \mathrm{d}b$ 之间入射的离子将通过 θ_c 和 $\theta_c + \mathrm{d}\theta_c$ 之间的角度散射. 通过对式 (4.3) 取微分, 可以得到该过程对于碰撞参数的角微分散射截面:

$$\mathrm{d}\sigma(\theta_c) = \mathrm{d}(\pi b^2) = 2\pi b \mathrm{d}b. \tag{4.4}$$

由式 (4.4) 和图 4.3 可知, 每个靶原子核的角微分散射截面都是半径为 b 的圆环, 其周长为 $2\pi b$, 宽度为 $\mathrm{d}b$. 碰撞参数在 $\mathrm{d}b$ 内的任何入射离子都将通过 θ_c 和 $\theta_c + \mathrm{d}\theta_c$ 之间的角度散射.

由图 4.2 和图 4.3 可知, b 与散射角 θ_c 之间存在一一对应关系. 为了找到 $\mathrm{d}\sigma(\theta_c)$ 与散射角之间的关系, 将式 (4.4) 改写为

$$\mathrm{d}\sigma(\theta_c) = 2\pi b(\theta_c) \left| \frac{\mathrm{d}b(\theta_c)}{\mathrm{d}\theta_c} \right| \mathrm{d}\theta_c, \tag{4.5}$$

其中, 使用 $\mathrm{d}b(\theta_c)/\mathrm{d}\theta_c$ 的绝对值是为了保证 $\mathrm{d}\sigma(\theta_c)$ 是正值. θ_c 随着 $\mathrm{d}b$ 的减小而增大, 表明 $\mathrm{d}b(\theta_c)/\mathrm{d}\theta_c$ 是负值.

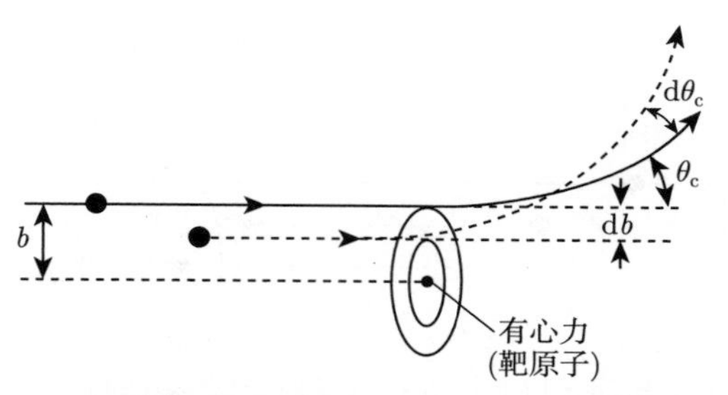

图 4.3　角微分散射截面 $\mathrm{d}\sigma(\theta_{\mathrm{c}}) = 2\pi b\mathrm{d}b$ 的靶原子的面积

为了确定单位立体角的角微分散射截面的表达式, 需要注意散射实验是通过观察散射到位于 θ_{c} 的单位立体角的入射离子数目来进行的. 该测量以每个立体角的散射离子数目为单位给出信息, 如图 4.4 所示. 圆环区域表示散射角 θ_{c} 和 $\theta_{\mathrm{c}} + \mathrm{d}\theta_{\mathrm{c}}$ 之间的立体角 $\mathrm{d}\Omega$. 半径为 R 的球体的表面积为 $4\pi R^2$, 球体的立体角为 4π. 阴影区域是半径为 $R\sin\theta_{\mathrm{c}}$、周长为 $2\pi R\sin\theta_{\mathrm{c}}$、宽度为 $R\mathrm{d}\theta_{\mathrm{c}}$ 的圆环, 因此阴影区域的面积为 $(2\pi R\sin\theta_{\mathrm{c}})(R\mathrm{d}\theta_{\mathrm{c}}) = 2\pi R^2\sin\theta_{\mathrm{c}}\mathrm{d}\theta_{\mathrm{c}}$. 根据立体角等于面积除以 R^2 的定义, 可得

$$\mathrm{d}\Omega = 2\pi\sin\theta_{\mathrm{c}}\mathrm{d}\theta_{\mathrm{c}}. \tag{4.6}$$

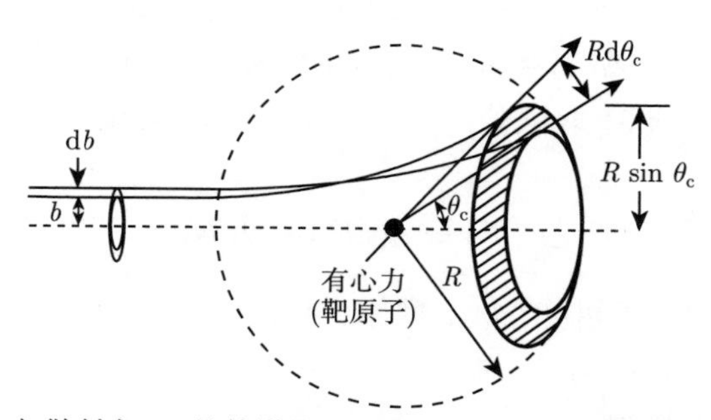

图 4.4　立体角 $\mathrm{d}\Omega$ 与散射角 θ_{c} 处的增量 $\mathrm{d}\theta_{\mathrm{c}}$ 之间存在如下对应关系: $\mathrm{d}\Omega = 2\pi\sin\theta_{\mathrm{c}}\mathrm{d}\theta_{\mathrm{c}}$. 根据定义可知, $\mathrm{d}\Omega/(4\pi)$ 等于阴影区域的面积除以球体的表面积. 阴影区域的面积为 $(2\pi R\sin\theta_{\mathrm{c}})(R\mathrm{d}\theta_{\mathrm{c}})$, 因此 $\mathrm{d}\Omega/(4\pi) = 2\pi R^2\sin\theta_{\mathrm{c}}\mathrm{d}\theta_{\mathrm{c}}/(4\pi R^2)$, 即 $\mathrm{d}\Omega = 2\pi\sin\theta_{\mathrm{c}}\mathrm{d}\theta_{\mathrm{c}}$

该结果相当于式 (4.1), 其中, $\Delta\varphi$ 已经在 2π 上积分. 联立式 (4.5) 和式 (4.6), 可以得到散射到单位立体角的角微分散射截面, 即

$$\frac{\mathrm{d}\sigma(\theta_{\mathrm{c}})}{\mathrm{d}\Omega} = \frac{b}{\sin\theta_{\mathrm{c}}}\left|\frac{\mathrm{d}b}{\mathrm{d}\theta_{\mathrm{c}}}\right|. \tag{4.7}$$

式 (4.5) 和式 (4.7) 给出了质心系下的角微分散射截面. 通过使用表 3.2 中给出的角度之间的关系, 可以获得散射离子和散射靶原子核在实验室系下的等效表达式.

对式 (4.7) 积分可以得到角微分散射截面与碰撞参数之间的关系:

$$\int_0^b b(\theta_c)\mathrm{d}b = \int_{\theta_c}^{\pi} \frac{\mathrm{d}\sigma(\theta_c)}{\mathrm{d}\Omega} \sin\theta_c \mathrm{d}\theta_c,$$

因此可得

$$b^2 = 2\int_{\theta_c}^{\pi} \frac{\mathrm{d}\sigma(\theta_c)}{\mathrm{d}\Omega} \sin\theta_c \mathrm{d}\theta_c. \tag{4.8}$$

为简洁起见, 忽略了散射角对碰撞参数的依赖性. 结合式 (4.8) 与 θ_c(见式 (3.50)), 可以有效地在 $V(r)$ 和 $\mathrm{d}\sigma(\theta_c)$ 之间建立关联.

以角微分散射截面为例, 假设碰撞离子之间的相互作用是纯库仑相互作用. 对于这种情况, 入射离子和靶原子核都被视为裸核, 入射离子的质量和原子序数分别为 M_1 和 Z_1, 靶原子核的质量和原子序数分别为 M_2 和 Z_2. 纯库仑相互作用下的原子间势为

$$V(r) = \frac{Z_1 Z_2 e^2}{r}, \tag{4.9}$$

其中, r 是两个粒子之间的距离. 为了将式 (4.9) 写成与式 (3.52) 中 $V(u)$ 相同的形式, 进行如下替换:

$$u \equiv \frac{1}{r}, \tag{4.10a}$$

以及

$$\alpha = Z_1 Z_2 e^2, \tag{4.10b}$$

推导可得

$$V(u) = \alpha u. \tag{4.11}$$

将原子间势写成这种形式后, 散射积分 (见式 (3.52)) 可变为

$$\theta_c = \pi - 2\int_0^{1/r_{\min}} \frac{\mathrm{d}u}{\left(\frac{1}{b^2} - \frac{\alpha u}{E_c b^2} - u^2\right)^{1/2}}. \tag{4.12}$$

式 (4.12) 可以通过如下形式进行积分:

$$\int \frac{\mathrm{d}x}{(a+cx+dx^2)^{1/2}} = \frac{-1}{(-d)^{1/2}} \sin^{-1} \frac{c+2dx}{q^{1/2}},$$

其中, $q = c^2 - 4ad$. 对于式 (4.12) , 这些变量为

$$a = \frac{1}{b^2}, \quad c = \frac{-\alpha}{E_\mathrm{c} b^2}, \quad d = -1,$$

$$q = \frac{4}{b^2}\left(1 + \frac{\alpha^2}{4E_\mathrm{c}^2 b^2}\right), \quad c + 2dx = -\left(2u + \frac{\alpha}{E_\mathrm{c} b^2}\right),$$

完成这些变量替换之后, 就可以给出

$$\theta_\mathrm{c} = \pi - 2\left[\sin^{-1} \frac{-\left(bu + \dfrac{\alpha}{2E_\mathrm{c} b}\right)}{\left(1 + \dfrac{\alpha^2}{4E_\mathrm{c}^2 b^2}\right)^{1/2}}\right]_0^{1/r_\mathrm{min}}. \tag{4.13}$$

当然, 要完成积分, 必须首先获得 r_min 的值. r_min 的定义由式 (3.39) 给出, 利用式 (4.10) 和式 (4.11) 定义的变量替换, 可以得到

$$b^2 u_\mathrm{min}^2 + \frac{\alpha u_\mathrm{min}}{E_\mathrm{c}} - 1 = 0, \tag{4.14}$$

其中, $u_\mathrm{min} = 1/r_\mathrm{min}$. 对式 (4.14) 求解, 可得

$$u_\mathrm{min} = \frac{1}{r_\mathrm{min}} = \frac{1}{b}\left\{\frac{-\alpha}{2bE_\mathrm{c}} \pm \left[\left(\frac{\alpha}{2bE_\mathrm{c}}\right)^2 + 1\right]^{1/2}\right\}. \tag{4.15}$$

将式 (4.15) 代入式 (4.13), 可以得到

$$\theta_\mathrm{c} = \pi - 2\left\{\pm\frac{\pi}{2} - \sin^{-1} \frac{\dfrac{\alpha}{2E_\mathrm{c} b}}{\left[1 + \left(\dfrac{\alpha}{2E_\mathrm{c} b}\right)^2\right]^{1/2}}\right\}, \tag{4.16}$$

它可以改写成

$$\frac{\theta_{\rm c}-\pi}{2}=\mp\frac{\pi}{2}+\sin^{-1}\left\{\frac{\alpha}{2E_{\rm c}b}\left[1+\left(\frac{\alpha}{2E_{\rm c}b}\right)^2\right]^{-1/2}\right\}. \tag{4.17}$$

由此, 可以通过式 (4.17) 得到 $\theta_{\rm c}$ 与 b 之间的关系. 式 (4.17) 可以写成

$$\sin\left(\frac{\theta_{\rm c}-\pi}{2}\pm\frac{\pi}{2}\right)=\pm\sin\frac{\theta_{\rm c}}{2}=\frac{\dfrac{\alpha}{2E_{\rm c}b}}{\left[1+\left(\dfrac{\alpha}{2E_{\rm c}b}\right)^2\right]^{1/2}},$$

该式表示的三角函数关系如图 4.5 所示, 由此可构建出碰撞参数 b 和散射角 $\theta_{\rm c}$ 之间的如下关系:

$$b=\frac{\alpha}{2E_{\rm c}}\cot\frac{\theta_{\rm c}}{2}=\frac{\alpha}{2E_{\rm c}}\frac{\cos(\theta_{\rm c}/2)}{\sin(\theta_{\rm c}/2)}. \tag{4.18}$$

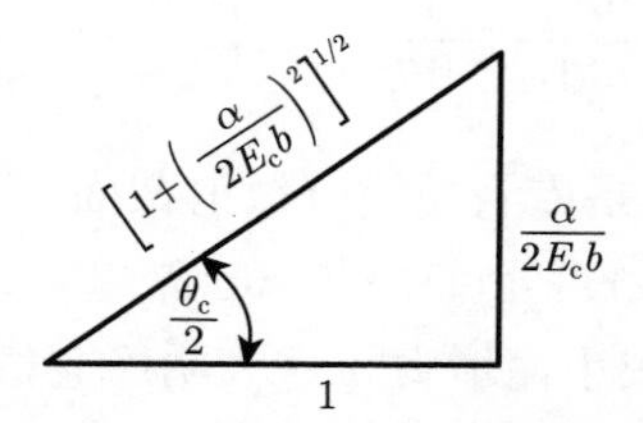

图 4.5 对于纯库仑相互作用, 质心系下的散射角 $\theta_{\rm c}$ 和碰撞参数 b 之间的三角函数关系示意图

联立式 (4.18) 和式 (4.7), 可以得到纯库仑相互作用下，散射到单位立体角的角微分散射截面. 将式 (4.18) 等号两边同时对 $\theta_{\rm c}$ 求导, 可得

$$\begin{aligned}\frac{{\rm d}b}{{\rm d}\theta_{\rm c}}&=\frac{\alpha}{2E_{\rm c}}\frac{{\rm d}\left[\cot(\theta_{\rm c}/2)\right]}{{\rm d}\theta_{\rm c}}=\frac{\alpha}{2E_{\rm c}}\frac{\rm d}{{\rm d}\theta_{\rm c}}\left[\frac{\sin(\theta_{\rm c}/2)}{1-\cos(\theta_{\rm c}/2)}\right]\\&=\frac{\alpha}{4E_{\rm c}\sin^2(\theta_{\rm c}/2)},\end{aligned} \tag{4.19a}$$

将式 (4.19a) 等号两边同时乘以 b, 可得

$$b\frac{{\rm d}b}{{\rm d}\theta_{\rm c}}=\frac{1}{2}\left(\frac{\alpha}{2E_{\rm c}}\right)^2\frac{\cot(\theta_{\rm c}/2)}{\sin^2(\theta_{\rm c}/2)}, \tag{4.19b}$$

因此可得

$$\frac{\mathrm{d}\sigma(\theta_c)}{\mathrm{d}\Omega}=\frac{b}{\sin\theta_c}\left|\frac{\mathrm{d}b}{\mathrm{d}\theta_c}\right|=\frac{1}{2}\left(\frac{\alpha}{2E_c}\right)^2\frac{\cot(\theta_c/2)}{\sin\theta_c\cdot\sin^2(\theta_c/2)}$$

或

$$\frac{\mathrm{d}\sigma(\theta_c)}{\mathrm{d}\Omega}=\left(\frac{\alpha}{4E_c}\right)^2\frac{1}{\sin^4(\theta_c/2)},\tag{4.20}$$

其中, 用到的几何关系是 $\sin\theta_c=2\sin(\theta_c/2)\cos(\theta_c/2)$.

例如, 对于能量为 1 MeV 的 $^4\mathrm{He}\,(Z_1=2)$ 离子入射到 Si $(Z_2=14)$ 上的情形, $E_c=875$ keV, $\alpha=40.3$ eV · nm. 对于 $\theta_c=180°$ 的背散射事件, $\theta_c\,/\,2=90°$, $\sin^4(\theta_c\,/\,2)=1$. 单位立体角的角微分散射截面为 $\mathrm{d}\sigma(\theta_c)/\mathrm{d}\Omega=[\alpha\,/\,(4E_c)]^2=1.3\times10^{-10}\ \mathrm{nm}^2$ 或 $1.3\times10^{-24}\ \mathrm{cm}^2$.

角微分散射截面可以通过 $\mathrm{d}\Omega$ 和 $\mathrm{d}\theta_c$ 之间的关系式 (4.6), 即 $\mathrm{d}\Omega=2\pi\sin\theta_c\mathrm{d}\theta_c$, 以及式 (4.20) 得到. 使用一些微分代数可以得到

$$\frac{\mathrm{d}\sigma(\theta_c)}{\mathrm{d}\theta_c}=\frac{\mathrm{d}\sigma(\theta_c)}{\mathrm{d}\Omega}\frac{\mathrm{d}\Omega}{\mathrm{d}\theta_c}=\pi\left(\frac{\alpha}{2E_c}\right)^2\frac{\cos(\theta_c/2)}{\sin^3(\theta_c/2)}.\tag{4.21}$$

式 (4.20) 和式 (4.21) 是库仑角微分散射截面, 又称为卢瑟福角微分散射截面. 从式 (4.20) 和式 (4.21) 分母中的 $\sin(\theta_c/2)$ 项可以看出, $\mathrm{d}\sigma(\theta_c)/\mathrm{d}\theta_c$ 和 $\mathrm{d}\sigma(\theta_c)/\mathrm{d}\Omega$ 都随着 θ_c 的减小而增大. 这表明库仑散射过程有利于小角度散射, 或者说, 最大的散射截面对应于小角度散射事件.

对于 $\theta_c=2°$ 的前向散射, $\sin^4(\theta_c/2)=1\times10^7$, 这表示在 θ_c 为 2° 的前向散射截面和 180° 的背散射截面之间有 7 个数量级的差别.

4.3　能量传递微分散射截面

下面利用类似于角微分散射截面的推导方式, 推导出在散射事件中能量传递微分散射截面的表达式. 如图 4.6 所示, 入射载能离子穿过厚度为 $\mathrm{d}x$ 的单位面积薄靶, 薄靶单位面积内共含有 N 个靶原子. 每个靶原子核都如图 4.2 所示的那样, 为这种入射离子提供一个有效的散射截面. 图 4.6 中的薄靶每单位面积内含有 $N\mathrm{d}x$ 个靶原子核, 它是入射离子的有效散射中心, 乘积 $\sigma N\mathrm{d}x$ 表示薄靶表面积上的总碰撞次数.

从上述对于图 4.6 的分析中, 可以确定具有能量 E 的入射离子穿过厚度为 $\mathrm{d}x$ 的薄靶时与靶原子核碰撞或发生散射的概率为

$$P(E) = N\sigma(E)\,\mathrm{d}x. \tag{4.22}$$

式 (4.22) 定义了能量为 E 的入射离子与靶原子核之间碰撞的截面 $\sigma(E)$. 该截面给出了可能发生的能量传递最大值为 $T_\mathrm{M} = 4M_1M_2E_0/(M_1+M_2)^2$ (见式 (3.27)) (包括最大值) 的所有类型碰撞的概率.

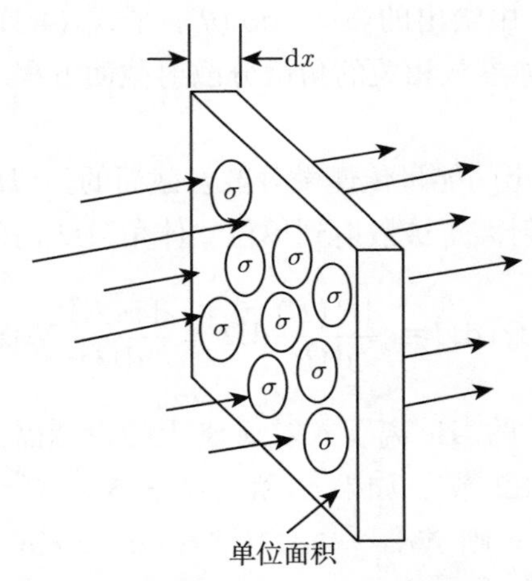

图 4.6 薄靶散射示意图, 每个靶原子核代表一个有效的散射截面 σ

除了截面外, 还希望得到在能量为 E 的入射离子与靶原子核之间可能发生的更具体的相互作用类型, 以及具有能量 E 的入射离子将 T 和 $T+\mathrm{d}T$ 之间的能量传递给靶原子的概率. 这一概率函数定义了能量传递微分散射截面, 并可以通过对式 (4.22) 求微分的方法得到, 即

$$P(E,T)\,\mathrm{d}T \equiv \frac{\mathrm{d}P(E)}{\mathrm{d}T}\mathrm{d}T = N\frac{\mathrm{d}\sigma(E)}{\mathrm{d}T}\mathrm{d}T\mathrm{d}x = \frac{1}{\sigma(E)}\frac{\mathrm{d}\sigma(E)}{\mathrm{d}T}\mathrm{d}T, \tag{4.23}$$

其中, $P(E,T)$ 是具有能量 E 的入射离子穿过 $\mathrm{d}x$ 距离时产生的传递给靶原子的能量在 T 到 $T+\mathrm{d}T$ 范围内的碰撞的概率, 并可简单定义为能量传递微分散射截面与截面的比值.

对于图 4.2 和图 4.3 描述的散射过程, 可以构造出概率函数, 用来描述入射离子在 $\mathrm{d}x$ 距离内发生碰撞, 使其径迹偏转 θ_c 的概率, 或者将入射离子散射到 θ_c 和

$\theta_c + d\theta_c$ 之间的概率. 这两个概率函数分别为

$$P(\theta_c) = \sigma(\theta_c) N dx \tag{4.24a}$$

和

$$P(\theta_c, b) db \equiv \frac{dP(\theta_c)}{db} db = N \frac{d\sigma(\theta_c)}{db} db dx = \frac{1}{\sigma(\theta_c)} \frac{d\sigma(\theta_c)}{db} db, \tag{4.24b}$$

其中, $\sigma(\theta_c)$ 是式 (4.3) 中给出的截面, $d\sigma(\theta_c)$ 是式 (4.4) 中给出的角微分散射截面. 也可以得到与碰撞参数相关的角微分散射截面方程, 它类似于式 (4.23) 的形式.

按照式 (4.23) 中给出的能量传递微分散射截面的类似思路, 在 θ_c 和 $\theta_c + d\theta_c$ 之间, 具有能量 E 的入射离子被散射到单位立体角 $d\Omega$ 内的概率函数为

$$P(E, \Omega) d\Omega \equiv \frac{dP(E)}{d\Omega} d\Omega = \frac{d\sigma(E)}{d\Omega} N dx d\Omega. \tag{4.25}$$

例如, 能量为 1 MeV 的 ^{4}He 离子入射到 Si 上的卢瑟福背散射截面 ($\sigma_c = 180°$) 为 1.3×10^{-24} cm^2(见 4.2 节). 如果 Si 靶 ($N = 5 \times 10^{22}$ atoms / cm^3) 的厚度为 10 nm($dx = 10^{-6}$ cm), 则 $N dx = 5 \times 10^{16}$ atoms / cm^2. 这种散射事件发生的概率 $P(E, \Omega) = 6.5 \times 10^{-8}$. 对于 $\theta_c = 2°$ 的前向散射, 相应的概率为 0.65, 这表明几乎每个入射离子在穿过薄靶时都经历了前向散射事件. 又如式 (4.25) 所表明的, 散射事件发生的概率随着薄靶的厚度线性增大.

将式 (4.6), 即 $d\Omega = 2\pi \sin\theta_c d\theta_c$, 代入式 (4.25), 可得

$$P(E, \Omega) d\Omega = 2\pi N dx \frac{d\sigma(E)}{d\Omega} = 2\pi \sin\theta_c N dx \frac{d\sigma(E)}{d\Omega} d\theta_c. \tag{4.26}$$

通过假定式 (4.23) 和式 (4.26) 得到的概率函数相等, 即

$$P(E, T) dT = P(E, \Omega) d\Omega,$$

可以得到碰撞过程中传递的能量 T 与散射角 θ_c 或立体角 Ω 之间的关系, 它等价于

$$\frac{d\sigma(E)}{dT} dT = 2\pi \sin\theta_c d\theta_c \frac{d\sigma(\theta_c)}{d\Omega}$$

或

$$\frac{\mathrm{d}\sigma(E)}{\mathrm{d}T} = 2\pi \sin\theta_\mathrm{c} \left|\frac{\mathrm{d}\theta_\mathrm{c}}{\mathrm{d}T}\right| \frac{\mathrm{d}\sigma(\theta_\mathrm{c})}{\mathrm{d}\Omega}, \tag{4.27}$$

传递的能量 T 在式 (3.26) 中给出, 即

$$T = T_\mathrm{M}\sin^2(\theta_\mathrm{c}/2) = \frac{1}{2}T_\mathrm{M}(1-\cos\theta_\mathrm{c}),$$

散射到单位立体角 $\mathrm{d}\Omega$ 的角微分散射截面由式 (4.7) 给出, 即

$$\frac{\mathrm{d}\sigma(\theta_\mathrm{c})}{\mathrm{d}\Omega} = \frac{b}{\sin\theta_\mathrm{c}}\left|\frac{\mathrm{d}b}{\mathrm{d}\theta_\mathrm{c}}\right|,$$

由此可将式 (4.27) 改写为

$$\frac{\mathrm{d}\sigma(E)}{\mathrm{d}T} = \frac{4\pi}{T_\mathrm{M}}\frac{\mathrm{d}\sigma(\theta_\mathrm{c})}{\mathrm{d}\Omega} = \frac{4\pi}{T_\mathrm{M}}\frac{b}{\sin\theta_\mathrm{c}}\left|\frac{\mathrm{d}b}{\mathrm{d}\theta_\mathrm{c}}\right|. \tag{4.28}$$

式 (4.28) 的用处极大, 它可以帮助我们在已知角微分散射截面或质心系下的散射角和碰撞参数时, 确定能量传递微分散射截面.

例如, 能量为 1 MeV 的 $^4\mathrm{He}(M_1 = 4)$ 离子入射到 $\mathrm{Si}(M_2 = 28)$ 上, $T_\mathrm{M} = 438$ keV 且 $4\pi/T_\mathrm{M} = 2.9\times10^{-5}\ \mathrm{eV}^{-1}$, 已经得到了对于背散射 ($\theta_\mathrm{c} = 180°$), $\mathrm{d}\sigma(\theta_\mathrm{c})/\mathrm{d}\Omega = 1.3\times10^{-24}\ \mathrm{cm}^2$, 因此 $\mathrm{d}\sigma(E)/\mathrm{d}T = 3.7\times10^{-29}\ \mathrm{cm}^2/\mathrm{eV}$.

通过令式 (4.23) 和式 (4.24b) 所表征的概率都等于 1, 可以确定散射过程的截面为

$$\sigma(E) = \int_{T_\mathrm{min}}^{T_\mathrm{M}} \frac{\mathrm{d}\sigma(E)}{\mathrm{d}T}\mathrm{d}T \tag{4.29a}$$

和

$$\sigma(\theta_\mathrm{c}) = \int_0^{b_\mathrm{max}} \frac{\mathrm{d}\sigma(\theta_\mathrm{c})}{\mathrm{d}b}\mathrm{d}b = \int_0^{b_\mathrm{max}} 2\pi b\mathrm{d}b, \tag{4.29b}$$

其中, T_M 是由式 (3.27) 给出的可传递的最大能量, T_min 是可传递的最小能量, b_max 是最大碰撞参数. 式 (4.29a) 和式 (4.29b) 给出的截面是等价的, 即 $\sigma(E) = \sigma(\theta_\mathrm{c})$. 也就是说, 将能量传递微分散射截面对 T_min 和 T_M 之间的所有传递的能量积分与对碰撞参数从 0 到 b_max 的积分相同. 截面之间的这种相等性为我们提供了在能量传递微分散射截面和碰撞参数之间进行转换的手段.

4.4　幂次律势和冲量近似

在本节中, 将研究在整个碰撞过程中 $V(r)/E_c$ 一直较小时, 原子间势 $V(r)$ 和散射角 θ_c 之间的关系. 这种情况对应于碰撞参数较大, 也意味着小角度散射.

入射离子经过靶原子核时有小角度偏转, 即发生了有心力作用下具有大碰撞参数的散射, 其散射截面可以由该入射离子在散射过程中受到的冲量来计算. 当携带电荷 Z_1e 的入射离子接近携带电荷 Z_2e 的靶原子核时, 它将受到排斥力, 这将导致入射离子的径迹偏离入射时的直线路径 (见图 4.7).

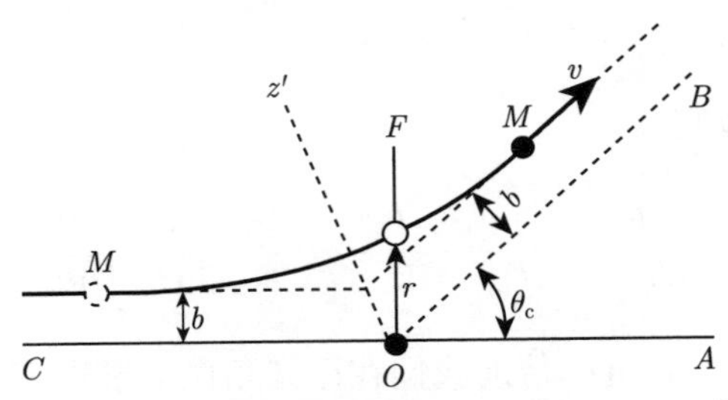

图 4.7　假定靶原子核是一个位于原点 O 的点电荷, 在与原点 O 距离为 r 处, 入射离子受到排斥力. 入射离子在初始时刻沿着平行于 OA 且与其间距为 b 的直线运动, 最后沿着平行于 OB 且与 OA 之间成角度 θ_c 的直线运动

设 $\boldsymbol{p}_1$ 和 $\boldsymbol{p}_2$ 分别为入射离子在初态和末态的动量. 由图 4.8(a) 可以看出, 总的动量变化 $\Delta\boldsymbol{p} = \boldsymbol{p}_2 - \boldsymbol{p}_1$ 沿着 z' 轴, 即对应于条件 $r = r_{\min}$ 的轴. 这里, 散射前后动量的大小保持不变. 由图 4.8(a) 所示的 $\boldsymbol{p}_1$, $\boldsymbol{p}_2$ 和 $\Delta\boldsymbol{p}$ 组成的等腰三角形可知

$$\frac{\frac{1}{2}\Delta p}{Mv} = \sin\frac{\theta_c}{2},$$

或者说, 在 $\theta_c \ll 1$ 的极限下, 有

$$\frac{\Delta p}{Mv} = \frac{\Delta(Mv)}{Mv} \cong \theta_c. \tag{4.30}$$

式 (4.30) 表明, 在小角度散射时, θ_c 可以被认为是由大致垂直于初始运动方向的小冲量 $\Delta\boldsymbol{p} = \Delta(M\boldsymbol{v})$ 造成的. 这种小角度计算通常称为冲量近似或动量近似.

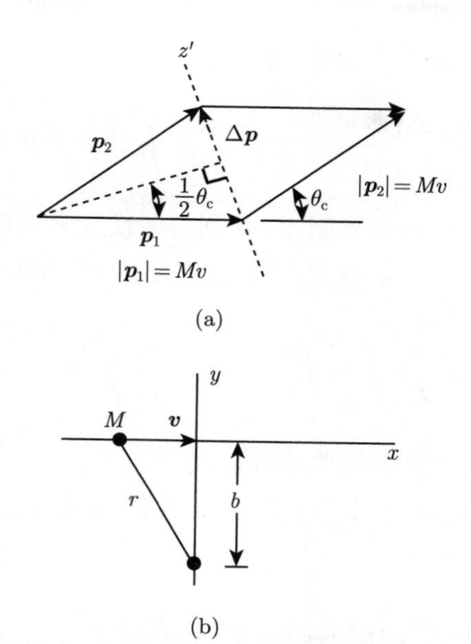

图 4.8 (a) 散射过程 (见图 4.7) 的动量图示, 注意 $|\boldsymbol{p}_1| = |\boldsymbol{p}_2|$, 即弹性碰撞过程中, 入射离子的能量和速度在碰撞前后是相同的; (b) 动量 (冲量) 近似的变量替换图

冲量近似适用于小角度散射的碰撞, 这类碰撞在决定入射离子径迹的一系列散射中占主要地位. 在冲量近似下, 动量的变化为

$$\Delta p = \int_{-\infty}^{+\infty} F_0 \mathrm{d}t \tag{4.31}$$

或

$$\Delta p = \frac{1}{v}\int_{-\infty}^{+\infty} F_0 \mathrm{d}x, \tag{4.32}$$

其中, F_0 是作用于入射离子且垂直于其入射方向的力的分量. 按照图 4.8(b) 中给出的碰撞的几何关系可知, 这个力可以用 $r = (x^2 + b^2)^{1/2}$ 表达为

$$F_0 = -\frac{\mathrm{d}V(r)}{\mathrm{d}y} = -\frac{\mathrm{d}V\left((x^2+b^2)^{1/2}\right)}{\mathrm{d}b}, \tag{4.33}$$

则

$$\Delta p = -\frac{1}{v}\frac{\mathrm{d}}{\mathrm{d}b}\int_{-\infty}^{+\infty} V\left((x^2+b^2)^{1/2}\right)\mathrm{d}x, \tag{4.34}$$

或者说, 对于 $\theta_{\mathrm{c}} \ll 1$, 利用式 (4.30), 有

$$\theta_{\mathrm{c}} \cong \frac{\Delta(Mv)}{Mv} = -\frac{1}{2E_{\mathrm{c}}}\frac{\mathrm{d}}{\mathrm{d}b}\int_{-\infty}^{+\infty} V(r)\mathrm{d}x. \tag{4.35}$$

式 (4.35) 表明, 散射角 θ_{c} 是由势能 $V(r)$ 通过一次积分然后取一次微分的方法得到的. 使用 $r=(x^2+y^2)^{1/2}$ 来对式 (4.35) 进行积分变量替换, 近似可得

$$\theta_{\mathrm{c}} = \frac{1}{E_{\mathrm{c}}}\int_{-\infty}^{+\infty} \frac{\mathrm{d}V}{\mathrm{d}r}\frac{b}{r}\left[1-\left(\frac{b}{r}\right)^2\right]^{-1/2}\mathrm{d}r. \tag{4.36}$$

式 (4.36) 通常称为散射积分的经典冲量近似.

现在考虑一种屏蔽库仑势 $V(r) \propto r^{-1}$, 其中, 屏蔽函数可以用式 (2.37) 中给出的负幂次函数近似表示, 即

$$\chi\left(r/a_{\mathrm{TF}}\right) = \frac{k_s}{s}\left(\frac{a_{\mathrm{TF}}}{r}\right)^{s-1}, \tag{4.37}$$

其中, $s=1,2,\cdots,k_s$ 是整数, a_{TF} 是由式 (2.43) 给出的屏蔽长度. 屏蔽库仑势可以写成

$$V\left(r\right) = C_s r^{-s}, \tag{4.38}$$

其中, 常数 C_s 为

$$C_s = \frac{Z_1 Z_2 e^2 k_s}{s a_{\mathrm{TF}}^{1-s}}. \tag{4.39}$$

对式 (4.38) 取微分并代入式 (4.36), 可以得到

$$\theta_{\mathrm{c}} = \frac{bsC_s}{E_{\mathrm{c}}}\int_{-\infty}^{+\infty} r^{-2}r^{-s}\left[1-\left(\frac{b}{r}\right)^2\right]^{-1/2}\mathrm{d}r. \tag{4.40}$$

对式 (4.40) 求解, 需要做如下变量替换:

$$r = \frac{b}{\sin\alpha}, \tag{4.41}$$

其中, b 是碰撞参数, α 是虚拟变量. 做变量替换之后可得

$$\theta_{\mathrm{c}} = \frac{-sC_s}{b^s E_{\mathrm{c}}}\int_0^{\pi/2} \sin^s\alpha\mathrm{d}\alpha = \frac{-sC_s}{b^s E_{\mathrm{c}}}\gamma_s, \tag{4.42}$$

这里, γ_s 代表式 (4.42) 中的积分部分并有确切的解, 即

$$\gamma_s = \int_0^{\pi/2} \sin^s \alpha \mathrm{d}\alpha = \frac{\Gamma\left(\frac{1}{2}\right)\Gamma\left(\frac{s+1}{2}\right)}{2\Gamma\left(\frac{s}{2}+1\right)}, \tag{4.43}$$

其中, $\Gamma(x)$ 是伽马 (Gamma) 函数, 其值在数学手册中列出. 林哈德等人 (1968) 给出了 γ_s 的解析解 (见式 (4.43)) 的近似形式:

$$\gamma_s \cong \frac{1}{s}\left(\frac{3s-1}{2}\right)^{1/2}. \tag{4.44}$$

结合式 (4.39) 和式 (4.42), 可以把散射角满足的方程写成如下形式:

$$\theta_{\mathrm{c}} = \frac{\gamma_s k_s}{\varepsilon}\left(\frac{a_{\mathrm{TF}}}{b}\right)^s, \tag{4.45}$$

其中, ε 是式 (3.55) 定义过的约化能量:

$$\varepsilon = \frac{a_{\mathrm{TF}} E_{\mathrm{c}}}{Z_1 Z_2 e^2}.$$

现在可以使用角微分散射截面 $\mathrm{d}\sigma(\theta_{\mathrm{c}})$ 推导幂次律势的角微分散射截面 (见式 (4.5) 和式 (4.45)). 将式 (4.45) 中的碰撞参数 b 改写为

$$b = a_{\mathrm{TF}}\left(\frac{\gamma_s k_s}{\varepsilon\theta_{\mathrm{c}}}\right)^{1/s}, \tag{4.46}$$

将 b 对 θ_{c} 求微分, 可得

$$\left|\frac{\mathrm{d}b}{\mathrm{d}\theta_{\mathrm{c}}}\right| = \frac{a_{\mathrm{TF}}}{s}\left(\frac{\gamma_s k_s}{\varepsilon}\right)^{1/s}\frac{1}{\theta_{\mathrm{c}}^{1+1/s}}, \tag{4.47}$$

角微分散射截面为

$$\mathrm{d}\sigma(\theta_{\mathrm{c}}) = 2\pi b\left|\frac{\mathrm{d}b}{\mathrm{d}\theta_{\mathrm{c}}}\right|\mathrm{d}\theta_{\mathrm{c}} = C_0\frac{a_{\mathrm{TF}}^2}{\varepsilon^{2/s}\theta_{\mathrm{c}}^{1+2/s}}\mathrm{d}\theta_{\mathrm{c}}, \tag{4.48}$$

其中, C_0 是一个常数, 其值为

$$C_0 = \frac{2\pi}{s}(\gamma_s k_s)^{2/s}. \tag{4.49}$$

4.5　幂次律势的能量传递微分散射截面

质心系下的能量传递函数 (见式 (3.26)) 为

$$T = T_{\mathrm{M}} \sin^2 \frac{\theta_{\mathrm{c}}}{2}. \tag{4.50}$$

在小角度极限 ($\theta_{\mathrm{c}} \ll 1$) 下, 有

$$\left(\frac{T}{T_{\mathrm{M}}}\right)^{1/2} = \sin\frac{\theta_{\mathrm{c}}}{2} \cong \frac{\theta_{\mathrm{c}}}{2}, \tag{4.51}$$

对式 (4.51) 求解，近似可得

$$\theta_{\mathrm{c}} = 2\left(\frac{T}{T_{\mathrm{M}}}\right)^{1/2}. \tag{4.52}$$

将式 (4.52) 对 T 求微分并整理得

$$\mathrm{d}\theta_{\mathrm{c}} = \frac{\mathrm{d}T}{T_{\mathrm{M}}\left(T/T_{\mathrm{M}}\right)^{1/2}}, \tag{4.53}$$

将之代入式 (4.48), 可得

$$\mathrm{d}\sigma(E) = C_0 \frac{a_{\mathrm{TF}}^2}{\varepsilon^{2/s}} \frac{T_{\mathrm{M}}^{1/s}}{T^{1+1/s}} \mathrm{d}T. \tag{4.54}$$

下面用实验室系下的能量 E_0 来重写式 (4.54), 并注意到式 (3.27), 即

$$T_{\mathrm{M}} = \frac{4M_1M_2}{(M_1+M_2)^2} E_0.$$

由式 (3.55)

$$\varepsilon = \frac{a_{\mathrm{TF}}}{Z_1Z_2e^2} \frac{M_2E_0}{M_1+M_2},$$

可以得到

$$\mathrm{d}\sigma(E) = \frac{C_m}{E_0^m T^{1+m}} \mathrm{d}T, \tag{4.55}$$

其中, $m = 1/s$. 常数 C_m 为

$$C_m = \frac{\pi}{2}\lambda_m a_{\mathrm{TF}}^2 \left(\frac{2Z_1Z_2e^2}{a_{\mathrm{TF}}}\right)^{2m} \left(\frac{M_1}{M_2}\right)^m, \tag{4.56}$$

其中, λ_m 是一个拟合参量:

$$\lambda_m = 2m\left(\frac{k_s\gamma_s}{2}\right)^{2m}. \tag{4.57}$$

如果将 $\chi(r)$ 视为 TF 屏蔽函数, 则可以在对应着离子轨道弯曲程度的不同碰撞距离

$$\lambda_{1/3} = 1.309, \quad \lambda_{1/2} = 0.327, \quad \lambda_1 = 0.5 \tag{4.58}$$

上将常数 k_s 都拟合得很好 (Winterbon et al., 1970).

温特邦 (Winterbon) 等人 (1970) 建议对应不同的 ε 范围, 采用不同的 m 值:

$$当\varepsilon \leqslant 0.2 \text{ 时}, \quad m = 1/3;$$

$$当0.08 \leqslant \varepsilon \leqslant 2 \text{ 时}, \quad m = 1/2;$$

$$当\varepsilon \geqslant 10 \text{ 时}, \quad m = 1(\text{卢瑟福散射}).$$

式 (4.54) 的有效性可以通过考察卢瑟福散射来确定, 其中, 原子间势是无屏蔽的库仑势, 该势的幂指数是 $s = m = 1$. 在这种情况下, 屏蔽函数 (见式 (4.37)) 是 1, 因此 $k_1 = 1$. 由式 (4.44) 可知, $\gamma_1 = 1$ 且 $C_0 = 2\pi$. 对于 $s = m = 1$, 式 (4.56) 可简化为

$$C_1 = \frac{\pi}{4}\left(2Z_1Z_2e^2\right)^2\frac{M_1}{M_2}. \tag{4.59}$$

对于纯库仑势, 幂次律势的能量传递微分散射截面 (见式 (4.55)) 可简化为

$$\mathrm{d}\sigma(E) = \frac{\pi}{4}\left(2Z_1Z_2e^2\right)^2\frac{M_1}{M_2}\frac{\mathrm{d}T}{E_0T^2}. \tag{4.60}$$

现在将这个结果与使用式 (4.20) 给出的卢瑟福角微分散射截面

$$\mathrm{d}\sigma\left(\theta_\mathrm{c}\right) = \left(\frac{\alpha}{4E_\mathrm{c}}\right)^2\frac{\mathrm{d}\Omega}{\sin^4\left(\theta_\mathrm{c}/2\right)}$$

进行比较.$\mathrm{d}\sigma\left(\theta_\mathrm{c}\right)/\mathrm{d}\Omega$ 到 $\mathrm{d}\sigma\left(E\right)/\mathrm{d}T$ 的转换可利用式 (4.28) 得到, 即

$$\frac{\mathrm{d}\sigma(E)}{\mathrm{d}T} = \frac{4\pi}{T_\mathrm{M}}\frac{\mathrm{d}\sigma\left(\theta_\mathrm{c}\right)}{\mathrm{d}\Omega},$$

这样就能够写出纯库仑势作用下的能量传递微分散射截面:

$$d\sigma(E)=\left(\frac{\alpha}{4E_c}\right)^2\frac{4\pi T_M dT}{T_M^2\sin^4(\theta_c/2)}=\frac{\pi}{4}\left(\frac{\alpha}{E_c}\right)^2\frac{T_M}{T^2}dT.$$

将上式中的 E_c, T_M 和 α 做如下替换:

$$E_c=\frac{M_2E_0}{M_1+M_2},\quad T_M=\frac{4M_1M_2}{(M_1+M_2)^2}E_0,\quad \alpha=Z_1Z_2e^2,$$

可得

$$d\sigma(E)=\frac{\pi}{4}\left(2Z_1Z_2e^2\right)^2\frac{M_1}{M_2}\frac{dT}{E_0T^2}.$$

将该结果与根据幂次律势推导出的式 (4.60) 进行比较, 可以看出它们是相同的.

4.6　约化截面

如前几节所示, 幂次律势可以大大简化能量传递微分散射截面的计算. 然而, 能量传递微分散射截面仍然是六个主要参数的函数: $d\sigma=f(Z_1,Z_2,E,\theta_c,M_1,M_2)$. 为了进一步简化能量传递微分散射截面的计算, 林哈德、尼尔森 (Nielsen) 和沙夫 (Scharff) 引入了普适的以约化符号表征的单参数能量传递微分散射截面方程:

$$d\sigma=\frac{-\pi a_{TF}^2}{2}\frac{f\left(t^{1/2}\right)}{t^{3/2}}dt, \tag{4.61}$$

其中, t 为无量纲的碰撞参数, 定义为

$$t\equiv\varepsilon^2\frac{T}{T_M}=\varepsilon^2\sin^2\frac{\theta_c}{2}, \tag{4.62}$$

其中, T 是传递的能量, T_M 是可传递的最大能量, ε 是式 (3.55) 定义的无量纲的约化能量:

$$\varepsilon\equiv\frac{a_{TF}}{d_c}=\frac{a_{TF}E_c}{Z_1Z_2e^2}.$$

在上式中, d_c 是未屏蔽 (即纯库仑) 的碰撞直径或对头碰撞 (即 $b=0$) 时的最接近距离, a_{TF} 是屏蔽距离.

林哈德等人 (1968) 认为 $f\left(t^{1/2}\right)$ 是一个简单的定标函数, 而变量 t 是一次碰撞中原子穿透深度的量度, t 越大代表着最接近距离越小. 表 4.1 列出了 TF 散射函数 $f\left(t^{1/2}\right)$ 的数据. 图 4.9 绘制了以表 4.1 中数据, 以及下面的近似解析式在 $\lambda' = 1.309$ 时计算出的结果 (Winterbon et al., 1970):

$$f\left(t^{1/2}\right) = \lambda' t^{1/6}\left[1 + \left(2\lambda' t^{2/3}\right)^{2/3}\right]^{-3/2}. \tag{4.63}$$

表 4.1　TF 散射函数 $f(t^{1/2})$ 的数据

$t^{1/2}$	$f(t^{1/2})$
0.002	0.162
0.004	0.209
0.01	0.280
0.02	0.334
0.04	0.383
0.10	0.431
0.15	0.435
0.20	0.428
0.40	0.385
1	0.275
2	0.184
4	0.107
10	0.050
20	0.025
40	0.0125

注: 表中数据引自参考文献 (Lindhard et al., 1968).

图 4.9 也给出了幂次律势的不同形式的 $f(t^{1/2})$ 的结果. 当 t 较小时, $f\left(t^{1/2}\right)$ 趋于 $f\left(t^{1/2}\right) = \lambda' t^{1/6}$, 这是下列更一般的幂次律势近似的一个特例:

$$f\left(t^{1/2}\right) = \lambda_m t^{1/2-m}, \tag{4.64}$$

其中, λ_m 的值列在式 (4.58) 中, 且 $\lambda' = \lambda_{1/3}$. 式 (4.64) 近似描述了势能为 $V(r) \propto r^{-s} = r^{-1/m}$ 形式下的散射. 在低能量下, 碰撞的穿透性没那么强 (t 较小), 屏蔽库仑势的散射由具有较大 s 值的区域确定. 在这种情况下, 碰撞时的相互作用仅涉及原子的外围部分, 并随着 t 的增大而增大. 对于 $s < 2$ 的高能碰撞,

屏蔽效应较小, 因为相互作用主要来自原子的内层部分, 并且 $f(t^{1/2})$ 随着 t 的增大而减小.

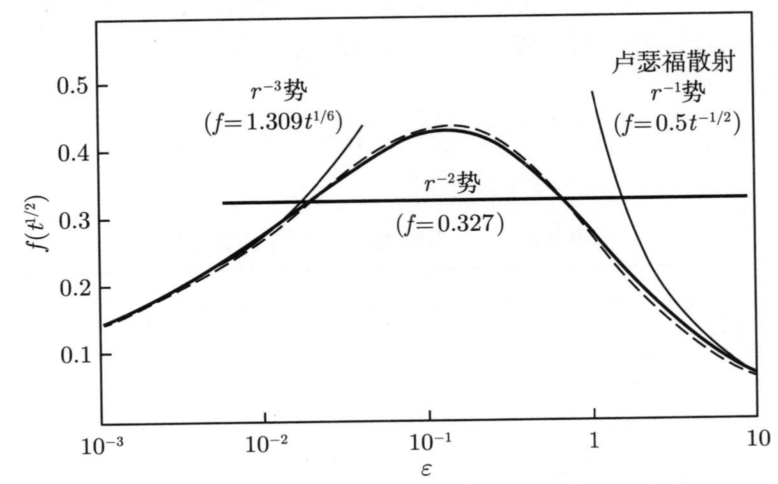

图 4.9 由 TF 势计算得到的约化截面, 纵坐标是 $f(t^{1/2}) = 2t^{2/3}(\pi a^2)^{-1}\mathrm{d}\sigma/\mathrm{d}t$, 横坐标是 $\varepsilon = t^{1/2}/\sin(\theta/2)$. 粗实线覆盖 ε 为 10^{-3} —10 的范围, 由式 (4.61) 计算得到. 虚线由式 (4.63) 计算得到. 细实线由幂次律势 (见式 (4.64)) 计算得到. 对于大的 $t^{1/2}$ 值 (即大的 ε 值), 曲线接近卢瑟福散射 (即 r^{-1} 势), 而在小的 $t^{1/2}$ 值 (即小的 ε 值) 处, 曲线接近 r^{-3} 势. 水平线代表 r^{-2} 势下的 $f(t^{1/2})$(引自参考文献 (Winterbon et al., 1970))

在研究图 4.9 时可知, 形如 $V(r) \propto r^{-3}$ 的势 (即 $m = 1/3$) 是对 t 较小时的 TF 散射函数 $f(t^{1/2})$ 的极好近似. 当 $s = 2(m = 1/2)$ 时, $f(t^{1/2}) =$ 常数 $=0.327$, 这是一个全域的合理近似. 而对于 $s = 1$, 未屏蔽的库仑势 (卢瑟福散射) 则为 $t \gg 1$ 时的情况提供了近似.

式 (4.63) 中的 TF 散射函数 $f(t^{1/2})$ 可以被推广至其他原子间势, 用来给出普适的单参数能量传递微分散射截面方程. 式 (4.63) 的一般形式为

$$f\left(t^{1/2}\right) = \lambda t^{1/2-m}\left[1+\left(2\lambda t^{1-m}\right)^{q}\right]^{-1/q}, \tag{4.65}$$

其中, λ, m 和 q 是拟合参量. 对于在式 (4.63) 中给出的 TF 散射函数 $f(t^{1/2})$, $\lambda = 1.309$, $m = 1/3$, $q = 2/3$. 表 4.2 列出了其他形式的 TF 散射函数中的 λ, m 和 q 值.

表 4.2 TF 散射函数 $f(t^{1/2})$ 中的拟合参量

TF 散射函数	λ	m	q	$t^{1/2}$ 范围
TF	1.309	0.333	0.667	10^{-3}—10
玻尔, 式 (2.38)	2.37	0.103	0.570	10^{-3}—10
伦斯–詹森, 式 (2.39)	2.92	0.191	0.512	10^{-3}—10
林哈德, 式 (2.33)	0.625	0.333	1.24	10^{-3}—10
林哈德, 式 (2.34)	0.879	0.333	1.24	10^{-3}—10
莫利雷, 式 (2.36)	3.07	0.216	0.530	10^{-3}—10
KO[a]	2.54	0.25	0.475	10^{-5}—10
ZBL, 式 (2.52)	5.01	0.203	0.413	10^{-6}—10^{4}
Kr–C[b]	3.35	0.233	0.445	10^{-6}—10^{4}

注: 表中数据引自参考文献 (Winterbon, 1972).

[a] 引自参考文献 (Kalbitzer et al., 1980).

[b] 引自参考文献 (Littmark et al., 1981; Wilson et al., 1977).

4.7 刚 球 势

在离子与固体相互作用的一些问题中, 假设入射离子和靶原子像保龄球 (弹性刚球) 碰撞一样相互作用, 就可以获得很多物理认知. 表述这种条件下原子间势的就是式 (2.6) 给出的刚球势. 刚球近似最适合用于近对头碰撞, 即碰撞参数 b 趋于 0 且散射角 θ_c 趋于 π(见图 3.7(b)).

图 4.10 显示了质心系下的质量为 M_1 和 M_2、半径为 R_1 和 R_2 的两个离子之间的刚球碰撞. 对于刚球碰撞, 最接近距离为

$$r_{\min} = r_1 + r_2, \tag{4.66}$$

其中, $r_1 = R_1$, $r_2 = R_2$. 对比图 4.10 和图 3.7(b) 可知, r_1 和 r_2 可以用式 (3.42) 来定义, 其中, r 由 $r_{\min}$ 代替, 即

$$r_1 = \frac{M_2}{M_1 + M_2} r_{\min}, \tag{4.67a}$$

$$r_2 = \frac{M_1}{M_1 + M_2} r_{\min}. \tag{4.67b}$$

由图 2.2(a) 和图 4.10 可知, 相互作用势仅在两个刚球接触时才存在. 刚球势简单地等于质心的动能 (见式 (3.16b)):

$$V\left(r_{\min}\right) = \frac{M_2}{M_1 + M_2} E_0. \tag{4.68}$$

碰撞参数 b 和 $r_{\min}$ 之间的关系可由图 4.10 得出, 即

$$b = r_{\min}\cos\frac{\theta_{\mathrm{c}}}{2}. \tag{4.69}$$

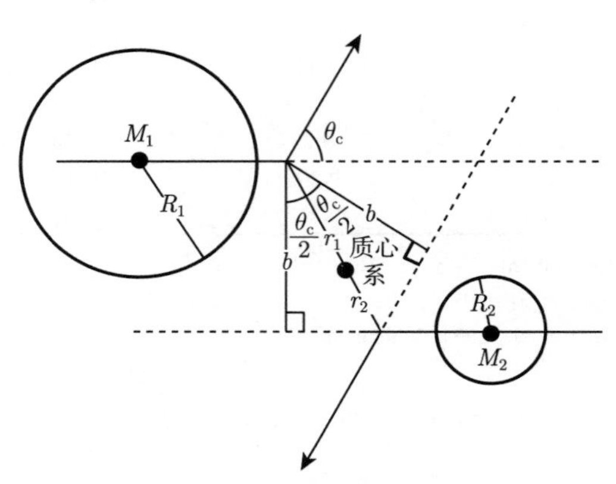

图 4.10　刚球碰撞示意图

通过对式 (4.69) 求微分, 并利用式 (4.5), 可以获得角微分散射截面:

$$\mathrm{d}\sigma\left(\theta_{\mathrm{c}}\right) = \pi r_{\min}^{2}\sin\frac{\theta_{\mathrm{c}}}{2}\cos\frac{\theta_{\mathrm{c}}}{2}\mathrm{d}\theta_{\mathrm{c}}. \tag{4.70}$$

能量传递微分散射截面可通过对式 (4.69) 求微分, 并结合式 (4.28) 得到, 它满足

$$\frac{\mathrm{d}\sigma(E)}{\mathrm{d}T} = \frac{\pi r_{\min}^{2}}{T_{\mathrm{M}}}. \tag{4.71}$$

由式 (4.3) 可以近似得到具有能量 E 的离子传递能量 T 的截面:

$$\sigma(E) \cong \pi r_{\min}^{2}. \tag{4.72}$$

将式 (4.71)、式 (4.72) 与式 (4.23) 联立, 便很容易计算刚球势下能量为 E 的载能粒子产生一个能量在 T 和 $T+\mathrm{d}T$ 之间的反冲粒子的概率:

$$P(E,T)\mathrm{d}T = \frac{1}{\sigma(E)}\frac{\mathrm{d}\sigma(E)}{\mathrm{d}T}\mathrm{d}T \cong \frac{\mathrm{d}T}{T_{\mathrm{M}}}. \tag{4.73}$$

式 (4.71)—(4.73) 的主要优点是它们不依赖于 E, 这就简化了在第 5 章和第 7 章中计算能损和辐照损伤值时所需的积分运算.

参考文献

Kalbitzer, S. and H. Oetzmann (1980) Ranges and Range Theories, *Radiation Effects* **47**, 57.

Lindhard, J., V. Nielsen, and M. Scharff (1968) Approximation Method in Classical Scattering by Screened Coulomb Fields (notes on Atomic Collisions I), *Mat. Fys. Medd. Dan Vid. Selsk.* **36**, no. 10.

Littmark, V. and J. F. Ziegler (1981) Ranges of Energetic Ions in Matter, *Phys. Rev.* **A23**, 64.

Wilson, W. D., L. G. Haggmark, and J. P. Biersack (1977) Calculations of Nuclear Stopping, Ranges, and Straggling in the Low-Energy Region, *Phys. Rev.* **B15**, 2458.

Winterbon, K. B. (1972) Heavy-Ion Range Profiles and Associated Damage Distributions, *Radiation Effects* **13**, 215.

Winterbon, K. B., P. Sigmund, and J. B. Sanders (1970) Spacial Distribution of Energy Deposited by Atomic Particles in Elastic Collisions, *Mat. Fys. Medd. Dan Vid. Selsk.* **37**, no. 14.

推荐阅读

Classical Mechanics, H. Goldstein (Addison-Wesley Publishing Co., Reading, Mass., 1959).

Collision Theory of Displacement Damage, Ion Ranges and Sputtering, P. Sigmund, *Rev. Roumaine Phys.* **17**, pp. 823, 969 & 1079 (1972).

Defects and Radiation Damage in Metals, M. W. Thompson (Cambridge University Press, 1969).

Elementary Modern Physics, R. T. Weidner and R. L. Sells (Allyn & Bacon Inc., Boston, 1980), 3rd edn.

Fundamental Aspects of Nuclear Reactor Fuel Elements, D. R. Olander (National Technical Information Service, Springfield, Virginia, 1976), chap. 17.

Fundamentals of Surface and Thin Film Analyses, L. C. Feldman and J. W. Mayer (North-Holland Science Publishing, New York, 1986).

Interatomic Potentials, I. M. Torrens (Academic Press, New York, 1972).

Introduction to Atomic and Molecular Collisions, R. E. Johnson (Plenum Press, New York, 1982).

Mechanics, K. R. Symon (Addison-Wesley Publishing Co., Reading, Mass., 1953).

Newtonian Mechanics, A. P. French (W. W. Norton & Co., New York, 1971).

The Stopping and Range of Ions in Solids, J. F. Ziegler, J. P. Biersack, and U. Littmark (Pergamon Press Inc., New York, 1985).

第 5 章　离子阻止

5.1　引　　言

当一个载能离子入射到固体上时, 它会与靶中的原子核和电子进行一系列碰撞. 在碰撞过程中, 载能离子会损失能量, 能损率 $\mathrm{d}E/\mathrm{d}x$ 在几 eV/nm 和 100 eV/nm 之间, 这取决于载能离子的能量和质量, 也与基底材料有关. 有关能损的机制将在下一部分论述, 这里只讨论离子的穿透深度, 或者说射程 R(见图 3.1). 射程 R 由沿着离子路径的能损率决定:

$$R = \int_{E_0}^{0} \frac{1}{\mathrm{d}E/\mathrm{d}x} \mathrm{d}E, \tag{5.1}$$

其中, E_0 是离子进入固体时的入射能量. $\mathrm{d}E/\mathrm{d}x$ 的符号是负的, 代表单位路径增量上的能损, 但是制表数据是以正值给出的.

如果排除了晶格取向的因素, 则决定射程或能损率的主要参数是入射载能离子的能量 E_0 和原子序数 Z_1, 以及基底的原子序数 Z_2. 当载能离子入射到固体上时, 它会经历与靶中的原子核和电子的碰撞, 离子在两次碰撞之间走过的距离和每次碰撞时损失的能量均是随机的, 因此同一种类及相同入射能量的离子不一定有相同的射程. 此外, 某种离子入射到固体上时, 射程上会有一个宽的分布. 射程上的分布也就是指射程分布或射程歧离. 而且, 在离子注入过程中, 我们感兴趣的不是离子的射程 R, 而是射程 R 在表面法线上的投影 (即穿透深度或投影射程 R_p)(见图 3.1).

5.2　能 损 过 程

载能离子在固体中运动的能损率 $\mathrm{d}E/\mathrm{d}x$ 是由离子和基底原子实, 以及电子之间屏蔽的库仑相互作用决定的. 通常把能损的机制分成两种: (1) 核碰撞, 离子把能量传递给靶原子核, 靶原子核整体反冲; (2) 电子碰撞, 运动的离子激发或电离靶电子. 在大多数情况下, 核碰撞和电子碰撞的区分很方便, 尽管不很精确, 但却是很好的近似. 能损率 $\mathrm{d}E/\mathrm{d}x$ 可以表示为

$$\frac{\mathrm{d}E}{\mathrm{d}x} = \left.\frac{\mathrm{d}E}{\mathrm{d}x}\right|_{\mathrm{n}} + \left.\frac{\mathrm{d}E}{\mathrm{d}x}\right|_{\mathrm{e}}, \tag{5.2}$$

其中, 下角标 n 和 e 分别表示核碰撞和电子碰撞.

核碰撞过程中包含较大且分立的能损, 且离子的径迹有明显的偏转 (见图 5.1), 由原子移位引起的晶格无序就是源于这个过程. 而离子与电子的碰撞每次只会损失很少的能量, 因此可以忽略离子的方向偏转, 并可忽略由此引起的晶格无序. 这两种能损机制的相对重要性会随着入射离子的能量 E 和原子序数 Z_1 的变化而快速变化: 低 E 高 Z_1 时主要是核阻止, 而电子阻止主要发生在高 E 低 Z_1 时. 能损率的典型单位是 eV/nm 或 keV/nm.

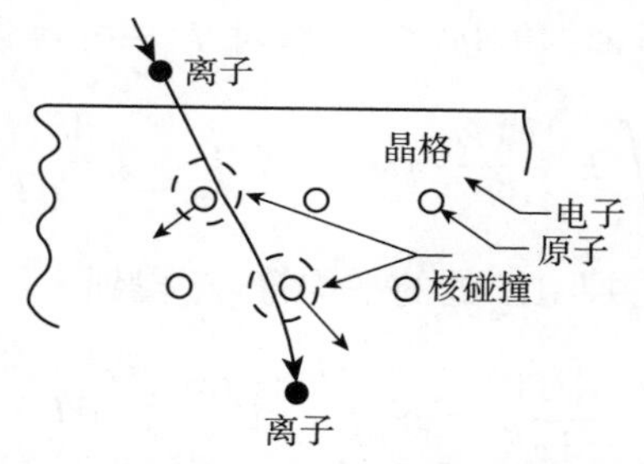

图 5.1 离子入射到固体上时, 与晶格原子碰撞发生偏转, 也与电子碰撞导致能损

除了能损率, 也习惯用阻止截面, 其定义为

$$S \equiv \frac{\mathrm{d}E/\mathrm{d}x}{N}, \tag{5.3}$$

其中, N 是原子密度. 可以把阻止截面想象成每个散射中心的能损率. 阻止截面的单位是 $\dfrac{\mathrm{eV/cm}}{\mathrm{atoms/cm^3}} = \dfrac{\mathrm{eV \cdot cm^2}}{\mathrm{atom}}$, 阻止截面的命名方式来自分子中的面积单位.

正确理解能损机制是很重要的, 因为它不仅能调控注入掺杂原子的射程分布, 而且决定了离子注入或离子辐照过程中造成晶格无序的实质. 离子在基底中逐渐慢化时, 会与晶格原子发生剧烈碰撞, 从而使原子从晶格位点上移位. 晶格无序的问题在大量的离子改性工艺中是致命的, 这个问题将在第 7 章中继续讨论. 由于射程分布和晶格无序源于同样的能损机制, 因此这属于本章要解决的基本问题.

其他伴随离子注入或离子辐照的二次效应, 例如, 靶原子的溅射, 也取决于核阻止和电子阻止的相对大小.

5.3 核 阻 止

在核阻止中, 我们关心的是离子与靶原子弹性碰撞产生的平均能损. 核阻止本领或核能损率是指运动离子在靶中穿行单位长度时通过弹性碰撞损失的能量. 在第 4 章中定义了一个能量为 E 的运动离子, 它在靶中穿行 $\mathrm{d}x$ 距离, 能损在 T 和 $T+\mathrm{d}T$ 之间的概率 (见式 (4.23)) 为

$$\frac{\mathrm{d}P(E)}{\mathrm{d}T}\mathrm{d}T = N\mathrm{d}x\frac{\mathrm{d}\sigma(E)}{\mathrm{d}T}\mathrm{d}T,$$

其中, E 是运动离子的能量, T 是其传递的能量. 运动离子在 $\mathrm{d}x$ 距离上的平均能损可以通过将上式乘以传递的能量 T, 然后对 T 积分得到, 即

$$\langle \mathrm{d}E\rangle = \int T\frac{\mathrm{d}P(E)}{\mathrm{d}T}\,\mathrm{d}T = N\int_{T_{\min}}^{T_{\mathrm{M}}} T\frac{\mathrm{d}\sigma(E)}{\mathrm{d}T}\,\mathrm{d}T\mathrm{d}x, \tag{5.4}$$

对于无穷小的 $\mathrm{d}x$, 可以去掉 $\mathrm{d}E$ 处的平均符号, 得到

$$\left.\frac{\mathrm{d}E}{\mathrm{d}x}\right|_{\mathrm{n}} = N\int_{T_{\min}}^{T_{\mathrm{M}}} T\frac{\mathrm{d}\sigma(E)}{\mathrm{d}T}\mathrm{d}T, \tag{5.5}$$

其中, $\left.\frac{\mathrm{d}E}{\mathrm{d}x}\right|_{\mathrm{n}}$ 就是核能损. 积分下限 $T_{\min}$ 是可传递的最小能量, 不一定是 0. $T_{\min}$ 可恰当地取为将原子从晶格位点移出所需的能量, 约为 20—30 eV. 原子移位过程将会在第 7 章中讨论. 积分上限 T_{M} 是可传递的最大能量, 且 $T_{\mathrm{M}} = 4M_1M_2E/\left(M_1+M_2\right)^2$.

在式 (5.3) 中定义了阻止截面. 能量为 E 的核阻止截面为

$$S_{\mathrm{n}}(E) = \frac{1}{N}\left.\frac{\mathrm{d}E}{\mathrm{d}x}\right|_{\mathrm{n}} = \int_{T_{\min}}^{T_{\mathrm{M}}} T\frac{\mathrm{d}\sigma(E)}{\mathrm{d}T}\mathrm{d}T, \tag{5.6}$$

其中, $\mathrm{d}\sigma(E)/\mathrm{d}T$ 是能量传递微分散射截面. 核阻止截面可以用式 (4.55) 中的能量传递微分散射截面的幂次律形式来估计, 即

$$\frac{\mathrm{d}\sigma(E)}{\mathrm{d}T} = \frac{C_m}{E^mT^{1+m}},$$

其中, 常数 C_m 由式 (4.56) 定义. 如果 $T_{\min}=0$, 则核阻止截面为

$$S_{\mathrm{n}}(E)=\frac{C_m}{E^m}\int_0^{T_{\mathrm{M}}}T^{-m}\mathrm{d}T=\left.\frac{C_mE^{-m}T^{1-m}}{1-m}\right|_0^{T_{\mathrm{M}}}$$

或

$$S_{\mathrm{n}}(E)=\frac{C_mE^{1-2m}}{1-m}\left[\frac{4M_1M_2}{(M_1+M_2)^2}\right]^{1-m}. \tag{5.7}$$

式 (5.7) 给出了基于 TF 原子模型的计算阻止截面的方法, 该方法给出的结果有大约 20%的偏差. 不同范围的有效 m 值为 (Winterbon et al., 1970)

$$\begin{aligned}&\text{当 }\varepsilon\leqslant 0.2\text{ 时}, && m=1/3,\\ &\text{当 }0.08\leqslant\varepsilon\leqslant 2\text{ 时}, && m=1/2,\end{aligned} \tag{5.8a}$$

其中, ε 是由式 (3.55) 定义的约化能量:

$$\varepsilon=\frac{M_2}{M_1+M_2}\frac{a_{\mathrm{TF}}}{Z_1Z_2e^2}E. \tag{5.8b}$$

式 (5.8b) 给出了以实验室系下的能量 E 表示的约化能量.

5.4 核阻止: 约化表示

对于屏蔽库仑势, 约化符号表示的能量传递微分散射截面定义为式 (4.61):

$$\mathrm{d}\sigma=\frac{-\pi a_{\mathrm{TF}}^2}{2}\frac{f\left(t^{1/2}\right)}{t^{3/2}}\mathrm{d}t.$$

使用上式, 可以将式 (5.5) 给出的核能损改写为

$$\left.\frac{\mathrm{d}E}{\mathrm{d}x}\right|_{\mathrm{n}}=-N\pi a_{\mathrm{TF}}^2\int_0^{T_{\mathrm{M}}}T\frac{f\left(t^{1/2}\right)}{2t^{3/2}}\mathrm{d}t,$$

上式可简化为

$$\left.\frac{\mathrm{d}E}{\mathrm{d}x}\right|_{\mathrm{n}}=\frac{-N\pi a_{\mathrm{TF}}^2T_{\mathrm{M}}}{\varepsilon^2}\int_0^{T_{\mathrm{M}}}f\left(t^{1/2}\right)\mathrm{d}t^{1/2}, \tag{5.9}$$

这里使用了式 (4.62) 中定义的 t:

$$t \equiv \varepsilon^2 \frac{T}{T_{\mathrm{M}}},$$

其中, ε 是约化能量, 由式 (5.8b) 给出.

通过引入约化阻止截面 $S(\varepsilon)$ 和约化长度 ρ_{L} 的定义 (Lindhard et al., 1963):

$$S(\varepsilon) \equiv \frac{\mathrm{d}\varepsilon}{\mathrm{d}\rho_{\mathrm{L}}}, \tag{5.10}$$

$$\rho_{\mathrm{L}} \equiv LNM_2 4\pi a_{\mathrm{TF}}^2 \frac{M_1}{(M_1+M_2)^2}, \tag{5.11}$$

其中, L 是实验室系下测量的长度, 可将式 (5.9) 改写成一个更普适的形式. $S_{\mathrm{n}}(E)$ 和 $S_{\mathrm{n}}(\varepsilon)$ 之间的关系可以用式 (5.3) 和微分算式

$$\frac{\mathrm{d}E}{\mathrm{d}x} = NS(E) = \frac{\mathrm{d}\varepsilon}{\mathrm{d}\rho_{\mathrm{L}}} \left(\frac{\mathrm{d}E}{\mathrm{d}\varepsilon} \frac{\mathrm{d}\rho_{\mathrm{L}}}{\mathrm{d}L} \right),$$

即

$$\frac{\mathrm{d}\varepsilon}{\mathrm{d}\rho_{\mathrm{L}}} = \frac{\mathrm{d}E}{\mathrm{d}x} \left(\frac{\mathrm{d}\varepsilon}{\mathrm{d}E} \frac{\mathrm{d}L}{\mathrm{d}\rho_{\mathrm{L}}} \right)$$

得到. 根据 ε 与 E 之间的关系 (见式 (5.8b)) 和 ρ_{L} 与 L 之间的关系 (见式 (5.11)), 可得

$$S_{\mathrm{n}}(\varepsilon) = \frac{M_1+M_2}{M_1} \frac{1}{4\pi a_{\mathrm{TF}} Z_1 Z_2 e^2} S_{\mathrm{n}}(E) \tag{5.12a}$$

或

$$S_{\mathrm{n}}(\varepsilon) = \frac{\varepsilon}{\pi a_{\mathrm{TF}}^2 \gamma E} S_{\mathrm{n}}(E), \tag{5.12b}$$

其中, γ 定义为

$$\gamma \equiv \frac{4M_1M_2}{(M_1+M_2)^2} = \frac{T_{\mathrm{M}}}{E}. \tag{5.13}$$

结合式 (5.9)—(5.11) 可得

$$\left.\frac{\mathrm{d}\varepsilon}{\mathrm{d}\rho_{\mathrm{L}}}\right|_{\mathrm{n}} \equiv S_{\mathrm{n}}(\varepsilon) = \frac{1}{\varepsilon} \int_0^{\varepsilon} f\left(t^{1/2}\right) \mathrm{d}t^{1/2}. \tag{5.14}$$

利用表 4.2 中的拟合参量给出的不同形式的原子间势, 以及式 (4.63) 定义的 $f\left(t^{1/2}\right)$, 可以求解式 (5.14). 表 5.1 给出了由 TF 散射函数 $f\left(t^{1/2}\right)$ 计算得到的 $S_{\mathrm{n}}(\varepsilon)$ 值.

式 (5.14) 能利用式 (4.64) 给出的 $f\left(t^{1/2}\right)$ 的幂次律近似

$$f\left(t^{1/2}\right)=\lambda_m t^{1/2-m}$$

(其中, 拟合参量 λ_m 的定义由式 (4.57) 和式 (4.58) 给出) 精确解出. 用 y 替换变量 $t^{1/2}$, 可将式 (5.14) 改写为

$$S_{\mathrm{n}}(\varepsilon)=\frac{\lambda_m}{\varepsilon}\int_0^{\varepsilon} y^{1-2m}\ \mathrm{d}y=\frac{\lambda_m}{\varepsilon}\frac{y^{2-2m}}{2(1-m)}\bigg|_0^{\varepsilon},$$

最终结果是

$$S_{\mathrm{n}}(\varepsilon)=\frac{\lambda_m}{2(1-m)}\varepsilon^{1-2m}. \tag{5.15}$$

式 (5.15) 是约化核阻止截面的幂次律近似. 图 5.2 对比了利用 TF 势计算得到的约化核阻止截面和约化核阻止截面的数值积分结果. TF 势以 ε 的函数形式给出 (见表 5.1), 其在图 5.2 上表示为粗实线, ε 的范围是 10^{-3}—10; 数值积分结果在图 5.2 上表示为虚线和细实线, 分别由式 (5.14) 和式 (5.15) 给出, 且有两种情况: $m=1/3\left(S=0.981\varepsilon^{1/3}\right)$ 和 $m=1/2(S=0.327)$. m 取值的有效能量范围由式 (5.8a) 给出. 在低能段, $m=1/3$, 约化核阻止截面以 $\varepsilon^{1/3}$ 或 $E^{1/3}$ 的形式上升; 在中能段, $m=1/2$, 约化核阻止截面趋于稳态, 即近似与能量无关; 在高能段, 属于卢瑟福机制, 约化核阻止截面以 ε^{-1} 或 E^{-1} 的形式下降.

图 5.2 也能由非约化的表示方式 $S_{\mathrm{n}}(E)$ 给出, 利用式 (5.7) 给出的幂次律近似, 在 $m=1/2$ 时, 式 (5.7) 和式 (4.56) 给出

$$\begin{aligned}
\left.\frac{\mathrm{d}E}{\mathrm{d}x}\right|_{\mathrm{n}}&=1.308\pi a_{\mathrm{TF}}NZ_1Z_2e^2\frac{M_1}{M_1+M_2},\\
\left.\frac{\mathrm{d}E}{\mathrm{d}x}\right|_{\mathrm{n}}&=0.28\frac{NZ_1Z_2}{\left(Z_1^{1/2}+Z_2^{1/2}\right)^{2/3}}\frac{M_1}{M_1+M_2},
\end{aligned} \tag{5.16}$$

其中, N 是每立方纳米体积内的原子数. 这些结果表明, 在 $m=1/2$ 时, 核阻止本领与能量无关.

表 5.1　由 TF 散射函数 $f(t^{1/2})$ 计算得到的 $S_n(\varepsilon)$

ε	$S_n(\varepsilon)$
0.002	0.120
0.004	0.154
0.01	0.211
0.02	0.261
0.04	0.311
0.10	0.372
0.15	0.393
0.20	0.403
0.40	0.405
1	0.356
2	0.291
4	0.214
10	0.128
20	0.0813
40	0.0493

注: 表中数据引自参考文献 (Lindhard, et al., 1968).

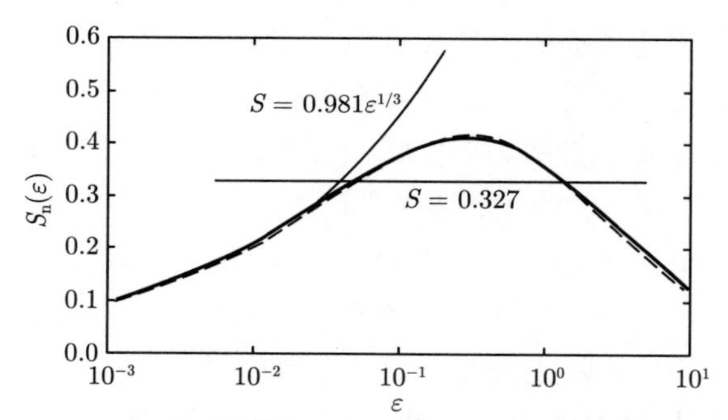

图 5.2　粗实线代表利用 TF 势计算得到的约化核阻止截面, 虚线和细实线分别代表由式 (5.14) 和式 (5.15) 通过数值积分得到的约化核阻止截面

对于大多数 keV 能量范围的核阻止截面, 式 (5.16) 是一个合理近似. 例如, 对于 Ar $(Z_1 = 18, M_1 = 40)$ 入射到 Si$(Z_2 = 14, M_2 = 28, N = 50\ \text{atoms/nm}^3)$ 上, 有

$$\left.\frac{\mathrm{d}E}{\mathrm{d}x}\right|_{\mathrm{n}} = 520\ \text{eV/nm};$$

对于 Ar 入射到 Cu$(Z_2 = 29, M_2 = 64, N = 85\ \text{atoms/nm}^3)$ 上, 有

$$\left.\frac{\mathrm{d}E}{\mathrm{d}x}\right|_{\mathrm{n}} = 1060\ \text{eV/nm}.$$

5.5 ZBL 约化核阻止截面

虽然 TF 屏蔽函数是计算能损和阻止截面的一个合理近似，但利用齐格勒、比尔扎克和利特马克于 1985 年推导出的普适屏蔽函数，即式 (2.52)，可以得到具有更高准确度和更广应用范围的约化能量 ε.

基于 ZBL 原子间势计算约化核阻止截面需要用到数值方法. 约化核阻止截面由式 (5.12b)，即

$$S_{\mathrm{n}}(\varepsilon)=\frac{\varepsilon}{\pi a_{\mathrm{U}}^{2}\gamma E}S_{\mathrm{n}}(E)$$

给出，其中，a_{U} 是普适屏蔽长度，由式 (2.54) 给出，γ 由式 (5.13) 定义，且 $S_{\mathrm{n}}(E)$ 由式 (5.6) 得到，所以

$$S_{\mathrm{n}}(\varepsilon)=\frac{\varepsilon}{\pi a_{\mathrm{U}}^{2}\gamma E}\int_{0}^{T_{\mathrm{M}}}T\frac{\mathrm{d}\sigma(E)}{\mathrm{d}T}\,\mathrm{d}T, \tag{5.17}$$

传递的能量 T 由式 (3.26) 给出:

$$T=T_{\mathrm{M}}\sin^{2}\frac{\theta_{\mathrm{c}}}{2}=\gamma E\sin^{2}\frac{\theta_{\mathrm{c}}}{2},$$

这里，θ_{c} 是质心系下入射离子的散射角，E 是实验室系下入射离子的能量. 也可以利用式 (4.29)，得到

$$\int_{T_{\min}}^{T_{\mathrm{M}}}\frac{\mathrm{d}\sigma(E)}{\mathrm{d}T}\,\mathrm{d}T=\int_{0}^{b_{\max}}2\pi b\mathrm{d}b. \tag{5.18}$$

利用式 (5.17)、式 (3.26) 和式 (5.18)，可以得到约化核阻止截面:

$$S_{\mathrm{n}}(\varepsilon)=\frac{\varepsilon}{a_{\mathrm{U}}^{2}}\int_{0}^{\infty}\sin^{2}\frac{\theta_{\mathrm{c}}}{2}\mathrm{d}b^{2}. \tag{5.19}$$

质心系下入射离子的散射角 θ_{c} 由式 (3.52) 决定，并依赖于原子间势、入射离子的能量和碰撞距离. 齐格勒等人 (1985) 使用普适屏蔽函数，即式 (2.52)，以及式 (3.52) 和式 (5.19)，计算得到了一个普适的约化核阻止截面. 图 5.3 显示了 ZBL 约化核阻止截面，并与另外四种基于经典原子屏蔽函数得到的约化核阻止截面做对比. 图 5.3 中的小实心圆圈代表数值解，实线代表这些小实心圆圈的数值拟合结果. 对于 $\varepsilon \leqslant 30$，拟合结果为

$$S_{\mathrm{n}}(\varepsilon)=\frac{0.5\ln(1+1.1383\varepsilon)}{\varepsilon+0.01321\varepsilon^{0.21226}+0.19593\varepsilon^{0.5}}. \tag{5.20}$$

例如, 对于 $\varepsilon = 10^{-2}$, $S_{\rm n}(\varepsilon) = 0.164$; 对于 $\varepsilon = 10$, $S_{\rm n}(\varepsilon) = 0.118$. 而在 $\varepsilon > 30$ 的高能段, 拟合结果为

$$S_{\rm n}(\varepsilon) = \frac{\ln \varepsilon}{2\varepsilon}. \tag{5.21}$$

例如, 对于 $\varepsilon = 40$, $S_{\rm n}(\varepsilon) = 7.5 \times 10^{-2}$.

式 (5.21) 即为高能段、非屏蔽 (卢瑟福) 核阻止情况下的约化核阻止截面. 图 5.3 显示, 当 $\varepsilon > 10$ 时, 对于所有的屏蔽函数, 约化核阻止截面都是相同的. 然而, 对于小一些的 ε 值, 约化核阻止截面存在明显差别.

在实际计算中, ZBL 约化核阻止截面满足 (实验室系下入射离子的能量为 E)

$$S_{\rm n}(E) = \frac{8.462 \times 10^{-15} Z_1 Z_2 M_1 S_{\rm n}(\varepsilon)}{(M_1 + M_2)(Z_1^{0.23} + Z_2^{0.23})}, \tag{5.22}$$

其中, ZBL 约化核阻止截面是由式 (5.20) 和式 (5.21) 计算得到的. 例如, 对于 $\mathrm{Ar}(Z_1 = 18, M_1 = 40)$ 入射到 $\mathrm{Cu}(Z_2 = 29, M_2 = 64)$ 上, 比值 $S_{\rm n}(E)/S_{\rm n}(\varepsilon) = 4.13 \times 10^{-13}\ \mathrm{eV \cdot cm^2}$. 对于 $\varepsilon = 10^{-2}$, $S_{\rm n}(\varepsilon) = 0.164$, 则有 $S_{\rm n}(E) = 6.78 \times 10^{-14}\ \mathrm{eV \cdot cm^2/atom}$. Cu 的原子密度为 $8.5 \times 10^{22}\ \mathrm{atoms/cm^3}$, 因此

$$\left.\frac{\mathrm{d}E}{\mathrm{d}x}\right|_{\rm n} = N S_{\rm n}(E) = 5.76\ \mathrm{eV/nm}.$$

如图 5.3 所示, 上面这个值小于基于能量无关的能损率 (见式 (5.16)) 估算得到的值.

式 (5.20) 和式 (5.21) 中的约化能量 ε 可由式 (2.54) 给出的普适屏蔽长度 $a_{\rm U}$ 计算得到. 为了方便计算, 将 ZBL 约化能量写为

$$\varepsilon = \frac{32.53 M_2 E}{Z_1 Z_2 (M_1 + M_2)(Z_1^{0.23} + Z_2^{0.23})}, \tag{5.23}$$

其中, E 的单位是 keV. 对于 Ar 入射到 Cu 上, 比值 $\varepsilon/E = 9.33 \times 10^{-3}$. 当 $\varepsilon = 10^{-2}$ 时, $E = 1.07$ keV.

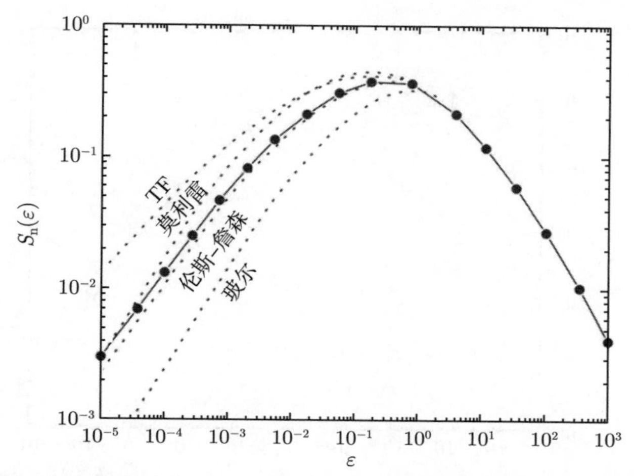

图 5.3 基于普适屏蔽函数 (见图 2.10), 可由式 (5.19) 计算出约化核阻止截面, 结果以约化坐标表示. 图中也展示了另外四种基于经典原子屏蔽函数得到的约化核阻止截面的计算结果 (引自参考文献 (Ziegler et al., 1985))

5.6 ZBL 散射方程

为简化离子在固体中射程的计算, 通常引入 $f\left(t^{1/2}\right)$, 用式 (4.61) 给出的单参数能量传递微分散射截面来处理问题. 由式 (5.14) 可知, 约化核阻止截面为

$$S_{\mathrm{n}}(\varepsilon)=\frac{1}{\varepsilon}\int_0^{\varepsilon} f\left(t^{1/2}\right)\mathrm{d}t^{1/2}.$$

为了获得 ZBL 原子间势中的 $f(t^{1/2})$ 值, 需要得到式 (5.14) 的反函数

$$f(x)=\frac{\mathrm{d}}{\mathrm{d}x}\left[xS_{\mathrm{n}}(x)\right] \tag{5.24}$$

的解, 其中, 用 x 取代了 $t^{1/2}$. 将式 (5.20) 和式 (5.21) 代入式 (5.24), 得到的数值结果显示在图 5.4 中. 式 (4.65) 的数值拟合结果也显示在图中, 即 $f(t^{1/2})=\lambda' t^{1/2-m}[1+(2\lambda' t^{1-m})^q]^{-1/q}$, 其中, 拟合参量 λ', m 和 q 在 $10^{-6}\leqslant t^{1/2}\leqslant 10^4$ 范围内的取值是

$$\lambda'=5.012,\quad m=0.203,\quad q=0.413. \tag{5.25}$$

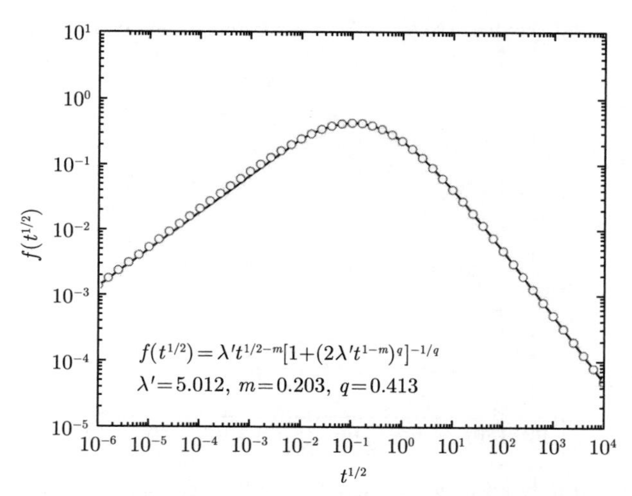

图 5.4　ZBL 原子间势中的 $f(t^{1/2})$ 值 (小空心圆圈) 与式 (4.65) 给出的 $f(t^{1/2})$ 的数值拟合结果 (细实线) 的对比

根据式 (4.64) 所示的幂次律近似得到的拟合结果是

$$\begin{aligned}
&\text{当}10^{-6} < t^{1/2} < 10^{-2}\text{时}, && \lambda_m = 8.00, && m = 0.18,\\
&\text{当}10^{-4} < t^{1/2} < 10^{2}\text{时}, && \lambda_m = 0.104, && m = 0.50,\\
&\text{当}t^{1/2} > 10^{1}\text{时}, && \lambda_m = 0.521, && m = 1.00.
\end{aligned} \tag{5.26}$$

式 (5.26) 中基于 ZBL 原子间势得到的结果也能被用于计算式 (5.7) 和式 (5.15) 给出的幂次律近似的核阻止截面.

5.7　电子阻止

如 5.2 节所述, 离子在固体中的能损分为两种不同的机制: 离子把能量传递给靶原子核 (称为核阻止或弹性能损), 离子把能量传递给靶电子 (称为电子阻止或非弹性能损). 在大多数情形下, 离子和靶之间的各种相互作用过程的相对重要性取决于离子的速度, 以及离子与靶携带的电荷.

约化核阻止截面和约化电子阻止截面的对比以简化符号的形式显示在图 5.5 中. 如前所述, ε 正比于离子的能量, $\varepsilon^{1/2}$ 正比于离子的速度.

当离子的速度 v 明显低于电子的玻尔速度 v_0(见式 (1.16)) 时, 离子会携带电子, 趋于捕获靶电子而中和. 在这种情形下, 与靶原子核的弹性碰撞, 即核能损, 占主导地位. 然而, 随着离子速度的增大, 核能损以 $1/\varepsilon$ 的形式减小. 在这种情形下, 与靶电子的非弹性碰撞, 即电子能损, 逐渐占主导地位. 总的能损是核能损和电子能损之和. 当速度 v 在 $0.1v_0$ —$Z_1^{2/3}v_0$ 之间时, 电子能损大致正比于速度或 $\varepsilon^{1/2}$.

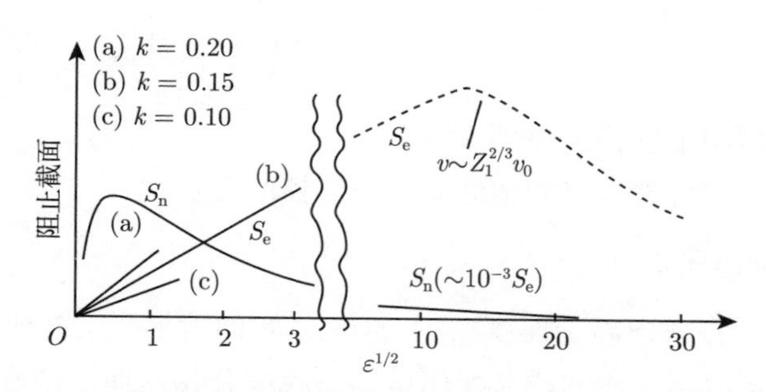

图 5.5 约化核阻止截面和约化电子阻止截面随着 $\varepsilon^{1/2}$ 的变化而变化的情况

在更高的速度下, 离子的电荷态增加, 最终在 $v \geqslant Z_1^{2/3}v_0$ 时, 它的电子被完全剥离 (电离). 此时, 离子可以作为正的点电荷 Z_1, 以大于靶电子壳层或次壳层平均轨道速度的速度运动. 当离子的速度 v 远大于电子的轨道速度时 (快速碰撞情形), 离子对于靶原子的作用可以被视作一个突然的、小的外部扰动, 能损的玻尔理论便是源于这一图像. 离子传递给靶原子的能量是在碰撞的瞬间产生的. 快速运动的离子传递给静态的靶原子核或靶电子的能量可用有心力场中的散射计算得到. 阻止截面随着离子速度的增大而减小, 因为这时离子掠过靶原子的时间更短. 在高能段的快速碰撞中, 电子阻止的数值正比于 $(Z_1/v)^2$.

5.7.1 运动离子的有效电荷

如图 5.5 所示, 电子阻止的两段速度区域是由入射离子的电离态或有效电荷决定的. 玻尔认为, 当电子的轨道速度低于离子速度时, 载能离子将会丢失电子. 基于 TF 原子模型, 玻尔提出, 离子的电荷分数, 或者说有效电荷, 由以下形式给出:

$$\frac{Z^*}{Z} = \frac{v_1}{Z_1^{2/3}v_0}, \tag{5.27}$$

其中, Z 表示基态时核外电子的总数 (即原子序数), Z^* 是离子携带的电荷数, v_1 是离子的速度, v_0 是氢原子最内层电子的轨道速度, 且 $v_0 \cong 2.2 \times 10^8$ cm/s(见式 (1.16)). $Z - Z^*$ 是离子剩余的电荷数. 由图 5.5 和式 (5.27) 可知, 对于载能离子的两种极限状态: 当 $v < Z_1^{2/3} v_0$ 时, 意味着 $Z^*/Z < 1$, 离子未被完全电离; 当 $v > Z_1^{2/3} v_0$ 时, 意味着 $Z^*/Z \cong 1$, 离子被完全电离, 成为一个裸核.

实验上已发现, 重离子 (即 $Z > Z_{\mathrm{He}}$) 的有效电荷更接近于以下形式:

$$\frac{Z^*}{Z} = 1 - \exp\left[-0.92 v_1 / \left(Z_1^{2/3} v_0\right)\right]. \tag{5.28}$$

此形式趋于玻尔给出的式 (5.27).

在后续章节中, 将推导高能和低能电子能损的表达式.

5.7.2 高能电子能损

在本小节中, 将考虑离子速度大于 $Z_1^{2/3} v_0$ 时的情形. 在这种情形下, 离子可视为裸核, 它和靶电子之间的相互作用可以用纯库仑相互作用精确描述.

1913 年, 玻尔曾基于经典图像, 推导出了带电离子的能损率. 他考虑一个携带电荷为 $Z_1 e$、质量为 M、速度为 v 的重离子, 例如, α 离子或质子, 以距离 b 经过一个质量为 m_{e} 的靶电子 (见图 4.7 和图 4.8). 当这个重离子经过时, 作用在靶电子上的库仑力连续改变方向. 如果在重离子经过期间靶电子的移动可以忽略, 则由于对称性, 平行于路径的冲量 $\int F \mathrm{d}t$ 为零. 这是因为, 对于入射离子, 在 $-x$ 方向的每一个位置, 都有 $+x$ 方向的一个对应位置, 它们对 x 方向的动量贡献大小相等但方向相反. 然而, 在重离子穿行过程中, 会产生一个 y 方向的力且向靶电子传递动量 Δp. 这个问题和 4.4 节中介绍的动量近似一致, 其中, 传递给靶电子的动量由式 (4.34) 给出, 即

$$\Delta p = -\frac{1}{v} \frac{\mathrm{d}}{\mathrm{d}b} \int_{-\infty}^{+\infty} V\left(\left(x^2 + b^2\right)^{1/2}\right) \mathrm{d}x, \tag{5.29}$$

其中, v 是离子的速度, b 是碰撞参数, x 是沿离子径迹方向到 $r_{\min}$ 点的距离, 而 $\left(x^2 + b^2\right)^{1/2}$ 是离子和电子之间的距离 r(见图 4.8).

在此碰撞过程中, 相互作用势为纯库仑势:

$$V(r) = \frac{Z_1 Z_2 e^2}{r},$$

或者, 根据 $r=\left(x^2+b^2\right)^{1/2}$, 有

$$V\left(\left(x^2+b^2\right)^{1/2}\right)=\frac{Z_1Z_2e^2}{\left(x^2+b^2\right)^{1/2}}. \tag{5.30}$$

将式 (5.30) 对 b 求导并整理, 有

$$-\frac{\mathrm{d}}{\mathrm{d}b}\left[\frac{Z_1Z_2e^2}{\left(x^2+b^2\right)^{1/2}}\right]=b\frac{Z_1Z_2e^2}{\left(x^2+b^2\right)^{3/2}}, \tag{5.31}$$

这使得可将重离子穿行全过程中传递给电子的动量写为

$$\Delta p=\frac{Z_1Z_2e^2}{vb}\int_{-\infty}^{+\infty}\frac{b^2\mathrm{d}x}{\left(x^2+b^2\right)^{3/2}}=\frac{2Z_1Z_2e^2}{vb}, \tag{5.32}$$

该式适用于掠入射, 即 $\theta\cong 0$. 如果电子没有达到相对论速度, 且 $Z_2=1$, 则碰撞后电子的动能将为

$$T=\frac{(\Delta p)^2}{2m_\mathrm{e}}=\frac{2Z_1^2e^4}{b^2m_\mathrm{e}v^2}, \tag{5.33}$$

其中, m_e 是电子的质量, T 是碰撞过程中传递给电子的能量, 也就是离子的能损.

单位长度路径上的能损 $\mathrm{d}E/\mathrm{d}x$ 满足

$$-\left.\frac{\mathrm{d}E}{\mathrm{d}x}\right|_\mathrm{e}=n_\mathrm{e}\int_{T_\mathrm{min}}^{T_\mathrm{M}}T\frac{\mathrm{d}\sigma(E)}{\mathrm{d}T}\,\mathrm{d}T, \tag{5.34}$$

其中, n_e 为单位体积内的电子数目. 可以用碰撞参数 b 将式 (5.34) 改写为

$$-\left.\frac{\mathrm{d}E}{\mathrm{d}x}\right|_\mathrm{e}=n_\mathrm{e}\int_{b_\mathrm{min}}^{b_\mathrm{max}}T2\pi b\mathrm{d}b, \tag{5.35}$$

这里, 利用了式 (5.18), 并将积分下限取为 b_min. 将式 (5.33) 代入式 (5.35) 并积分, 可得

$$-\left.\frac{\mathrm{d}E}{\mathrm{d}x}\right|_\mathrm{e}=\frac{4\pi Z_1^2e^4n_\mathrm{e}}{m_\mathrm{e}v^2}\ln\frac{b_\mathrm{max}}{b_\mathrm{min}}. \tag{5.36}$$

为了取一个有意义的 b_min 值, 注意到如果入射离子和电子发生对头碰撞, 则传递给静止电子的最大速度将是 $2v$, 相应的传递的最大动能 (对于非相对论速度

v) 为 $T_{\max} = m_e(2v)^2/2 = 2m_e v^2$. 如果将该 $T_{\max}$ 值代入式 (5.33), 则相应的 $b_{\min}$ 变为

$$b_{\min} = \frac{Z_1 e^2}{m_e v^2}. \tag{5.37}$$

如果允许 $b_{\max}$ 取为无穷, 那么由于无数的远距离小能量传递的贡献, $-\mathrm{d}E/\mathrm{d}x|_e$ 将趋于无穷. 然而, 传递给一个靶电子的最小能量必须足以将其提升到一个允许的激发态. 如果 I 代表一个电子的平均激发能, 取 $T_{\min} = I$, 则可以发现

$$b_{\max} = \frac{2Z_1 e^2}{(2m_e v^2 I)^{1/2}}. \tag{5.38}$$

将式 (5.37) 和式 (5.38) 代入式 (5.36), 可得

$$-\left.\frac{\mathrm{d}E}{\mathrm{d}x}\right|_e = \frac{2\pi Z_1^2 e^4 n_e}{m_e v^2} \ln \frac{2m_e v^2}{I}.$$

该计算基于离子与固体中电子的直接碰撞. 由于存在一个大小相当的远距离共振能量传递项, 因此完整推导得出的总能损为上式的两倍, 即

$$-\left.\frac{\mathrm{d}E}{\mathrm{d}x}\right|_e = \frac{4\pi Z_1^2 e^4 n_e}{m_e v^2} \ln \frac{2m_e v^2}{I} \tag{5.39a}$$

或

$$-\left.\frac{\mathrm{d}E}{\mathrm{d}x}\right|_e = \frac{2\pi Z_1^2 e^4}{E} N Z_2 \frac{M_1}{m_e} \ln \frac{2m_e v^2}{I}, \tag{5.39b}$$

其中, $E = M_1 v^2/2$, $n_e = NZ_2$, 这里, N 由阻止介质中的原子密度给出.

因此可以将电子的相互作用看作由两部分贡献构成: (1) 大动量传递的近距离碰撞, 其中, 离子路径在电子轨道内; (2) 小动量传递的远距离碰撞, 其中, 离子路径在电子轨道外.

对于大多数元素, 平均激发能 I 约为 (单位为 eV)

$$I \cong 10Z_2, \tag{5.40}$$

其中, Z_2 是阻止介质的原子序数. I 的实验值和计算值在图 5.6 中给出. 到目前为止, 对能损的描述忽略了原子的壳层结构和电子束缚的变化. 在实验上, 这些

影响对式 (5.40) 给出的近似值造成的偏差不大 (除了非常轻的元素外), 如图 5.6 所示.

完整的能损方程 (通常称为贝特 (Bethe) 方程) 包含了高速情况下的相对论修正项和对内壳层强束缚电子不参与碰撞的修正. 对于能量在几个 MeV 范围内, 且 $Z \geqslant Z_{\mathrm{He}}$ 的离子, 相对论效应可以忽略, 并且几乎所有的靶电子 ($I_{\mathrm{e}} = NZ_2$) 都参与阻止过程. 因此式 (5.39) 可以用来估计 $\mathrm{d}E/\mathrm{d}x|_{\mathrm{e}}$ 的值.

例如, 能量为 2 MeV 的 ^{4}He 离子在 Al 中的电子阻止由式 (5.39) 计算为 315 eV/nm, 计算中取 $n_{\mathrm{e}} = NZ_2 = 780\ \mathrm{nm}^{-3}$, $I = 10Z_2 = 130$ eV. 实验测量给出的值为 $\mathrm{d}E/\,\mathrm{d}x|_{\mathrm{e}} = 266$ eV/nm. 因此一级近似给出的理论值与实验值的偏差在 20%以内.

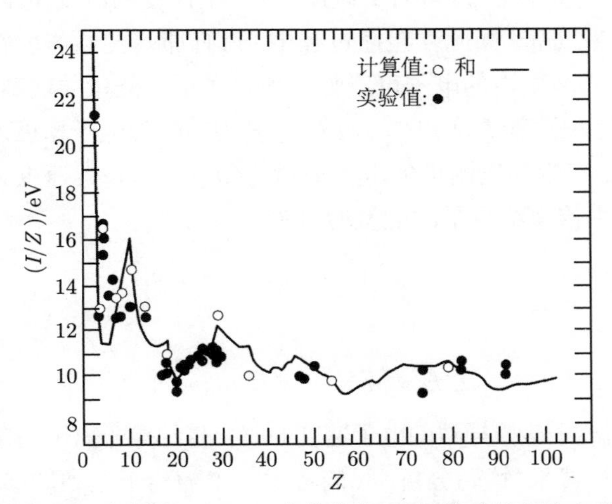

图 5.6 使用哈特里–福克–斯莱特 (Slater) 电荷分布, 通过林哈德和沙夫理论计算得到的平均激发能. 计算得到的 I/Z 与原子序数 Z 之间的关系显示出如同在许多实验测量中所显示的类似结构 (引自 W. K. Chu, D. Powers, *Phys. Lett.* **40A**, 23, 1972)

一个被完全电离的高能离子也可以像将能量传递给靶电子一样将能量传递给靶原子核. 从图 5.5 中可以看出, 对于 $\varepsilon > 30$ 的离子, 其约化核阻止截面近似等于 $10^{-3}S_{\mathrm{e}}(\varepsilon)$. 为了证实这一点, 可以使用式 (5.21) 计算出 $S_{\mathrm{n}}(\varepsilon)$.

5.7.3 低能电子能损

当离子速度 $v < v_0$ 时, 式 (5.39) 表达的贝特阻止理论失效, 因此需要一套不同的电子阻止理论. 多年来, 人们在这个速度范围内构建了三种主要的电子阻止

模型, 它们都给出了约化阻止截面和离子速度成正比的结果. 在接下来的部分, 将研究这三种电子阻止模型的构建过程.

5.7.3.1 费米–特勒模型

费米和特勒 (Teller) 分析了速度 $v \ll v_{\rm F}$ 的载能离子在费米气体中的阻止截面, 其中, $v_{\rm F}$ 为费米速度. 因为固体中的费米速度通常落在 $0.7v_0$—$1.3v_0$ 范围内, 所以费米–特勒的分析对应于未被完全电离的入射离子. 从图 5.5 中可以看出, 在这个速度范围内, 约化电子阻止截面和入射离子的速度成正比.

在费米–特勒模型中, 只有速度接近最大可能速度 $v_{\rm F}$ 的价电子对减速过程有贡献. 在离子和电子的一次独立碰撞过程中, 电子速度的改变量将和离子速度 v 的大小具有相同的数量级. 发生对头碰撞时, 电子速度的改变量最大, 为 $2v$. 由于可将电子看作费米气体, 因此在碰撞过程中, 只有那些初始速度在费米速度附近, 即在 $v_{\rm F}$ 到 $v_{\rm F}-v$ 范围内的电子可以吸收来自离子的能量并使离子减速. 在这个速度范围内, 有效电子密度为 $n_{\rm e}' \cong n_{\rm e}v/v_{\rm F}$, 其中, $n_{\rm e}$ 为电子密度.

在碰撞之前, 费米速度附近的电子动量为 $p_{\rm e}=m_{\rm e}v_{\rm F}$. 速度为 v 的离子在与电子的碰撞过程中传递给电子的能量增量为

$$\mathrm{d}E = p_{\rm e}\mathrm{d}v$$

或

$$\Delta E = m_{\rm e}v_{\rm F}\Delta v \cong m_{\rm e}v_{\rm F}v, \tag{5.41}$$

其中, 已经设定与离子碰撞导致的电子速度的改变量约等于离子的速度, 即 $\Delta v \cong v$.

为了继续进行费米–特勒分析, 我们考虑一个随离子运动的参考系. 因为 $v < v_{\rm F}$, 所以将会存在一个明显的电子撞击离子的电流:

$$I_{\rm e} \cong n_{\rm e}'v_{\rm F}. \tag{5.42}$$

单位时间内离子与电子的碰撞次数为 $I_{\rm e}\sigma$, 其中, σ 表示电子与离子的碰撞截面, 近似等于 πa_0^2, 这里, a_0 为玻尔半径. 能损率为

$$\frac{\mathrm{d}E}{\mathrm{d}t} \cong I_{\rm e}\sigma\Delta E \cong \pi a_0^2 n_{\rm e}' v_{\rm F}\Delta E, \tag{5.43}$$

离子穿行单位距离的能损为

$$\left.\frac{\mathrm{d}E}{\mathrm{d}x}\right|_{\rm e} = \frac{\mathrm{d}E}{\mathrm{d}t}\bigg/\frac{\mathrm{d}x}{\mathrm{d}t} = \frac{1}{v}\frac{\mathrm{d}E}{\mathrm{d}t}. \tag{5.44}$$

将式 (5.41)—(5.43) 代入式 (5.44), 可得

$$\left.\frac{\mathrm{d}E}{\mathrm{d}x}\right|_{\mathrm{e}} \cong \pi a_0^2 n_{\mathrm{e}} m_{\mathrm{e}} v_{\mathrm{F}} v. \tag{5.45}$$

式 (5.45) 是速度为 v 的离子在电子密度为 n_{e} 的介质中运动时电子阻止的费米–特勒表达式. 式 (5.44) 能否用于定量计算有待商榷, 但是它定性显示了电子能损 $\mathrm{d}E/\mathrm{d}x|_{\mathrm{e}}$ 和离子速度 v 成正比.

5.7.3.2 菲尔索夫和林哈德–沙夫模型

对于速度 $v < Z_1^{2/3} v_0$ 的离子, 大多数靶电子的运动要远远快于它们. 在这个速度范围内运动的离子, 与离子速度大于 $Z_1^{2/3} v_0$ 时不同 (见 5.7.2 小节), 此时, 电子不能通过与离子的直接碰撞获取能量. 在菲尔索夫 (1959) 提出的一个模型中, $v < Z_1^{2/3} v_0$ 速度范围内的电子阻止来源于当靶电子被入射离子捕获时发生的动量传递过程中所涉及的功. 由于被捕获的电子必须被加速到离子的速度 v, 因此离子损失的少许动量与 $m_{\mathrm{e}} v$ 成正比.

菲尔索夫模型假设入射离子和靶原子之间的碰撞可以很好地用两个 TF 原子之间的相互作用来表示. 他同时假设低速离子与靶原子有足够长的碰撞时间, 从而入射离子和靶原子结合为类分子. 在碰撞阶段和类分子存在期间, 入射离子的电子和靶电子能够发生交换. 从靶原子转移到离子上的电子需要被加速到离子的速度 v; 转移的电子从入射离子中获得动量 $m_{\mathrm{e}} v$, 并有助于阻止加速过程. 在电子从入射离子转移到靶原子上的情形下, 动量被传递到靶原子上, 但该动量传递不会导致入射离子的减速.

在对电子阻止的能量传递的分析中, 菲尔索夫引入了一个平面的概念, 该平面分割了碰撞中形成的类分子. 该平面称为菲尔索夫平面, 它将连接入射离子和靶原子的直线平分, 并将类分子中的电子分为属于入射离子 (P 区) 的和属于靶原子 (T 区) 的两部分, 如图 5.7 所示. 穿过由菲尔索夫平面定义的表面 S_{F} 的电子会与对应靶原子的力场发生强烈的相互作用. 在一个方向上通过元面积 $\mathrm{d}S_{\mathrm{F}}$ 的电子通量密度为

$$\mathrm{d}\phi_{\mathrm{F}} = \frac{n_{\mathrm{e}} v_{\mathrm{e}}}{4} \mathrm{d}S_{\mathrm{F}}, \tag{5.46}$$

其中, n_{e} 是菲尔索夫平面上的靶电子密度, v_{e} 是平均电子速度, 假设它是各向同性的.

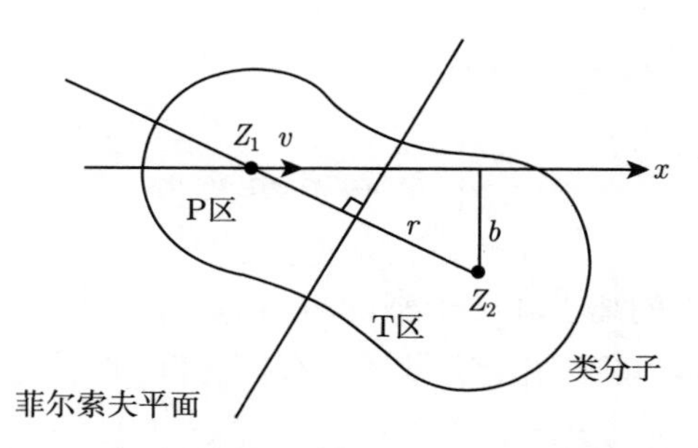

图 5.7 入射离子和一个靶原子碰撞期间形成的类分子, 它被菲尔索夫平面分为两个区域

假设所有碰撞都是小角度碰撞, 由于电子从靶原子向速度为 v 的入射离子上转移而导致的动量传递 $m_{\mathrm{e}}v$ 施加给入射离子的力为

$$\mathrm{d}F = m_{\mathrm{e}}v\mathrm{d}\phi_{\mathrm{F}} \tag{5.47}$$

或

$$F = m_{\mathrm{e}}v\int_{S_{\mathrm{F}}}\frac{n_{\mathrm{e}}v_{\mathrm{e}}}{4}\mathrm{d}S_{\mathrm{F}}, \tag{5.48}$$

因此入射离子运动 $\mathrm{d}x$ 距离时, 这些力对其所做的功为

$$\mathrm{d}w = F\mathrm{d}x.$$

使入射离子减速的总功或每次碰撞中电子的能损为

$$T_{\mathrm{e}} = m_{\mathrm{e}}v\int_{S_{\mathrm{F}}}\frac{n_{\mathrm{e}}v_{\mathrm{e}}}{4}\mathrm{d}S_{\mathrm{F}}\int\mathrm{d}x. \tag{5.49}$$

在菲尔索夫对式 (5.49) 的求解中, 他利用 TF 原子模型将电子密度和原子间势联系起来. 与这些量相关的表达式在第 2 章中进行了推导, 由式 (2.22) 给出, 即

$$n_{\mathrm{e}} = \frac{(2m_{\mathrm{e}})^{3/2}}{3\pi^2\hbar^3}\left[-V(r)\right]^{3/2}, \tag{5.50}$$

其中, 利用了变量替换 $\rho(r) = n_{\mathrm{e}}$. 对于菲尔索夫平面上的势能 $V(r)$, 菲尔索夫使用了如下形式的原子间势:

$$V(r) = \frac{(Z_1 + Z_2)\, e^2}{r'} \chi_{\mathrm{TF}} \left[1.13\,(Z_1 + Z_2)^{1/3}\, r'/a_0\right], \tag{5.51}$$

其中, $r' = r/2$ 是靶原子和菲尔索夫平面之间的距离, a_0 是玻尔半径, χ_{TF} 是 2.9 节和 2.10 节中讨论的 TF 屏蔽函数.

通过将式 (5.51) 和式 (5.50) 代入式 (5.49), 并进行数值积分, 可以得到 T_{e} 的一个表达式, 即

$$T_{\mathrm{e}} = \frac{0.35\,(Z_1 + Z_2)^{5/3}\, \hbar/a_0}{\left[1 + 0.16\,(Z_1 + Z_2)^{1/3}\, b/a_0\right]^5} v. \tag{5.52}$$

式 (5.52) 表明电子能损与离子速度 v 成正比, 与碰撞参数负相关.

通过式 (5.52) 计算得到的能损是在碰撞参数为 b 时, 一次碰撞中入射离子传递给靶原子的平均能量. 通过将式 (5.52) 与能损截面 $2\pi b\mathrm{d}b$ 相乘后从零到无穷积分, 可以得到入射离子经过单位距离的能损为

$$-S_{\mathrm{e}}(E) = 2\pi \int_0^\infty T_{\mathrm{e}} b\mathrm{d}b = K_{\mathrm{F}} 2\pi e^2 a_0\,(Z_1 + Z_2)\, \frac{v}{v_0}, \tag{5.53}$$

其中, 常数 $K_{\mathrm{F}} = 1.08$, v_0 是玻尔速度. 为便于计算, 式 (5.53) 可以表示为

$$-S_{\mathrm{e}}(E) = 2.34 \times 10^{-15}\,(Z_1 + Z_2)\, v\ \mathrm{eV \cdot cm^2/atom}, \tag{5.54}$$

其中, v 的单位为 10^8 cm/s.

菲尔索夫方程 (即式 (5.54)) 在 Z_1/Z_2 或 Z_2/Z_1 不超过 4 的条件下与实验数据符合得很好. 这个限制来源于式 (5.51) 中给出的菲尔索夫原子间势和屏蔽函数的形式, 他试图用此来描述入射离子和靶原子碰撞时形成的类分子的电荷密度. 在菲尔索夫原子间势中, 只有当 Z_1 和 Z_2 有相同的屏蔽数量级时, 有效电荷项 $Z_1 + Z_2$ 才是恰当的. 这样的好处是, 能损项 (见式 (5.52)) 是碰撞参数的函数, 这使得菲尔索夫模型适用于处理沟道问题. 此外, 当使用电子密度的量子力学表述来进一步改进电子阻止理论时, 菲尔索夫模型是一个很好的起点.

另一个广为人知的速度–比例机制下的电子阻止模型则应归功于林哈德和沙夫. 虽然林哈德–沙夫公式已被广泛使用, 但林哈德和沙夫从未公布过他们的公式推导过程. 杉山 (Sugiyama)(1981a,1981b) 的研究表明, 可以按照菲尔索夫的程序得到电子阻止模型的林哈德–沙夫公式. 菲尔索夫和林哈德–沙夫模型的构建之间的主要区别在于原子间势的选择.

在林哈德–沙夫模型的构建中, 他们假设可以用单个库仑场几何平均值的两倍来恰当地表示由任意入射离子与靶原子组合形成的类分子的平均相互作用库仑场. 这一假设使得屏蔽作用被表示为 $\left(Z_1^{2/3}+Z_2^{2/3}\right)^{1/2}$ 的函数. 这样, 给出了恰当的原子间势:

$$V(r)=\frac{2\left(Z_1Z_2\right)^{1/2}e^2}{r}\chi_{\mathrm{TF}}\left[1.13\left(Z_1^{2/3}+Z_2^{2/3}\right)^{1/2}\frac{r}{a_0}\right], \tag{5.55}$$

其中, 所有的变量和式 (5.51) 中的一致. 按照与式 (5.53) 推导过程中的相同步骤, 杉山得到了如下形式的林哈德–沙夫电子能损表达式:

$$\left.\frac{\mathrm{d}E}{\mathrm{d}x}\right|_{\mathrm{e}}=\xi_{\mathrm{L}}8\pi e^2a_0N\frac{Z_1Z_2}{\left(Z_1^{2/3}+Z_2^{2/3}\right)^{3/2}}\frac{v}{v_0}, \tag{5.56}$$

其中, 修正因子 ξ_{L} 由林哈德和沙夫定义为

$$\xi_{\mathrm{L}}\cong Z_1^{1/6}. \tag{5.57}$$

为便于计算, 林哈德–沙夫电子阻止截面可以从式 (1.15)、式 (5.3)、式 (5.56) 和式 (5.57) 得到, 即

$$S_{\mathrm{e}}(E)=3.83\frac{Z_1^{7/6}Z_2}{\left(Z_1^{2/3}+Z_2^{2/3}\right)^{3/2}}\left(\frac{E}{M_1}\right)^{1/2}=K_{\mathrm{L}}E^{1/2}, \tag{5.58a}$$

其中,

$$K_{\mathrm{L}}=3.83\frac{Z_1^{7/6}Z_2}{M_1^{1/2}\left(Z_1^{2/3}+Z_2^{2/3}\right)^{3/2}}, \tag{5.58b}$$

离子能量 E 的单位为 keV, $S_{\mathrm{e}}(E)$ 的单位为 10^{-15} eV $\cdot$ cm^2/atom, M_1 的单位为原子质量的单位. 例如, 一个能量为 10 keV 的 Ar 离子入射到 Cu 上. 此时, $Z_1=18, Z_2=29$, $M_1=40$, 可以得到 $K_{\mathrm{L}}=7.76$, $S_{\mathrm{e}}(E=10\ \mathrm{keV})=24.53\times 10^{-15}\ \mathrm{eV\cdot cm^2/atom}$. Cu 的原子密度为 $N=8.5\times10^{22}$ atoms/cm^3, 由此给出电子的能损率为 208.5 eV/nm.

林哈德–沙夫电子阻止截面经常用约化符号表示为

$$S_{\mathrm{e}}(\varepsilon)=\left.\frac{\mathrm{d}\varepsilon}{\mathrm{d}\rho}\right|_{\mathrm{e}}=k\varepsilon^{1/2}, \tag{5.59}$$

其中,

$$k=\frac{Z_1^{2/3}Z_2^{1/2}\left(1+\dfrac{M_2}{M_1}\right)^{3/2}}{12.6\left(Z_1^{2/3}+Z_2^{2/3}\right)^{3/4}M_2^{1/2}}. \tag{5.60}$$

图 5.5 中显示了 k 分别为 0.10, 0.15 和 0.20 时, 由式 (5.59) 给出的约化电子阻止截面, 这些 k 值已经跨越了 k 的典型范围. 如图 5.5 所示, 与一般的约化核阻止截面不同 (一条曲线可以代表所有可能的入射离子与靶原子的组合), 式 (5.59) 给出了一组约化电子阻止截面的曲线, 每一条曲线都对应一种入射离子与靶原子的组合.

5.7.3.3 电子阻止中的 Z_1 振荡

菲尔索夫和林哈德–沙夫方程 (见式 (5.54) 和式 (5.58)), 都显示了与实验数据之间的一致性. 然而, 实验上仅近似观察到 $S_{\mathrm{e}}(E)$ 对 v 的线性依赖性. 图 5.8 (Hvelplund et al., 1968) 将实验得到的不同速度的不同入射离子在碳中的约化电子阻止截面 (实心圆圈) 与菲尔索夫 (虚线) 和林哈德–沙夫 (实线) 模型得到的结果进行了比较. 实验数据显示了明显的 Z_1 振荡, 而这两种模型都没有体现出来. 实验数据显示的振荡被归因于碰撞体的电子壳层结构. 由于菲尔索夫和林哈德–沙夫模型都是基于 TF 原子模型得出的, 它们并未考虑电子壳层结构 (见图 2.8), 因此它们的结果都只能显示出 $S_{\mathrm{e}}(E)$ 对原子序数 Z_1 和 Z_2 的单调依赖性. 从图 5.8 中可以看出, 林哈德–沙夫模型对数据平均值的预测比菲尔索夫模型更好.

基于在非晶材料和单晶沟道测量中能损的实验观测结果可以看出, 这种振荡并没有明显地遵循元素周期表的规律. 振荡似乎和入射离子的尺寸有关, 大约在 Na 和 Cu 处出现最小值, 而在 K 处接近最大值. 基于这些观测结果, 有人提出入射离子越大, 其电离越严重, 离子阻止截面越大. 与此结论相一致的事实是: Na^+ 和 Cu^+ 都较小而 K^+ 较大. 由实验观测结果得到的其他结论包括: (1) 振荡几乎与靶材料无关; (2) 如果离子是沟道的, 则振荡的振幅增大; (3) 在非晶材料中, 随着离子速度的增大, 振荡将被抑制.

后来, 一些科学家 (例如, 杉山 (1981a) 和温特邦 (1968)) 改进了菲尔索夫和林哈德–沙夫模型, 他们将电子壳层结构的细节包含了进去. 对菲尔索夫模型的改进基于以下事实: 靶原子周围的电子分布作为 Z_1 的函数周期性地收缩和膨胀, 这反过来在类分子的菲尔索夫平面附近产生相似的电子密度振荡. 随着菲尔索夫平面附近电子密度的变化, 穿过它的电子通量也会变化, 从而导致电子阻止截面的振荡. 更多细节可以从克鲁茨 (Cruz)(1986)、格默尔 (Gemmell)(1974) 和帕塔克 (Pathak)(1982) 处获得.

总之, 电子阻止的一般趋势分为两个区域: 一个区域中入射离子的速度高从而被完全电离, 导致正比于 $(Z_1/v)^2$ 的阻止; 另一个是低速情况, 入射离子仅被部分电离, 阻止正比于 v. 高能区域的电子能损可以由式 (5.39) 计算得到, 精确度为 20%. 在阻止正比于 v 的区域, 林哈德–沙夫模型给出了对实验观测到的能损的合理平均值, 并且不受限于内含在菲尔索夫模型中的 Z_1/Z_2 范围较小的区域.

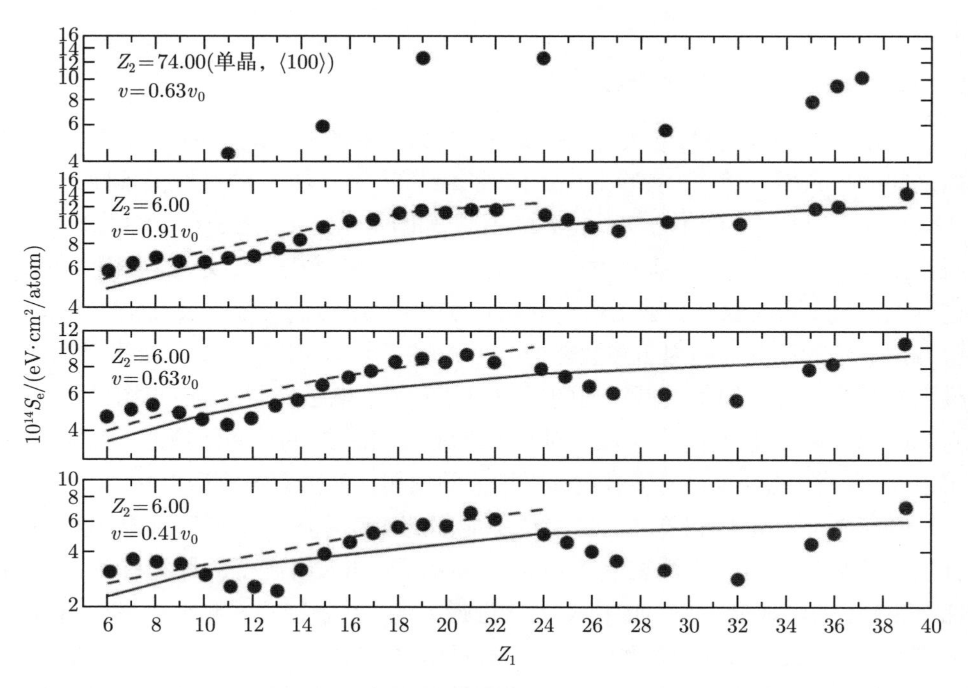

图 5.8　对于通常的恒定速度, 约化电子阻止截面与 Z_1 之间的关系示意图. 实线和虚线分别代表林哈德–沙夫 (见式 (5.58)) 和菲尔索夫 (见式 (5.54)) 模型给出的约化电子阻止截面

参考文献

Cruz, S. A. (1986) On the Energy Loss of Heavy Ions in Amorphous Materials, *Radiation Effects* **88**, 159.

Fermi, E. and E. Teller (1947) The Capture of Negative Mesotrons in Matter, *Phys. Rev.* **72**, 399.

Firsov, O. B. (1959) A Qualitative Interpretation of the Mean Electron Excitation Energy in Atomic Collisions, *Sov. Phys. JETP* **36**, 1076.

Gemmell, D. S. (1974) Channeling and Related Effects in the Motion of Charged Particles Through Crystals, *Rev. of Mod. Phys.* **46**, 129.

Hvelplund, P. and B. Fastrup (1968) Stopping Cross Section in Carbon of 0.2-0.15 MeV atoms with 21⩽Z⩽39, *Phys. Rev.* **165**, 408.

Lindhard, J., V. Nielsen, and M. Scharff (1968) Approximation Method in Classical Scattering by Screened Coulomb Fields (Notes on Atomic Collisions I), *Mat. Fys. Medd. Dan Vid. Selsk.* **36**, no. 10.

Lindhard, J., M. Scharff, and H. E. Schiott (1963) Range Concepts and Heavy Ion Ranges (Notes on Atomic Collisions II), *Mat. Fys. Medd. Dan Vid. Selsk.* **33**, (no. 14) 3.

Pathak, A. P. (1982) The Effects of Defects on Charged Particle Propagation in Crystalline Solids, *Radiation Effects* **61**, 1.

Sugiyama, H. (1981a) Modification of Lindhard-Scharff-Schiott Formula for Electronic Stopping Power, *J. Phys. Soc. of Japan* **50**, 929.

Sugiyama, H. (1981b) Electronic Stopping Power Formula for Intermediate Energies, *Radiation Effects* **56**, 205.

Winterbon, K. B. (1968) Z_1 Oscillations in Stopping of Atomic Particles, *Can. J. Phys.* **46**, 2429.

Winterbon, K. B., P. Sigmund, and J. B. Sanders (1970) Spacial Distribution of Energy Deposited by Atomic Particles in Elastic Collisions, *Mat. Fys. Medd. Dan Vid. Selsk.* **37**, no. 14.

Ziegler, J. F., J. P. Biersack, and U. Littmark (1985) *The Stopping and Range of Ions in Solids* (Pergamon Press, Inc., New York).

推荐阅读

Energy Loss and Ion Ranges in Solids, M. A. Kunakhov and F. F. Komarov (Gordon and Breach Science Publishers, New York, 1981).

Handbook of Ion Implantation Technology, J. F. Ziegler, ed. (North-Holland, New York, 1992).

High Energy Ion Beam Analysis of Solids, G. Gotz and K. Gartner, eds. (Academie Verlag,

Berlin, 1988), chap1.
Ion Implantation in Semiconductors, J. W. Mayer, L. Eriksson, and J. A. Davies (Academic Press, New York, 1970).

第 6 章　离子射程与射程分布

6.1　射程的概念

如第 5 章所述, 入射离子与基底靶原子通过核相互作用、电子相互作用的方式损失能量. 核相互作用包含一系列离子与靶原子核之间的独立弹性碰撞, 而电子相互作用更多地被看作入射离子和环绕靶原子核的电子海之间的持续黏性拖拽现象. 在重离子注入的常用能量范围 (即数十到数百 keV) 内, 核能损占主导地位, 若离子停留在固体材料中, 则将在特定的离子径迹上反映出来.

在图 6.1 中, 看到一个离子注入固体材料并停留在其中的离子径迹的二维示意图. 离子由于与靶原子碰撞, 导致其径迹并不是一条直线. 离子实际的总的路径长度称为射程, 用 R 表示. 入射离子在其初始方向上的净穿透深度称为投影射程, 用 R_{p} 表示, 初始方向为固体材料表面法线方向.

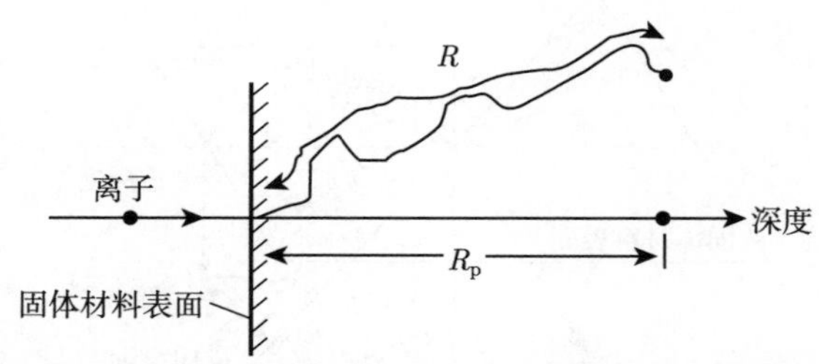

图 6.1　离子注入固体材料, 总的路径长度是射程 R, 射程 R 在入射离子初始方向上的投影为投影射程 R_{p}(引自参考文献 (Mayer et al., 1970))

图 6.2 是一般情况下的离子注入固体材料的三维示意图. 在图 6.2 中, 一个入射离子在点 (0, 0, 0) 处与固体材料表面法线方向之间成 α 角进入样品, 并最终在点 $(x_{\mathrm{s}}, y_{\mathrm{s}}, z_{\mathrm{s}})$ 处停留下来. 为了表示离子注入固体材料的图像, 与图 6.1 类似, 定义射程 R 和投影射程 R_{p}. 然而此时, 离子不是平行于固体材料表面法线方向入射的, 这里, 穿透深度 x_{s} 定义为离子进入固体材料后经过的垂直距离, 不等于投影射程. 若 $\alpha = 0°$, 则这两个量是相等的. 径向射程 R_{r} 定义为离子进入固体材

料的位置 (0, 0, 0) 与其最终停留位置 $(x_\text{s}, y_\text{s}, z_\text{s})$ 之间的距离. 扩展射程 R_s 定义为离子进入固体材料的位置与其最终停留位置在固体材料表面投影位置之间的距离. 横向投影射程 R_p^t 是连接径向射程和投影射程的矢量. 对于一个独立的入射离子, 其最终停留在点 $(x_\text{s}, y_\text{s}, z_\text{s})$ 处, 图 6.2 中的各个物理量满足如下各式:

(1) 扩展射程为

$$R_\text{s} = \left(y_\text{s}^2 + z_\text{s}^2\right)^{1/2}. \tag{6.1}$$

(2) 径向射程为

$$R_\text{r} = \left(x_\text{s}^2 + y_\text{s}^2 + z_\text{s}^2\right)^{1/2}. \tag{6.2}$$

(3) 横向投影射程为

$$R_\text{p}^\text{t} = \left[\left(x_\text{s}\sin\alpha - y_\text{s}\cos\alpha\right)^2 + z_\text{s}^2\right]^{1/2}. \tag{6.3}$$

(4) 投影射程为

$$R_\text{p} = \left(R_\text{r}^2 + R_\text{p}^{\text{t}2}\right)^{1/2}. \tag{6.4}$$

对于正入射离子, 扩展射程与横向投影射程相等.

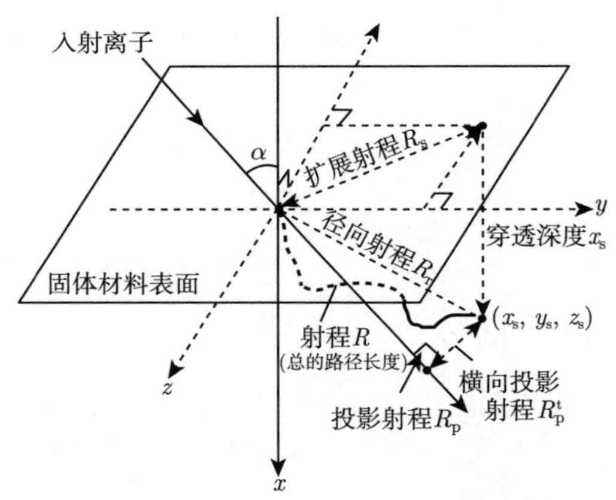

图 6.2　穿透深度、扩展射程、径向射程、投影射程、横向投影射程、射程的示意图 (引自参考文献 (Eckstein, 1991))

6.2 射 程 分 布

由于离子阻止是一个随机过程, 碰撞事件、随后发生的离子偏转, 以及离子最终停留下来时经过的总路径长度都不一样, 因此对于同一能量的同种离子, 即使它们以相同的角度入射到同一固体材料上, 也不一定停留在同样的位置. 或者说, 同一能量的同种离子不一定有相同的射程. 然而, 如果研究大量离子的射程数据, 则可以得到一个统计学上有一定展宽的射程分布, 如图 6.3 所示. 投影射程的分布称为投影射程分布或射程歧离, 最概然投影射程称为平均投影射程. 图 6.2 中的所有物理量都能观察到统计学上的分布.

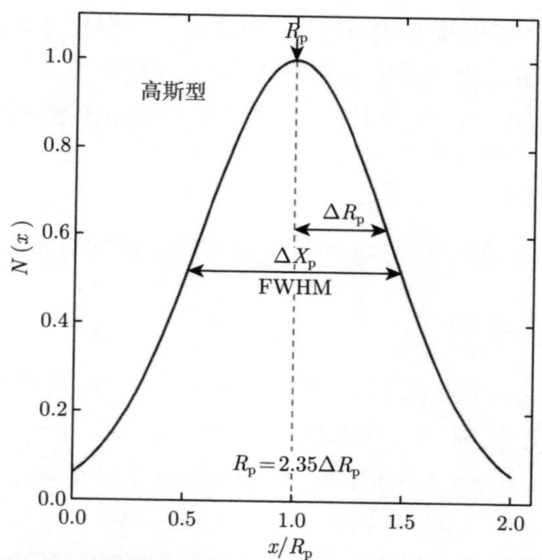

图 6.3 入射离子的高斯型射程分布, $R_p = 2.35\Delta R_p$, ΔX_p 为半高全宽 (FWHM)

任意分布都能用它们的矩来描述. 对于一个连续分布, 一阶矩给出分布的平均值 μ, 定义为

$$\mu = \int_{-\infty}^{+\infty} xf(x)\mathrm{d}x, \tag{6.5}$$

其中, $f(x)$ 是该随机变量的概率函数. 二阶矩 σ^2 给出分布的方差, 定义为

$$\sigma^2 = \int_{-\infty}^{+\infty} (x-\mu)^2 f(x)\mathrm{d}x. \tag{6.6}$$

分布的标准差是其方差的平方根, 即 $\sqrt{\sigma^2}$.

在低离子剂量且不考虑晶格取向效应时, 射程分布与投影射程分布基本符合高斯分布. 高斯概率函数为

$$f(x)=\frac{1}{\sigma(2\pi)^{1/2}}\exp\left[-\frac{1}{2}\left(\frac{x-\mu}{\sigma}\right)^2\right]. \tag{6.7}$$

用离子剂量 ϕ_i 归一化后的入射离子的射程分布函数 $N(x)$ 为

$$N(x)=\frac{\phi_\mathrm{i}}{\Delta R_\mathrm{p}(2\pi)^{1/2}}\exp\left[-\frac{1}{2}\left(\frac{x-R_\mathrm{p}}{\Delta R_\mathrm{p}}\right)^2\right], \tag{6.8}$$

其中, 已经把式 (6.7) 中的概率函数 $f(x)$ 换成离子的射程分布函数 $N(x)$, 把平均值 μ 换成投影射程 R_p, 把标准差 σ 换成投影射程歧离 ΔR_p. 假定所有的入射离子都停留在固体材料中, 则离子剂量与离子的射程分布函数之间的关系为

$$\phi_\mathrm{i}=\int_{-\infty}^{+\infty}N(x)\mathrm{d}x. \tag{6.9}$$

将式 (6.8) 中的 x 换成 R_p, 就能得到离子投影射程分布的峰值原子密度:

$$N\left(R_\mathrm{p}\right)\equiv N_\mathrm{p}=\frac{\phi_\mathrm{i}}{\Delta R_\mathrm{p}(2\pi)^{1/2}}\cong\frac{0.4\phi_\mathrm{i}}{\Delta R_\mathrm{p}}, \tag{6.10}$$

其中, N_p 的单位是 cm^{-3}, ϕ_i 的单位是 $\mathrm{ions{\cdot}cm^{-2}}$, ΔR_p 的单位是 cm. 例如，一个能量为 100 keV 的 N 离子入射到 Fe 上, 则有 $R_\mathrm{p}=106\ \mathrm{nm}$, $\Delta R_\mathrm{p}=22\ \mathrm{nm}$. 若离子剂量是 $10^{16}\ \mathrm{atoms/cm^2}$, 则离子投影射程分布的峰值原子密度是 $N_\mathrm{p}=0.4\times10^{16}/(22\times10^{-7})\ \mathrm{atoms/cm^3}=1.82\times10^{21}\ \mathrm{atoms/cm^3}$.

为了得到入射离子的峰值浓度, 需要知道基底的原子密度 N. 入射离子的峰值浓度为

$$C_\mathrm{p}=\frac{N_\mathrm{p}}{N_\mathrm{p}+N}. \tag{6.11}$$

对于上面的例子, 由附录 B 可知, Fe 的原子密度为 $8.5\times10^{22}\ \mathrm{atoms/cm^3}$, 所以 Fe 中 N 的峰值浓度为 $0.18/(0.18+8.5)=0.021=2.1\%$.

在更高离子剂量下, 要用更高阶的矩去描述非高斯型的离子射程分布. 更高阶矩通常用投影射程导出, 有如下形式:

$$m_i=\frac{1}{\phi_\mathrm{i}}\int_{-\infty}^{+\infty}(x-R_\mathrm{p})^iN(x)\mathrm{d}x, \tag{6.12}$$

其中, i 代表矩的阶数. 二阶、三阶、四阶矩对于离子射程分布有特殊含义, 式 (6.6) 表示的二阶矩与标准差或投影射程歧离有关, 即

$$\sigma_\mathrm{p}\equiv\Delta R_\mathrm{p}=(m_2/\phi_\mathrm{i})^{1/2}; \tag{6.13}$$

三阶矩与偏度有关, 即

$$\gamma_{\mathrm{p}} = m_3/\sigma_{\mathrm{p}}^3; \tag{6.14}$$

四阶矩与峰度有关, 即

$$\beta_{\mathrm{p}} = m_4/\sigma_{\mathrm{p}}^4. \tag{6.15}$$

投影射程的偏度 γ_{p} 标度了离子射程分布的非对称性, 正值表示峰位比 R_{p} 更靠近表面. 在高斯分布 (正态分布) 中, $\gamma_{\mathrm{p}} = 0$. 峰度 β_{p} 表示离子射程分布的平整度, 对于高斯分布来说, $\beta_{\mathrm{p}} = 3$. 在高离子剂量下, 最后的离子浓度曲线是多个过程同时发生的结果, 这些过程包括溅射、辐照增强扩散、化合物形成等. 高离子剂量的浓度曲线将会在第 10 章中讨论.

6.3 计　算

在本章前面的部分中, 已经介绍了射程和射程分布的概念及相关参量, 已经能够计算射程、投影射程和投影射程歧离. 在射程理论中, 射程分布被看作一个描述离子在固体材料中逐渐减速的输运问题. 有两种获得射程相关参量的一般方法, 一种是模拟法, 另一种是解析法, 二者都发展了很多年. 在本章中, 专门介绍简单的解析法, 模拟法将在第 8 章中讨论.

获得射程相关参量的解析法是由林哈德、沙夫和斯高特 (Schiott)(1963) 首先开发的, 通常称之为 LSS 理论. 尽管 LSS 理论不是很精确, 但是却可以得到 20%误差范围内的数据, 这个误差对于多数应用来说是可以接受的. 在本章中, 将采用 LSS 方程. 后来, 比尔扎克、利特马克和齐格勒 (Biersack, 1981; Ziegler et al., 1985) 开发了投影射程代数解析 (Projected Range Algorithm, 简称 PRAL) 程序, 可以得到更加精确的结果. 本节介绍的所有计算方法都将靶视为非晶靶, 即忽略晶格取向效应.

6.3.1 射程

在 5.1 节中讨论过, 一个能量为 E_0 的入射离子的射程 R 是由沿着离子路径的能损率决定的, 即

$$R = \int_{E_0}^{0} \frac{\mathrm{d}E}{\mathrm{d}E/\mathrm{d}x} = \int_{E_0}^{0} \frac{\mathrm{d}E}{NS(E)}. \tag{6.16}$$

总能损是核能损与电子能损之和, 可表示为

$$\frac{\mathrm{d}E}{\mathrm{d}x} = \left.\frac{\mathrm{d}E}{\mathrm{d}x}\right|_{\mathrm{e}} + \left.\frac{\mathrm{d}E}{\mathrm{d}x}\right|_{\mathrm{n}}. \tag{6.17}$$

同样地, 阻止截面可表示为

$$S(E) = S_{\mathrm{e}}(E) + S_{\mathrm{n}}(E), \tag{6.18}$$

其中, 下角标 e 与 n 分别代表电子阻止和核阻止.

也可将式 (6.16) 用无量纲的 ε 和 ρ_{L} 表示, 即

$$\rho_{\mathrm{L}} = \int_0^{\varepsilon} \frac{\mathrm{d}\varepsilon}{S(\varepsilon)}, \tag{6.19}$$

其中, ε 是式 (5.8b) 给出的约化能量, $S(\varepsilon)$ 是约化阻止截面, 即

$$S(\varepsilon) = S_{\mathrm{n}}(\varepsilon) + S_{\mathrm{e}}(\varepsilon) = S_{\mathrm{n}}(\varepsilon) + k\varepsilon^{1/2}. \tag{6.20}$$

约化核阻止截面 $S_{\mathrm{n}}(\varepsilon)$ 可以通过式 (5.14) 或式 (5.20) 得到, 约化电子阻止截面 $S_{\mathrm{e}}(\varepsilon)$ 可以通过式 (5.59) 和式 (5.60) 得到. 约化射程 ρ_{L} 与式 (5.11) 得到的约化长度相关, 即

$$\rho_{\mathrm{L}} = RNM_2 4\pi a_{\mathrm{TF}}^2 \frac{M_1}{(M_1 + M_2)^2}. \tag{6.21}$$

用式 (5.8b) 和式 (6.21) 计算得到的一些离子–靶系统的归一化的约化能量和约化射程值分别由表 6.1 和表 6.2 给出.

表 6.1　归一化的约化能量 ε/E (E 的单位为 keV)

离子	Al	Ti	Fe	Mo	W
C	0.0972	0.0590	0.0494	0.0293	0.0150
N	0.0777	0.0482	0.0405	0.0243	0.0126
P	0.0228	0.0160	0.0139	0.0092	0.0052
Kr	0.0042	0.0034	0.0031	0.0024	0.0016
Xe	0.0018	0.0016	0.0014	0.0012	0.0008

表 6.2　归一化的约化射程 ρ_L/R(R 的单位为 μm)

离子	Al	Ti	Fe	Mo	W
C	39.666	22.148	27.884	11.220	4.700
N	40.236	23.444	29.812	12.332	5.284
P	35.192	26.396	35.748	17.748	8.908
Kr	18.364	19.008	28.208	18.900	12.904
Xe	11.704	13.640	21.020	16.144	13.016

式 (6.19) 的优势是建立了一套普适的约化射程曲线, 该曲线仅仅取决于 ε 和电子阻止参数 k, ε 和 k 分别由式 (5.8b) 和式 (5.60) 给出. 图 6.4 是用式 (6.19) 和 TF 方程计算得到的普适的约化射程曲线. $k = 0.0$ 的曲线是忽略了电子阻止的贡献后得到的约化射程曲线, 在 ε 值较低时最有效. 表 6.3 表示的是约化射程 ρ_L 随 ε, k 的变化情况. 表 6.4 是用式 (5.60) 计算出来的某些离子入射到靶上的电子阻止参数 k. 表 6.5 给出固体材料的一些数据.

表 6.3　ρ_L 与 ε, k 之间的关系

ε	k=0.0	k=0.1	k=0.12	k=0.14	k=0.2	k=0.3	k=0.4	k=1.0
0.01	0.072	0.069	0.069	0.068	0.067	0.064	0.062	0.052
0.02	0.115	0.110	0.109	0.108	0.106	0.102	0.098	0.081
0.05	0.218	0.207	0.205	0.203	0.197	0.188	0.180	0.144
0.10	0.360	0.339	0.335	0.332	0.321	0.304	0.289	0.224
0.20	0.614	0.571	0.563	0.553	0.533	0.501	0.472	0.353
0.50	1.350	1.210	1.190	1.170	1.100	1.010	0.938	0.656
1.00	2.670	2.290	2.220	2.170	2.010	1.800	1.630	1.060
2.00	5.840	4.570	4.390	4.220	3.790	3.260	2.880	1.710
5.00	19.400	11.900	11.100	10.400	8.830	7.110	5.990	3.170
10.00	53.600	23.800	21.600	19.900	16.100	12.300	10.100	4.920

注: 表中数据引自参考文献 (Mayer et al., 1970).

表 6.4　LSS 电子阻止参数 k(见式 (5.60))

离子	Al	Ti	Fe	Mo	W
C	0.208	0.325	0.371	0.601	1.116
N	0.191	0.293	0.334	0.534	0.985
P	0.137	0.185	0.205	0.301	0.520
Kr	0.112	0.128	0.136	0.171	0.254
Xe	0.111	0.121	0.126	0.147	0.200

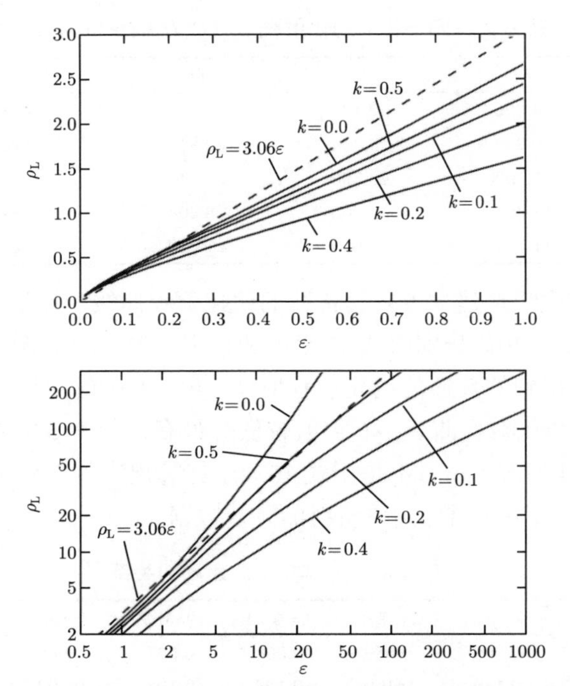

图 6.4　普适的约化射程与约化能量 ε 和电子阻止参数 k 之间关系的曲线 (引自参考文献 (Lindhard et al., 1963))

表 6.5　多种离子入射到 Si, Ge, Sn(≅ CdTe) 上的 LSS 参数 ε, ρ_L 和 k

	ε/E(E 的单位为 keV)			ρ_L/R(R 的单位为 μm)[a]			k		
离子	Si	Ge	Sn(≅CdTe)	Si	Ge	Sn(≅CdTe)	Si	Ge	Sn(≅CdTe)
Li	0.221	0.089	0.052	28.0	8.0	2.7	0.28	0.65	1.04
B	0.113	0.049	0.029	32.2	10.6	3.8	0.22	0.47	0.75
N	0.074	0.033	0.020	32.2	11.8	4.5	0.20	0.42	0.65
Al	0.028	0.015	0.0093	30.5	15.3	6.4	0.14	0.26	0.39
P	0.021	0.012	0.0078	29.0	15.7	6.8	0.14	0.024	0.36
Ga	0.0054	0.0037	0.0027	17.9	15.2	8.1	0.12	0.16	0.21
As	0.0048	0.0034	0.0025	17.0	14.8	8.1	0.12	0.16	0.20
In	0.0021	0.0017	0.0013	11.4	12.2	7.6	0.11	0.14	0.17
Sb	0.0019	0.0015	0.00121	10.7	11.9	7.5	0.11	0.14	0.16
Tl	0.00070	0.00062	0.00052	6.0	8.2	5.9	0.11	0.13	0.14
Bi	0.00066	0.00059	0.00050	5.8	8.0	5.8	0.11	0.013	0.14

注: [a] 三种固体材料的密度 (单位为g/cm^3) 如下: Si 是 2.33、Ge 是 5.32、Sn(≅CdTe) 是 5.84.

表 6.1—6.5 中的数据可以用来确定离子在非晶固体材料中的射程. 例如, 能

量为 35 keV 的 C 在 Ti 中的射程, 这里, $M_1 < M_2$. 由表 6.1 可知, 这种离子与靶的情况满足 $\varepsilon/E = 0.0590$, 所以 ε 约为 2.0. 由表 6.4 可知, $k = 0.325$. 根据表 6.3 中的 $\varepsilon = 2.0$ 时的 k 值可以得到 $\rho_{\mathrm{L}} = 3.17$. 由表 6.2 可知, $\rho_{\mathrm{L}}/R = 22.15\ \mu\mathrm{m}^{-1}$, 所以射程 $R = 3.17/22.15\ \mu\mathrm{m} = 0.143\ \mu\mathrm{m} = 143\ \mathrm{nm}$. 又如, 能量为 100 keV 的 Kr 入射到 Al 上, 这里, $M_1 > M_2$. 由表 6.1 可知, $\varepsilon/E = 0.0042$, 所以 ε 约为 0.4. 由表 6.4 可知, $k = 0.112$. 由表 6.3 可知, $\rho_{\mathrm{L}} = 1.01$. 由表 6.2 可知, $\rho_{\mathrm{L}}/R = 18.36\ \mu\mathrm{m}^{-1}$, 所以射程 $R = 0.055\ \mu\mathrm{m} = 55\ \mathrm{nm}$.

图 6.5 显示的是利用约化参量计算得到的约化射程与实验数据的对比. 通过实验得到的 Kr 和 Xe 的约化射程与通过计算得到的数据吻合得很好.

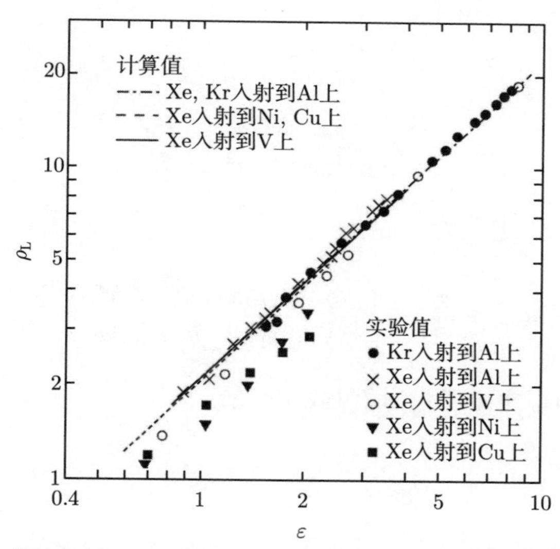

图 6.5 Kr 在 Al 中的约化射程, 以及 Xe 在 Al, V, Ni 和 Cu 中的约化射程 (引自参考文献 (Mayer et al., 1970))

6.3.2 射程近似

如果忽略电子阻止, 则简单的射程近似可以用 5.4 节描述的核阻止的幂次律形式来计算. 如图 5.5 所示, 在低能区, 核阻止占主导地位, 在 $\varepsilon = 0.35$ 时, 核阻止达到最大, 然后随着 ε 的增大而减小. 另一方面, 电子阻止随着离子速度的增大而线性增大, 在能量高于 3 后占主导地位. 由表 6.4 可知, 对于重离子入射到轻靶上的情况, k 值往往相当小 (小于 0.2), 因此对于能量高达数百 keV(即 $\varepsilon \cong 3$) 的离子, 核阻止仍然占主导地位.

在核阻止占主导地位时, 忽略电子阻止的贡献后, 射程可以用下式估算:

$$R = \int_{E_0}^{0} \frac{\mathrm{d}E}{NS_{\mathrm{n}}(E)}, \tag{6.22}$$

或者可以用约化参量表示为

$$\rho_{\mathrm{L}} = \int_{0}^{\varepsilon} \frac{\mathrm{d}\varepsilon}{S_{\mathrm{n}}(\varepsilon)}. \tag{6.23}$$

式 (5.7) 给出的核阻止截面的幂次律形式为

$$S_{\mathrm{n}}(E) = \frac{C_m}{1-m}\gamma^{1-m}E^{1-2m},$$

其中, γ 由式 (5.13) 定义为

$$\gamma \equiv \frac{4M_1M_2}{(M_1+M_2)^2} = \frac{T_{\mathrm{M}}}{E},$$

常数 C_m 由式 (4.56) 定义为

$$C_m = \frac{\pi}{2}\lambda_m a_{\mathrm{TF}}^2 \left(\frac{2Z_1Z_2e^2}{a_{\mathrm{TF}}}\right)^{2m} \left(\frac{M_1}{M_2}\right)^m,$$

约化核阻止截面的幂次律形式为 (见式 (5.15))

$$S_{\mathrm{n}}(\varepsilon) = \frac{\lambda_m}{2(1-m)}\varepsilon^{1-2m},$$

这里, λ_m 是一个拟合参量.

将式 (5.7) 和式 (5.15) 分别代入式 (6.22) 和式 (6.23), 可以得到射程的幂次律形式:

$$R(E) = \frac{1-m}{2m}\frac{\gamma^{m-1}}{NC_m}E^{2m}, \tag{6.24}$$

或者可以用约化参量表示为

$$\rho_{\mathrm{L}} = \frac{1-m}{m\lambda_m}\varepsilon^{2m}. \tag{6.25}$$

图 6.6 展示了式 (6.25) 中 $m=1/3$ 和 $m=1/2$ 时的约化射程曲线, 其中, 拟合参量由式 (4.58) 算出, 分别为 $\lambda_{1/3}=1.309$ 和 $\lambda_{1/2}=0.327$. 图 6.6 对比了利用

两种幂次律势计算得到的约化射程 (实线) 与通过式 (6.23) 计算得到的约化射程 (虚线), 其中, 核阻止的完全形式由式 (5.14) 给出. 由图 6.6 可以看出, 利用幂次律势计算得到的约化射程与通过式 (6.23) 计算得到的精确结果符合得很好. 在式 (5.8a) 给出的如下有效 m 值的范围内, 利用幂次律势估算得到的核阻止和路径长度的准确度大约为 20%:

$$
\begin{aligned}
&\text{当 } \varepsilon \leqslant 0.2\text{时}, && m = 1/3,\\
&\text{当 } 0.08 \leqslant \varepsilon \leqslant 2\text{时}, && m = 1/2.
\end{aligned}
$$

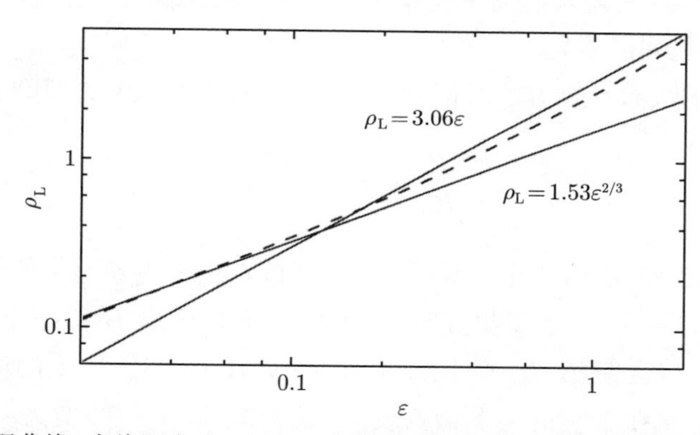

图 6.6　约化射程曲线, 虚线源自式 (6.23)、实线源自式 (6.25)(引自参考文献 (Winterbon et al., 1970))

图 6.4 和图 6.6 展示了由 $\rho_L = 3.06\varepsilon (m = 1/2)$ 计算得到的约化射程. 结果表明, 当离子能量很低时, 核阻止估计过高, 因此射程估算过小; 当离子能量很高时, 电子阻止估计过低, 因此射程估算过大; 当离子能量适中, 即 $0.05 < \varepsilon < 10$ 时, $\rho_L = 3.06\varepsilon$ 还是能较好地给出重离子的射程的, 误差大约为 30%—40%. 根据式 (6.21) 和式 (5.8b) 可知, 由 $\rho_L = 3.06\varepsilon$ 计算得到的射程为

$$
R = \frac{6E}{\rho}\frac{M_2}{Z_2}\frac{M_1+M_2}{M_1}\frac{\left(Z_1^{2/3}+Z_2^{2/3}\right)^{1/2}}{Z_1}, \tag{6.26}
$$

其中, ρ 是靶的质量密度. 利用 $M_1/Z_2 \cong 2.2 \cong M_2/Z_2$, 可将式 (6.26) 简化为

$$
R = \frac{13E}{\rho}\frac{1+M_2/M_1}{Z_1^{2/3}}. \tag{6.27}
$$

在式 (6.26) 和式 (6.27) 中, R, E, ρ 的单位分别是 nm, keV, g/cm^3. 将式 (6.27) 应用于 6.3.1 小节中的例子可知, 能量为 35 keV 的 C 入射到 Ti($\rho_{\text{Ti}} = 4.5$ g/cm^3)

上, 以及能量为 100 keV 的 Kr 入射到 Al($\rho_{\mathrm{Al}} = 2.7\ \mathrm{g/cm^3}$) 上, 可以算出射程分别为 126 nm 和 58.3 nm. 若把电子阻止也考虑在内, 那么射程分别为 143 nm 和 55 nm. 两个射程值的差异在合理范围内.

6.3.3　投影射程

射程 R 是入射离子进入固体材料直至最终停留下来所经过的总路径长度, 然而, 在大量利用入射离子进行表面改性的应用中, 我们感兴趣的参量是投影射程 R_{p}. 投影射程的定义是入射离子在其初始方向上的总路径长度的投影. 图 6.1 给出了 R 与 R_{p} 之间的差异.

投影射程的大致计算方法可以根据林哈德等人 (1963) 的理论表示为

$$\frac{R}{R_{\mathrm{p}}} \cong 1 + B\frac{M_2}{M_1}, \tag{6.28}$$

其中, B 随着 E 和 R 的变化而缓慢变化. 在核阻止占主导地位的能量区域, 且当 $M_1 > M_2$ 时, $B = 1/3$. 能量更高时, 电子阻止增大导致 B 值减小. 当 $M_1 < M_2$ 时, 大角度散射将会使 R/R_{p} 值比经验方程 (见式 (6.28)) 给出的值稍微偏大. 另一方面, 电子阻止在某些情况下影响较大, 这会减缓 B 值的增大. 因此 $B = 1/3$ 对于多数入射条件来说是一个合理的估计, 所以

$$R_{\mathrm{p}} \cong \frac{R}{1 + M_2/(3M_1)}. \tag{6.29}$$

表 6.6 是一些投影射程的数据. 温特邦、西格蒙德 (Sigmund) 和桑德斯 (Sanders) (简称 WSS)(1970) 在 LSS 理论的基础上利用幂次律形式开发出一个更精确的描述射程与投影射程之间关系的 WSS 方程. 图 6.7 显示的是 R_{p}/R 随着 M_2/M_1 的变化而变化的情况, 其中, $m = 1/3,\ 1/2$.

作为式 (6.29) 的例子, 重新把 6.3.1 小节中的例子拿出来讨论. 能量为 35 keV 的 C 在 Ti($M_1 < M_2$) 中的 LSS 射程是 143 nm, 射程与投影射程之比为 $R/R_{\mathrm{p}} = 1 + (48/12)/3 = 2.33$, 所以 $R_{\mathrm{p}} = 143/2.33\ \mathrm{nm} = 61\ \mathrm{nm}$. 通过 PRAL 程序计算可得, $R_{\mathrm{p}} = 72\ \mathrm{nm}$. 这两个值有大约 15%的差异. 对于能量为 100 keV 的 Kr 在 Al 中的分析与前例类似, $R/R_{\mathrm{p}} = 1.11$ 给出 $R_{\mathrm{p}} = 50\ \mathrm{nm}$, 而由 PRAL 程序计算可得, $R_{\mathrm{p}} = 56\ \mathrm{nm}$. 这两个值有大约 11%的差异.

表 6.6　R_p/R 值

离子	靶	R_p/R 值				经验值
		20 keV	40 keV	100 keV	500 keV	$[1+M_2/(3M_1)]^{-1}$
Li	Si	0.54	0.62	0.72	0.86	0.40
B	Si	0.57	0.64	0.73	0.86	0.54
P	Si	0.72	0.75	0.79	0.86	0.77
As	Si	0.83	0.84	0.86	0.89	0.89
Sb	Si	0.88	0.88	0.89	0.91	0.93
Li	Ge	0.33	0.40	0.53	0.74	0.20
B	Ge	0.34	0.40	0.50	0.71	0.30
P	Ge	0.50	0.52	0.58	0.71	0.56
As	Ge	0.67	0.69	0.72	0.77	0.76
Sb	Ge	0.76	0.76	0.78	0.81	0.83
Li	Sn	0.22	0.28	0.40	0.63	0.15
B	Sn	0.24	0.28	0.38	0.60	0.20
P	Sn	0.34	0.37	0.43	0.57	0.44
As	Sn	0.51	0.53	0.56	0.65	0.65
Sb	Sn	0.63	0.64	0.66	0.72	0.75

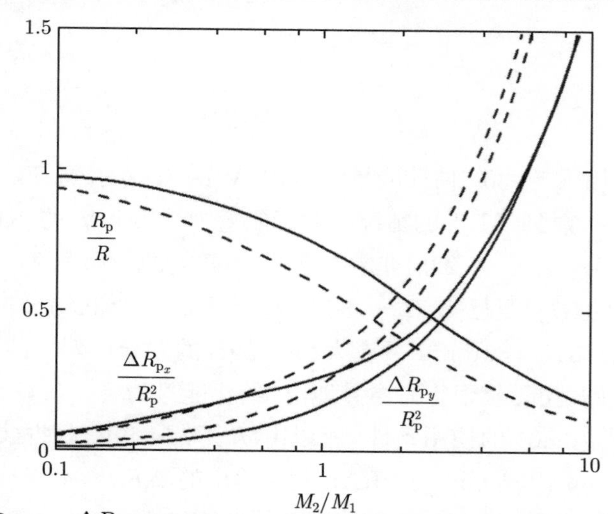

图 6.7　$\frac{R_p}{R}$, $\frac{\Delta R_{p_x}}{R_p^2}$ 和 $\frac{\Delta R_{p_y}}{R_p^2}$ 随着 M_2/M_1 的变化而变化的情况. ΔR_{p_x} 沿着离子入射的方向、ΔR_{p_y} 垂直于离子入射的方向. 虚线和实线分别表示 $m=1/3$ 和 $1/2$ 的情况 (引自参考文献 (Winterbon et al., 1970))

6.3.4　投影射程歧离

离子注入是一个随机过程, 平均投影射程代表的是离子最可能停留的位置, 离子在固体材料中输运的散射过程的不确定性可能会导致投影射程比其平均值偏大或偏小. 投影射程的平均波动值 (偏离平均值的标准差) 称作投影射程歧离 $\Delta R_{\rm p}$.

离子质量 M_1 和靶原子质量 M_2 对投影射程歧离的影响已经在图 1.3 中有清晰的显示, 轻离子入射到重靶上的路径偏差比重离子入射到轻靶上的更大. 这个现象受动量守恒和能量守恒定律的影响, 与宏观的刚球碰撞 (散射) 一样. 例如, 用弹珠撞击一堆台球与用台球撞击一堆弹珠, 在前一种情况下, 弹珠更易偏离原来的路径; 而在后一种情况下, 台球会直着往前走, 几乎不会有横向偏离. 弹性核散射条件的差别将会影响跑得最远的离子的位置与离子分布区域的大小. 相比于 $M_1 > M_2$ 的情况, $M_1 < M_2$ 时离子的分布区域更大.

用林哈德等人的理论可以算出 $\varepsilon < 3$(核阻止占主导地位) 且 $M_1 > M_2$(小角度散射更多) 时的投影射程歧离满足

$$2.5\Delta R_{\rm p} \cong 1.1 R_{\rm p} \frac{2\left(M_1 M_2\right)^{1/2}}{M_1 + M_2}, \tag{6.30}$$

或者

$$\Delta R_{\rm p} \cong R_{\rm p}/2.5. \tag{6.31}$$

同样地, 可用式 (6.30) 估计能量为 35 keV 的 C 入射到 Ti 上, 以及能量为 100 keV 的 Kr 入射到 Al 上的情况. 对于能量为 100 keV 的 Kr 入射到 Al 上的情况, $M_1 > M_2$ 且 $\varepsilon = 2.0$, 非常符合式 (6.30) 的使用条件. 由式 (6.30) 可知, $2.5\Delta R_{\rm p} \cong 0.94 R_{\rm p}$, 且已知 $R_{\rm p} = 50$ nm, 所以 $\Delta R_{\rm p} \cong 0.38 \times 50$ nm $= 19$ nm. PRAL 程序给出 $\Delta R_{\rm p} = 16$ nm(两者大约有 19%的差异). 对于能量为 35 keV 的 C 入射到 Ti 上的情况, 核阻止占主导地位, 约化能量为 $\varepsilon = 0.4$. 因为 $M_1 < M_2$, 质量比不符合式 (6.30) 的使用条件, 所以由 $R_{\rm p} = 61$ nm, 根据式 (6.30) 算出的 $\Delta R_{\rm p} \cong 0.4 \times 61$ nm $= 24$ nm, 与 PRAL 程序给出的 $\Delta R_{\rm p} = 42$ nm 大约有 43%的差异. 上面的计算表明, 式 (6.30) 的使用条件必须包括 $M_1 > M_2$.

投影射程歧离与平均投影射程之间的更为一般化的关系是由 WSS 方程得到的, 要求质量比满足 $0.1 \leqslant M_2/M_1 \leqslant 10$, 如图 6.7 所示. $\Delta R_{{\rm p}_x}$ 是沿着离子入射方向的投影射程歧离, $\Delta R_{{\rm p}_y}$ 是垂直于离子入射方向的投影射程歧离. 在 C 入射到 Ti 上的例子中, $M_2/M_1 \cong 4.0$. 由图 6.7 可知, 对于 $m = 1/2$, $\Delta R_{\rm p}^2/R_{\rm p}^2 \cong 71$, 因此 $\Delta R_{\rm p} \cong 0.85 R_{\rm p} = 0.85 \times 61$ nm $= 52$ nm, 与由 PRAL 程序算出的值 42 nm 吻合得比较好, 两者仅存在约 24%的差异.

6.3.5 多原子靶

多原子靶中离子射程的准确处理需要像 PRAL 程序那样大量的计算，然而，可以用两种简单的方法来近似处理. 对于原子序数 Z 接近的两种原子形成的合金，例如，Fe-Ti 合金，可以把平均原子序数和平均原子质量代入 LSS 方程进行计算，即把此靶视作单原子靶. 若两种原子的原子序数差别很大，例如，合金 A_xB_y，则一级近似估算为

$$R_{\mathrm{p}}\left(A_xB_y\right) \cong N_{\mathrm{alloy}} \frac{[R_{\mathrm{p}}(A)/N_A]\,[R_{\mathrm{p}}(B)/N_B]}{yR_{\mathrm{p}}(A)/N_A + xR_{\mathrm{p}}(B)/N_B}, \tag{6.32}$$

其中，$x+y=1$，$R_{\mathrm{p}}(A)$，$R_{\mathrm{p}}(B)$，N_A，N_B 分别是单质 A 和 B 中的投影射程和原子密度，N_{alloy} 是合金的原子密度. 例如，能量为 100 keV 的 Kr 入射到金属间化合物 Fe_2Al① 上. 能量为 100 keV 的 Kr 在 Al 和 Fe 中的投影射程分别是 50 nm 和 23 nm，Al 和 Fe 的原子密度分别是 $N_{\mathrm{Al}} = 6.02 \times 10^{22}$ atoms · cm^{-3}，$N_{\mathrm{Fe}} = 8.50 \times 10^{22}$ atoms · cm^{-3}，Fe_2Al 的质量密度是 6.36 g/cm^3，利用式 (1.2)，可以算出它的原子密度为 $N_{\mathrm{Fe_2Al}} = 8.29 \times 10^{22}$ atoms · cm^{-3}. 将这些数值代入式 (6.32)，可以算出 $R_{\mathrm{p}}(\mathrm{Fe_2Al}) = 29$ nm，与 PRAL 程序的计算结果 $R_{\mathrm{p}} = 28.6$ nm 吻合得非常好.

图 6.8 显示了非晶 Al_2O_3 的实验结果与 LSS 理论计算 (见式 (6.32)) 结果的对比. 实验结果与理论计算结果符合得很好.

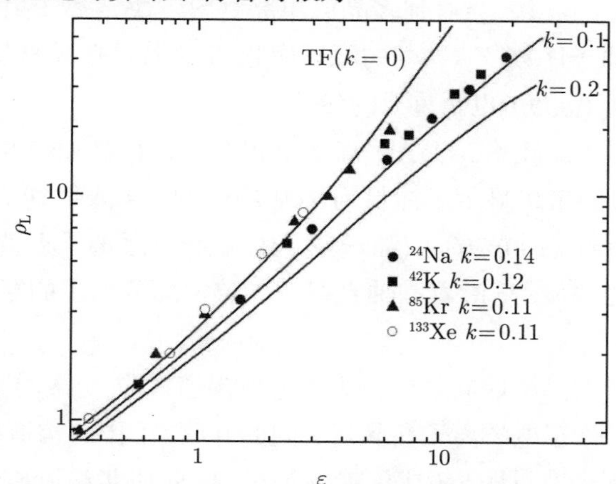

图 6.8　实验测得的 Al_2O_3 中的投影射程与 LSS 理论计算 (见式 (6.32)) 结果的对比 (引自参考文献 (Mayer et al., 1970))

① 化合物 Fe_2Al 是虚构的，然而，为了便于说明，我们假设它是存在的，且它的质量密度是 6.36 g/cm^3.

合金中的投影射程歧离可以用基多 (Kido) 和川本 (Kawamoto)(1986) 得到的经验方程

$$\frac{\Delta R_{\mathrm{p}}}{R_{\mathrm{p}}}=0.27+\frac{0.38}{\varepsilon_{\mathrm{av}}+2.0} \tag{6.33}$$

进行估计, 其中, $\varepsilon_{\mathrm{av}}$ 是合金的平均约化能量, 定义为

$$\varepsilon_{\mathrm{av}}=\sum_{i=1}^{n}C_i\varepsilon_i, \tag{6.34}$$

这里, $C_i(i=1,2,\cdots,n)$ 是第 i 种元素的组分占比, ε_i 是由式 (5.8b) 定义的元素的约化能量. 将式 (6.33) 和式 (6.34) 用在能量为 100 keV 的 Kr 入射到 Fe_2Al 上的情况, 计算得到的平均约化能量的数值为 0.38, $\Delta R_{\mathrm{p}}/R_{\mathrm{p}}=0.43$. 用式 (6.32) 计算得到的投影射程为 29 nm, 进而算出投影射程歧离为 12.5 nm, 与 PRAL 程序计算得到的值 10.6 nm 的差异在 18%以内.

6.4　沟　　道

上面涉及的一切有关离子射程和材料辐照损伤的内容都是假定材料是无序的, 即非晶的. 在实际中, 会遇到多晶或单晶材料. 决定离子射程的主要参数是离子的能量 E、原子序数 Z_1 和靶的原子序数 Z_2. 若是单晶材料, 则基底的取向和晶格的振荡幅度 (温度) 也是重要的参数.

对于单晶材料, 例如, Si, GaAs, 离子束相对于材料晶轴的方向对离子射程分布有很大的影响. 图 6.9 显示了能量为 100 keV 的 As 入射到 Si 上的射程分布, 实线表示离子束沿着 $\langle 100\rangle$ 方向 (晶轴) 入射, 虚线表示离子束偏离所有的晶轴或晶面. 图 6.9 清楚地显示, 沿着晶轴入射会导致一部分离子的穿透深度达到投影射程 R_{p} 的几倍.

离子注入材料的晶格取向效应称为沟道或沟道效应, 当离子沿着晶列入射时, 正的原子间势引导带正电的离子在晶列之间的开放空间内 (沟道) 运动. 这些沟道离子与晶格原子不会有近距离碰撞, 能损很小, 因此比非沟道离子有更大的射程. 在通常的离子注入条件下, 很难确定沟道离子的射程分布, 因为它取决于表面处理、基底温度、束流准直, 以及离子注入过程中引入的无序等因素. 穿过距离 R_{p} 后的沟道离子的射程分布按距离的指数规律 $\exp(-x/\lambda_{\mathrm{c}})$ 衰减, 其中, $\lambda_{\mathrm{c}}\gg R_{\mathrm{p}}$.

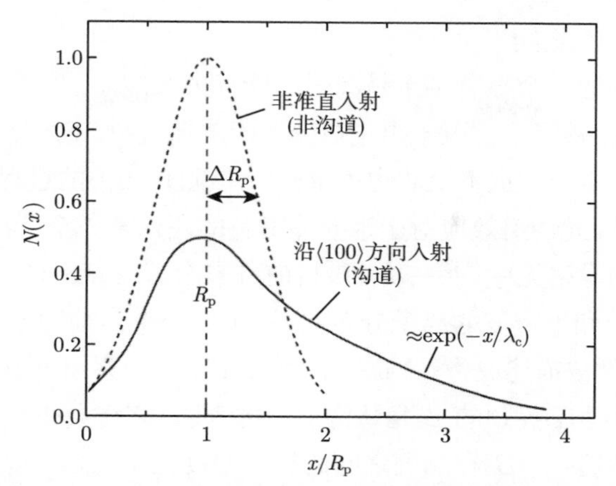

图 6.9　实线表示沿 Si 的 ⟨100⟩ 方向入射的沟道离子的射程分布曲线, 虚线表示偏离所有沟道方向入射的离子的射程分布曲线

沟道效应要求入射离子与晶轴或晶面之间的夹角小于临界角 ψ_c. 这个临界角取决于离子的能量和种类, 以及靶参数, 一般小于 5°. 靶盘支架通常是锥形的, 这样能使晶片偏离其法线方向 7°, 从而使沟道效应最小化. 然而, 一些本来没有进入沟道的离子会经过散射成为沟道离子, 所以很难完全避免沟道效应, 除非离子注入区域已经预注入大量离子, 从而变成了非晶材料.

下面简要介绍离子注入过程中产生沟道效应的物理机制, 西蒙顿 (Simonton) 和塔施 (Tasch) 在其综述 (1992) 中对沟道效应做了很好的论述.

6.4.1　一般原则

当离子入射到晶体上时, 若入射方向与主晶轴或主晶面之间的夹角小于临界角, 那么, 当离子每次靠近平行的晶格原子时, 离子与晶列之间逐渐增大的库仑排斥力将导致离子远离晶列, 避免强烈的核碰撞发生. 林哈德的理论工作 (1965) 给出了产生沟道效应时的临界角的近似结果. 对于能量为 keV 数量级的重离子, 当其能量为 E、入射角为 ψ 时, 沟道效应产生的条件是

$$\psi \leqslant \psi_2 \equiv \left[(a_{\mathrm{TF}}/d)\,\psi_1\right]^{1/2}, \tag{6.35}$$

其中,

$$\psi_1 = \left[2Z_1 Z_2 e^2/(Ed)\right]^{1/2}, \tag{6.36}$$

这里, a_{TF} 是 TF 屏蔽长度, 约为 0.01—0.02 nm, d 是晶列之间的空间距离. 对于能量小于几百 keV 的标准掺杂元素的离子, 其沿着 Si 的 ⟨110⟩ 或 ⟨111⟩ 方向的入

射角 ψ_2 在 3° 到 5° 之间.

这种引导机制的一个显著结果是离子的能损大大减小, 所以穿透深度比在非晶靶中大得多. 而且, 核阻止比电子阻止更依赖于碰撞参数. 对于沟道束: (1) 核阻止相对于电子阻止的重要性远不及非沟道束; (2) 核阻止相关的过程, 例如, 辐照损伤、溅射, 也被弱化. 因此沟道效应对于半导体材料的注入来说至少存在两个潜在优势: 更深的结与更少的晶格无序. 另一方面, 目前看来沟道效应还有一个严重的弊端, 那就是很难获得浅结和可重复的离子分布曲线. 图 6.10 是轴沟道中离子的径迹示意图, 这里, 晶格点阵被描述成一系列原子 "弦". 首先, 观察图 6.10(a) 中倾斜入射的离子, 离子 B 以小于临界角的 ψ 角从沟道中部入射, 它将会在晶列之间振荡而不会发生能损较大的核碰撞. B 在晶列之间的振荡幅度比 C 大, 因为 C 以更小的入射角入射. 对于离子 A, 入射角大于临界角, 它不能被晶列引导并在沟道中运动, 所以它的径迹类似于离子在非晶材料中的径迹, 除非离子 A 能沿着低指数的晶列运动.

离子在垂直于轴沟道的平面上的碰撞也会影响其径迹. 如图 6.10(b) 所示, 离子沿沟道方向入射. 进入时离晶列很近的离子会立刻被大角度散射出去, 所以它们不会成为沟道离子 (离子 A), 离晶列稍远一些的离子成为沟道离子 (离子 B), 但比从沟道中心进入的离子 (离子 C) 的振荡幅度更大.

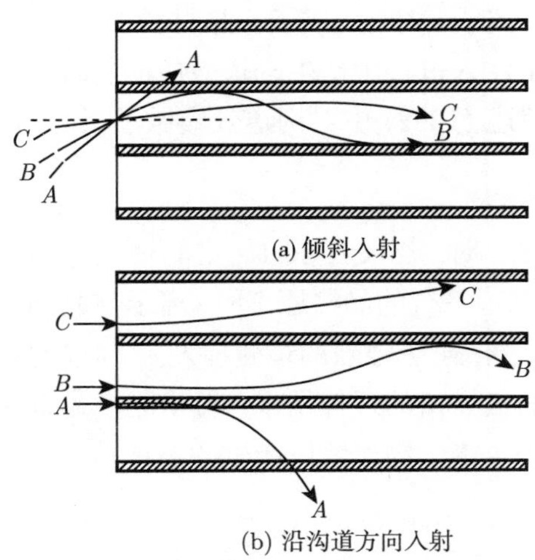

图 6.10　轴沟道中离子的径迹示意图. 晶格点阵被描述成一系列原子 "弦", 即有阴影的宽线. (a) 各种与晶列之间成 ψ 角的入射离子的径迹: B 和 C 代表入射角 ψ 小于临界角的离子, A 代表入射角 ψ 大于临界角的离子; (b) 与碰撞位置相关的沿沟道方向入射的离子的径迹 (引自参考文献 (Mayer et al., 1970))

为方便起见, 根据图 6.11 所显示的差异, 将入射离子分成三类:

(1)A 类, 这类离子没有感受到晶格的存在, 因此它们有一个类似于在非晶材料中的射程分布.

(2)B 类, 这类离子开始时在沟道中有较大幅度的振荡, 它们可能会在停下来之前被大角度散射从而偏离原来的方向, 变成非沟道离子, 因此不会像 C 类离子一样穿透得那么深.

(3)C 类, 这类离子开始时在沟道中有较小幅度的振荡, 所以它们在逐渐减速的过程中有更大的概率保持在沟道中运动.

沟道效应在 W 中表现得最为明显,W 的特点是原子的小幅度热振荡 (见图 6.11), 因此离子的去沟道效应会较弱. 在这种情况下, 三类离子在浓度分布曲线上就很容易清晰地分为三个区域. 进入晶格时入射角大于临界角的离子属于 A 类, 它们的射程分布与非晶材料的情况类似; B 类离子有更大的横向能量, 在沟道中的振荡幅度较大, 并在两峰之间的部分产生退道; 几乎完全在沟道中停下来的离子属于 C 类. 归道离子 (混乱的离子被捕获而进入沟道) 属于 B 类.

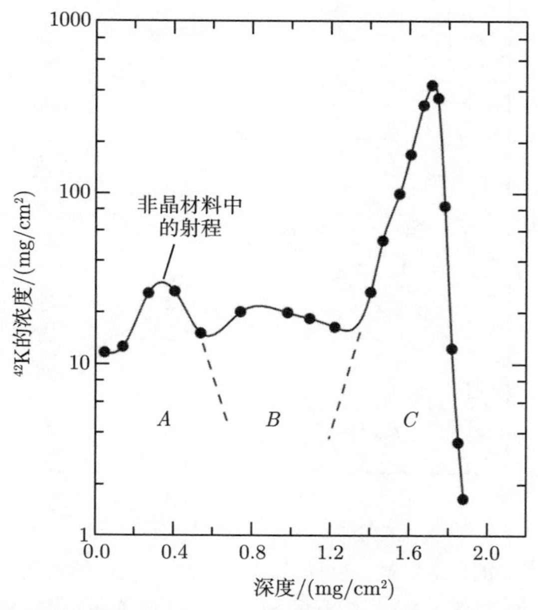

图 6.11 25℃ 时能量为 500 keV 的 ^{42}K 离子沿 W 的 ⟨111⟩ 方向入射时的射程分布. 对于 W, 1 mg/cm^2 相当于 0.52 μm(引自参考文献 (Mayer et al., 1970))

6.4.2　最大射程 $R_{\max}$

当能量为 50—150 keV 的离子在晶体中沿着主晶轴入射时, 其射程比在非晶材料中的射程大 2—50 倍. 若离子注入的是低指数的轴沟道或面沟道, 则核阻止会大大减小. 沟道离子的减速主要是因为它与晶格原子中电子的相互作用, 在与速度成正比的减速区域, 电子阻止截面 $S_e(E)$ 正比于 $E^{1/2}$, 因此

$$R_{\max} = \frac{1}{N}\int_0^E \frac{\mathrm{d}E}{S_e(E)} = \frac{2E}{NS_e(E)} = AE^{1/2}, \tag{6.37}$$

其中, A 是常数. 利用式 (6.37) 计算最大射程的方法可以在菲尔索夫的理论工作中找到. 式 (6.37) 预测的 $R_{\max}$ 与 $E^{1/2}$ 之间的关系已经被 B, P, As, Sb 在 Si 的 ⟨110⟩ 与 ⟨111⟩ 晶轴中的沟道离子所证实. 图 6.12 中的虚线是按照 $E^{1/2}$ 关系绘制的. B, P 和 As 在 Si 中的投影射程如图 6.12 中的实线所示.

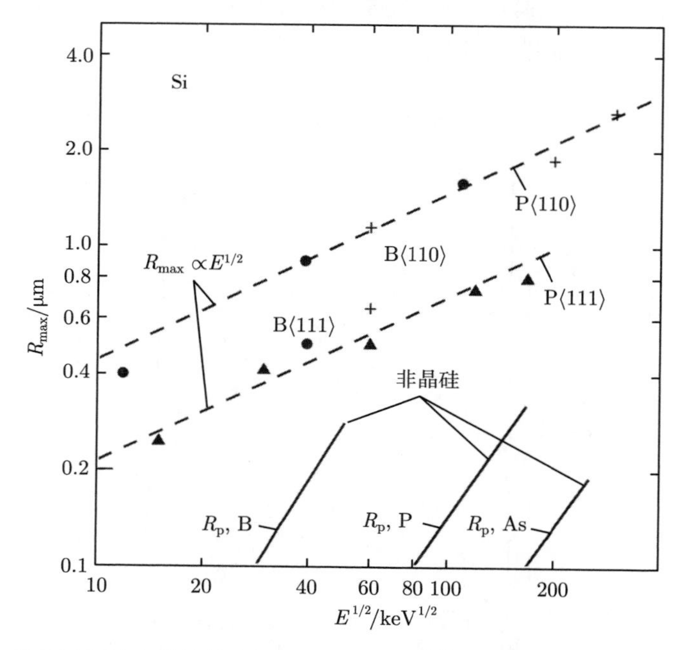

图 6.12　Si 中保持很好的沟道的最大射程 $R_{\max}$ 与 $E^{1/2}$ 之间的关系. 虚线通过对 P 的数据进行拟合, 表明存在 $E^{1/2}$ 的关系, 实线表示 Si 中 B, P 和 As 的投影射程 R_p(引自参考文献 (Mayer et al., 1970))

参考文献

Biersack, J. P. (1981) Calculation of Projected Ranges in Analytical Solutions and a Simple General Algorithm, *Nucl. Instrum. & Meth.* **182/3**, 199.

Eckstein, W. (1991) *Computer Simulation of Ion-Solid Interactions*, (Springer-Verlag, Berlin).

Kido, Y. and J. Kawamoto (1986) Universal Expressions of Projected Range and Damage Distributions, *App. Phys. Lett.* **48**, 257.

Lindhard, J. (1965) Channeling of Energetic Particles in Crystals. *Mat. Fys. Medd. Dan Vid. Selsk.* **34**, (no. 14).

Lindhard, J., M. Scharff, and H. E. Schiott (1963) Range Concepts and Heavy Ion Ranges (Notes on Atomic Collisions II), *Mat. Fys. Medd. Dan Vid. Selsk.* **33** (no. 14), 3.

Mayer, J. W., L. Eriksson, and J. A. Davies (1970) *Ion Implantation in Semiconductors* (Academic Press, New York).

Simonton, R. and A. F. Tasch (1992) Channeling Effects in Ion Implantation, in *Handbook of Ion Implantation Technology*, J. F. Ziegler, ed. (North-Holland, New York), p. 119.

Winterbon, K. B., P. Sigmund, and J. B. Sanders (1970) Spatial Distribution of Energy Deposited by Atomic Particles in Elastic Collisions, *Mat. Fys. Medd. Dan Vid. Selsk.* **37** (no. 14), 5.

Ziegler, J. F., J. P. Biersack, and U. Littmark (1985) *The Stopping and Range of Ions in Solids* (Pergamon Press, Inc., New York).

推荐阅读

Energy Loss and Ion Ranges in Solids, M. A. Kumakhov and F. F. Komarov (Gordon & Breach Science Publishers, New York, 1981).

Handbook of Ion Implantation Technology, J. F. Ziegler, ed. (North-Holland, New York, 1992).

Ion Implantation: Basics to Device Fabrication, E. Rimini (Kluwer Academic, Boston, 1995).

Ion Implantation in Semiconductors, J. W. Mayer, L. Eriksson, and J. A. Davies (Academic Press, New York, 1970).

第 7 章　辐照损伤及峰

7.1　引　　言

多年以来, 人们已经认识到载能 (keV 到 MeV) 重离子轰击晶体时, 晶体会产生晶格无序. 产生晶格无序的区域可以通过对晶格结构敏感的技术直接探测到, 例如, 透射电子显微镜、离子沟道实验与电子衍射方法. 这些实验技术的应用, 以及离子与固体相互作用理论的发展, 为离子注入过程的研究提供了基础.

在离子减速并最终停留在晶体内部的过程中, 离子会与晶格原子发生多次碰撞. 在这些碰撞中, 入射离子可以向晶格原子传递足够的能量, 造成晶格原子移位 (或离位). 因为入射离子碰撞而发生移位的原子称为初级移位原子 (Primary Knock-on Atoms, 简称 PKAs). PKAs 同样可以通过碰撞使其他原子移位, 从而产生次级移位原子, 次级移位原子又会产生三级移位原子. 以此类推, 最终形成级联碰撞. 这些碰撞导致离子径迹周围产生空位、间隙原子和其他类型的晶格无序结构. 随着入射离子数目的增多, 各个无序区域开始交叠, 最终形成严重受损的区域. 晶格无序的总量和深度分布取决于离子种类、温度、能量、总剂量和沟道效应.

7.2　辐照损伤与移位能量

辐照损伤理论基于这样的假设: 由高能离子或反冲原子撞击的晶格原子在碰撞中获得的能量必须大于某一定值, 才能使晶格原子移位. 使晶格原子移位所需的阈值能量称为移位阈能 E_d. 如果在碰撞过程中, 传递给晶格原子的能量 (T) 小于 E_d, 则被撞击的原子经历大幅度振动而不离开其晶格位点. 被撞击原子的振动能量很快传递给其最近邻原子, 表现为局部热源. 然而, 如果 $T > E_\mathrm{d}$, 则被撞击的原子能够脱离稳态所在的势阱, 并作为移位原子进入晶格中. 在最简单的情况下, 移位原子留下空位并占据晶格中的间隙位点. 这种空位–间隙型缺陷称为弗仑

克尔 (Frenkel) 对[①]或弗仑克尔缺陷.

移位阈能 E_d 是使靶原子离开其晶格位点并成为稳定间隙原子的必要能量, 该能量的大小取决于靶原子的动量方向, 因此产生弗仑克尔对所对应的移位阈能是一个范围.

由于固体的晶格结构, 晶格原子的移位势垒在各个方向上是不一样的. 如果被撞击的原子在逃逸之前向其最近邻原子损失能量的方向移动, 则移位势垒较高, 形成弗仑克尔对所需的移位阈能也相应较高. 但是, 在相对开放的方向, 例如, $\langle 111\rangle$ 方向, 或者沿着密排方向, 例如, fcc 结构中的 $\langle 110\rangle$ 方向, 移位势垒较低.

下面以 fcc 结构中的晶格原子的移位过程为例 (Olander, 1976) 来说明这个问题. 如图 7.1(a) 所示, 左下角的原子通过与反冲原子的碰撞来获得能量. 图中的波浪线表示可能的低指数反冲方向. 一个明显的移位阈能最小值将是沿着 $\langle 111\rangle$ 方向, 也即通过三个最近邻原子形成的三角形的中心. 被撞击的原子沿 $\langle 111\rangle$ 反冲方向移动时的势能变化曲线如图 7.1(b) 所示. 移位过程的势垒是平衡位置的能量 ε_{eq} 和穿过三个最近邻原子形成的三角形所需的能量 ε^*(或者称为鞍点能量) 之差. 如果已知晶格的原子间势, 原则上可以精确计算移位阈能. 然而, 由于多体相互作用的复杂性, 这种计算通常由计算机执行.

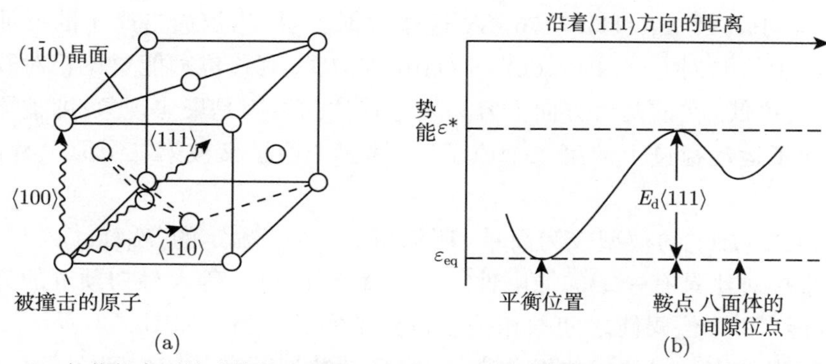

图 7.1 (a) 与载能离子的碰撞导致晶格原子移位, (b) 被撞击的原子沿着 $\langle 111\rangle$ 反冲方向移动时的势能变化曲线 (引自参考文献 (Olander, 1976))

奥兰德 (Olander)(1976) 曾利用简单的弹性模型来计算鞍点能量与平衡位置

① 弗仑克尔对的定义是: 将一个原子从其晶格位点移出, 并将其置于晶格中的间隙位点而产生空位, 因此弗仑克尔对是一个空位和一个间隙位点.

的能量之差. $\langle 111 \rangle$ 方向的移位阈能可表示为

$$E_{\mathrm{d}}\langle 111 \rangle = \varepsilon^* - \varepsilon_{\mathrm{eq}} = 9\varepsilon_{\mathrm{b}} + \frac{9}{2}\frac{\Omega_V}{\beta}\left(\frac{1}{\sqrt{2}} - \frac{1}{\sqrt{6}}\right)^2, \tag{7.1}$$

其中, ε_{b} 是固体的结合能, Ω_V 是一个原子占据的体积 (见式 (1.3)), β 是压缩率. 同时, 可以由 2.6.1 小节中给出的升华能表达式

$$-\Delta H_{\mathrm{s}} = \frac{1}{2} n_{\mathrm{c}} N_{\mathrm{A}} \varepsilon_{\mathrm{b}} \tag{7.2}$$

(其中, ΔH_{s} 是升华能, n_{c} 是原子配位数 (其在 fcc 结构中为 12), N_{A} 是阿伏伽德罗常数) 来估算固体的结合能. 以 Cu 为例, ΔH_{s}= 3.49 eV / atom 或 ε_{b}(Cu)= 0.58 eV / atom, β= 1.23×10^{-3} nm^3 / atom, Ω_V =1.18×10^{-2} nm^3 / atom. 将这些值代入式 (7.1), 可得 $E_{\mathrm{d}}\langle 111 \rangle = 9.1$ eV.

通过测量液氦温度下电子辐照导致的材料电阻率的变化, 可以得到原子的移位阈能. 该测量通常在单晶材料上进行, 这个数值是电子的加速电压和晶体相对于电子束的取向的函数. 通过这种测量方法可知, 金 (King) 等人测得的 Cu 的移位阈能的取向依赖性如图 7.2 所示. 这些数据显示, $E_{\mathrm{d}}\langle 110 \rangle = 23$ eV, $E_{\mathrm{d}}\langle 100 \rangle = 19$ eV, $E_{\mathrm{d}}\langle 111 \rangle = 76$ eV. 这些数据表明, 当被撞击原子的反冲方向沿着晶体中的晶列方向, 即 $\langle 100 \rangle$ 和 $\langle 110 \rangle$ 方向时, 其移位阈能要比相对开放的 $\langle 111 \rangle$ 方向更低. 在前两个方向上容易发生移位的原因是聚焦现象, 即被撞击的原子替换了运动径迹上的第二个原子后, 第三个原子又被第二个原子替换, 以此类推.

因为式 (7.1) 的模型较为简单, 所以由式 (7.1) 确定的 $E_{\mathrm{d}}\langle 111 \rangle$ 与实验测量值的直接对比具有一定的局限性. 然而, 塞茨 (Seitz) 等人最初预测的升华能 (即结合能) 和移位阈能之间的相关性得到了实验支持. 如图 7.3 所示, E_{d} 和升华能的实验值之间的相关性非常好, 大多数数据落在 $4\Delta H_{\mathrm{s}}$ 到略高于 $5\Delta H_{\mathrm{s}}$ 之间.

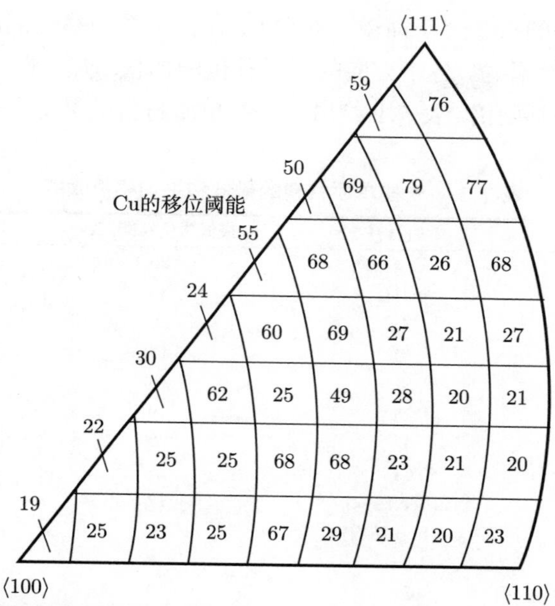

图 7.2 Cu 的移位阈能的取向依赖性 (引自 King et al., 1983. Threshold Energy Surface and Frenkel Pair Resistivity for Cu, *J. Nucl. Mater.* **117**, 12)

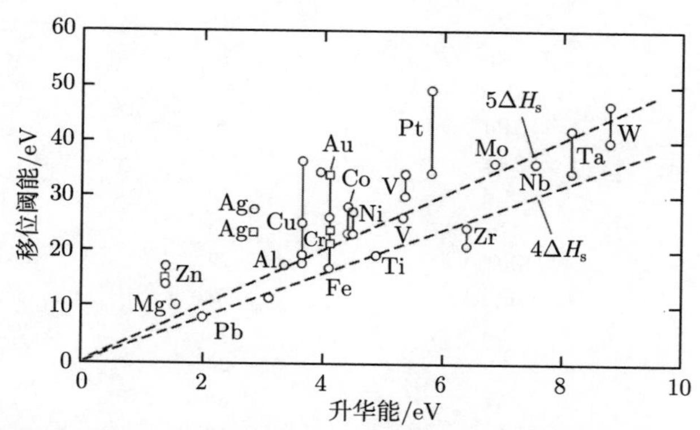

图 7.3 材料的移位阈能 E_{d} 与升华能 ΔH_{s} 之间的关系, 从图中可以看出, 两者的相关性非常好, 大多数数据落在 4 ΔH_{s} 到略高于 5 ΔH_{s} 之间 (引自 T. E. Mitchell et al., in *Fundamental Aspects of Radiation Damage in Metals*, M. T. Robinson and F. W. Young, Jr, eds. (US GPO Washington, D.C., 1976), vol. 1, p. 73)

由于被撞击原子的反冲方向是由碰撞的动力学决定的, 因此在实际实验中它将是一个随机变量. E_{d} 的取向依赖性, 加上被撞击原子的反冲方向的随机性, 意味着单值移位阈能的概念过于简单. 事实上, 存在一系列移位阈能, 从 $E_{d(min)}$ 到 $E_{d(max)}$, 都可能发生移位. 各个方向的原子移位的加权, 使得平均移位阈能通常是最低移位阈能的一到两倍. 表 7.1 给出了一些单质材料的最低和平均移位阈能.

表 7.1　一些单质材料的最低和平均移位阈能

原子序数	单质材料	最低移位阈能/eV	平均移位阈能/eV
6	石墨	25	
6	金刚石	35	
12	Mg	10	(20)
13	Al	16	27
14	Si	13	
22	Ti	19	(30)
23	V	26	
24	Cr	28	(60)
26	Fe(bcc 结构)	17	(44)
27	Co(hcp 结构)	22	34
28	Ni	23	34
29	Cu	19	29
30	Zn	14	29
31	Ga	12	
32	Ge	15	
40	Zr	21	(40)
41	Nb	28	(78)
42	Mo	33	(65)
46	Pd	26	41
47	Ag	25	39
48	Cd	19	36
49	In	15	
50	Sn(白)	22	
50	Sn(灰)	22	
71	Lu	17	
73	Ta	34	90
74	W	38	(110)
75	Re	40	(60)
78	Pt	33	44
79	Au	36	43
82	Pb	14	19
90	Th	35	44

注: 表中的移位阈能数据引自 H. H. Andersen, *Appl.Phys.* **18** (1979), 131; and P. Lucasson, in *Fundamental Aspects of Radiation Damage in Metals*, M. T. Robinson and F. W. Young, Jr, eds. (US GPO, Washington, D.C., 1976), vol. 1, p. 42.

7.3 初级移位原子碰撞造成的移位

在本节中, 将研究能量为 E 的 PKA 后续碰撞造成的原子移位. 如图 7.4 所示, 当高能入射离子与晶格原子发生碰撞时产生 PKA. 如果离子传递给 PKA 的能量足够大, 即 $E \gg E_\mathrm{d}$, 则 PKA 可以继续碰撞其他原子, 并产生二级移位原子, 而二级移位原子可以继续碰撞其他原子, 使得额外的原子移位. 这样的事件将导致许多碰撞和移位事件发生在彼此的近邻区域. 碰撞事件产生的多个移位事件通常称为级联碰撞或级联移位. 能量为 E 的 PKA 产生的级联内的平均移位数由 $\langle N_\mathrm{d}(E)\rangle$ 表示, 也称为平均移位损伤函数.

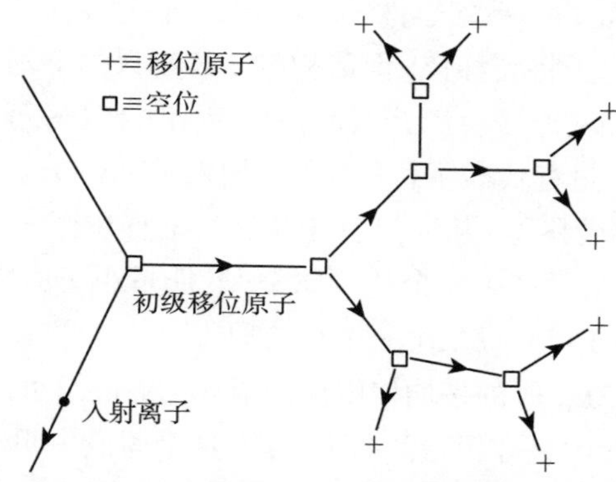

图 7.4 由 PKA 形成级联碰撞的示意图 (引自 M. W. Thompson, *Defects and Radiation Damage in Metals*(Cambridge University Press, 1969))

最简单的平均移位损伤函数 $\langle N_\mathrm{d}(E)\rangle$ 的计算基于金兴 (Kinchin) 和皮斯 (Pease)(1955) 提出的刚球模型. 在金兴–皮斯模型 (Olander, 1976) 中有如下假设:

(1) 碰撞发生在相似原子之间.

(2) 碰撞过程中传递能量的概率由刚球模型的截面 (即式 (4.73)) 决定:

$$P(E,T)\,\mathrm{d}T \cong \frac{\mathrm{d}T}{\gamma E} = \frac{\mathrm{d}T}{E},$$

其中, 当 $M_1 = M_2$ 时, $\gamma = 1$.

(3) 级联是由一系列两体碰撞产生的.

(4) 所有碰撞都是弹性的, 即只考虑核阻止, 忽略电子阻止.

(5) 在考虑两体碰撞中传递能量给靶原子的能量守恒过程中, 忽略移位阈能 E_d.

(6) 固体中原子的排列是随机的, 忽略晶格结构.

(7) 碰撞过程中获得能量小于 E_d 的晶格原子不会移位. 同样地, 获得能量小于 E_d 的晶格原子不会形成后续的级联碰撞; 获得能量在 E_d 到 $2E_\mathrm{d}$ 之间的晶格原子会移位, 但不会形成后续的级联碰撞.

由假设 (7) 可以得到下面的结论:

$$\langle N_\mathrm{d}(E)\rangle = 0, \quad \text{当} E < E_\mathrm{d} \text{时}; \tag{7.3a}$$

$$\langle N_\mathrm{d}(E)\rangle = 1, \quad \text{当} E_\mathrm{d} \leqslant E \leqslant 2E_\mathrm{d} \text{时}. \tag{7.3b}$$

式 (7.3b) 的表述有两种可能性. 对于一个能量在 E_d 到 $2E_\mathrm{d}$ 之间的 PKA, 考虑其与晶格原子碰撞之后的一系列事件. 如果 PKA 传递给晶格原子的能量大于 E_d 但小于 $2E_\mathrm{d}$, 则晶格原子将会移位, 但最初的 PKA 只剩下不到 E_d 的能量. 在这种情况下, 被撞击的晶格原子会离开其晶格位点, 但 PKA 落入这个空位, 它剩余的能量转化为热能, 此过程代表了替位碰撞. 如果 PKA 传递给晶格原子的能量小于 E_d, 则晶格原子不会移位, 从而只有 PKA 一个移位原子. 对于上述两种可能性中的任何一种, PKA 只产生一个移位原子, 其能量小于原来的 PKA, 因此能量在 E_d 到 $2E_\mathrm{d}$ 之间的 PKA 只产生一个移位原子.

现在来看当 $E> 2E_\mathrm{d}$ 时的平均移位损伤函数 $\langle N_\mathrm{d}(E)\rangle$ 的形式. 为了继续推导, 引入一个假设: $\langle N_\mathrm{d}(E)\rangle$ 是守恒量. 具体而言, 这个假设表明由能量为 E 的 PKA 产生的移位数等于当 PKA 首次撞击静止的晶格原子时产生的两个运动原子共同产生的移位数. 图 7.5 显示了能量为 E 的 PKA 与静止的晶格原子之间的两体碰撞. 在碰撞过程中, PKA 将能量 T 传递给晶格原子, 并剩余 $E-T$ 的能量. 上述假设表明 PKA 产生的移位数 $N_\mathrm{d}(E)$ 等于次级移位原子 (即由 PKA 首次碰撞后产生的两个运动原子) 产生的移位数 $N_\mathrm{d}(E-T)$ 和 $N_\mathrm{d}(T)$ 之和, 即

$$N_\mathrm{d}(E) = N_\mathrm{d}(T) + N_\mathrm{d}(E-T). \tag{7.4}$$

式 (7.4) 不足以确定 $N_\mathrm{d}(T)$, 因为 T 不是单值的. 根据金兴–皮斯模型的假设 (1) 可知, 所有碰撞都发生在相似原子之间, 以及 T 是可以在 0 到 E 之间取值的, 但是传递的能量在 T 到 $T+\mathrm{d}T$ 之间的概率是 $P(E,T)\,\mathrm{d}T \cong \dfrac{\mathrm{d}T}{E}$, 则可以用该式计算平均移位数:

$$\langle N_\mathrm{d}(E)\rangle = \int_0^E N_\mathrm{d}(E)\,P(E,T)\,\mathrm{d}T \cong \int_0^E N_\mathrm{d}(E)\,\frac{\mathrm{d}T}{E}. \tag{7.5}$$

结合式 (7.4) 和式 (7.5), 近似可得

$$\langle N_{\mathrm{d}}(E)\rangle=\frac{1}{E}\int_{0}^{E}\left[N_{\mathrm{d}}(E-T)+N_{\mathrm{d}}(T)\right]\mathrm{d}T. \tag{7.6}$$

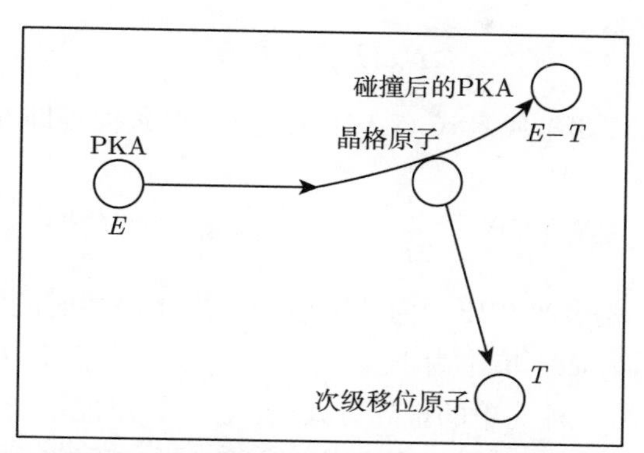

图 7.5 PKA 在碰撞后的能量变化 (引自参考文献 (Olander, 1976))

式 (7.6) 等号右边包含两项, 由于可以用 $T'=E-T$ 来替换 T, 因此式 (7.6) 等号右边的两项在本质上是相等的, 即有

$$\langle N_{\mathrm{d}}(E)\rangle=\frac{2}{E}\int_{0}^{E}N_{\mathrm{d}}(T)\,\mathrm{d}T. \tag{7.7}$$

式 (7.7) 等号右边可以在三个积分段展开 (分别是能量 $0-E_{\mathrm{d}}$, $E_{\mathrm{d}}-2E_{\mathrm{d}}$, $2E_{\mathrm{d}}-E$):

$$\frac{2}{E}\int_{0}^{E}N_{\mathrm{d}}(T)\,\mathrm{d}T\equiv\frac{2}{E}\left[\int_{0}^{E_{\mathrm{d}}}N_{\mathrm{d}}(T)\,\mathrm{d}T+\int_{E_{\mathrm{d}}}^{2E_{\mathrm{d}}}N_{\mathrm{d}}(T)\,\mathrm{d}T+\int_{2E_{\mathrm{d}}}^{E}N_{\mathrm{d}}(T)\,\mathrm{d}T\right]. \tag{7.8}$$

由式 (7.3a) 可知, 式 (7.8) 等号右边的第一个积分段的积分值为 0. 将式 (7.3b) 代入式 (7.8) 等号右边的第二个积分段, 可将式 (7.7) 简化为

$$\langle N_{\mathrm{d}}(E)\rangle=\frac{2E_{\mathrm{d}}}{E}+\frac{2}{E}\int_{2E_{\mathrm{d}}}^{E}N_{\mathrm{d}}(T)\,\mathrm{d}T. \tag{7.9}$$

将式 (7.9) 等号两边同时乘以 E, 而后对 E 求微分, 可得

$$\langle N_{\mathrm{d}}(E)\rangle+E\frac{\mathrm{d}\langle N_{\mathrm{d}}(E)\rangle}{\mathrm{d}E}=2\frac{\mathrm{d}}{\mathrm{d}E}\int_{2E_{\mathrm{d}}}^{E}N_{\mathrm{d}}(T)\,\mathrm{d}T. \tag{7.10}$$

根据莱布尼茨 (Leibniz) 变限积分方程, 可以得到一个齐次微分方程:

$$\frac{\mathrm{d}\langle N_{\mathrm{d}}(E)\rangle}{\mathrm{d}E}=\frac{\langle N_{\mathrm{d}}(E)\rangle}{E}. \tag{7.11}$$

式 (7.11) 的解为

$$\langle N_{\mathrm{d}}(E)\rangle=CE, \tag{7.12}$$

其中, 常数 C 由式 (7.3b) 代入式 (7.12) 决定 (边界条件), 即有 $C=(2E_{\mathrm{d}})^{-1}$, 因此平均移位数为

$$\langle N_{\mathrm{d}}(E)\rangle=\frac{E}{2E_{\mathrm{d}}},\quad 当2E_{\mathrm{d}}<E<E_{\mathrm{c}}时, \tag{7.13}$$

这里, 能量上限 E_{c} 是金兴和皮斯为了使模型适用于高能时的电子阻止而设置的. E_{c} 的取值可以表示为 M_2(单位为 keV), 例如, 对于 Cu, 就是 64 keV.

式 (7.13) 还有另一种简单的推导方式: 通过计算出能量为 E 的 PKA 产生的平均反冲能量 $\langle T\rangle$ 而得到. 由平均值的定义可知, 平均反冲能量可以表示为

$$\langle T\rangle=\int_0^{T_{\mathrm{M}}}TP(E,T)\,\mathrm{d}T=\frac{1}{T_{\mathrm{M}}}\int_0^{T_{\mathrm{M}}}T\mathrm{d}T=\frac{E}{2}.$$

在上式的计算过程中, 再次利用了刚球的概率函数. 由于 E_{d} 是产生移位的最小能量, 因此这样的移位原子产生的平均移位数可以简单地视为 $\langle T\rangle/E_{\mathrm{d}}$, 也就是 $E/(2E_{\mathrm{d}})$.

对于能量在 E_{c} 以上的 PKA, 平均移位数为

$$\langle N_{\mathrm{d}}(E)\rangle=\frac{E_{\mathrm{c}}}{2E_{\mathrm{d}}},\quad 当E>E_{\mathrm{c}}时. \tag{7.14}$$

总的金兴–皮斯平均移位损伤函数如图 7.6 所示, 它可通过联立式 (7.3)、式 (7.13) 和式 (7.14) 得到, 即

$$\langle N_{\mathrm{d}}(E)\rangle=\begin{cases}0, & E<E_{\mathrm{d}},\\ 1, & E_{\mathrm{d}}\leqslant E\leqslant 2E_{\mathrm{d}},\\ \dfrac{E}{2E_{\mathrm{d}}}, & 2E_{\mathrm{d}}<E<E_{\mathrm{c}},\\ \dfrac{E_{\mathrm{c}}}{2E_{\mathrm{d}}}, & E>E_{\mathrm{c}}.\end{cases} \tag{7.15}$$

在金兴–皮斯模型的假设 (2) 和 (4) 中都将碰撞粒子视为刚球, 并忽略了电子阻止, 所以式 (7.15) 是过高估计的. 若考虑电子阻止且使用真实的原子间势, 则式 (7.15) 可以改写为 (Robinson, 1965; Robinson et al., 1982; Sigmund, 1969)

$$\langle N_{\mathrm{d}}(E)\rangle=\frac{\xi\nu(E)}{2E_{\mathrm{d}}}, \tag{7.16}$$

其中, $\xi< 1$, 它由原子间势决定. $\nu(E)$ 是 PKA 能量中除去电子阻止的部分, 通常将这部分能量称为损伤能量, 这部分能量将会在 7.4 节中讨论. 通常, 在理论计算和计算机模拟中, 把 ξ 视为 0.8 左右. 总的修正后的金兴–皮斯平均移位损伤函数为

$$\langle N_{\mathrm{d}}(E)\rangle=\begin{cases}0, & 0<E<E_{\mathrm{d}},\\ 1, & E_{\mathrm{d}}\leqslant E\leqslant 2E_{\mathrm{d}}/\xi,\\ \dfrac{\xi\nu(E)}{2E_{\mathrm{d}}}, & 2E_{\mathrm{d}}/\xi<E<\infty.\end{cases} \tag{7.17}$$

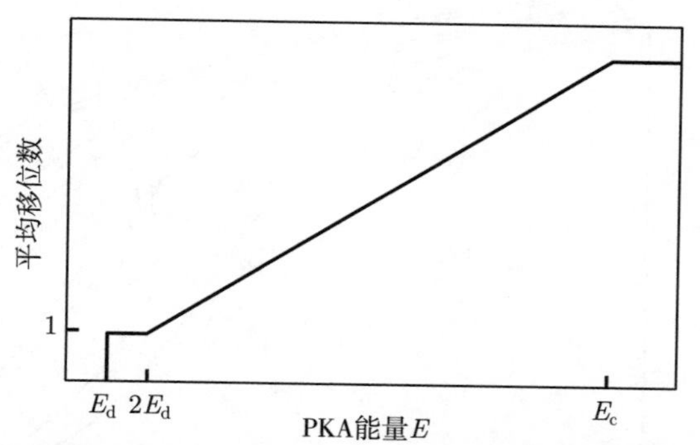

图 7.6　碰撞产生的平均移位数与 PKA 能量 E 之间的关系图 (根据金兴–皮斯模型, 见式 (7.15))

7.4　PKA 损伤能量

PKA 在一系列碰撞后从减速到停止的过程中, 通过电子阻止和核阻止损失能量. 只有核阻止会造成晶格原子的移位和辐照损伤效应, 所以在考虑晶格结构的无序化时, 必须区分清楚通过核阻止与电子阻止损失能量的占比. 第 6 章在确定入射离子的射程分布时, 也使用了类似的程序. 计算入射离子的射程分布与计算

原子移位的最大不同在于后者还需要考虑被撞击原子带走了部分能量. 与入射离子射程分布的情况一样, 晶格结构可以影响核阻止的能损. 例如, 完美沟道中的离子通过电子阻止损失更多的能量, 因此它会比不与任何低指数晶轴或晶面平行的初始运动方向上的离子产生更少的晶格无序. 但是, 目前暂时不考虑沟道效应的影响.

林哈德等人 (1963) 提出了计算核阻止和电子阻止损失能量范围分布的理论, 包含初级移位原子和次级移位原子, 其中, 假设 η 是传递给电子的总能量, ν 是使原子移位的总能量 (损伤能量), 且 $\nu+\eta=E$(E 为总能量, 即入射离子的能量). 罗宾森 (Robinson)(1970) 利用林哈德等人的理论计算了当 M_1 与 M_2 相等时的损伤效率 (定义为 ν/E). 图 7.7 展示了单质材料中的损伤效率随着 PKA 能量 E 的变化情况.

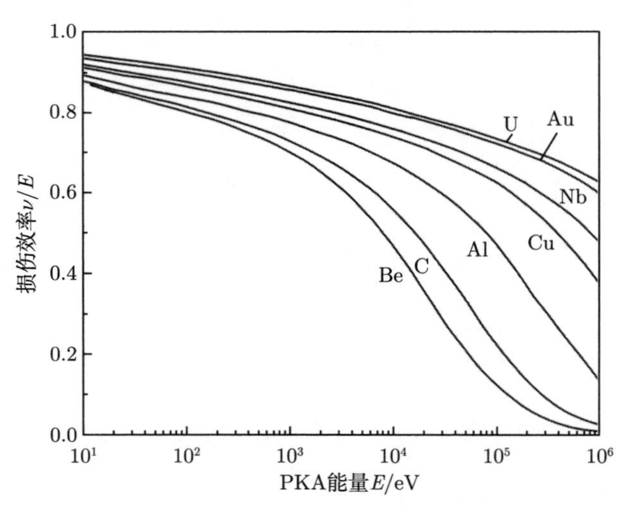

图 7.7　碰撞过程中, 损伤效率 ν/E 与 PKA 能量 E 和自离子碰撞 (自离子碰撞意味着 $M_1=M_2$) 的离子种类之间的关系 (引自参考文献 (Robinson, 1965))

值得注意的是, 尽管能量为E 的 PKA 的损伤能量与总的核阻止能量$\int_0^R S_{\rm n}(E){\rm d}x$ (R 是 PKA 的射程) 非常接近, 但损伤能量比总的核阻止能量偏小一点 (小 20% 到 30%), 这是因为在 PKA 的射程末端, 有部分能量因为电子激发而损失.

7.4.1 诺格特、罗宾森和托伦斯损伤能量模型

诺格特 (Norgett)、罗宾森和托伦斯 (简称 NRT)(1975) 发展了通过林哈德等人 (1963) 的理论 (用来计算非弹性能损) 计算自离子碰撞 PKA 损伤能量的详细方法. 根据 NRT 模型, PKA 损伤能量为

$$\nu(T) = T - \eta(T) = \frac{T}{1 + kg(\varepsilon)}, \tag{7.18}$$

其中, T 是 PKA 能量, $\eta(T)$ 是电子阻止, k 是林哈德等人的理论中的电子阻止参数 (见式 (5.60)). 边界条件是: 当 T 趋于 0 时, $\nu(T)$ 趋于 T. 由式 (7.18) 可知, 电子阻止的表达式为

$$\eta(T) = \nu(T)\, kg(\varepsilon),$$

其中, 电子阻止参数 k(见式 (5.60)) 是

$$k = \frac{Z_1^{2/3} Z_2^{1/2} \left(1 + \dfrac{M_2}{M_1}\right)^{3/2}}{12.6 \left(Z_1^{2/3} + Z_2^{2/3}\right)^{3/4} M_2^{1/2}} = 0.1337 Z^{2/3}/M^{1/2}, \tag{7.19}$$

这里, Z_1, Z_2, Z 和 M_1, M_2, M 分别是粒子的原子序数和质量. 罗宾森给出了函数 $g(\varepsilon)$ 的解析形式:

$$g(\varepsilon) = \varepsilon + 0.40244\varepsilon^{3/4} + 3.4008\varepsilon^{1/6}, \tag{7.20}$$

其中, ε 是约化能量 (见式 (3.55)), 即

$$\varepsilon = \frac{M_2}{M_1 + M_2} \frac{a_{\mathrm{TF}}}{Z_1 Z_2 e^2} T = \frac{T a_{\mathrm{TF}}}{2Z^2 e^2} = \frac{T}{86.93 Z^{7/3}}, \tag{7.21}$$

这里, 常数 e^2 =1.44 eV·nm, 而 a_{TF} 是 TF 屏蔽长度 (见式 (2.43)), 即

$$a_{\mathrm{TF}} = \frac{0.88534 a_0}{\left(Z_1^{2/3} + Z_2^{2/3}\right)^{1/2}} = \frac{0.03313}{Z^{1/3}}, \tag{7.22}$$

其中, a_0 是玻尔半径 (0.053 nm). 在式 (7.19)、式 (7.21) 和式 (7.22) 中, 最终表达式的成立条件都是 $Z_1 = Z_2 = Z$, $M_1 = M_2 = M$.

例如, 考虑 Cu 中能量为 10 keV 的 Cu 的 PKA, 其中, M=64, Z=29. 由式 (7.22) 可知, a_{TF}=0.0108 nm. 由式 (7.21) 可知, ε =0.045. 由式 (7.20) 可知, $g(\varepsilon)$= 2.11. 由式 (7.19) 可知, $k = 0.16$. 利用上述数值, 结合式 (7.18), 可以得到移位原子的能量占比为 ν/T=0.75, 与图 7.7 预测的结果一致.

7.5　离子辐照损伤

随着载能离子减速至最终停留在材料中, 它通过电子阻止和核阻止损失能量, 核阻止导致 PKAs 的分布, 这是产生离子辐照损伤的主要原因. 在 7.2 节和 7.3 节中, 只关注给定能量的单个 PKA 造成的损伤, 在本节中将进一步探究损伤能量与移位数之间的关系, 同时考虑离子在其射程内产生的不同能量的多个 PKAs 的累积效应 (Averback et al., 1978a, 1978b; Haines et al., 1966; Sigmund, 1972).

7.5.1　载能离子导致的移位

先考虑能量为 E_0 的离子穿过厚靶的薄区 $\mathrm{d}x$ 时产生的移位数, 如图 7.8 所示. 当离子穿过这一薄区时, 可能与电子或晶格原子发生碰撞, 也可能不发生碰撞. 通过将离子与电子和晶格原子的碰撞视为独立过程, 可以推导出单独的能量传递微分散射截面和碰撞概率函数. 碰撞概率函数 $P_{\mathrm{a}}(E_0, T_{\mathrm{a}})\mathrm{d}T_{\mathrm{a}}$ 表示能量为 E_0 的离子穿过这一薄区 $\mathrm{d}x$, 与一个晶格原子发生一次碰撞后, 产生的 PKA 的能量在 T_{a} 到 $T_{\mathrm{a}} + \mathrm{d}T_{\mathrm{a}}$ 之间的概率, 即

$$P_{\mathrm{a}}\left(E_0, T_{\mathrm{a}}\right)\mathrm{d}T_{\mathrm{a}} = N\frac{\mathrm{d}\sigma_{\mathrm{a}}\left(E_0\right)}{\mathrm{d}T_{\mathrm{a}}}\mathrm{d}T_{\mathrm{a}}\mathrm{d}x, \tag{7.23}$$

其中, $\mathrm{d}\sigma_{\mathrm{a}}(E_0)/\mathrm{d}T_{\mathrm{a}}$ 是离子与晶格原子碰撞的能量传递微分散射截面, N 是原子密度, $N\mathrm{d}x$ 表示这一薄区 $\mathrm{d}x$ 中单位面积薄靶内的原子数. 同样地, 对于电子来说, $P_{\mathrm{e}}(E_0, T_{\mathrm{e}})\mathrm{d}T_{\mathrm{e}}$ 表示离子穿过这一薄区 $\mathrm{d}x$, 与一个电子发生一次碰撞后, 传递的能量在 T_{e} 到 T_{e}+$\mathrm{d}T_{\mathrm{e}}$ 之间的概率, 即

$$P_{\mathrm{e}}\left(E_0, T_{\mathrm{e}}\right)\mathrm{d}T_{\mathrm{e}} = N\frac{\mathrm{d}\sigma_{\mathrm{e}}\left(E_0\right)}{\mathrm{d}T_{\mathrm{e}}}\mathrm{d}T_{\mathrm{e}}\mathrm{d}x, \tag{7.24}$$

其中, $\mathrm{d}\sigma_{\mathrm{e}}(E_0)/\mathrm{d}T_{\mathrm{e}}$ 是离子与电子碰撞的能量传递微分散射截面. 因此在穿过这一薄区 $\mathrm{d}x$ 的过程中不发生碰撞的概率是

$$\begin{aligned} P_0 &= 1-\int_0^{T_{\mathrm{M_e}}} P_{\mathrm{e}}\left(E_0,T_{\mathrm{e}}\right)\mathrm{d}T_{\mathrm{e}}-\int_0^{T_{\mathrm{M_a}}} P_{\mathrm{a}}\left(E_0,T_{\mathrm{a}}\right)\mathrm{d}T_{\mathrm{a}} \\ &= 1-N\mathrm{d}x\left[\int_0^{T_{\mathrm{M_e}}}\frac{\mathrm{d}\sigma_{\mathrm{e}}\left(E_0\right)}{\mathrm{d}T_{\mathrm{e}}}\mathrm{d}T_{\mathrm{e}}+\int_0^{T_{\mathrm{M_a}}}\frac{\mathrm{d}\sigma_{\mathrm{a}}\left(E_0\right)}{\mathrm{d}T_{\mathrm{a}}}\mathrm{d}T_{\mathrm{a}}\right], \end{aligned} \tag{7.25}$$

其中, 积分上限 T_{Me} 和 T_{Ma} 分别代表离子可以传递给电子系统和晶格原子系统的最大能量 (见式 (3.27)). 根据式 (4.29a) 给出的能量传递微分散射截面的积分与截面之间的关系, 可以把式 (7.25) 改写为

$$P_0 = 1-N\mathrm{d}x\left[\sigma_{\mathrm{e}}\left(E_0\right)+\sigma_{\mathrm{a}}\left(E_0\right)\right], \tag{7.26}$$

其中, $\sigma_{\mathrm{a}}(E_0)$ 和 $\sigma_{\mathrm{e}}(E_0)$ 分别是离子与晶格原子, 以及离子与电子的作用截面.

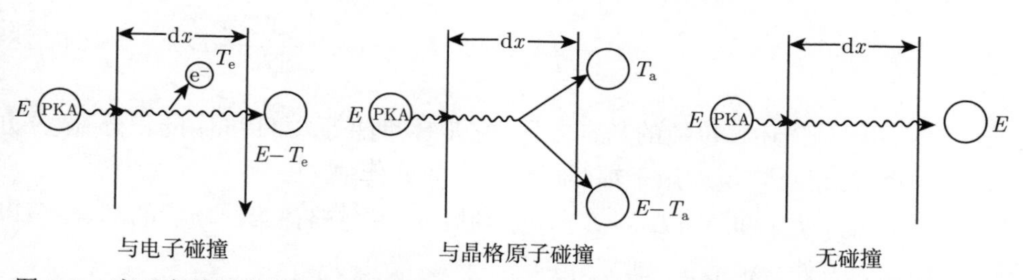

图 7.8 离子穿过厚度为 $\mathrm{d}x$ 的固体时的三种可能的过程 (引自参考文献 (Olander, 1976))

下面将采用与式 (7.4) 相同的守恒条件, 也就是说, 初始入射离子 (能量为 E_0) 产生的移位数与初始入射离子在薄区 $\mathrm{d}x$ 内的碰撞产物所产生的移位数相同. 对于离子–原子碰撞, 这一守恒条件表明, 离子产生的移位数 $N_{\mathrm{p}}(E_0)$ 应该等于首次碰撞产生的两个散射粒子产生的移位数 $N_{\mathrm{d}}(T_{\mathrm{a}})$ 与 $N_{\mathrm{d}}(E_0-T_{\mathrm{a}})$ 之和, 即

$$N_{\mathrm{p}}\left(E_0\right)=N_{\mathrm{d}}\left(E_0-T_{\mathrm{a}}\right)+N_{\mathrm{d}}\left(T_{\mathrm{a}}\right).$$

上式与式 (7.4) 类似. 其中, 变量 $N_{\mathrm{d}}(E_0-T_{\mathrm{a}})$ 和变量 $N_{\mathrm{d}}(T_{\mathrm{a}})$ 是修正后的金兴–皮斯移位损伤函数 (见式 (7.17)). 对于离子–电子碰撞, 由守恒条件可得

$$N_{\mathrm{p}}\left(E_0\right)=N_{\mathrm{d}}\left(E_0-T_{\mathrm{e}}\right).$$

对于第三种可能的过程, 由于没有碰撞, 因此, 由守恒条件可得

$$N_{\mathrm{p}}(E_0) = N_{\mathrm{d}}(E_0).$$

参照式 (7.6) 可知, 能量为 E_0 的入射离子产生的移位数可以用三种可能的过程分别对应的概率函数来表示, 即

$$\begin{aligned} N_{\mathrm{p}}(E_0) = &\int_0^{T_{\mathrm{M_a}}} [N_{\mathrm{d}}(E_0 - T_{\mathrm{a}}) + N_{\mathrm{d}}(T_{\mathrm{a}})] P_{\mathrm{a}}(E_0, T_{\mathrm{a}}) \mathrm{d}T_{\mathrm{a}} \\ &+ \int_0^{T_{\mathrm{M_e}}} N_{\mathrm{d}}(E_0 - T_{\mathrm{e}}) P_{\mathrm{e}}(E_0, T_{\mathrm{e}}) \mathrm{d}T_{\mathrm{e}} + P_0 N_{\mathrm{p}}(E_0). \end{aligned} \tag{7.27}$$

将式 (7.23) 和式 (7.24) 中的 P_{a} 和 P_{e}, 以及式 (7.26) 中的 P_0 代入式 (7.27), 可得

$$\begin{aligned} N_{\mathrm{p}}(E_0)[\sigma_{\mathrm{e}}(E_0) + \sigma_{\mathrm{a}}(E_0)] = &\int_0^{T_{\mathrm{M_a}}} [N_{\mathrm{d}}(E_0 - T_{\mathrm{a}}) + N_{\mathrm{d}}(T_{\mathrm{a}})] \frac{\mathrm{d}\sigma_{\mathrm{a}}(E_0)}{\mathrm{d}T_{\mathrm{a}}} \mathrm{d}T_{\mathrm{a}} \\ &+ \int_0^{T_{\mathrm{M_e}}} N_{\mathrm{d}}(E_0 - T_{\mathrm{e}}) \frac{\mathrm{d}\sigma_{\mathrm{e}}(E_0)}{\mathrm{d}T_{\mathrm{e}}} \mathrm{d}T_{\mathrm{e}}. \end{aligned} \tag{7.28}$$

式 (7.28) 是描述移位数的基本方程, 它是林哈德等人 (1963) 的积分–微分方程的一种形式, 已被广泛应用于辐照损伤效应的分析中.

将 $N_{\mathrm{d}}(E_0 - T_{\mathrm{a}})$ 和 $N_{\mathrm{d}}(E_0 - T_{\mathrm{e}})$ 做泰勒展开, 并忽略掉第二项后的部分, 可以将它们简化为另外一种形式, 即

$$\begin{aligned} N_{\mathrm{d}}(E_0 - T_{\mathrm{a}}) &= N_{\mathrm{d}}(E_0) - \frac{\mathrm{d}N_{\mathrm{d}}(E_0)}{\mathrm{d}E} T_{\mathrm{a}}, \\ N_{\mathrm{d}}(E_0 - T_{\mathrm{e}}) &= N_{\mathrm{d}}(E_0) - \frac{\mathrm{d}N_{\mathrm{d}}(E_0)}{\mathrm{d}E} T_{\mathrm{e}}, \end{aligned} \tag{7.29}$$

所以包含 $N_{\mathrm{d}}(E_0 - T_{\mathrm{a}})$ 和 $N_{\mathrm{d}}(E_0 - T_{\mathrm{e}})$ 的积分可以写成一般形式, 即

$$\begin{aligned} \int_0^{T_{\mathrm{M}}} N_{\mathrm{d}}(E_0 - T) \frac{\mathrm{d}\sigma(E_0)}{\mathrm{d}T} \mathrm{d}T = &N_{\mathrm{d}}(E_0) \int_0^{T_{\mathrm{M}}} \frac{\mathrm{d}\sigma(E_0)}{\mathrm{d}T} \mathrm{d}T \\ &- \frac{\mathrm{d}N_{\mathrm{d}}(E_0)}{\mathrm{d}E} \int_0^{T_{\mathrm{M}}} T \frac{\mathrm{d}\sigma(E_0)}{\mathrm{d}T} \mathrm{d}T \\ = &N_{\mathrm{d}}(E_0)\sigma(E_0) - \frac{\mathrm{d}N_{\mathrm{d}}(E_0)}{\mathrm{d}E} S(E_0). \end{aligned} \tag{7.30}$$

上述改写利用式 (4.29a) 把能量传递微分散射截面的积分转化为截面 $\sigma(E_0)$, 并利用式 (5.6) 把 $T\mathrm{d}\sigma(E_0)/\mathrm{d}T$ 的积分转化为阻止截面 $S(E_0)$. 把式 (7.29)、式 (7.30) 代入式 (7.28), 并注意到 $N_\mathrm{d}(E_0) \equiv N_\mathrm{p}(E_0)$, 可得

$$\mathrm{d}N_\mathrm{p}(E_0) = \frac{\mathrm{d}E}{S_\mathrm{e}(E_0) + S_\mathrm{n}(E_0)} \int_0^{T_{\mathrm{M_a}}} N_\mathrm{d}(T_\mathrm{a}) \frac{\mathrm{d}\sigma_\mathrm{a}(E_0)}{\mathrm{d}T_\mathrm{a}} \mathrm{d}T_\mathrm{a}. \tag{7.31}$$

比起在薄区 $\mathrm{d}x$ 内产生的移位数, 我们更关注在离子射程内产生的移位数, 所以对式 (7.31) 积分后, 可得初始能量为 E_0 的离子产生的移位数为

$$N_\mathrm{p}(E_0) = \int_0^{E_0} \frac{\mathrm{d}E'}{S(E')} \int_{E_\mathrm{d}}^{T_\mathrm{M}} N_\mathrm{d}(T) \frac{\mathrm{d}\sigma(E',T)}{\mathrm{d}T} \mathrm{d}T, \tag{7.32}$$

其中, $E' = E'(x)$, 表示离子径迹上不同位置 x 处的离子能量 (E' 在射程末端降到 0), 移位损伤函数 $N_\mathrm{d}(T)$ 由式 (7.17) 给出, 去掉了 T 和 σ 的下角标 a 是因为这里指的都是原子碰撞.

由式 (7.32) 的第二个积分可以清楚地看出, 微分散射截面与入射离子在不同位置处的能量 E' 和移位原子的能量 T 密切相关. 移位原子的能量是入射离子能量的函数, 因此积分上限也是入射离子能量的函数, 即 $T_\mathrm{M} = T_\mathrm{M}(E')$. 大部分涉及式 (7.32) 的计算都需要数值方法, 以及林哈德等人的约化能量传递微分散射截面和核阻止、电子阻止截面的分析方程 (详见第 5 章). 在进行这样的计算时, 需要注意式 (7.32) 的第二个积分是入射离子能量的函数, 所以

$$\int_{E_\mathrm{d}}^{T_\mathrm{M}} N_\mathrm{d}(T) \frac{\mathrm{d}\sigma(E',T)}{\mathrm{d}T} \mathrm{d}T \equiv \sigma_\mathrm{d}(E'). \tag{7.33}$$

能量为 E_0 的入射离子产生的移位数即是

$$N_\mathrm{p}(E_0) = \int_0^{E_0} \sigma_\mathrm{d}(E') \frac{\mathrm{d}E'}{S(E')}. \tag{7.34}$$

式 (7.34) 计算了初始能量为 E_0 的离子产生的移位数或弗仑克尔对数目. 图 7.9 显示了不同离子入射到 Ag 上时产生的移位数或弗仑克尔对数目 $N_\mathrm{p}(E_0)$ 与入射离子能量之间的关系. 这些数据的计算过程中选用 39 eV 作为 Ag 的移位阈

能. 该图显示, 随着入射离子质量的减小, 产生的损伤也在减小, 表明传递能量中用于电子激发的部分在增大.

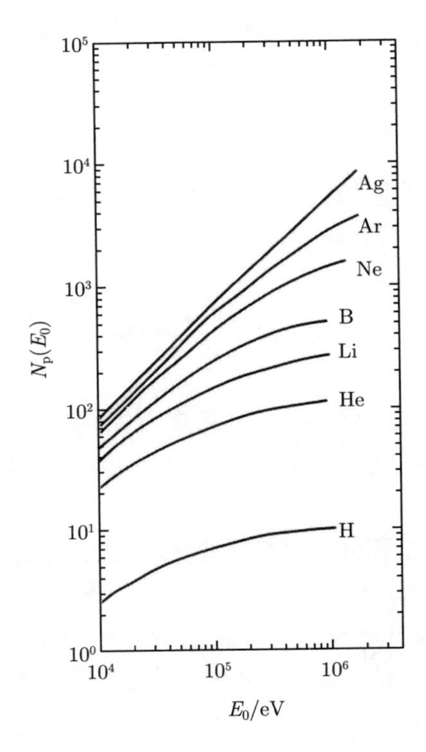

图 7.9　不同离子入射到 Ag 上时, 在整个射程中产生的移位数或弗仑克尔对数目与入射离子能量之间的关系 (引自参考文献 (Averback et al., 1978a))

在研究材料辐照损伤时, 经常提到式 (7.33) 中定义的 $\sigma_\mathrm{d}(E')$, 其通常称为移位截面, 是指离子入射到足够薄的样品 (入射离子很少有或没有损失能量) 上时产生原子移位的截面. 能量为 E_0、剂量为 ϕ(单位为 ions/cm^2) 的离子在这样的超薄样品中的单位体积内产生的移位数可以写成

$$C_\mathrm{d} = N\phi\sigma_\mathrm{d}(E_0), \tag{7.35}$$

其中, N 是样品的原子密度 (单位为 atoms/cm^3).

7.5.2 离子损伤能量

在辐照损伤实验中, 离子在靶中的损伤密度取决于离子的能量与质量. 对于入射离子与靶原子质量相等的情况 (自离子辐照), 辐照损伤能量可以由 NRT 模型计算, 见式 (7.18). 但是, 对于其他情况 ($M_1 \neq M_2$), 式 (7.18) 将不那么有效. 阿韦尔巴克等人 (1978a, 1978b) 使用积分–微分方程和类似于推导 $N_\mathrm{p}(E_0)$ 的方法 (见 7.5.1 小节) 得到离子损伤能量的表达式. 另一种直观且简单的推导方法是从一束离子轰击一个薄靶时的相互作用开始的. 如果靶的厚度相对于离子射程来说比较小, 则靶中的能损将很小, 并且具有能量 E_0 的离子产生的 T 到 $T+\mathrm{d}T$ 之间的反冲能量的概率函数 (见式 (4.23)) 满足

$$P\left(E_0, T\right) \mathrm{d}T = N \mathrm{d}x \frac{\mathrm{d}\sigma\left(E_0\right)}{\mathrm{d}T} \mathrm{d}T.$$

如果靶的厚度相对于离子射程来说比较大, 则离子将减速并最终停留在靶中. 对于这种情况, 求概率函数时必须考虑离子的射程 R 和通过靶时发生能损后的离子能量 E', 即

$$P\left(E', T\right) \mathrm{d}T = N \mathrm{d}T \int_0^R \frac{\mathrm{d}\sigma\left(E', T\right)}{\mathrm{d}T} \mathrm{d}x. \tag{7.36}$$

用 $N\mathrm{d}E'/(\mathrm{d}E'/\mathrm{d}x) = \mathrm{d}E'/S(E')$ 替换式 (7.36) 中的 $N\mathrm{d}x$, 其中, $S(E')$ 是离子能量为 E' 时对应的阻止截面, 则式 (7.36) 可以改写为

$$P\left(E', T\right) \mathrm{d}T = \mathrm{d}T \int_{E_{\min}}^{E_0} \frac{\mathrm{d}\sigma(E', T)}{\mathrm{d}T} \frac{\mathrm{d}E'}{S\left(E'\right)}, \tag{7.37}$$

这里, 积分下限 $E_{\min}$ 可以用移位阈能 E_d 代替.

根据平均值的定义可知, 初始能量为 E_0 的移位原子或离子入射到厚靶上, 产生的平均损伤能量 $\nu_\mathrm{p}(E_0)$ 为

$$\nu_\mathrm{p}\left(E_0\right) = \int_0^{E_0} \frac{\mathrm{d}E'}{S\left(E'\right)} \int_{E_\mathrm{d}}^{T_\mathrm{M}} \nu\left(T\right) \frac{\mathrm{d}\sigma\left(E', T\right)}{\mathrm{d}T} \mathrm{d}T, \tag{7.38}$$

其中, $\nu(T)$ 是由 NRT 模型表示的 PKA 损伤能量 (见式 (7.18)). 式 (7.38) 与离子移位损伤函数 $N_\mathrm{p}(E_0)$ (见式 (7.32)) 非常相似, 同时与式 (7.33) 和式 (7.34) 等一系列式子相似.

海恩斯 (Haines) 和怀特黑德 (Whitehead)(1966) 使用类似于式 (7.38) 的表达式计算了 Si 和 Ge 中高能离子产生的约化损伤能量 $\nu_\mathrm{p}(\varepsilon)$, 如图 7.10 所示. 虚线对应于假设所有入射能量只传递到非电离 (核碰撞) 过程的极限情况. 比较这些数据和林哈德等人 (1963) 的计算结果表明, 对于 $M_1 = M_2$ 导出的 $\nu_\mathrm{p}(\varepsilon)$ 关系在 $M_1 \neq M_2$ 时也近似成立. 值得注意的是, 在曲线 $\varepsilon \cong 3$ 下面, 对于 $M_1 \geqslant M_2$ 的情况, 超过一半的入射能量可用于移位过程. 定性地说, 这是从图 5.5 中预测的结果. 由图 7.10 可知, 约化损伤能量可以近似为

$$\nu_\mathrm{p}(\varepsilon) \cong 0.8\varepsilon, \quad 当\varepsilon < 1且Z_1 > 5时. \tag{7.39a}$$

为了转换为实验条件下的损伤能量, 可使用

$$\frac{\nu_\mathrm{p}(\varepsilon)}{\varepsilon} = \frac{\nu_\mathrm{p}(E)}{E}. \tag{7.39b}$$

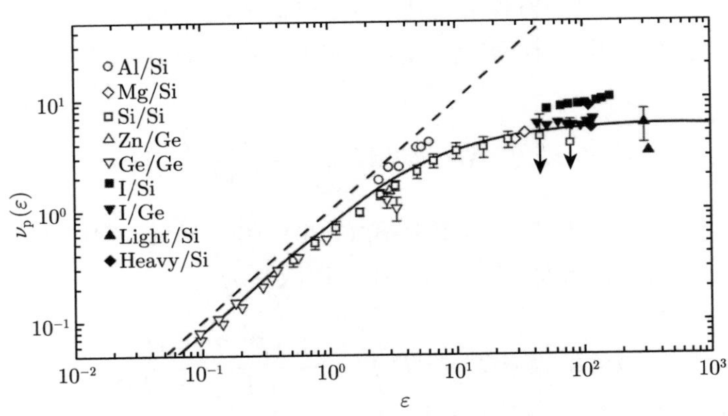

图 7.10 具有不同约化能量 ε 的离子在与原子碰撞过程中损失的能量 $\nu_\mathrm{p}(\varepsilon)$, 其中, 虚线表示能量都损失在核碰撞过程的极限情况, 实线是海恩斯和怀特黑德 (1966) 的计算结果 (译者注: 图中的 "*Light/Si*" 和 "*Heavy/Si*" 分别表示 *Si* 中的轻和重裂变碎片)

表 7.2 给出了计算得到的在核碰撞过程中, 第四族元素入射到 Si/Ge 上时损失的能量. 该能损包含整个级联内核碰撞的贡献, 并考虑了撞击原子时的电子能损. 这些针对第四族元素的 $\nu_\mathrm{p}(E_0)$ 结果可以直接用于近邻的第三族和第五族元素, 且不会有较大误差.

例如, 能量为 10 keV 的 Si 入射到 Si 上, 通过式 (7.21) 可得, $\varepsilon = 0.24$, 通过式 (7.20) 可得, $g(\varepsilon) = 3.07$, 通过式 (7.19) 可得, $k = 0.15$. 通过上述数值, 可以得

出基于 NRT 模型的用于核碰撞的能量是 6.9 keV, 这与表 7.2 中给出的 7.3 keV 非常吻合 (误差在 6%以内).

表 7.2 用于核碰撞的能量 $\nu_{\mathrm{p}}(E_0)$

入射离子	入射能量 E_0/keV						
	1	3	10	30	100	300	1000
入射到 Si 上							
C	0.80	2.2	5.9	14	27	41	54
Si	0.83	2.4	7.3	19	51	100	170
Ge	0.84	2.5	7.7	21	63	160	370
Sn	0.85	2.5	7.9	22	68	180	460
Pb	0.86	2.5	8.0	23	70	190	530
入射到 Ge 上							
C	0.74	2.0	5.8	14	30	48	65
Si	0.80	2.3	7.2	20	54	110	200
Ge	0.85	2.5	7.9	23	69	175	440
Sn	0.86	2.5	8.1	24	72	195	530
Pb	0.87	2.6	8.2	24	74	210	580

注: 表中数据引自 J. W. Mayer et al., *Ion Implantation in Semiconductors* (Academic Press, New York, 1970). 数据由奥胡斯大学的汤姆森提供.

7.5.3 沉积能量的空间分布

在讨论因载能离子入射而移位的原子的空间分布时, 应该区分由单个离子产生的原子移位事件和由许多离子产生的移位原子的空间分布.

温特邦、西格蒙德和桑德斯 (1970) 通过将林哈德等人的幂次律近似用于 TF 势并忽略电子阻止, 计算了损伤和移位原子的空间分布. 对于纯弹性碰撞, 离子在碰撞中穿过距离 $\mathrm{d}x$ 时所沉积的能量为

$$\mathrm{d}E = NS_{\mathrm{n}}\left(E\left(x\right)\right)\mathrm{d}x = F_{\mathrm{D}}\left(x\right)\mathrm{d}x, \tag{7.40}$$

其中, $S_{\mathrm{n}}(E(x))$ 是依赖于能量 (路径长度) 的核阻止截面 (见式 (5.6)). 式 (7.40) 定义了沉积能量分布函数 $F_{\mathrm{D}}(x)$, 这里, 忽略了电子阻止. 如果考虑电子阻止, 则需要把式 (7.40) 中的 $NS_{\mathrm{n}}(E(x))$ 用 $\mathrm{d}\nu(E)/\mathrm{d}x$ 代替, 使用 80%的 $S_{\mathrm{n}}(E(x))$ 时可以得到近似精确的结果. 结合式 (7.40) 与由式 (5.7) 和式 (6.24) 给出的幂次律近似的核阻止截面和射程分布, 可以得出一个简单的幂次律近似的沉积能量分布函

数 (对于射程为 R 的离子):

$$F_{\mathrm{D}}(x)=\frac{E_0}{2mR}\left(1-\frac{x}{R}\right)^{\frac{1}{2m}-1}. \tag{7.41}$$

式 (7.41) 中并没有提及移位阈能, 这意味着其只能计算可能导致移位的能量所对应的空间分布. 射程和损伤分布的数值由第 4 章中讨论的幂次律近似的截面来计算. 图 7.11 显示了 WSS 方程中的平均损伤深度 $\langle X\rangle$ 与离子射程 R 的比值随着 M_2/M_1 变化的情况, 且对应着幂次律条件 $m=1/2$ 或 $1/3$(当 $\varepsilon\leqslant 0.2$ 时, $m=1/3$; 当 $0.08\leqslant\varepsilon\leqslant 2.0$ 时, $m=1/2$). 图 7.11 同时显示了比值 $\langle\Delta X^2\rangle/\langle X\rangle^2$ 和 $\langle Y^2\rangle/\langle X\rangle^2$, 其中, $\langle\Delta X^2\rangle^{1/2}$ 和 $\langle Y^2\rangle^{1/2}$ 分别对应于沿着离子径迹和垂直于离子径迹的损伤.

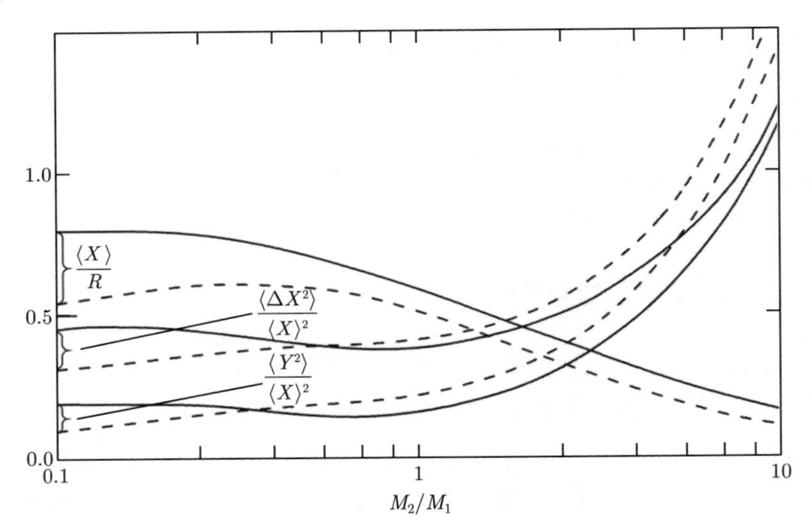

图 7.11　平均损伤深度 $\langle X\rangle$ 与离子射程 R 的比值随着 M_2/M_1 变化的情况, 图中同时显示了比值 $\langle\Delta X^2\rangle/\langle X\rangle^2$ 和 $\langle Y^2\rangle/\langle X\rangle^2$, 其中, $\langle\Delta X^2\rangle^{1/2}$ 和 $\langle Y^2\rangle^{1/2}$ 分别对应于沿着离子径迹和垂直于离子径迹的损伤. 虚线和实线分别表示 $\varepsilon\leqslant 0.2(m=1/3)$ 和 $0.08\leqslant\varepsilon\leqslant 2.0(m=1/2)$ 的情况 (引自参考文献 (Winterbon et al., 1970))

如图 7.11 所示, 入射离子停留在比无序级联中心更深的位置. 对于入射的轻离子 ($M_1<M_2$), 可能发生大角度散射. 因此, 对于许多离子而言, 平均缺陷损伤和射程在分布上是相当的. 缺陷损伤分布的峰值出现在与射程分布的峰值几乎相同的深度处. 缺陷损伤分布的宽度比射程歧离稍窄. 对于质量相等的情况, 射程分

布的一阶矩与缺陷损伤分布的一阶矩之间的比值约为 1.2. 对于很重的低能入射离子 (即 $m = 1/3$), 其射程几乎是平均无序结构深度的两倍, 如图 7.11 所示. 后者的原因是, 对于 $M_1 \gg M_2$, 入射离子径迹是相对平直的 (大角度散射的发生概率较低), 并且射程歧离很小. 缺陷损伤分布几乎扩展到整个离子射程范围内, 并遵循核阻止随深度的变化规律.

在大多数情况下, 缺陷损伤分布略呈雪茄形, 缺陷的横向范围通常是沿 x 轴方向的 60%. 需要再次强调的是, 这些计算给出了具有相同初始条件的许多离子的平均损伤分布, 它们没有描述单一离子径迹内的无序. 在 7.9 节中, 将更多地讨论有关损伤分布及其与级联和峰的相关性.

7.6 损伤产生率

当离子在固体中减速时, 把能量传递给晶格原子, 产生 PKAs, 而后 PKAs 又会产生更多的 PKAs. 对于能量为 E' 的离子入射到靶的深度 x 处, 在厚度为 $\mathrm{d}x$ 的薄靶中损失的能量在 T 到 $T+\mathrm{d}T$ 之间, 产生的 PKAs 的数目为 $N\mathrm{d}x\dfrac{\mathrm{d}\sigma(E')}{\mathrm{d}T}\mathrm{d}T$, 其中, N 是原子密度. 因此, 对于离子流 I_0(单位为 ions/(cm^2·s)), 单位时间在单位体积内产生的能量在 T 到 $T+\mathrm{d}T$ 之间的 PKAs 的数目是 $NI_0\dfrac{\mathrm{d}\sigma(E')}{\mathrm{d}T}\mathrm{d}T$. 已知能量为 T 的 PKA 产生的移位数为 $N_\mathrm{d}(T)$(见式 (7.17)), 则在深度 x 处单位体积内的移位产率 r_d 为

$$r_\mathrm{d}(x) = NI_0\int_{E_\mathrm{d}}^{T'_\mathrm{M}} N_\mathrm{d}(T)\frac{\mathrm{d}\sigma(E')}{\mathrm{d}T}\mathrm{d}T = NI_0\sigma_\mathrm{d}(E'), \tag{7.42}$$

其中, 积分上限 $T'_\mathrm{M} = \gamma E'$, 指的是能量为 E' 的离子传递给一个靶原子的最大能量 (见式 (3.27)). 式 (7.42) 中的积分部分就是式 (7.33) 定义的移位截面 $\sigma_\mathrm{d}(E')$. 能量 $E' = E'(x)$, 并有

$$E'(x) = E_0 - \int_0^x \frac{\mathrm{d}E}{\mathrm{d}x}\mathrm{d}x \cong E_0 - \langle \mathrm{d}E/\mathrm{d}x\rangle x, \tag{7.43}$$

其中, $\dfrac{\mathrm{d}E}{\mathrm{d}x} = \left.\dfrac{\mathrm{d}E}{\mathrm{d}x}\right|_\mathrm{n} + \left.\dfrac{\mathrm{d}E}{\mathrm{d}x}\right|_\mathrm{e}$ 是总的能损, $\langle \mathrm{d}E/\mathrm{d}x\rangle$ 是在距离 x 上的平均能损率, E_0 是入射离子的能量.

通常用来计量辐照损伤的物理量是每个原子的移位数 (displacements per atom, 简称 dpa). 1 dpa 就表示所有原子相对于其平衡位置平均移位一次. 在深度 x 处, 时间 t 之后产生的 dpa 为

$$\mathrm{dpa}\left(x\right)\equiv\frac{tr_{\mathrm{d}}\left(x\right)}{N}=\phi\int_{E_{\mathrm{d}}}^{T_{\mathrm{M}}'}N_{\mathrm{d}}\left(T\right)\frac{\mathrm{d}\sigma\left(E'\right)}{\mathrm{d}T}\mathrm{d}T=\phi\sigma_{\mathrm{d}}\left(E'\right),\tag{7.44}$$

其中, N 是原子密度, $\phi=I_0t$ 表示离子剂量 (单位为 ions/cm^2).

假设在深度 x 处单位长度上产生的移位数 $N_{\mathrm{d}}(x)$ 可以用修正后的金兴–皮斯表达式表示, 即

$$\frac{N_{\mathrm{d}}\left(x\right)}{\phi}=\frac{0.8F_{\mathrm{D}}\left(x\right)}{2E_{\mathrm{d}}},\tag{7.45}$$

则单位剂量离子产生的 dpa(x) 与深度 x 之间的关系为

$$\mathrm{dpa}\left(x\right)=\frac{N_{\mathrm{d}}\left(x\right)}{N}=\frac{0.4F_{\mathrm{D}}\left(x\right)}{NE_{\mathrm{d}}}\phi.\tag{7.46}$$

在很多情况下, 计算出离子在其射程 R 内产生的总的 dpa 是很重要的. 精确的计算需要将式 (7.46) 对能量 (从 E_0 到 E_{d}) 积分. 当 $\varepsilon<1$ 且 $Z_1>5$ 时, 可以通过计算 $N_{\mathrm{d}}(\nu_{\mathrm{p}}(\varepsilon))$ 并假设 $\nu_{\mathrm{p}}(\varepsilon)\cong 0.8\varepsilon$(见式 (7.39)) 来粗略计算总的 dpa. 因此剂量为 ϕ、射程为 R 的离子在其整个注入范围内产生的总的 dpa 可近似为

$$\mathrm{dpa}\cong\frac{\phi N_{\mathrm{d}}\left(\nu_{\mathrm{p}}\left(\varepsilon\right)\right)}{NR}\cong\frac{\phi 0.4\nu\left(0.8\varepsilon\right)}{NRE_{\mathrm{d}}},\tag{7.47}$$

其中, $N_{\mathrm{d}}(\nu_{\mathrm{p}}(\varepsilon))$ 可以通过修正后的金兴–皮斯模型 (见式 (7.16)), 计算 0.8ε 下的损伤能量得到. 通过 PKA 投影射程, 并利用 NRT 模型下的 PKA 损伤能量 (见式 (7.18)) 计算得到的 $N_{\mathrm{d}}(T)$, 可以得到能量为 T 的单个 PKA 产生的总的 dpa.

例如, 能量为 50 keV 的 Kr 离子入射到 Al 上, 其中, $\varepsilon=1$. 由表 7.1 可知, Al 的最低移位阈能 $E_{\mathrm{d}}=16$ eV, 在附录 B 中可查到其原子密度 $N=6.0\times 10^{22}$ atoms/cm^3. 由式 (6.27) 可知, $R=37$ nm. 由式 (7.39) 可知, $\nu_{\mathrm{p}}(\varepsilon)/\varepsilon\cong 0.8\cong\nu_{\mathrm{p}}(E)/E$, 因此损伤能量 $\nu_{\mathrm{p}}(E)\cong 40$ keV. 由式 (7.45) 可知, 平均移位数 $\langle N_{\mathrm{d}}(E)\rangle=0.8\times 40\times 10^3/(2\times 16)=10^3$. 单位剂量离子产生的 dpa, 也就是 dpa$/\phi$, 等于 $10^3/(6\times 10^{22}\times 37\times 10^{-7})$ dpa/(ion·cm^2)$=4.5\times 10^{-15}$ dpa/(ion·cm^2). 所以, 对于剂量为 10^{14} atoms/cm^2 的 Kr 离子, 其在 Al 中产生的 dpa 为 0.45.

7.7 初级反冲谱

在离子与固体相互作用和辐照损伤研究中的一个重要物理量是辐照产生的反冲原子的密度, 其能量在 T 到 $T + \mathrm{d}T$ 之间. 反冲原子的密度将随离子的能量和质量而变化. 反冲谱给出了样品中移位损伤密度的度量, 并且通常特指给定离子能量下的特定离子–靶组合. 作为反冲能量函数的反冲原子密度称为初级反冲谱.

初级反冲谱是中子辐照损伤理论中众所周知的概念, 其中, 靶的厚度小于中子的射程. 当入射离子能量较高 ($\varepsilon>10$) 且被辐照的样品很薄时, 在离子辐照下可以获得类似的条件. 在这样的条件下, 薄样品中辐照离子的能损可以忽略不计, 并且, 作为一级近似, 能量为 E_0 的离子在反冲能量区间 (T, $T+\mathrm{d}T$) 内产生的反冲次数可以通过类似于能量传递微分散射截面的形式来描述, 见式 (4.23). 薄样品的初级反冲谱由参考文献 (Sigmund, 1975) 近似给出:

$$N_{\mathrm{R}}(E_0, T)\,\mathrm{d}T \equiv \frac{\mathrm{d}N_{\mathrm{R}}(E_0)}{\mathrm{d}T}\mathrm{d}T = N\Delta x\frac{\mathrm{d}\sigma(E_0)}{\mathrm{d}T}\mathrm{d}T, \tag{7.48}$$

其中, Δx 是靶的厚度, T 是反冲能量. 式 (7.48) 定义的函数 $N_{\mathrm{R}}(E_0,T)\mathrm{d}T$ 即是薄样品的初级反冲谱.

在入射离子能量较低 ($\varepsilon<10$) 或质量较大时, 离子的射程通常比样品的厚度小. 对于这种情形, 在计算离子在反冲能量区间 (T, $T+\mathrm{d}T$) 内产生的反冲次数时, 必须考虑离子能量 E' 从离子减速到停止的整个过程中的变化情况. 离子通过 $\mathrm{d}x$ 距离产生的反冲次数和在此过程中损失的能量 $\mathrm{d}E'$ 之间的关系由参考文献 (Sigmund, 1972,1975) 给出:

$$N_{\mathrm{R}}(E', T)\,\mathrm{d}T \equiv \frac{\mathrm{d}N_{\mathrm{R}}(E')}{\mathrm{d}T}\mathrm{d}T = N\mathrm{d}x\frac{\mathrm{d}\sigma(E')}{\mathrm{d}T}\mathrm{d}T,$$

上式可进一步简化为

$$N_{\mathrm{R}}(E', T)\,\mathrm{d}T = N\frac{\mathrm{d}\sigma(E')}{\mathrm{d}T}\frac{\mathrm{d}E'}{\mathrm{d}E'/\mathrm{d}x}\mathrm{d}T = \frac{\mathrm{d}\sigma(E')}{\mathrm{d}T}\frac{\mathrm{d}E'}{S(E')}\mathrm{d}T, \tag{7.49}$$

其中, $S(E')$ 是与离子能量相关的阻止截面. 对式 (7.49) 中的 E'(沿着整个离子径迹的不同能量) 进行积分可得

$$N_{\mathrm{R}}(T)\,\mathrm{d}T = \mathrm{d}T\int_{E_{\mathrm{d}}}^{E_0}\frac{\mathrm{d}\sigma(E')}{\mathrm{d}T}\frac{\mathrm{d}E'}{S(E')}, \tag{7.50}$$

其中, $N_{\mathrm{R}}(T)$ 是离子减速到停止的整个过程中能量在 T 到 $T+\mathrm{d}T$ 之间时, 单位能量产生的反冲次数. 式 (7.50) 定义的 $N_{\mathrm{R}}(T)\mathrm{d}T$ 即是离子辐照下的初级反冲谱.

7.8　分数损伤函数

虽然初级反冲谱在离子与固体相互作用的研究中极具重要性, 但通过反冲次数来对初级反冲事件进行加权通常更重要. 分数损伤函数 $W(T')$ 利用初级反冲谱给出能量低于 T' 的 PKA 产生的分数损伤. 对于很少发生离子能损的薄样品, 分数损伤函数为

$$W\left(T'\right)=\frac{1}{\sigma_{\mathrm{d}}\left(T\right)}\int_{E_{\mathrm{d}}}^{T'}N_{\mathrm{d}}\left(T\right)\frac{\mathrm{d}\sigma\left(E,T\right)}{\mathrm{d}T}\mathrm{d}T, \tag{7.51}$$

其中, $\sigma_{\mathrm{d}}(T)$ 是由式 (7.33) 给出的移位截面. 对于离子在样品中明显被阻止的情况, 分数损伤函数为

$$W\left(T'\right)=\frac{1}{N_{\mathrm{p}}\left(E_0\right)}\int_{0}^{E_0}\frac{\mathrm{d}E}{S\left(E'\right)}\int_{E_{\mathrm{d}}}^{T'}N_{\mathrm{d}}\left(T\right)\frac{\mathrm{d}\sigma\left(E',T\right)}{\mathrm{d}T}\mathrm{d}T, \tag{7.52}$$

其中, $N_{\mathrm{p}}(E_0)$ 是能量为 E_0 的离子产生的总反冲次数, 由式 (7.34) 给出. 图 7.12 显示了一系列不同入射能量的离子产生的能量低于 T' 的 PKA 在 Ni 中产生的分

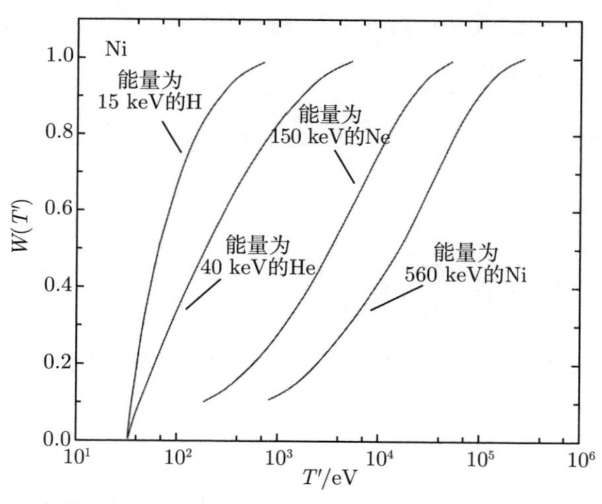

图 7.12　能量低于 T' 的 PKA 在 Ni 中产生的分数损伤 (引自参考文献 (Averback, 1982))

数损伤. 图 7.12 表明, 通过适当选择入射离子的能量和质量, 反冲能量可以在几十到几十万 eV 的范围内变化.

7.9 多组元材料中的移位损伤

到目前为止, 我们只关注了单一原子材料中的移位损伤. 在林哈德等人 (1963) 的损伤能量理论的发展中概述了扩展到多组元材料的计算流程. 将单一原子材料理论应用于多组元材料的近似方法是在函数中评估多组元材料的平均原子序数 Z 和原子质量 M. 虽然在组成原子之间的 Z 和 M 的差异很小的情况下, 这是一个合理的近似, 但是在组成原子的质量差异很大的材料中, 这样的近似是否准确却不太清楚. 很多人已经在形式上拓展了林哈德等人的理论, 用于在多组元材料中直接计算损伤能量 (Andersen et al., 1974; Coulter et al., 1980; Parkin, 1989; Parkin et al., 1981; Winterbon et al., 1970). 在本节中, 将探究帕金和库尔特 (Coulter) 的计算.

7.9.1 损伤能量

考虑一个多组元材料, 其单位体积内原子序数为 Z_i、原子质量为 M_i 的原子有 N_i 个, 下角标 $i(i=1,2,\cdots,n)$ 表示不同种类的原子. 然后考虑一个 PKA(第 i 种原子, 能量为 E) 在样品中运动. 第 i 种 PKA 传递能量 T 给第 j 种静止的原子, 其能量传递微分散射截面为 $\mathrm{d}\sigma_{ij}(E,T)/\mathrm{d}T$. 定义这个 PKA 在单一原子材料中的电子阻止截面为 $S_i(E)$, 在样品中的损伤能量为 $\nu_i(E)$. 使用类似于式 (7.28) 的推导, 帕金和库尔特认为 $\nu_i(E)$ 必须满足

$$\frac{S_i\left(E\right)}{N}\frac{\mathrm{d}\nu_i\left(E\right)}{\mathrm{d}E}=\sum_{j=1}^{n}f_i\int_0^{\gamma_{ij}E}\frac{\mathrm{d}\sigma_{ij}(E,T)}{\mathrm{d}T}\mathrm{d}T\cdot\left[\nu_j\left(T\right)+\nu_i\left(E-T\right)-\nu_i\left(T\right)\right],\tag{7.53}$$

其中, $\gamma_{ij}=4M_iM_j/(M_i+M_j)^2$ 是传递效率; N 是原子密度, $f_i=N_i/N$.

利用式 (4.61) 给出的能量传递微分散射截面和式 (5.59) 给出的林哈德–沙夫电子阻止截面, 可以通过对式 (7.53) 进行数值积分来计算损伤能量. 一个由 n 种元素组成的材料, 对应有 n 个损伤能量. 每个值都通过第 n 类能量反冲在材料中沉积能量产生.

损伤效率 $\nu(E)/E$ 作为与 PKA 能量 E 相关的函数 (由式 (7.53) 具体计算), 在图 7.13 中给出. 图中展示了 Y 原子和 O 原子在 Y_2O_3 中反冲的情形, 以及它们在各自的单一原子材料中反冲的情形. 可以看出, 在所有的反冲能量下, 较重的 Y 原子在 Y_2O_3 中的损伤效率低于在 Y 单质中的损伤效率. 而较轻的 O 原子, 在低能情况下, 在 Y_2O_3 中的损伤效率低于在 O 单质中的损伤效率, 但在高能情况下则相反. 总体来说, 无论是 O 原子还是 Y 原子, 其损伤效率在 Y_2O_3 中和在各自的单一原子材料中都比较接近.

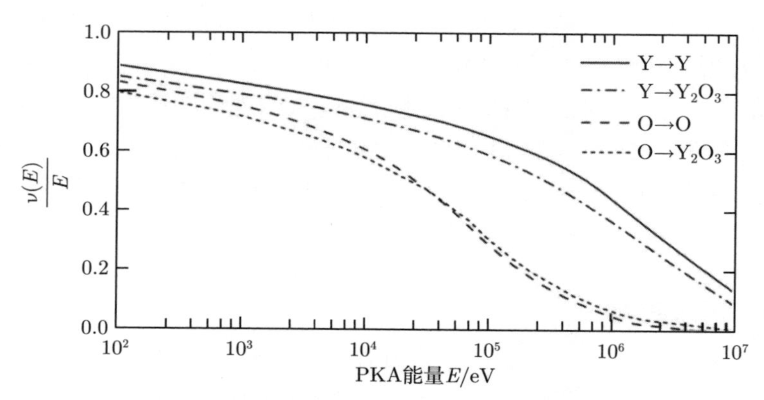

图 7.13　Y 和 O 在 Y_2O_3 中、Y 在 Y 中、O 在 O 中的损伤效率 $\nu(E)/E$ 与 PKA 能量 E 之间的关系 (引自参考文献 (Coulter et al., 1980))

帕金和库尔特在损伤能量的计算中有几个重要发现. 与自原子单一原子材料中的损伤效率相比, 轻原子在多组元材料中的损伤效率在低能量 ($< 10^4$ eV) 时更低, 在高能量 ($> 10^4$ eV) 时更高, 而重原子在多组元材料中的损伤效率在所有能量下都更低一些. 且已经发现这些与单质损伤效率的偏差随着靶原子之间质量差异的增大而增大. 除此之外, 最重要的是, 计算发现, 作为一般规则, 多组元材料中的损伤能量由自原子单一原子材料的数值表示更好, 而不是使用 Z 和 M 的平均值计算得到.

7.9.2　移位损伤

利用与林哈德等人 (1963) 使用的同样方法, 帕金和库尔特推导出一个积分–微分方程, 用来计算一个 PKA 在多组元材料靶中产生的移位数. 由第 i 种能量为 E 的 PKA 产生的第 j 种原子的平均移位数 (在随后的替位碰撞中未被重新捕获) 由净平均移位损伤函数 $\langle N_{\mathrm{d}}(E)\rangle_{ij}$ 定义. 净平均移位损伤函数具有类似于式 (7.16) 中定义的单一原子材料中修正后的金兴–皮斯平均移位损伤函数的形式, 即

$$\langle N_{\mathrm{d}}(E)\rangle_{ij} = \frac{\xi_{ij} f_j \nu_i(E)}{2E_{\mathrm{d}}^j} = \frac{k_{ij} f_j \nu_i(E)}{E_{\mathrm{d}}^j}, \tag{7.54}$$

其中, $k_{ij} = \xi_{ij}/2$ 是移位效率, f_j 是第 j 种原子的原子密度占比 (等于 N_j/N), $\nu_i(E)$ 是能量为 E 的第 i 种 PKA 沉积在多组元材料中的损伤能量, E_{d}^j 是第 j 种原子的移位阈能. k_{ij} 描述第 i 种 PKA 导致的第 j 种原子的移位效率, 其反映了能量损伤函数在描述多组元材料中级联碰撞的本质时的不足. 式 (7.54) 可改写为

$$k_{ij} = \frac{\langle N_{\mathrm{d}}(E)\rangle_{ij} E_{\mathrm{d}}^j}{f_j \nu_i(E)}. \tag{7.55}$$

为了进一步考虑移位阈能, 帕金和库尔特引入了捕获能量 E_{cap}^{ik}, 当第 i 种原子使第 k 种原子移位后的平均剩余能量小于这个能量时, 第 i 种原子将会被困在第 k 种原子原来所在的位置. 由此可引出捕获概率 C_{ij} 的概念, 假设它是一个尖锐的阈值, 即

$$C_{ij} = \begin{cases} 1, & E < E_{\mathrm{cap}}^{ik}, \\ 0, & E > E_{\mathrm{cap}}^{ik}. \end{cases}$$

根据金兴–皮斯模型可知, 对于单一原子材料的情形, $E_{\mathrm{cap}}^{ik}=E_{\mathrm{d}}^{i}$. 而对于多组元材料的情形, 当 i, j 不等时, E_{cap}^{ik} 不一定等于 E_{d}^{j}, 这时就需要考虑 C_{ij}.

帕金和库尔特在展示他们的结果时把多组元材料划分为两类: 第一类材料满足 $\dfrac{M_{\mathrm{H}}}{M_{\mathrm{L}}} \leqslant 4$, 其中, 下角标 H 和 L 分别表示重的和轻的原子. 第二类材料则满足 $\dfrac{M_{\mathrm{H}}}{M_{\mathrm{L}}} > 4$. MgO(第一类材料) 和 TaO(第二类材料) 中的移位效率与 PKA 能量之间的关系见图 7.14. 对于 MgO, 假设 $E_{\mathrm{d}}^{\mathrm{Mg}} = E_{\mathrm{d}}^{\mathrm{O}} = 62\ \mathrm{eV} = E_{\mathrm{cap}}^{\mathrm{Mg}\to\mathrm{Mg}} = E_{\mathrm{cap}}^{\mathrm{O}\to\mathrm{O}}$; 对于 TaO, 假设 $E_{\mathrm{d}}^{\mathrm{Ta}} = E_{\mathrm{d}}^{\mathrm{O}} = 60\ \mathrm{eV} = E_{\mathrm{cap}}^{\mathrm{Ta}\to\mathrm{Ta}} = E_{\mathrm{cap}}^{\mathrm{O}\to\mathrm{O}}$, 且 $E_{\mathrm{cap}}^{\mathrm{Ta}\to\mathrm{O}} = E_{\mathrm{cap}}^{\mathrm{O}\to\mathrm{Ta}} = 60\ \mathrm{eV}$. MgO 的数据表明, 从阈值能量到几千 eV 的能量范围内, 移位效率是 PKA 能量的强相关函数. 而后能量再增大, 移位效率也基本恒定, 且 $k_{i\mathrm{Mg}}$ 变得比 $k_{i\mathrm{O}}$ 大. TaO 的数据也展现出类似的趋势, 只不过在 100 keV 之前都与 PKA 能量强相关.

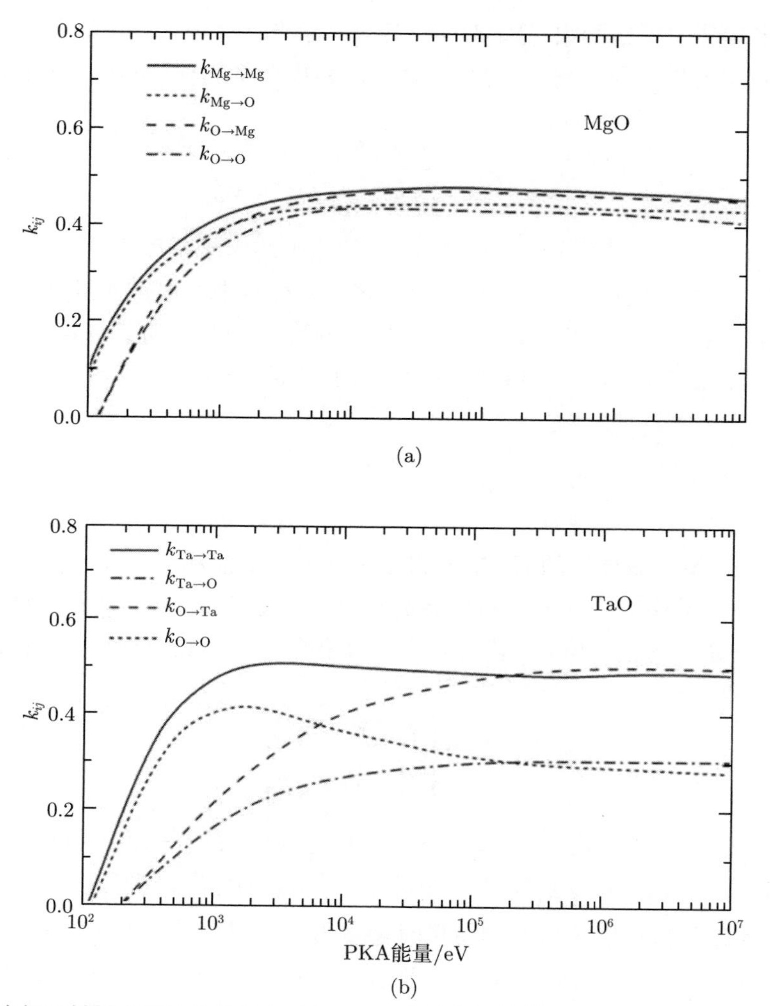

图 7.14　多组元材料中的移位效率 k_{ij} 与 PKA 能量之间的关系, (a)MgO, (b)TaO. 能量无关区域的 k_{ij} 的极限值与靶原子的种类有关 (引自参考文献 (Parkin et al., 1981))

其他多组元材料中也出现类似的性质, 且靶材料的组成原子的质量差异越大, 移位效率与 PKA 能量的相关性越强. 基于帕金和库尔特的计算得出了几个一般性的结论. 对于所有情形, 当 k_{ij} 近似是常数时 (对于第一类材料, $E>$ 1 keV, 对于第二类材料, $E>$ 100 keV), $k_{iH}>k_{iL}$. 总体来说, k_{iH}/k_{iL} 随着 M_H/M_L 的增大而增大. 这些结果与单一原子材料中的移位效率不一样. 对于单一原子材料, 在能量无关区域, $k=\xi/2\cong 0.4$. 此外, 可以发现当质量比大于 4 时 (第二类材料), 替位碰撞不太可能发生, 导致第 j 种空位的数目等于第 j 种间隙原子的数目. 相反, 当质量比小于 4 时 (第一类材料), 更多替位碰撞发生, 导致产生过量的间隙原子.

7.10 替位碰撞序列

在 7.3 节中, 在式 (7.3b) 的讨论中定义了替位碰撞, 即 PKA 有足够的能量使得晶格原子移位, 但是由于其剩余的能量低于移位阈能 E_d, 因此会掉入刚刚产生的空位中. 早期的计算机模拟表明, 这种替位碰撞的数量大大超过了晶格中留下的永久移位的数量. 虽然这一碰撞对单一原子材料几乎没有影响, 但会在有序的多组元材料中产生相当大的无序.

除了简单的替位碰撞之外, 计算机模拟还表明, 当靶原子沿着相邻原子的排列方向被移位时, 可能发生一系列移位–替位碰撞, 通常称为替位碰撞序列或聚焦替位序列. 图 7.15 显示了在 fcc 结构晶体的 (100) 平面中由能量为 40 keV 的 PKA

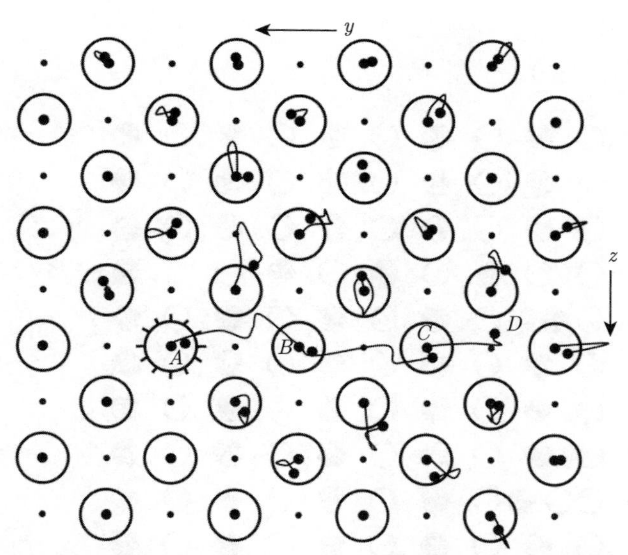

图 7.15　在 fcc 结构晶体的 (100) 平面中由能量为 40 keV 的 PKA 产生的移位原子的运动轨迹. PKA 在晶格位点 A 处产生, 其方向与 y 轴之间成 15° 角. 大圆圈给出原子在平面中的初始位置, 小圆点给出原子在该平面下方平面中的初始位置. 大圆圈和实线分别表示每个原子的最终停止位置及其径迹. 能量为 40 keV 的 PKA 的聚焦导致在 A 处产生空位, 在 B 和 C 处产生替位, 并在 D 处产生分离的间隙原子 (引自参考文献 (Vineyard, 1962))

产生的移位原子的运动轨迹. PKA 在晶格位点 A 处产生, 其方向与 y 轴之间成 $15°$ 角. 大圆圈给出原子在平面中的初始位置, 小圆点给出原子在该平面下方平面中的初始位置. 大圆圈和实线分别表示每个原子的最终停止位置及其径迹. 能量为 40 keV 的 PKA 的聚焦导致在 A 处产生空位, 在 B 和 C 处产生替位, 并在 D 处产生分离的间隙原子.

计算与实验测量表明, 替位碰撞序列的长度为 5—100 nm, 每个移位导致的替位数大约在 15—60 个之间 (Averback et al., 1987). 在二元有序合金中由替位碰撞序列产生的无序效果如图 7.16 所示. 由替位碰撞序列产生的无序程度取决于替位碰撞序列的长度及方向. 由图 7.16 可知, ⟨010⟩ 方向的替位碰撞序列产生 7 个替位, 这导致了化学无序. 然而, 在 ⟨001⟩ 方向的替位碰撞序列也产生 7 个替位, 但没有导致化学无序. 沿 ⟨010⟩ 方向的化学无序, 可能源于黑色原子对白色晶格位点的错误占据和白色原子对黑色晶格位点的错误占据. 晶格位点的错误占据即是晶格中的点缺陷, 该缺陷称为反位缺陷. 除了形成反位缺陷之外, 图 7.16 显示, 对于两个替位碰撞序列, 在其开始处形成空位, 并且在其末端形成分离的间隙原子.

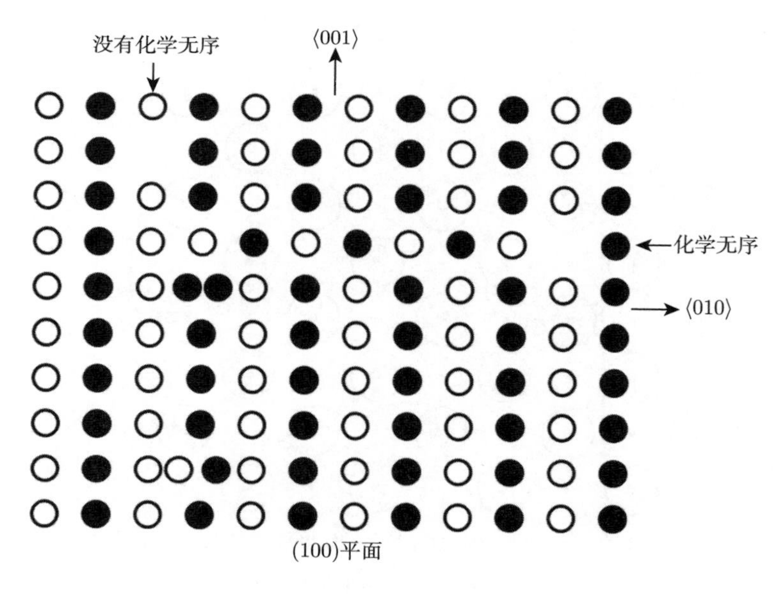

图 7.16　二元有序合金中 (110) 平面的俯视图. 沿 ⟨010⟩ 方向的替位碰撞序列产生化学无序, 沿 ⟨001⟩ 方向的替位碰撞序列不产生化学无序

7.11 峰

本节将介绍辐照材料中峰的概念. 虽然有很多种对于峰的定义, 但是此处把峰定义为: 在有限的体积中, 大多数原子处于一个暂态的运动而引起的高密度级联 (Seitz et al., 1956; Sigmund, 1974). 其他有关致密级联碰撞和材料中峰效应的细致论述详见参考文献 (Carter et al., 1982; Davies, 1983; Thompson, 1981; Vineyard, 1976) 等.

7.11.1 平均自由程和移位峰

在本章的前面部分, 考虑了离子辐照过程对固体材料产生的平均辐照损伤. 现在希望了解当一个离子或 PKA 从减速到停止过程中所产生的点缺陷的空间分布. 一个用来衡量辐照损伤的空间分布的重要参数是平均距离或平均自由程 λ_{d}, 它表示一个能量为 E 的离子在与靶原子发生两次移位碰撞之间所通过的距离. 式 (4.22) 给出能量为 E 的离子在通过厚度为 $\mathrm{d}x$ 的薄靶时, 与靶原子发生一次碰撞且传递能量大于 E_{d} 的概率:

$$P(E) = N\sigma(E)\,\mathrm{d}x,$$

其中, N 是靶的原子密度, $\sigma(E)$ 表示碰撞截面 (见式 (4.29a)). 令概率 $P(E)=1$, 将 $\mathrm{d}x$ 替换为 λ_{d}, 则每次碰撞的平均距离即是能量为 E 的离子的平均自由程, 即

$$\lambda_{\mathrm{d}} = \frac{1}{N\sigma(E)}. \tag{7.56}$$

式 (7.56) 可以用来计算能量为 E 的入射离子产生的点缺陷的平均空间距离.

式 (7.56) 的一个变式是能量为 E 的入射离子产生的能量大于 T_0 的初级反冲原子的平均自由程:

$$\lambda_{\mathrm{d}}(E, T_0) = \frac{1}{N\sigma(T_0)}, \tag{7.57}$$

其中, 传递能量超过 T_0 的碰撞截面为

$$\sigma(T_0) = \int_{T_0}^{T_{\mathrm{M}}} \frac{\mathrm{d}\sigma(E,T)}{\mathrm{d}T}\mathrm{d}T. \tag{7.58}$$

式 (7.56) 和式 (7.57) 中的碰撞截面可以通过对能量传递微分散射截面 $\mathrm{d}\sigma(E,T)/\mathrm{d}T$ 进行数值积分来确定, 而 $\mathrm{d}\sigma(E,T)/\mathrm{d}T$ 则可以通过对式 (4.61) 和式 (4.63) 做适当的限定得到.

碰撞截面和平均自由程的近似解可以使用式 (4.55) 中的幂次律形式的能量传递微分散射截面得到, 即

$$\mathrm{d}\sigma(E,T)=\frac{C_m}{E^mT^{1+m}}\mathrm{d}T, \tag{7.59}$$

其中, C_m 是式 (4.56) 定义的常数. 基于 TF 屏蔽函数, m 的近似值可以在 4.5 节中找到. 低入射能量 ($\varepsilon \leqslant 0.2$) 时, $m=1/3$, 将之代入式 (7.58) 和式 (7.59), 可得

$$\sigma_{1/3}(E,T_0)=\frac{C_{1/3}}{E^{1/3}}\int_{T_0}^{T_\mathrm{M}}\frac{\mathrm{d}T}{T^{4/3}}=\frac{3C_{1/3}\left(T_\mathrm{M}^{1/3}-T_0^{1/3}\right)}{(ET_0T_\mathrm{M})^{1/3}}, \tag{7.60}$$

其中, $m=1/3$ 相应的平均自由程为

$$\lambda_\mathrm{d}(E,T_0)=\frac{(T_\mathrm{M}ET_0)^{1/3}}{3NC_{1/3}\left(T_\mathrm{M}^{1/3}-T_0^{1/3}\right)}. \tag{7.61}$$

中等入射能量 ($0.2\leqslant\varepsilon\leqslant5$) 时, $m=1/2$, 碰撞截面为

$$\sigma_{1/2}(E,T_0)=\frac{C_{1/2}}{E^{1/2}}\int_{T_0}^{T_\mathrm{M}}\frac{\mathrm{d}T}{T^{3/2}}=\frac{2C_{1/2}\left(\sqrt{T_\mathrm{M}}-\sqrt{T_0}\right)}{\sqrt{ET_\mathrm{M}T_0}}, \tag{7.62}$$

其中, $m=1/2$ 相应的平均自由程为

$$\lambda_\mathrm{d}(E,T_0)=\frac{\sqrt{ET_\mathrm{M}T_0}}{2NC_{1/2}\left(\sqrt{T_\mathrm{M}}-\sqrt{T_0}\right)}. \tag{7.63}$$

例如, Cu 离子入射到 Cu 上. 由式 (3.55) 可知, $\varepsilon/E=0.00445$. 对于入射离子的能量分别为 1000 keV, 500 keV, 300 keV, 100 keV 和 50 keV 的情形, $\varepsilon>0.2$, 可以利用 $m=1/2$ 和式 (7.63) 计算反冲原子的平均自由程. 由式 (4.56) 可得, $C_{1/2}=13.4\ \mathrm{eV\cdot nm^2}$. 在附录 B 中可以找到 Cu 的原子密度为 85 atoms/nm^3. 计算结果显示在图 7.17 中. 图中数据表示高能量的 Cu 离子产生的初级反冲原子是分散的. 然而, 当 Cu 离子的能量减小时, 反冲碰撞之间的距离会缩小, 直到 λ_d 接近靶中 Cu 原子的间距. 这表明, 当离子在靶中的速度逐渐变慢时, 平均自由程会减小, 直至离子路径上的每一个晶格位点产生一个 PKA. 这种现象也会发生在大间距高能 PKAs 慢化的情况下. 在离子和载能 PKA 的平均自由程接近原子间距的极限时, 极大量的点缺陷在极短时间内产生, 因此不能再把级联看作是独立空位和间隙原子点缺陷的集合.

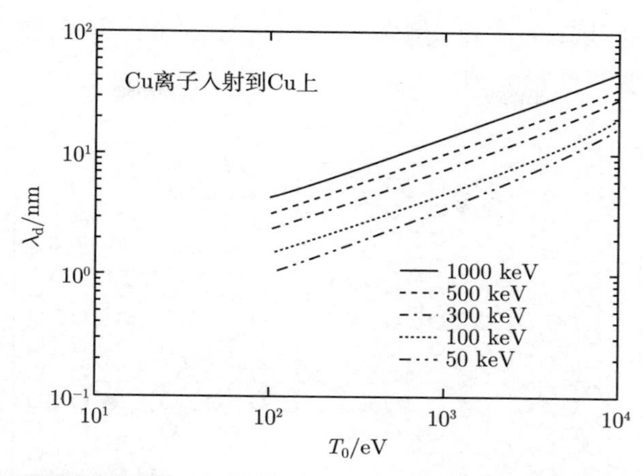

图 7.17　多种能量的 Cu 离子入射到 Cu 上时反冲原子的平均自由程 (见式 (7.63))

布林克曼 (Brinkman)(1954, 1956) 细致地研究了级联移位内损伤分布与 λ_d 之间的关系. 他认为当 λ_d 趋近靶中的原子间距时, 会形成一个高度损伤区域, 在该区域内, 每一个移位原子都会被强制从离子或 PKA 的路径上移开, 在材料中产生一种以空位为核心、以间隙原子为壳的结构 (见图 7.18). 这个高度损伤区域即是所谓的移位峰. 移位峰的形成时间等价于能量为 E 的离子或 PKA 从减速到停留在路径末端的时间 (Sigmund, 1974), 即

$$t = \int_0^E \frac{\mathrm{d}E}{vNS_\mathrm{n}(E)} \cong \frac{R(E)}{1/(2v)}, \tag{7.64}$$

其中, $v = (2E/M)^{1/2}$ 是离子的速度, $S_\mathrm{n}(E)$ 是核阻止截面, $R(E)$ 是总的离子射程. 式 (7.64) 的简单形式来自幂指数 $m = 1/2$ 时的近似结果. 对于能量为 100 keV、质量为 $M = 131$ amu 的 Xe 离子, 其在 $R = 20$ nm 内停下所需的时间 t 的简单线性估计值为 10^{-13} s, 与晶格原子的振荡时间为同一个数量级.

另一个重要参数是临界能量 E_c, 当离子能量低于该值时, λ_d 接近原子间距 d, 此时产生单个移位峰. 对于能量低于 E_c 的离子或 PKAs, 初级反冲原子产生后, 后续的级联/移位峰会被很好地分离开. 因此 E_c 的含义是: 低于该能量, 则会形成单个密集级联或移位峰; 高于该能量, 则更容易形成次级级联. 图 7.19 表示的是参考文献 (Rossi et al., 1989) 中的计算结果, 他们使用了分形分析和蒙特卡罗模拟来确定 PKAs 或自离子在单一原子材料中形成单个密集级联或移位峰的临界能量. 两条曲线之间的区域表示从单个级联 (较低曲线之下的区域) 到次级级联

(较高曲线之上的区域) 的过渡. 例如, 对于 Cu 中的 Cu 离子, 其质量为 64 amu, 形成单个级联的临界能量大约为 330 eV.

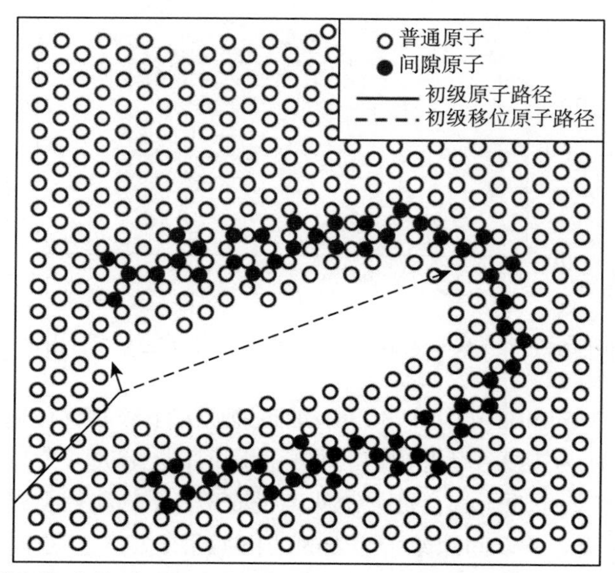

图 7.18　当 λ_d 趋近靶中的原子间距时, 材料中形成高度损伤区域的示意图, 该高度损伤区域称为移位峰 (引自参考文献 (Brinkman, 1956))

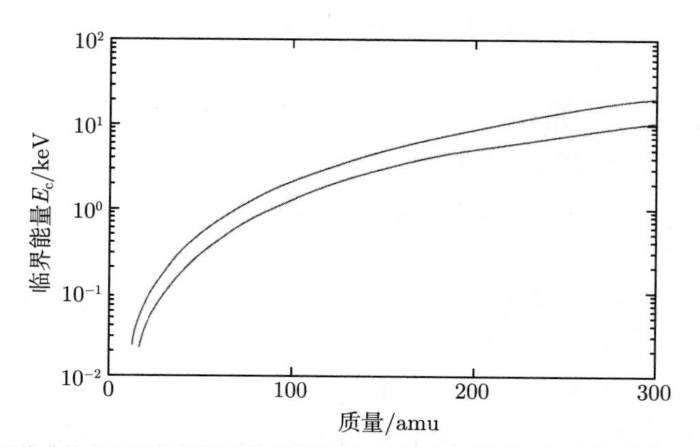

图 7.19　单个级联或次级级联转变的临界能量与质量之间的关系. 在较高曲线之上的区域, 被损伤的靶中的级联由各个次级级联组成. 在较低曲线之下的区域, 碰撞产生了单个密集级联, 平均移位密度大于等于 1. 在两条曲线之间的区域, 碰撞产生了两个次级级联 (引自参考文献 (Rossi et al., 1989))

7.11.2 热峰

当移位峰基本形成后, 所有移动的移位原子都会到达一个能量不足以引发更多移位的状态, 能量传递将会发生在次阈值水平. 此时, 这部分能量将分配给近邻原子, 并以晶格振动或“热”的形式散去. 大约 10^{-12} s 后, 将会达到一个动力学平衡, 此时, 振动能量的分布开始接近于麦克斯韦 (Maxwell)–玻尔兹曼分布. 这个晶格加热周期也就是级联碰撞的热峰期, 它在淬火至周围环境温度之前会存在几 ps 的时间. 一旦建立起这样的动力学平衡, 局部加热和温度的概念就合理了. 对于一个麦克斯韦–玻尔兹曼分布, 温度与热峰区域的平均沉积能量密度 $\bar{\theta}_{\mathrm{D}}$ 有关, $\bar{\theta}_{\mathrm{D}}$ 为

$$\bar{\theta}_{\mathrm{D}} = \frac{3}{2} k_{\mathrm{B}} T, \tag{7.65}$$

其中, k_{B} 是玻尔兹曼常量.

对于半径为 r 的热峰, 淬火时间极其短暂, 可以被估计为 (Davies, 1983)

$$t_{\mathrm{q}} \cong \frac{r^2}{4D_{\mathrm{T}}}, \tag{7.66}$$

其中, D_{T} 表示靶的热扩散系数. 例如, 对于 Au, $D_{\mathrm{T}} = 0.7\ \mathrm{cm^2/s}$, 假设 $r = 8$ nm, 则淬火时间 $t_{\mathrm{q}} \cong 2 \times 10^{-13}$ s.

7.11.3 沉积能量密度 θ_{D}

评估热峰可能对固体性质造成的潜在影响时, 级联碰撞内每个原子的沉积能量密度 θ_{D} 是一个很重要的量. 例如, 当 θ_{D} 与固体的一些特征热力学能量为同一个数量级时, 一个局部相变可能发生. 又如, 当 θ_{D} 超过熔化热时, 级联区域会融化.

在一个由能量为 E 的离子入射形成的体积为 V_{cas} 的单个级联内, 平均沉积能量密度近似为 (Sigmund, 1981)

$$\bar{\theta}_{\mathrm{D}} \cong \frac{\nu(E)}{N V_{\mathrm{cas}}}, \tag{7.67}$$

其中, $\nu(E)$ 是 7.3 节中定义的损伤能量, N 是靶的原子密度. 式 (7.67) 的难点在于确定单个级联的体积. 作为一级近似, 将使用幂次律近似来简单估计热峰区域的平均沉积能量密度 $\bar{\theta}_{\mathrm{D}}$ 与离子或 PKA 能量之间的关系. 式 (6.24) 表明, 能量为

E 的入射离子的射程与 E^{2m} 成正比. 对于给定的幂指数 m, 级联碰撞内的所有长度也都应该正比于 E^{2m}, 因此级联的体积与 $\left(E^{2m}\right)^3$ 成正比. 忽略电子阻止, 级联内沉积的总能量将等于 E, 并且级联内的平均沉积能量密度将与入射离子的能量与级联体积的比值 E/E^{6m} 成正比, 因此 $\bar{\theta}_{\mathrm{D}}$ 应该正比于 E^{1-6m}. 在低能或中能区域, m =1/3 或 1/2, 因此平均沉积能量密度将分别正比于 E^{-1} 和 E^{-2}.

7.11.4　级联体积和沉积能量密度

如 7.11.3 小节所述, 确定密集级联或热峰中平均沉积能量密度的主要困难在于确定单个级联的体积 V_{cas}. 确定单个级联体积的一种方法是分别使用纵向和横向矩, 即 $\langle\Delta X^2\rangle_{\mathrm{T}}$ 和 $\langle Y^2\rangle_{\mathrm{T}}$, 接下来由 WSS 输运模型计算得到的沉积能量分布来计算级联体积 (见 7.5.3 小节和图 7.11). WSS 输运模型计算给出级联体积的统计平均值并产生代表许多级联的损伤分布.

包含输运的级联体积的椭球体是雪茄形的. 为简化计算, 将通过相同体积的球体来近似计算包含输运的级联体积. 该等效球的半径由参考文献 (Walker et al., 1978) 给出, 即

$$r_{\mathrm{T}} = \langle\Delta X^2\rangle_{\mathrm{T}}^{1/6}\langle Y^2\rangle_{\mathrm{T}}^{1/3}, \tag{7.68}$$

包含输运的级联体积为

$$V_{\mathrm{T}} = \frac{4\pi}{3}\langle\Delta X^2\rangle_{\mathrm{T}}^{1/2}\langle Y^2\rangle_{\mathrm{T}}. \tag{7.69}$$

沃克 (Walker) 和汤普森 (Thompson)(1978) 比较了使用输运模型, 即式 (7.69) 计算得到的级联体积, 以及通过蒙特卡罗模拟获得的单个级联的体积 (见第 8 章). 图 7.20 显示了单次蒙特卡罗模拟得到的能量为 20 keV 的 Bi 和 N 的级联碰撞. 椭圆边界表示在最大核能损的 10%处的通过输运模型计算得到的沉积能量密度. 对于大质量的 Bi 离子, 在单个密集级联的能量区域内产生几乎均匀的移位分布. 然而, 当入射离子的质量较小时, 如图 7.20 中的 N 离子, 移位分布聚集成了较小的次级级联, 这些次级级联沿离子路径的间隔很大. 该分析表明, 通过输运模型计算得到的级联体积 V_{T} 严重高估了单个级联的体积, 导致相应地低估了平均沉积能量密度 $\bar{\theta}_{\mathrm{D}}$.

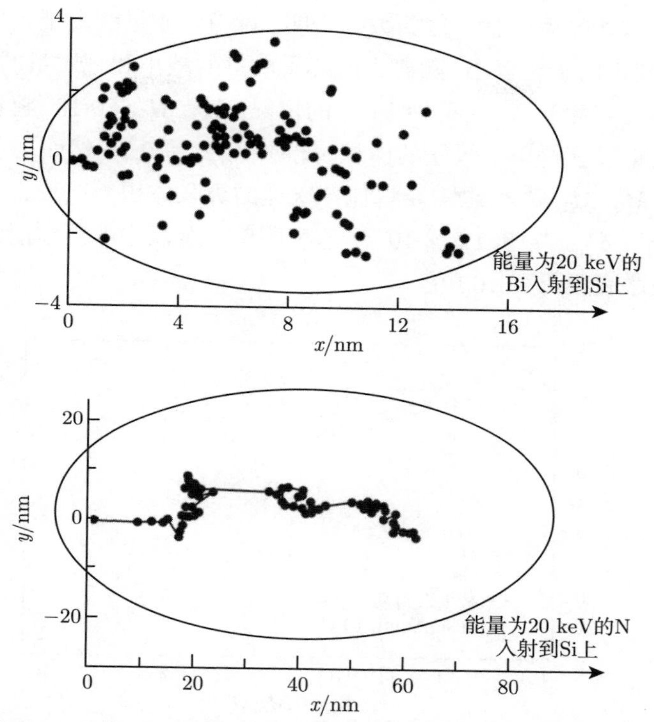

图 7.20 能量为 20 keV 的 Bi(上图) 和 N(下图) 入射到 Si 上的级联碰撞, 显示了各个 (蒙特卡罗模拟) 级联体积与通过输运模型计算得到的沉积能量密度. 主要离子路径用实线表示, 那些接收能量大于 E_{d} 的级联原子用实心圆表示 (引自参考文献 (Walker et al., 1978))

为了解释单个级联体积与通过输运模型计算得到的级联体积之间的差异, 定义一个校正因子 δ_{corr}, 它满足

$$\delta_{\text{corr}}^3 = \frac{V_{\mathrm{I}}}{V_{\mathrm{T}}} = \frac{V_{\text{cas}}}{V_{\mathrm{T}}}, \tag{7.70}$$

其中, $V_{\mathrm{I}} \equiv V_{\text{cas}}$ 是单个级联的体积, 可以通过分析法 (Sigmund, 1974) 或蒙特卡罗模拟 (Walker et al., 1978) 得到. 单个级联的体积由类似于式 (7.69) 的形式给出, 即

$$V_{\mathrm{I}} = \frac{4\pi}{3} \langle \Delta X^2 \rangle_{\mathrm{I}}^{1/2} \langle Y^2 \rangle_{\mathrm{I}}, \tag{7.71}$$

其中, $\langle \Delta X^2 \rangle_{\mathrm{I}}$ 和 $\langle Y^2 \rangle_{\mathrm{I}}$ 分别是单个级联的纵向和横向矩.

图 7.21 显示了根据西格蒙德的计算 (虚线), 以及沃克和汤普森的蒙特卡罗模拟, 得到的一维单个级联的校正因子与质量比 M_2/M_1 之间的函数关系, 其中, 幂

指数分别为 $m=1/2$ 和 1/3. 这些数据表明, 对于大质量的离子入射到小质量的靶上的情况, 校正因子相当小, 随着入射离子质量的减小和靶质量的增大, 校正因子变得越来越大. 对于 Bi 入射到 Si 上的情况, $M_2/M_1= 0.13$, 将包含输运的级联体积予以校正以获得单个级联的体积, 此时, $\delta_{\text{corr}}^3 \cong 0.7$. 然而, 对于 N 入射到 Si 上的情况, $M_2/M_1 = 2$, 也需要将包含输运的级联体积予以校正以获得单个级联的体积, 此时, δ_{corr}^3 接近 1.3×10^{-2}, 这表明单个级联中的沉积能量密度几乎比包含输运的级联表现得大 100 倍.

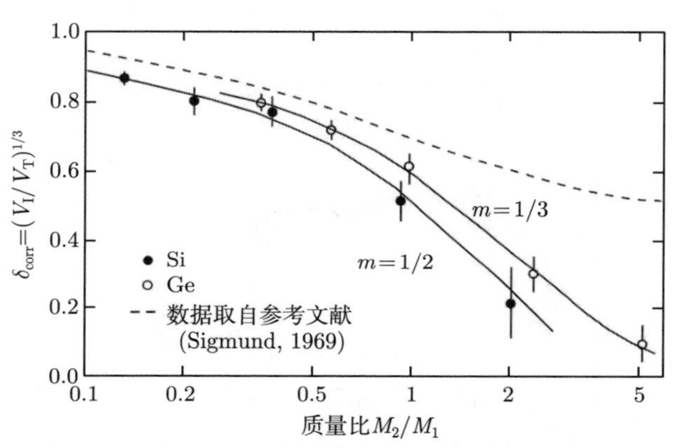

图 7.21　一维单个级联的校正因子与质量比 M_2/M_1 之间的函数关系, 虚线是由西格蒙德计算得出的 (1969), 数据点是蒙特卡罗模拟的结果 (引自参考文献 (Walker et al., 1978))

通过恰当地引入校正因子, 利用式 (7.69) 和图 7.11 中的 WSS 类型的级联矩, 可以简单地从包含输运的级联体积中确定单个级联的体积. 通过重写式 (7.67) 可以获得平均沉积能量密度:

$$\bar{\theta}_{\text{D}} = \frac{0.32\nu(E)}{NV_{\text{cas}}} = \frac{0.32\nu(E)}{N\delta^3 V_{\text{T}}}. \tag{7.72}$$

由于现在可以计算单个级联的体积, 因此级联内的平均缺陷比例就相当于级联内每个原子的移位数, 可以使用

$$\text{dpa}|_{\text{cas}} = \frac{0.32\langle N_{\text{d}}(E)\rangle}{NV_{\text{I}}} = \frac{0.13\nu(E)}{E_{\text{d}}N\delta^3 V_{\text{T}}} \tag{7.73}$$

进行估算, 其中, $\langle N_{\text{d}}(E)\rangle$ 给出了由能量为 E 的载能离子产生的平均移位数 (见式 (7.16)), N 是靶的原子密度, NV_{I} 是占据单个级联体积的原子数, $V_{\text{I}} = \delta^3 V_{\text{T}}$.

式 (7.72) 和式 (7.73) 中的因子 0.32 是因为考虑到并非所有的损伤能量都沉积在一个球体内所导致的, 这个球体的轴线由损伤分布的纵向和横向歧离[①]之和决定.

例如, 能量为 10 keV 的 Bi 入射到 Ge 上. 约化能量为 $\varepsilon = 6 \times 10^{-3}$, 使用表 6.3 和式 (6.21) 得出射程是 6 nm. 由式 (7.39) 可知, 损伤能量为 $\nu_{\mathrm{p}}(E) = 8$ keV. 在 m =1/3 和 M_2/M_1 =0.35 的条件下, 可以通过图 7.11 的纵坐标得到包含输运的级联体积. 由图 7.11 可得, $\langle X\rangle/R = 0.58$, $\langle \Delta X^2\rangle/\langle X\rangle^2 = 0.38$, $\langle Y^2\rangle/\langle X\rangle^2 = 0.16$. 由式 (7.69) 可知, 包含输运的级联体积 V_{T}=20 nm^3. 由图 7.21 可知, 一维单个级联的校正因子为 $\delta = 0.8$, 因此可以计算出单个级联的体积为 $V_{\mathrm{I}} = \delta^3 V_{\mathrm{T}}$=10.2 nm^3. 级联体积内的原子数 $NV_{\mathrm{I}} = 50 \times 10.2$ atoms = 510 atoms. 由式 (7.72) 可知, 平均沉积能量密度为 $\bar{\theta}_{\mathrm{D}} = \dfrac{0.32 \times 8 \times 10^3}{510}$ eV/atom= 5 eV/atom. 由表 7.1 可知, E_{d}=15 eV. 使用式 (7.73) 可知, Ge 中的 $\mathrm{dpa}|_{\mathrm{cas}}$ 为

$$\mathrm{dpa}|_{\mathrm{cas}} = 0.13 \times \frac{8 \times 10^3}{15 \times 510} = 0.14.$$

7.11.5 沉积能量密度与材料性质

在 7.11.3 小节中, 注意到如果级联碰撞内每个原子的沉积能量密度 θ_{D} 超过固体的某些特征热力学能量, 则可能发生局部相变, 例如, 熔化. 假定在峰体积中达到了局部动态平衡, 则通过式 (7.65) 就可以建立起平均沉积能量密度与温度之间的关系. 例如, 能量为 10 keV 的 Bi 入射到 Ge 上, 式 (7.65) 预测平均级联温度为

$$T_{\mathrm{cas}} = \frac{0.67 \times 5}{8.6 \times 10^{-5}}\ \mathrm{K} \cong 39000\ \mathrm{K}.$$

与平均沉积能量密度相比, 一个有用的热力学量是使材料熔化所需要的能量密度 θ_{melt}. 假设平衡热力学适用, 则使初始温度为 T_0 的材料熔化所需要的能量密度为

$$\theta_{\mathrm{melt}} = \int_{T_0}^{T_{\mathrm{melt}}} C_V(T)\,\mathrm{d}T + \Delta H_{\mathrm{f}}, \tag{7.74}$$

① 分布的歧离与分布的标准差相同, 而分布的标准差又等于分布的方差的 1/2 次方. 假设沉积能量的分布可以用正态分布或高斯分布来表示, 则一维中的沉积能量分布在平均值的一倍标准差内 (−1 到 1) 的概率是 0.6827. 因此, 考虑到椭球体的三个维度, 沉积能量分布在平均值的一倍标准差内的概率将是 $(0.6827)^3 \cong 0.32$.

其中, T_{melt} 是材料的熔化温度①, $C_V(T)$ 是等体热容 (比热), ΔH_{f} 是熔化热. 假设 C_V 独立于温度并且可由杜隆–珀蒂 (Dulong–Petit) 定律合理表示 (Swalin, 1976), 则

$$C_V \cong 6\ \mathrm{cal/(mol \cdot K)},$$

且单质金属的熔化热可以用理查德 (Richard) 定律②(1976) 近似表示为

$$\Delta H_{\mathrm{f}} \cong 2T_{\mathrm{melt}},$$

因此 θ_{melt} 可近似表示为

$$\theta_{\mathrm{melt}} \cong 6\left(T_{\mathrm{melt}} - T_0\right) + 2T_{\mathrm{melt}}. \tag{7.75}$$

对于开尔文温度, θ_{melt} 的单位为 cal/mol. 将式 (7.75) 应用于室温下 (即 $T_0 = 300$ K) 的 Ge, 并假设 STP 熔化温度为 $T_{\mathrm{melt}} = 1210$ K, 则可以得到

$$\theta_{\mathrm{melt}} \cong (6 \times 910 + 2 \times 1210)\ \mathrm{cal/mol} = 7880\ \mathrm{cal/mol} = 0.34\ \mathrm{eV/atom}.$$

因此能量为 10 keV 的 Bi 入射到 Ge 上产生的平均能量密度比在平衡条件下使 Ge 熔化所需要的平均能量密度大了约 15 倍.

参 考 文 献

Andersen, N. and P. Sigmund (1974), *Mat. Fys. Medd. Dan Vid. Selsk.* **39**, no. 3.

① 由于级联内的压力可能很高, 因此峰体积的熔化温度可能与标准温度和标准压力 (STP) 情况下材料的熔化温度不同. 克拉珀龙 (Clapeyron) 方程表明, 熔化温度随压力变化 (Swalin, 1976), 即

$$\frac{\mathrm{d}T_{\mathrm{melt}}}{\mathrm{d}p} \cong \frac{\Delta T_{\mathrm{melt}}}{\Delta p} = \frac{T_{\mathrm{melt}}^0 \Delta V_{\mathrm{f}}}{\Delta H_{\mathrm{f}}},$$

其中, ΔV_{f} 是熔化时的体积变化, ΔH_{f} 是熔化热, T_{melt}^0 是 STP 下的熔化温度. 例如, Sn 在 STP 下的熔化温度 T_{melt}^0 为 505 K, 且 $\Delta V_{\mathrm{f}} = V_{\mathrm{liq}} - V_{\mathrm{solid}} = 0.0039\ \mathrm{cm^3/g}, \Delta H_{\mathrm{f}} = 14.0\ \mathrm{cal/g}$, 那么假定在压力为 1000 atm($1.01 \times 10^9$ dyne/cm^2) 的条件下, 熔化温度将提高 3.4 K.

② 由于级联或峰受到周围晶格的限制, 因此假设了恒定的等体热容 C_V. 但是分子动力学模拟表明峰的体积介于恒定压力和恒定体积的条件之间, 为了简化计算, 假定体积恒定. 对于固体, 通常很难通过实验获得 C_V. 为了更准确地计算该问题, 常利用 C_V 与等压热容 C_p 之间的关系 (Swalin, 1976), 即

$$C_V\left(T\right) = C_p\left(T\right) - \frac{\alpha^2 VT}{\beta},$$

其中, α 是线性热膨胀系数, V 是摩尔体积, β 是可压缩率. 对于晶体, $\dfrac{\alpha^2 VT}{\beta}$ 通常约为 0.5 cal/(mol·K).

Averback, R. S. (1982) Ion-Irradiation Studies of Cascade Damage in Metals, *J. Nucl. Mater.* **108/109**, 33.

Averback, R. S., R. Benedek, and K. L. Merkle (1978a) Ion-Irradiation Studies of the Damage Function of Copper and Silver, *Phys. Rev.* **B18**, 4156.

Averback, R. S., R. Benedek, and K. L. Merkle (1978b) Efficiency of Defect Production in Cascades, *J. Nucl. Mate.* **69/70**, 786.

Averback, R. S. and M. A. Kirk (1987) Atomic Displacement Processes in Ion-Irradiated Materials, in *Surface Alloying by Ion, Electron, and Laser Beams*, L. E. Rhen, S. T. Picraux, and H. Wiedersich, eds. (American Society for Metals, Metals Park), p. 91.

Brinkman, J. A. (1954) On the Nature of Radiation Damage in Metals, *J. Appl. Phys.* **25**, 961.

Brinkman, J. A. (1956) Production of Atomic Displacements by High-Energy Particles, *Am. J. Phys.* **24**, 246.

Carter, G. and W. A. Grant (1982) Amorphization of Solids by Ion Implantation, *Nucl. Instrum. Meth.* **199**, 17.

Coulter, C. A., and D. M. Parkin (1980) Damage Energy Functions in Polyatomic Materials, *J. Nucl. Mater.* **88**, 249.

Davies, J. A. (1983) Collision Cascades and Spike Effects, in *Surface Modification and Alloying by Laser, Ion, and Electron Beams*, J. M. Poate, G. Foti, and D. C. Jacobson, eds. (Plenum Press, New York), pp. 189-210.

Haines, E. L. and A. B. Whitehead (1966) Pulse Height Defect and Energy Dispersion in Semiconductor Detectors, *Rev. Sci. Instrum.* **37**, 190.

Kinchin, G. H. and R. S. Pease (1955) The displacement of Atoms in Solids by Radiation, *Rept. Prog. Phys.* **18**, 1.

Lindhard, J., V. Nielsen, M. Scharff, and P. V. Thomsen (1963) Integral Equations Governing Radiation Effects (Notes on Atomic Collisions, Ⅲ), *Mat. Fys. Medd. Dan Vid. Selsk.* **33**, no. 10.

Norgett, M. J., M. T. Robinson, and I. M. Torrens (1975) A Proposed Method of Calculating Displacement Dose Rates, *Nucl. Eng. Des.* **33**, 50.

Olander, D. R. (1976) *Fundamental Aspects of Nuclear Reactor Fuel Elements* (National Technical Information Service, Springfield, Virginia), chap. 17.

Parkin, D. M. (1989) The Displacement Cascade in Solids, in *Structure-Property Relationships in Surface-Modified Ceramics*, C. J. McHargue, R. Kossowsky, and W. O. Hofer, eds. (Kluwer Academic Publishers, Dordrecht), pp. 47-60.

Parkin, D. M., and C. A. Coulter (1981) Total and Net Displacement Functions for Polyatomic Materials, *J. Nucl. Mater.* **101**, 261.

Robinson, M. T. (1965) The Influence of the Scattering Law on the Radiation Damage Displacement Cascade, *Phil. Mag.* **12**, 741.

Robinson, M. T. (1970) The Energy Dependence of Neutron Radiation Damage in Solids,

in *Nuclear Fusion Reactors* (British Nuclear Energy Society, London), p. 364.
Robinson, M. T. and O. S. Oen (1982) On the Use of Thresholds in Damage Energy Calculations, *J. Nucl. Mater.* **110**, 147.
Rossi, F., D. M. Parkin, and M. Nastasi (1989) Fractal Geometry of Collision Cascades, *J. Mater. Res.* **14**, 137.
Seitz, F. (1949) On the Disordering of Solids by Action of Fast Massive Particles, *Discuss. Faraday Soc.* **5**, 271.
Seitz, F. and J. S. Koehler (1956) Displacement of Atoms During Irradiation, in *Solid State Physics*, F Seitz and D. Turnbull, eds. (Academic Press, New York), Vol. 2, p. 305.
Sigmund, P. (1969) A Note on Integral Equations of the Kinchin-Pease Type, *Radition Effects* **1**, 15.
Sigmund, P. (1972) Collision Theory of Displacement Damage, Ion Ranges, and Sputtering, *Rev. Roumaine Phys.* **17**, 823, 969 & 1079.
Sigmund, P. (1974) Energy Density and Time Constant of Heavy-Ion-Induced Elastic-Collision Spikes in Solids, *Appl. Phys. Lett.* **25**, 169.
Sigmund, P. (1975) Energy Loss of Charged Particles in Solids, in *Radiation Damage Processes in Materials*, C. H. S. Dupuy, ed. (Noordhoff, Leyden), pp. 3-117.
Sigmund, P. (1981) Sputtering by Ion Bombardment: Theoretical Concepts, in *Sputtering by Particle Bombardment I*, R. Behrisch, ed. (Springer-Verlag, Berlin), p. 9.
Swalin, R. A. (1976) *Thermodynamics of Solids* (John Wiley, New York).
Thompson, D. A. (1981) High Density Cascade Effects, *Radiation Effects* **56**, 105.
Vineyard, G. H. (1962), in *Radiation Damage in Solids,*. D. S. Billington, ed. (Academic Press, London), p. 189.
Vineyard, G. H. (1976) Thermal Spikes and Activated Processes, *Radiation Effects* **29**, 245.
Walker, R. S. and D. A. Thompson (1978) Computer Simulation of Ion Bombardment Collision Cascades, *Radiation Effects* **37**, 113.
Winterbon, K. B., P. Sigmund, and J. B. Sanders (1970) Spatial Distributions of Energy Deposited by Atomic Particles in Elastic Collisions, *Mat. Fys. Medd. Dan Vid. Selsk.* **37**, no. 14.

推 荐 阅 读

A Proposed Method of Calculating Displacement Dose Rates, M. J. Norget, M. T. Robinson, and I. M. Torrens, *Nucl. Eng. Des.* **33**, 50 (1975).
Atomic Displacement Processes in Ion-Irradiated Materials, R. S. Averback and M. A. Kirk, in *Surface Alloying by Ion, Electron, and Laser Beams*, L. E. Rhen, S. T. Picraux, and H. Wiedersich, eds. (American Society for Metals, Metals Park, 1987), p. 91.
Collision Cascades and Spike Effects, J. A. Davies, in *Surface Modification and Alloying by Laser, Ion, and Electron Beams*, J. M. Poate, G. Foti, and D. C. Jacobson, eds.

(Plenum Press, New York, 1983), pp. 189-210.
Defects and Radiation Damage in Metals, M. W. Thompson (Cambridge University Press, 1969).
Displacement of Atoms During Irradiation, F. Seitz and J. S. Koehler, in *Solid State Physics*, F. Seitz and D. Turnbull, eds. (Academic Press, New York, 1956), vol. 2, p. 305.
Energetic Displacement Cascades and Their Roles in Radiation Effects, Averback, R. S. and D. N. Seidman, in *Materials Science Forum* (Trans Tech Publications, Ltd, Switzerland, 1987), Vols. 15-18, pp. 963-84.
Energy Density and Time Constant of Heavy-Ion-Induced Elastic-Collision Spikes in Solids, P. Sigmund, *Appl. Phys. Lett.* **25**, 169 (1974).
Fundamental Aspects of Nuclear Reactor Fuel Elements, D. R. Olander (National Technical Information Service, Springfield, Virginia, 1976), chap. 17.
Integral Equations Governing Radiation Effects (Notes on Atomic Collisions, III), J. Lindhard, V. Nielsen, M. Scharff, and P. V. Thomsen, *Mat. Fys. Medd. Dan. Vid. Selsk.* **33**, no. 10 (1963).
Ion-Irradiation Studies of the Damage Function of Copper and Silver, R. S. Averback, R. Benedek and K. L. Merkle, *Phys. Rev.* **B18**, 4156 (1978).
Radiation Damage in Crystals, L. T. Chadderton (Methuen's Monographs on Physical Subjects, London, 1965).
The Displacement Cascade in Solids, D. M. Parkin, in *Structure-Property Relationships in Surface-Modified Ceramics*, C. J. McHargue, R. Kossowsky, and W. O. Hofer, eds. (Kluwer Academic Publishers, Dordrecht, 1989), pp. 47-60.

第 8 章　离子与固体相互作用模拟和辐照增强扩散

8.1　引　　言

在前面的章节中, 分析了离子与固体相互作用中的离子射程和辐照损伤. 在本章中, 将使用计算机模拟来描述载能离子在固体中的慢化和散射过程. 这里介绍两种类型的模拟方法：蒙特卡罗和分子动力学. 蒙特卡罗方法依赖于两体碰撞模型, 分子动力学方法解决了多个相互作用粒子之间的牛顿 (Newton) 力学问题. 埃克斯坦 (Eckstein) 对离子与固体相互作用的计算机模拟方法做了一个总结 (1991).

离子与固体相互作用产生的缺陷影响级联内外的动力学过程. 在长于级联寿命的时间后 ($t > 10^{-11}$ s), 剩余的空位–间隙原子对可以促进原子的扩散过程. 这个过程通常称为辐照增强扩散 (Radiation Enhanced Diffusion, 简称 RED), 可以通过速率方程和分析方法来描述. 在级联内部缺陷密度较高的情况下, 局部能量沉积超过 1 eV/atom, 其局部动力学过程可以通过类液体扩散的形式来描述.

8.2　蒙特卡罗模拟

应用于离子与固体相互作用的蒙特卡罗方法与基于输运理论的分析计算相比, 具有许多明显的优势, 例如，能更精确地处理弹性散射, 以及确定角度和能量分布. 正如蒙特卡罗这个名字的含义, 计算结果是对许多模拟粒子路径的平均.

多年来, 学术界已经发展了许多蒙特卡罗程序 (Eckstein, 1991), 其中, 离子在固体中的输运 (Transport of Ions in Matter, 简称 TRIM) 程序是在非晶材料的射程和损伤分布中最通用的 (Biersack et al., 1980; Ziegler et al., 1985). 而在马洛 (Marlowe) 程序中则包含了晶格的影响 (Robinson et al., 1974).

8.2.1 蒙特卡罗程序的一个例子, PIPER

不同蒙特卡罗程序的区别主要在于它们对于弹性散射的处理. 在此, 给出沃克和汤普森 (1978), 以及阿德西达 (Adesida) 和卡拉皮佩里斯 (Karapiperis)(1982) 在发展蒙特卡罗方法中使用的物理假设. 其中, 阿德西达和卡拉皮佩里斯在他们的蒙特卡罗程序 PIPER 中, 对于核阻止、电子阻止过程进行了处理和计算.

模拟散射过程中的基本假设包括:

(i) 非晶靶 (靶中的原子是随机分布的);

(ii) 入射离子和各个靶原子之间的相互作用是两体碰撞, 忽略近邻原子的影响;

(iii) 核能损和电子能损 (或核阻止本领和电子阻止本领) 可当作独立的过程来处理;

(iv) 核阻止基于林哈德等人给出的原子间势进行描述;

(v) 电子阻止在低速时基于林哈德和沙夫处理 (见式 (5.58a)、式 (5.58b) 和式 (5.59))、高速时基于贝特方程 (见式 (5.39a) 和式 (5.39b)) 进行描述;

(vi) 多组元材料靶中的每种原子对电子阻止的贡献正比于其密度.

8.2.2 核阻止

第 4 章展示了能量传递微分散射截面的一般形式 (见式 (4.61)):

$$\mathrm{d}\sigma = -\pi a_{\mathrm{TF}}^{2}\frac{\mathrm{d}t}{2t^{3/2}}f\left(t^{1/2}\right), \tag{8.1}$$

其中, t 为碰撞参数, 满足 (见式 (4.62))

$$t^{1/2} = \varepsilon\sin\left(\theta_{\mathrm{c}}/2\right), \tag{8.2}$$

其中, θ_{c} 是离子质心的散射角, ε 是式 (3.55) 中定义的约化能量, 即

$$\varepsilon = \frac{a_{\mathrm{TF}}M_2}{Z_1Z_2e^2\left(M_1+M_2\right)}E, \tag{8.3}$$

其中, a_{TF} 是 TF 屏蔽长度 (见式 (2.43)), 即

$$a_{\mathrm{TF}} = 0.88534a_0\left(Z_1^{1/2}+Z_2^{1/2}\right)^{-2/3}, \tag{8.4}$$

其中, $a_0 = 0.0529$ nm 是玻尔半径; 下角标 1 和 2 分别表示入射离子和靶原子, Z 和 M 表示原子序数和原子质量.

第 4 章也讨论了普适的 TF 散射函数 $f\left(t^{1/2}\right)$, 它可以表示为如下一般形式 (见式 (4.65)):

$$f\left(t^{1/2}\right) = \lambda t^{1/2-m}[1 + \left(2\lambda t^{1-m}\right)^q]^{-1/q}, \tag{8.5}$$

其中, λ, m 和 q 是表 4.2 中给出的不同形式 TF 散射函数的拟合参量.

8.2.3　电子阻止

在低能区, 使用基于林哈德和沙夫理论的连续慢化近似. 电子阻止截面可以用约化符号表示为

$$S_e(\varepsilon) = k\varepsilon^{1/2}, \tag{8.6}$$

其中, 比例系数 k 在式 (5.60) 中给出.

在离子速度满足 $v > v_0 Z_1^{2/3}$(其中, $v_0 = 2.2 \times 10^8$ cm/s 是玻尔速度) 的高能区, 基于贝特理论得到的电子阻止截面是较为准确的. 在不需要考虑相对论效应的情况下, 电子阻止截面可以表示为

$$S_B = \frac{8\pi Z_1^2 e^4}{I\varepsilon_B} \ln \varepsilon_B, \tag{8.7}$$

其中,

$$\varepsilon_B = \frac{2m_e v^2}{Z_2 I}, \tag{8.8}$$

这里, $Z_2 I$ 是平均电离势能, m_e 是电子的质量. 式 (8.7) 和式 (5.39a) 在形式上比较相似.

平均电离势能也称为平均激发能, 在图 5.6 中表示为 Z_2 的函数. 数据的解析式为 (Adesida et al., 1982)

$$I = \begin{cases} 12 + 7Z_2^{-1}, & Z_2 < 13, \\ 9.76 + 58.5Z_2^{-1.19}, & Z_2 \geqslant 13. \end{cases} \tag{8.9}$$

当离子速度接近 $v_0 Z_1^{2/3}$ 时, 电子阻止截面可表示为

$$S_e = \left[S_e^{-1}(E) + S_B^{-1}\right]^{-1}, \tag{8.10}$$

这是为了建立低能区和高能区之间的联系. 当靶由不止一种原子组成时, 假设每种原子对电子阻止的贡献正比于其密度, 例如, 对于化合物 A_xB_y, 其中, $x+y=1$, 则电子阻止截面为

$$S_{AB} = xS_A + yS_B, \tag{8.11}$$

其中, S_A 和 S_B 分别是 A 原子和 B 原子作为单一原子材料时的电子阻止截面.

8.2.4 计算过程

蒙特卡罗计算中的主要过程是确定碰撞之间的步长 λ_i、每次碰撞的核能损 ΔE_{n}^i、沿着步长 λ_i 的电子能损 $\lambda_i E$、每次碰撞后产生的新的运动方向 θ_i 和 ϕ_i, 其中, θ_i 是离子质心的散射角、ϕ_i 是散射方位角. 接下来的过程用于 PIPER (Adesida et al., 1982).

每次碰撞后的散射角 θ_i 可以通过

$$R_1 = \int_{t_{\min}}^{t} \mathrm{d}\sigma \bigg/ \int_{t_{\min}}^{t_{\max}} \mathrm{d}\sigma \tag{8.12}$$

确定, 其中, $\mathrm{d}\sigma$ 通过式 (8.1) 得到, t 通过式 (8.2) 给出, R_1 是归一化的随机数 $(0 < R_1 \leqslant 1)$. 最小散射角 $\theta_{\min}$ 与最小转移能量 $t_{\min}$ 有关, 并且可以通过设定式 (8.12) 中的分母 (也就是总散射截面) 等于 $N^{-2/3}$, 即

$$\sigma_{\mathrm{T}} = \int_{t_{\min}}^{t_{\max}} \mathrm{d}\sigma = N^{-2/3} \tag{8.13}$$

确定, 这里,

$$t_{\max}^{1/2} = \varepsilon \sin(\pi/2) = \varepsilon, \tag{8.14a}$$

$$t_{\min}^{1/2} = \varepsilon \sin(\theta_{\min}/2), \tag{8.14b}$$

其中, N 是原子密度. 对于一个给定的离子–靶组合, $\varepsilon(t_{\max})$, θ_i 和 $\theta_{\min}$ 会随着碰撞过程中离子能量的变化而变化. 给定一个随机数 R_1, 一旦计算出 $\theta_{\min}$, 则第 i 次碰撞后的散射角 θ_i 可以通过式 (8.12) 得出.

当碰撞时的离子能量 E_i 和散射角 θ_i 已知时, 核能损 ΔE_{n}^i 为

$$\Delta E_{\mathrm{n}}^i = \frac{4M_1M_2}{(M_1+M_2)^2} E_i \sin^2(\theta_i/2). \tag{8.15}$$

由式 (7.56) 可知, 碰撞之间的平均自由程 $\lambda = [N\sigma(E)]^{-1}$, 这里, $\sigma(E) = \sigma_{\mathrm{T}}$. 由式 (8.13) 得到的结果为 $\sigma_{\mathrm{T}} = N^{-2/3}$, λ_i 为第 i 次碰撞的平均自由程, 是一个常数, 可表示为

$$\lambda_i = N^{-1/3}. \tag{8.16}$$

电子能损 ΔE_{e}^i 通过 $N^{-1/3}$、步长和电子阻止截面的乘积给出.

对于多组元材料靶, 可以用随机数方法确定和离子碰撞的原子类型. 对于化合物 $A_{n-1}B$ 组成的多组元材料靶 (例如, $\mathrm{Pt_3Co}$, $n= 4$) 和随机数 $R_2(0 < R_2 \leqslant 1)$, 可以使用如下不等式:

$$R_2 < n^{-1}.$$

在模拟中, 真值表示 B 原子, 假值表示 A 原子.

除了固体中的核阻止和电子阻止外, 蒙特卡罗模拟也可以用来确定离子的射程和投影射程. 射程可以简单地由 λ_i 之和表示. 投影射程是每次碰撞时散射矢量的投影之和, 可表示为

$$R_{\mathrm{p}}^i = \lambda_i \sin\theta_{\mathrm{L}}^i \cos\phi_i, \tag{8.17}$$

其中, θ_{L}^i 是实验室系下的散射角, 满足

$$\cos\theta_{\mathrm{L}}^i = \frac{M_1 + M_2\cos\theta_i}{(M_1^2 + 2M_1M_2\cos\theta_i + M_2^2)^{1/2}}, \tag{8.18}$$

散射方位角 ϕ_i 为

$$\phi_i = 2\pi R_3, \tag{8.19}$$

这里, R_3 也是一个归一化的随机数.

蒙特卡罗模拟也可以用于计算在离子注入过程中产生的移位损伤. 在完整的分析中, 每个后续的碰撞原子都会被跟踪, 并计算每一个移位, 直到达到移位阈能 E_{d}. 在损伤计算中, 一个重要的简化是只考虑对于初级移位原子的能量传递, 并用 NRT 分析方法来计算损伤能量 (见式 (7.18)), 且反过来可以用式 (7.16) 计算每个 PKA 造成的平均移位数. 当考虑多组元材料靶时, 假设每个 PKA 是一个自原子反冲, 也可以利用 NRT 分析方法. 例如, 当考虑化合物 A_3B 组成的多组元材料靶时, 平均下来, A 原子的 PKAs 数量是 B 原子的三倍. 对于每个 A 原子的 PKAs, 假设其会反冲到 A 的单一原子材料靶中, 可计算损伤能量; 对于 B 原子, 也可以

利用类似的方法. 这个方法的合理解释是由参考文献 (Coulter et al., 1980) 给出的, 它表明自原子损伤效率类似于相应的二元化合物 (见 7.7 节).

在蒙特卡罗模拟的计算过程中, 每个离子的径迹会被一直跟踪模拟, 直到其能量达到与靶原子移位阈能同数量级的截断能量 (5—25 eV), 然后模拟新的径迹. 蒙特卡罗模拟的好处在于其可以多次模拟给定初始能量的入射离子, 从而得到平均能损、离子射程、投影射程和移位损伤.

例如, 使用阿德西达和卡拉皮佩里斯的蒙特卡罗程序模拟能量为 100 keV 的 B 入射到 Si 上的射程分布, 并与实验数据进行对比, 如图 8.1 所示. 在二次离子质谱分析技术的实验误差范围内, 两者符合得很好, 而且都表现出轻微的向右偏斜的特征. 图 8.1 中的虚线表示模拟得到的 B 入射到 Si 上的投影射程 R_p 和标准差 σ, 它们是入射离子能量的函数, 并将模拟结果和实验数据, 以及 TRIM 程序的计算结果进行了对比. 总体上, 简单的蒙特卡罗模拟结果和实验数据, 以及 TRIM 程序的计算结果符合得很好.

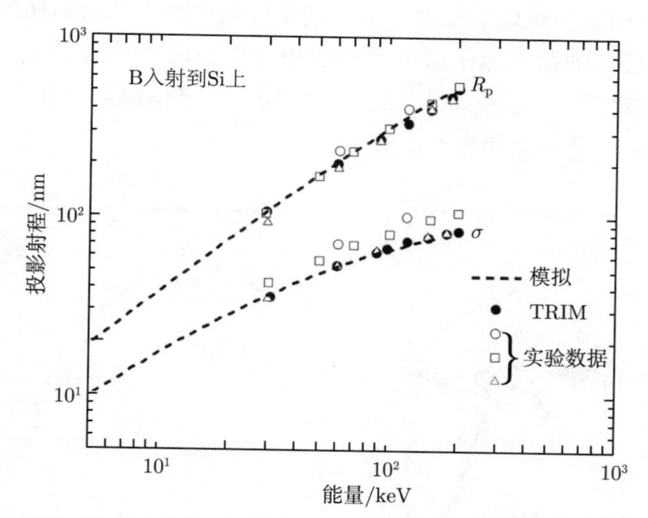

图 8.1 使用 PIPER 和 TRIM 程序得到的 B 入射到 Si 上的投影射程 R_p 和标准差 σ 的对比 (引自参考文献 (Adesida et al., 1982))

8.2.5 TRIM 程序的一个例子

TRIM 程序是齐格勒等人为了确定离子射程、损伤分布, 以及背散射和透射离子的角分布和能量分布而发展起来的 (1985). 这个程序在保持精度的同时提供了很高的计算效率.

TRIM 程序给出了初始碰撞和反冲事件中能量的沉积. 图 8.2(a) 展示了一个能量为 600 keV 的 Kr(M = 84 amu) 离子入射到 NiAl 上的径迹 (虚线), 以及晶格原子反冲产生的次级级联碰撞沿着 Kr 离子的径迹分布. 随后的离子辐照将导致离子径迹重叠, 并发展成一个更加均匀的次级级联损伤分布.

图 8.2(b) 也给出了沿着离子径迹的单位距离上每个离子产生的总移位数. 这是模拟了 7573 个离子后的统计平均结果. Kr 离子的平均射程是 272 nm, 移位分布的峰值出现在稍浅的位置, 大约为 180 nm 处. 对曲线下面积的积分给出一个入射离子导致的总移位数. 当碰撞能量足够高时, 可以使靶原子运动到远离它的晶格位点, 而非与空位发生自发的非热复合. 当损伤区域发生重叠时, 点缺陷的复合也会在后续的辐照中发生. 后者在 TRIM 程序计算中通常不考虑. 因此图 8.2(b) 中显示了发生移位的晶格原子的数量, 但没有考虑它们的最终停留位置. 所以发生移位并停留在晶格中的实际原子数目会小于计算值. 每个原子的移位数, 即 dpa, 通常被用来相对地度量给定离子剂量后靶中产生晶格损伤的程度, 其数值代表经历一次移位的晶格原子所占比例的统计平均值. 例如, 如果对于一个给定的离子剂量计算出的 dpa 是 0.1, 那么平均 10%的晶格原子会在辐照过程中发生移位. 对于 dpa 的分析描述见 7.6 节.

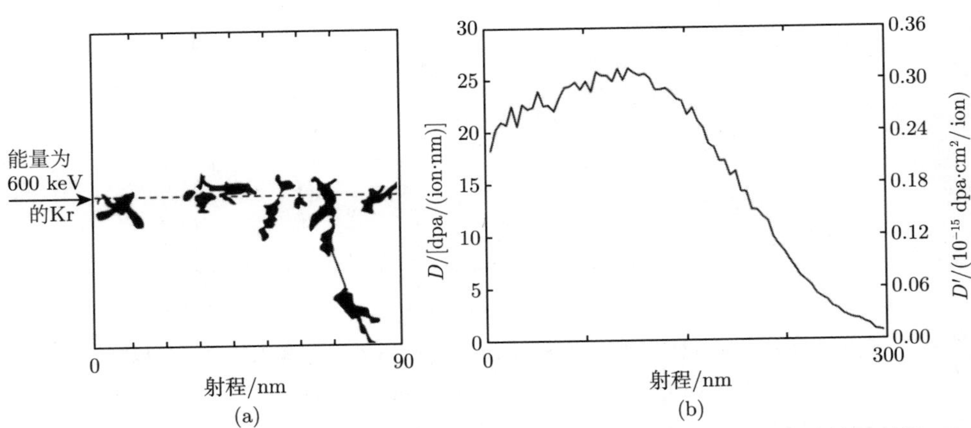

图 8.2　能量为 600 keV 的 Kr 离子 (7573 个) 入射到 NiAl 上的 TRIM 程序计算结果, Kr 离子的平均射程为 272 nm. (a) 沿着离子径迹的前 90 nm 的次级级联碰撞 (阴影部分), (b) 左侧纵坐标轴是单位距离上每个离子产生的总移位数 D, 右侧纵坐标轴是单位剂量离子产生的总移位数 D'

在图 8.2(b) 中, 左侧纵坐标轴 D 是入射的每个 Kr 离子在单位距离上在等原子比合金 NiAl 中产生的 dpa. 对于能量为 600 keV 的 Kr 离子辐照, 在 NiAl 表面的单位距离上每个离子大约会造成 10 个原子移位. 这个值会被转换成单位剂量离子产生的总移位数, 此即右侧纵坐标轴 D'. 假设 NiAl 的原子密度 $N = 8.37 \times 10^{22}$ atoms/cm^3. 例如, 对于 10^{14} atoms/cm^2 的辐照, 在 NiAl 表面产生的总移位数是 0.12. 转化关系为

$$\text{dpa} = D\frac{\text{dose}}{N}, \tag{8.20}$$

其中, dose(剂量) 的单位是 ions/cm^2. dpa 是无量纲的, 且有

$$D' = \frac{10^8 D}{N},$$

其中, N 是原子密度.

在第 7 章中曾指出, 一个入射离子产生所有移位所需要的时间很短, 大约为 10^{-13} s. 这个时间反映了级联演化过程中移位阶段的寿命. 紧接着是几个 ps 的晶格加热过程, 然后以 10^{10}—10^{12} K/s 的速度淬火至环境温度. 这个淬火过程没有被蒙特卡罗程序模拟, 该程序仅跟踪离子到能量接近移位阈能 E_d. 要想考察接近平衡时的固体状况, 例如, 原子能量满足 $k_\text{B}T \cong 0.025$ eV, 需要利用分子动力学模拟.

8.3 分子动力学模拟

分子动力学模拟可以跟踪在级联内当原子经过大约 10 ps 的时间恢复到热平衡时, 其时间和空间的演化. 通过使用分子动力学模拟, 可以跟踪物理和化学作用对最终级联状态的影响.

碰撞事件是由一个给定能量的原子引起的, 这个原子就是初级移位原子. 进行分子动力学模拟的主要需求是找到合适的相互作用势, 由此来描述级联内原子之间的相互作用力. 早期的分子动力学模拟使用对势模型, 该模型并不能给出一个对于结合性质的合理描述. 后来的工作使用了嵌入原子势, 可以得到键合的半经验模型. 关于分子动力学模拟的一般性讨论可参见参考文献 (Haile, 1992), 关于在离子与固体相互作用中使用分子动力学模拟的详细总结可参见参考文献 (Diaz de la Rubia et al., 1992; Eckstein, 1991). 关于嵌入原子势的详细讨论可参见参考文献 (Voter, 1993).

分子动力学模拟已经被用来解决很多种级联现象, 包括缺陷演化、复合动力学、类液体核效应和最终缺陷状态.

因为时间尺度太小, 所以级联随时间的真实演化过程还没有被实验测量到. 然而, 通过分子动力学模拟可以得到对这个过程的描述. 在吉南 (Guinan) 和金尼 (Kinney)(1981) 的早期分子动力学模拟中, 第一次观测到在级联寿命期中存在三个截然不同的缺陷演化阶段. 图 8.3 显示了在 W 中对于能量为 2.5 keV(实线) 和 600 eV(虚线) 的自离子级联的三个阶段. 第一个阶段是级联的碰撞阶段, 持续十分之几皮秒. 这个阶段的寿命反映了所有反冲原子都停下来, 且失去继续产生移位能力所需要的时间. 第二个阶段大约持续半个皮秒, 在碰撞过程中产生的高缺陷群体发生弛豫. 在这个阶段, 距离较近且不稳定的弗仑克尔对之间自发地发生非热复合, 使得缺陷减少到它们初始数目的约 64%. 第三个阶段大约持续几个皮秒, 在这个阶段, 高度无序和具有能量的级联体积通过淬火过程与周围晶格达到热平衡.

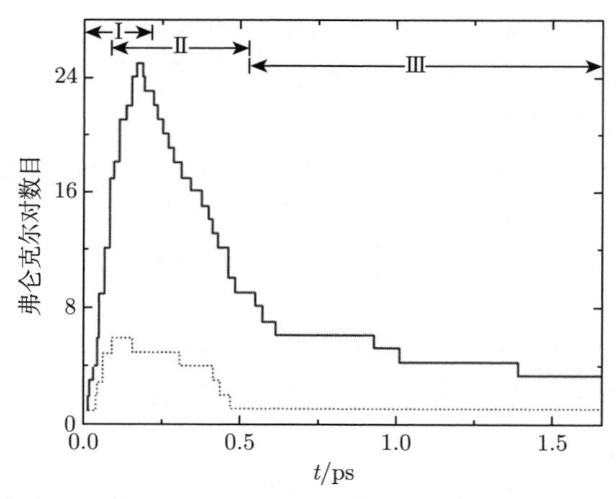

图 8.3　在 W 中弗仑克尔对数目与时间之间的关系表明级联可分为三个阶段: (Ⅰ) 碰撞, (Ⅱ) 弛豫, (Ⅲ) 热峰. 实线代表能量为 2.5 keV 的自离子级联, 虚线代表能量为 600 eV 的自离子级联 (引自参考文献 (Guinan et al., 1981))

此后, 研究者利用分子动力学模拟检测级联碰撞的无序和热性质. 图 8.4 展示了 Ni 中能量为 5 keV 的自离子级联的原子结构的时间演化过程 (Diaz de la Rubia et al., 1989). 原子结构的投影取自具有单位晶胞一半 ($a_0/2$) 厚度的原子层. 图 8.5 展示了级联演化的两个阶段中 Ni 的径向对分布函数 $g(r)$. 在级联早期, $g(r)$ 的特征是相对较宽且分散的, 意味着存在一种类似液体的无序结构. 几个皮秒之后, 一个分立且尖锐的扩散峰出现, 表明高度无序化的级联碰撞核已经转变成了初始的平衡晶体形式.

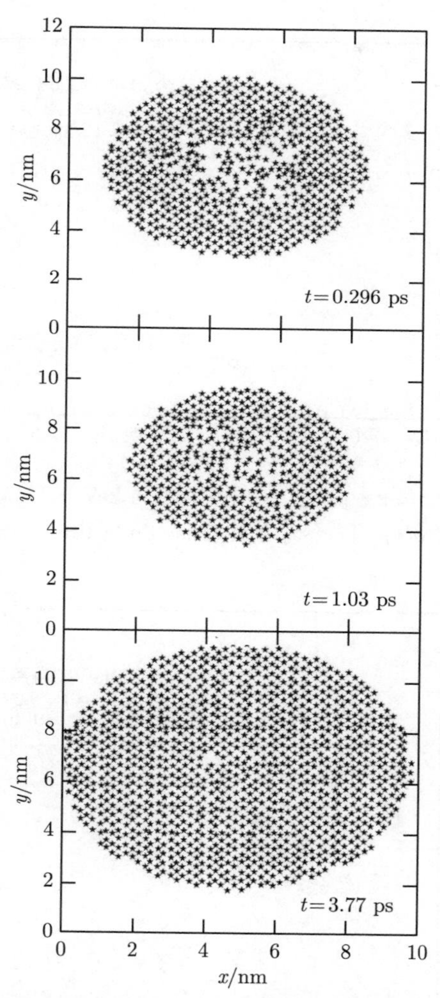

图 8.4　在不同时间内, Ni 中接近能量为 5 keV 的自离子级联中心, 具有 $a_0/2$ 厚度的原子层内的瞬时原子结构的 (100) 方向的投影 (引自参考文献 (Diaz de la Rubia et al., 1989))

研究者已经利用分子动力学模拟研究了金属中级联的热学和动力学过程

(Diaz de la Rubia et al., 1989). 图 8.6 展示了 Ni 中能量为 5 keV 的自离子级联的时间–温度分布随其到中心的距离 R 变化的函数. 该分布表明, 在级联发生的几个皮秒内, 其中心保持或高于材料的熔点 T_m. 材料保持在 T_m 附近的时间取决于被

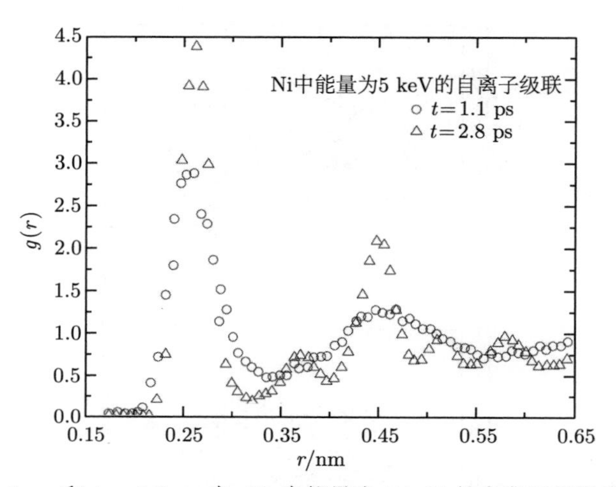

图 8.5　在 $t = 1.1$ ps 和 $t = 2.8$ ps 内, Ni 中能量为 5 keV 的自离子级联的无序区域的径向对分布函数 $g(r)$(引自参考文献 (Diaz de la Rubia et al., 1989))

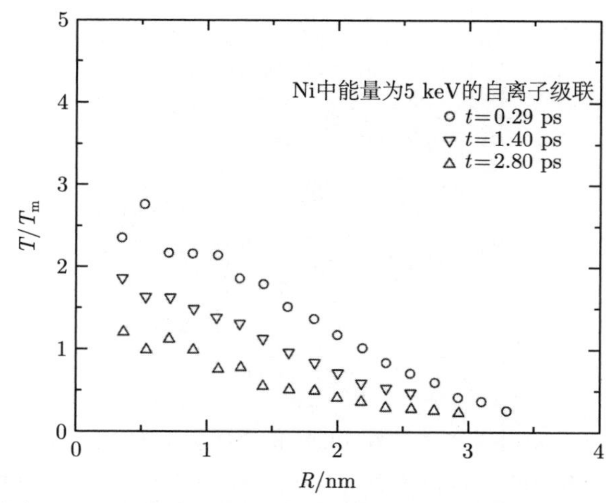

图 8.6　Ni 中能量为 5 keV 的自离子级联在三个瞬间的约化级联温度 T/T_m (引自参考文献 (Diaz de la Rubia et al., 1989))

辐照金属或合金的熔点. 熔点越高, 保持时间越短. 在图 8.7 中, 可以看到这种现象对于级联扩散的影响. Ni 和 Cu 中级联扩散的差异主要是因为二者的熔点不同, 以及 Cu 中的级联在 T_{m} 温度之上保持的时间更长. 这些结果表明, 具有较低熔点和结合能的材料更利于级联的动力学恢复.

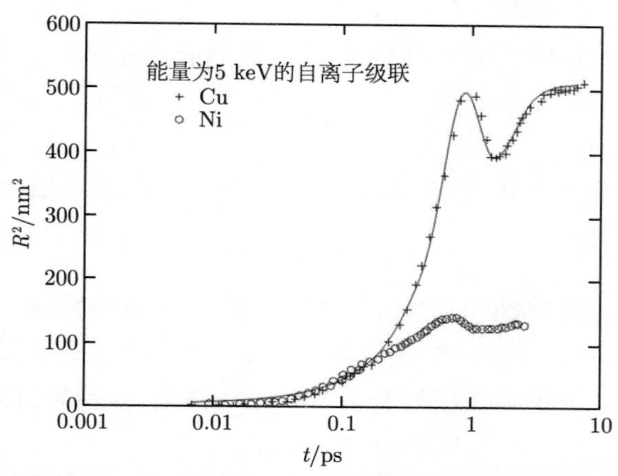

图 8.7 Cu 和 Ni 中能量为 5 keV 的自离子级联的原子移位的平方与时间之间的关系 (引自参考文献 (Diaz de la Rubia et al., 1989))

8.4 辐照增强扩散

在第 7 章和前面的模拟部分中, 发现离子辐照对于形成空位–间隙原子对非常有效. 载能反冲原子产生的原子移位可以在很小的区域内高度集中, 其中的缺陷浓度远超过平衡值. 如果缺陷在一个它们可以运动的温度下产生, 并且可以部分退火, 那么缺陷的产生速率和湮灭速率的平衡会导致一个具有过量浓度缺陷的稳态. 由于原子扩散系数与缺陷浓度成正比, 因此过量浓度的缺陷会增强扩散过程 (Adda et al., 1975; Russell, 1984; Sizmann, 1978).

8.4.1 扩散

在大多数金属和固溶体合金中, 原子迁移通常通过原子与近邻空位之间的交换发生. 对于这样的扩散过程, 原子扩散系数为 (Shewmon, 1963)

$$D = \Gamma d^2/6, \tag{8.21}$$

其中, Γ 是非关联跳跃的原子跳跃频率, d 是原子跳跃距离. 对于空位驱动的扩散, Γ 可表示为

$$\Gamma = f_{\mathrm{v}} C_{\mathrm{v}} \Gamma_{\mathrm{v}}, \tag{8.22}$$

其中, C_{v} 是空位浓度; Γ_{v} 是空位跳跃频率, 它正比于 $\exp[-E_{\mathrm{m}}^{\mathrm{v}}/(k_{\mathrm{B}}T)]$, 这里, $E_{\mathrm{m}}^{\mathrm{v}}$ 是空位迁移能; f_{v} 是关联因子.

空位扩散系数可以用类似于原子扩散系数的形式表示为

$$D_{\mathrm{v}} = \Gamma_{\mathrm{v}} d^2/6. \tag{8.23}$$

将式 (8.23) 和式 (8.22) 代入式 (8.21), 可以得到原子扩散系数为

$$D = f_{\mathrm{v}} C_{\mathrm{v}} D_{\mathrm{v}}. \tag{8.24}$$

由式 (8.24) 可知, 空位浓度的增大将直接导致原子扩散的增强.

除了空位驱动的扩散外, 对于一些在平衡情形下不存在的其他点缺陷, 例如, 间隙原子、双空位的形成和扩散, 以及其他聚集缺陷, 也会导致辐照增强扩散. 原子扩散系数的一般表达式可以用不同的点缺陷写成

$$D = f_{\mathrm{v}} D_{\mathrm{v}} C_{\mathrm{v}} + f_{\mathrm{i}} D_{\mathrm{i}} C_{\mathrm{i}} + f_{2\mathrm{v}} D_{2\mathrm{v}} C_{2\mathrm{v}} + \cdots, \tag{8.25}$$

其中, C_{i} 和 $C_{2\mathrm{v}}$ 分别是间隙原子和双空位的浓度, D_{i} 和 $D_{2\mathrm{v}}$ 是其对应的扩散系数. 由式 (8.25) 可知, 辐照导致的空位、间隙原子、双空位浓度的增大会导致原子扩散系数的相应增大.

8.4.2　辐照增强扩散

在讨论辐照增强扩散时, 假设空位和间隙原子是辐照过程中产生的主要点缺陷, 而空位和间隙原子的浓度则由它们的产生速率和它们通过复合或被势阱 (例如, 位错或晶界) 捕获的速率 (湮灭速率) 确定. 描述缺陷产生速率和湮灭速率之间平衡的方程为 (Russell, 1984)

$$\frac{\mathrm{d}C_{\mathrm{v}}}{\mathrm{d}t} = K_{\mathrm{d}} + K_{\mathrm{Th}} - D_{\mathrm{v}} C_{\mathrm{v}} k_{\mathrm{v}}^2 - \alpha C_{\mathrm{i}} C_{\mathrm{v}}, \tag{8.26a}$$

$$\frac{\mathrm{d}C_{\mathrm{i}}}{\mathrm{d}t} = K_{\mathrm{d}} - D_{\mathrm{i}} C_{\mathrm{i}} k_{\mathrm{i}}^2 - \alpha C_{\mathrm{i}} C_{\mathrm{v}}, \tag{8.26b}$$

其中, K_{d} 是原子移位速率 (即 dpa 产生速率), K_{Th} 是热空位产生速率, $\alpha \cong 4\pi(D_{\mathrm{i}} + D_{\mathrm{v}})/d^2$ 是空位–间隙原子复合系数 (这里, d 为原子跳跃距离), k_{v}^2 是对于

空位的固定势阱强度, k_{i}^2 是对于间隙原子的固定势阱强度. 假定位错和空洞是对于点缺陷仅有的势阱, 则固定势阱强度可以定义为

$$k_{\mathrm{v}}^2 = 4\pi\bar{r}_{\mathrm{c}}\rho_{\mathrm{c}} + Z_{\mathrm{v}}\rho_{\mathrm{d}}, \tag{8.27a}$$

$$k_{\mathrm{i}}^2 = 4\pi\bar{r}_{\mathrm{c}}\rho_{\mathrm{c}} + Z_{\mathrm{i}}\rho_{\mathrm{d}}, \tag{8.27b}$$

其中, ρ_{c} 是空洞密度 (单位为 number/cm^3), $\bar{r}_{\mathrm{c}}$ 是平均空洞半径, ρ_{d} 是位错线密度 (单位为 cm/cm^3), Z_{i} 和 Z_{v} 分别是对于间隙原子和空位的位错势阱强度. $Z_{\mathrm{i}}/Z_{\mathrm{v}}$ 值被认为是在 1.02 和 1.4 之间.

对于稳态, 有 $\mathrm{d}C_{\mathrm{v}}/\mathrm{d}t = \mathrm{d}C_{\mathrm{i}}/\mathrm{d}t = 0$, 式 (8.26a) 和式 (8.26b) 的解为

$$C_{\mathrm{i}} = \frac{D_{\mathrm{v}}k_{\mathrm{v}}^2}{2\alpha}\left[-1-\mu+\sqrt{(1+\mu)^2+\eta}\right], \tag{8.28a}$$

$$C_{\mathrm{v}} = \frac{D_{\mathrm{i}}k_{\mathrm{i}}^2}{2\alpha}\left[-1+\mu+\sqrt{(1+\mu)^2+\eta}\right], \tag{8.28b}$$

其中, $\eta = 4\alpha K_{\mathrm{d}}/(D_{\mathrm{i}}D_{\mathrm{v}}k_{\mathrm{i}}^2k_{\mathrm{v}}^2)$, $\mu = K_{\mathrm{Th}}\eta/(4K_{\mathrm{d}})$.

稳态的缺陷浓度 (见式 (8.28)) 可以用三个不同温度区域的简单表达式近似描述. 在较高温度 ($T \geqslant 0.6T_{\mathrm{m}}$) 时, 缺陷的迁移率很高, 导致辐照产生的缺陷很快消失; 热空位产生速率大于辐照产生的原子移位速率, 也就是 $K_{\mathrm{Th}} > K_{\mathrm{d}}$. 此时, 扩散系数不受辐照影响, 且激发能为空位形成能和空位迁移能之和, 即 $E_{\mathrm{f}}^{\mathrm{v}} + E_{\mathrm{m}}^{\mathrm{v}}$.

在中等温度时, $K_{\mathrm{Th}} < K_{\mathrm{d}}$, 辐照产生的空位和间隙原子开始主导扩散过程 (即 η 主导 μ 和 μ^2). 如果固定势阱的密度不是非常低, 则缺陷湮灭的主导机制将是固定势阱决定的. 在这种情形下, 缺陷浓度可以近似为

$$C_{\mathrm{v}} = \frac{K_{\mathrm{d}}}{D_{\mathrm{v}}k_{\mathrm{v}}^2}, \tag{8.29a}$$

$$C_{\mathrm{i}} = \frac{K_{\mathrm{d}}}{D_{\mathrm{i}}k_{\mathrm{i}}^2}. \tag{8.29b}$$

固定势阱主要是位错网络, 如果开始时没有位错, 则位错网络就是从辐照产生的间隙原子位错环中生长形成的. 假定对于间隙原子和空位的固定势阱强度相同, 则 $D_{\mathrm{i}} \gg D_{\mathrm{v}}$, 原子扩散系数可以表示为

$$D \cong K_{\mathrm{d}}\frac{k_{\mathrm{i}}^2 + k_{\mathrm{v}}^2}{k_{\mathrm{i}}^2k_{\mathrm{v}}^2} \cong \frac{2K_{\mathrm{d}}}{k_{\mathrm{i}}^2}. \tag{8.30}$$

由式 (8.30) 可知, 原子扩散系数与温度无关, 与原子移位速率线性相关, 与对于空位和间隙原子的固定势阱强度成反比.

在更低温度 ($T \cong 0.25T_{\mathrm{m}}$) 和低固定势阱密度时, 辐照产生的缺陷浓度足够高, 相比于扩散到固定势阱, 空位和间隙原子的复合起主导作用. 在这种情形下, 设定 K_{Th} 和被势阱捕获的缺陷为零, 则缺陷浓度可以近似为

$$C_{\mathrm{v}} = \sqrt{\frac{K_{\mathrm{d}} D_{\mathrm{i}}}{\alpha D_{\mathrm{v}}}}, \tag{8.31a}$$

$$C_{\mathrm{i}} = \sqrt{\frac{K_{\mathrm{d}} D_{\mathrm{v}}}{\alpha D_{\mathrm{i}}}}. \tag{8.31b}$$

由式 (8.31) 可知, 在这种情形下, 速率方程可以简化为

$$D_{\mathrm{i}} C_{\mathrm{i}} \cong D_{\mathrm{v}} C_{\mathrm{v}} \cong \sqrt{\frac{D_{\mathrm{i}} D_{\mathrm{v}} K_{\mathrm{d}}}{\alpha}}, \tag{8.32}$$

其中, α 为复合系数, 描述了距离为 d 的空位–间隙原子对的湮灭速率. 这个湮灭速率依赖于移动最快的缺陷, 通常是间隙原子, 表明 $D_{\mathrm{i}} \gg D_{\mathrm{v}}$. 在这种情形下, $\alpha \cong D_{\mathrm{i}}/d^2$, 由此可得

$$D_{\mathrm{i}} C_{\mathrm{i}} \cong \sqrt{d^2 D_{\mathrm{v}} K_{\mathrm{d}}}.$$

因此辐照增强的原子扩散系数可以表示为

$$D = D_{\mathrm{i}} C_{\mathrm{i}} + D_{\mathrm{v}} C_{\mathrm{v}} \cong d^2 \sqrt{\Gamma_{\mathrm{v}} K_{\mathrm{d}}}. \tag{8.33}$$

若设定 $\Gamma \propto \exp[-E_{\mathrm{m}}^{\mathrm{v}}/(k_{\mathrm{B}}T)]$, 并对式 (8.33) 等号两边同时求对数, 可以得到这种扩散的激活能为 $E_{\mathrm{m}}^{\mathrm{v}}/2$.

图 8.8 显示了对应以上三个温度区域, 在三个不同原子移位速率 (K_{d}) 下的原子扩散系数. 从图 8.8 可以看出增大原子移位速率所带来的影响. 曲线随 K_{d} 的变化是由于更高的原子移位速率导致产生缺陷的浓度更大, 因此扩散增强导致的. 而较低温度 (直接复合) 和中等温度 (固定势阱) 区域, 原子扩散系数随原子移位速率的增大而增大, 并在更高温度下进入上面讨论的缺陷浓度变化的高温区域.

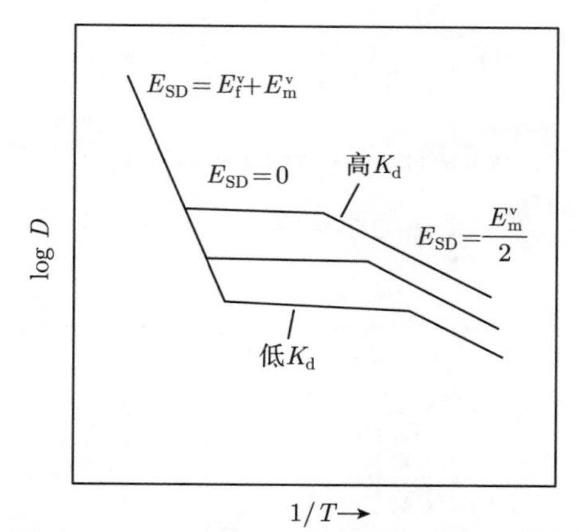

图 8.8 辐照条件下金属中的原子扩散系数与温度及原子移位速率之间的关系, 图中给出了三个温度区域, 并显示了原子移位速率 K_d 带来的影响, 其中, E_{SD} 为激活能 (引自参考文献 (Russell, 1984))

8.5 热峰中的扩散

在高密度级联内, 传递给级联内部每个原子的总能量都会大于 1 eV. 如果载能原子的运动用具有平均能量 k_BT 的热运动来描述的话, 则平均温度会超过数千 K. 由于这种高温特性, 常用 "热峰" 一词来表示这种具有高密度移位原子的级联.

阿韦尔巴克等人使用分子动力学模拟, 发现离子级联碰撞中具有类液体的性质 (Hsieh et al., 1989). 图 8.9 显示了通过分子动力学模拟得到的 Cu 中能量为 3 keV 的级联移位内的温度和自扩散数据. 其中, 温度数据 (见图 8.9(a)) 表明级联温度已经超过材料的熔点. 图 8.9(b) 中的数据表明, 当级联温度超过材料的熔点时, 自扩散系数接近 5×10^{-5} cm^2/ s, 类似于液体中自扩散系数的观测值. 基于这些数据, 以及雷恩 (Rehn) 和冈守 (Okamoto)(1989) 的计算, 需要从热峰和液体扩散的角度来考察离子与固体相互作用.

金属在液相时的扩散系数是固相时的 100—1000 倍. 大部分金属在刚刚超过其自身的熔点时, 扩散系数约为 10^{-5}—10^{-4} cm^2/s, 激活能为零点几 eV(Iida et al., 1988). 研究者利用恩斯库格 (Enskog) 动力学扩散模型研究离子束混合和液体相互扩散的问题 (Nastasi et al., 1994). 使用这种方法, 可以把二元液相体系中的互扩散系数表示为

$$D_{\text{liq}} = D_{\text{kin}}\left(1 - \frac{2\Delta H_{\text{mix}}^{\text{L}}}{k_{\text{B}}T}\right), \tag{8.34}$$

其中, D_{kin} 是分子动力学修正后的恩斯库格动力学扩散系数, $\Delta H_{\text{mix}}^{\text{L}}$ 是组分相关的液相混合焓, $1 - \dfrac{2\Delta H_{\text{mix}}^{\text{L}}}{k_{\text{B}}T}$ 是热力学因子.

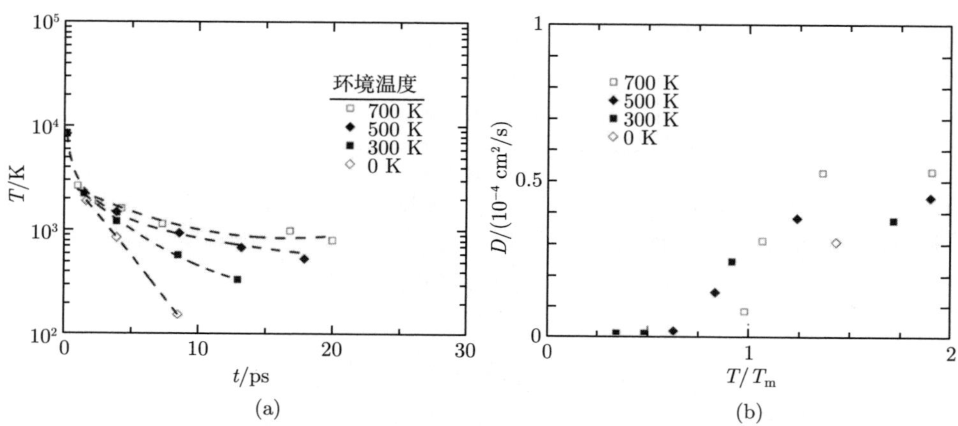

图 8.9　通过分子动力学模拟得到的 Cu 中能量为 3 keV 的级联移位内的温度和自扩散数据. (a) 温度数据表明级联具有超过材料熔点的热峰效应, (b) 当级联温度超过材料的熔点时, 自扩散系数接近 $5 \times 10^{-5}\ \text{cm}^2/\text{s}$, 这与液体中自扩散系数的观测值很接近 (引自参考文献 (Hsieh et al., 1989))

对于二元刚球稠密液体, 恩斯库格动力学扩散系数为

$$D_{\text{E}} = \frac{3}{8n\sigma_{12}^2 g_{12}(\sigma_{12})}\left(k_{\text{B}}T\frac{m_1+m_2}{2\pi m_1 m_2}\right)^{1/2}, \tag{8.35}$$

其中, m_i 是组分 i 的原子质量, 可表示为 $m_i = AW_i/N_{\text{A}}$, 这里, N_{A} 是阿伏伽德罗常数, AW_i 是组分 i 的原子量; n 是液体的粒子密度, 且 $n = n_1 + n_2$, 这里, n_i 是组分 i 的原子密度, $n_i = m_i\rho_i(T)/x_i$, 且 $\rho_i(T)$ 是组分 i 的与温度相关的密度; σ_{12} 是两个不同分子或原子接触时其中心之间的距离, 且 $\sigma_{12} = (\sigma_1 + \sigma_2)/2$, 这里, σ_i 是组分 i 的刚球直径. 普罗托帕帕斯 (Protopapas) 和帕利 (Parlee)(1976) 给出了液态金属的 σ_i, 即

$$\sigma_i = 1.288\,(AW_i/\rho_{\text{m}})^{1/3}\left[1 - 0.112\,(T/T_{\text{m}})^{1/2}\right], \tag{8.36}$$

其中, ρ_m 是组分 i 在熔点 T_m 时的密度. 式 (8.35) 中的 $g_{12}(\sigma_{12})$ 是不同刚球在接触时的对关联函数 (Czworniak et al., 1975).

如本部分开头所讨论的, 恩斯库格方程仅仅是近似结果, 因此必须进行修正以补偿刚球流体中的关联运动. 修正后的恩斯库格动力学扩散系数为

$$D_{\mathrm{kin}} = D_{\mathrm{E}}C\left(\eta, m_1/m_2, \sigma_1/\sigma_2, x_1\right), \tag{8.37}$$

其中, C 是由分子动力学模拟得到的修正因子, η 是敛集率, 定义为 $\eta = \pi n(x_1\sigma_1^3 + x_2\sigma_2^3)/6$.

对于自扩散, C 是 η 的函数, 且已通过分子动力学模拟确定 (Alder et al., 1970). 表 8.1 显示了通过修正后的恩斯库格刚球方程得到的液相激活能和实验测定值的对比, 从数据中可以看出, 实验和计算结果符合得很好. 奥尔德 (Alder) 等人 (1974) 发现, 对于二元液体混合物, 修正因子 C 是质量比、体积比和敛集率的函数. 在纳斯塔西和迈耶 (Mayer) 的工作 (1994) 中, 假定了一个恒压状态, 对奇沃尼亚克 (Czworniak) 等人 (1975) 报道的二元修正数据进行了分析拟合.

表 8.1　元素的液相激活能

元素	Q_{calc}/(eV/atom)	Q_{exp}/(eV/atom)
Cu	0.45	0.42
Fe	0.60	0.53, 0.68
Ag	0.35	0.33, 0.35
Zn	0.19	0.22, 0.24
Pb		0.19, 0.26
Sn	0.27	0.07, 0.12, 0.16, 0.20
In		0.11
Si	0.58	-
Ni	0.61	-
Zr	0.61	-
Al	0.39	-
Au	0.39	-
Co	0.61	-
Cr	0.71	-
Nb	0.79	-

注: Q_{exp} 数据引自参考文献 (Brandes, 1983; Iida et al., 1988).

图 8.10 中给出了等比例混合 Ni–Si 体系的液体互扩散系数. 数据是基于米德马 (Miedema)(de Boer et al., 1989) 的液相混合焓 (−23 kJ/mol) 计算的, 并与 $\Delta H_{\mathrm{mix}} = 0$ 的情况进行了对比. 图中的激活能是通过对扩散系数的阿雷纽斯

(Arrhenius) 拟合得到的. 数据的对比表明, 相对于零混合焓的计算数据, 负混合焓提高了温度相关的扩散且降低了激活能.

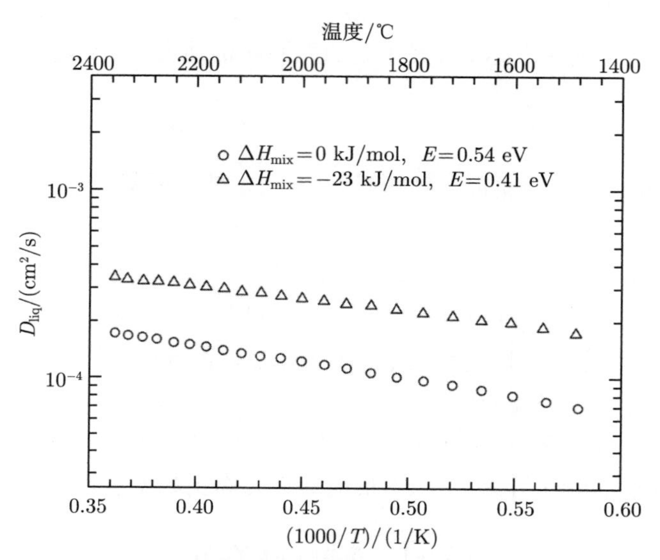

图 8.10　等比例混合 Ni-Si 体系的液体互扩散系数的计算结果. 这些数据是使用米德马 (de Boer et al., 1989) 的大小为 -23 kJ/mol 的液相混合焓计算得出的, 并与 $\Delta H_{\rm mix}=0$ 的情况进行了对比. 图中的激活能是通过对扩散系数的阿雷纽斯拟合得到的. 数据显示, 与混合焓为零时的计算数据相比, 负混合焓提高了温度相关的扩散且降低了激活能

通过把塞茨–克勒 (Koehler) 近似 (1956) 应用到圆柱体热峰模型中 (Vineyard, 1976), 可以将热峰寿命的影响引入离子束混合的液相扩散过程中. 在这个近似中, 假设热峰的温度曲线从原点沿圆柱的半径是平的, 此处实际温度下降到原来的 e^{-1}, 别处都等于 T_0. 对于圆柱体热峰模型, 这个近似简化了随时间变化的温度, 即

$$T(t) \cong \frac{F_{\rm D}}{4\pi\kappa T} + T_0, \quad 当 r \leqslant \left(\frac{4\kappa t}{C_V}\right)^{1/2} 时, \tag{8.38}$$

$$T(t) \cong T_0, \quad 当 r > \left(\frac{4\kappa t}{C_V}\right)^{1/2} 时, \tag{8.39}$$

其中, t 是时间, r 是圆柱体的半径, $F_{\rm D}$ 是混合离子在单位长度上沉积的能量, C_V 是等体热容, κ 是晶体的热导率, T_0 是被辐照样品的衬底温度. 热峰中的混合量

Dt 可由下式计算:

$$Dt = \int_{t_a}^{t_b} D_{\text{liq}} \text{d}t, \tag{8.40}$$

其中, D_{liq} 由式 (8.34) 定义. 图 8.11(a) 显示了计算得到的 Ni–Si 的离子束混合曲线. 这些数据是通过将式 (8.40) 应用到一定范围的衬底温度 T_0 和热峰温度 ΔT_s①时得到的.

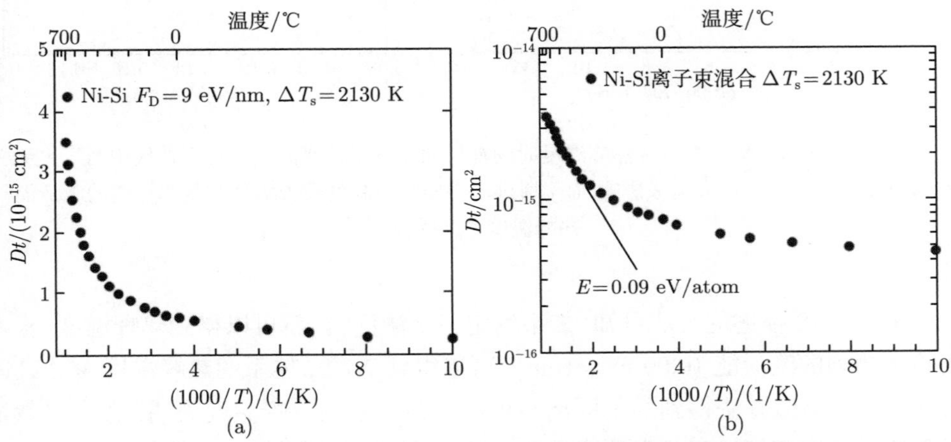

图 8.11 (a) 用式 (8.40) 计算得到的 Ni–Si 的离子束混合曲线, 热峰温度为 2130 K; (b) 以 $\exp[-E/(k_B T)]$ 的形式拟合温度相关区域的数据, 可以得到有效激活能 E. 2130 K 的热峰温度对应于混合曲线上的激活能为 0.09 eV/atom 的情形, 这个值与实验观测值一致

如图 8.12(a) 所示, 计算中使用的热峰温度对混合曲线中与温度无关和与温度相关的部分都会造成影响: 在温度无关部分, 混合 (量) 与热峰温度成比例; 在温度相关部分, 混合曲线的斜率随着热峰温度的升高而降低. 混合曲线的斜率与有效激活能成正比, 后者的趋势表明激活能随着热峰温度的升高而降低. 图 8.12(b) 给出通过混合曲线中温度相关部分的斜率导出的激活能与热峰温度之间的关系. 这些数据证实了 E 和 ΔT_s 之间的相关性, 而且相关性是平滑变化且非线性的.

① 我们将热峰温度 ΔT_s 定义为离子沉积能量产生的温度. 材料在热峰区域的总温度是衬底温度 T_0 和热峰温度 ΔT_s 的总和, 即 $T_t = T_0 + \Delta T_s$.

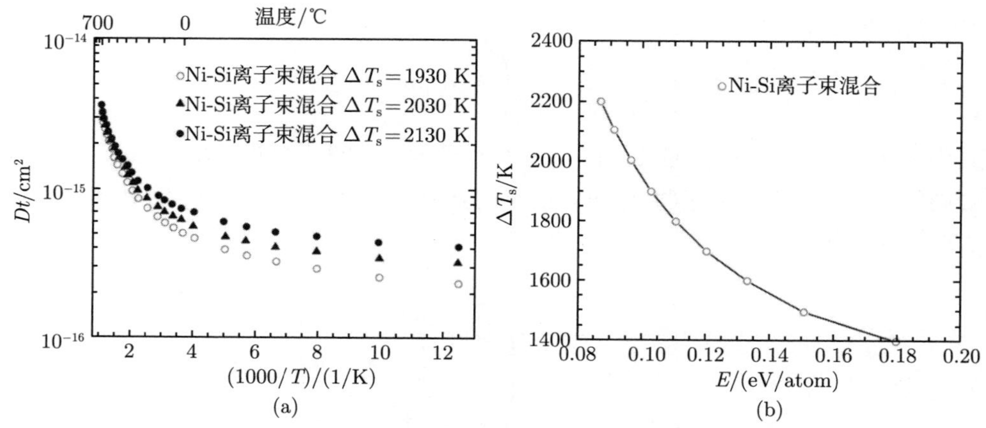

图 8.12　(a)Ni–Si 体系在三种热峰温度时的混合曲线表明热峰温度对混合曲线中与温度无关和与温度相关的部分都会造成影响, (b) 通过混合曲线中温度相关部分的斜率导出的激活能与热峰温度之间的关系

由图 8.12 描述的方法可知, 如果给定一个激活能, 就可以得到热峰温度; 根据实验观测到的激活能 (0.09 eV/atom), 可以得到 Ni–Si 体系的热峰温度为 $\Delta T_s = 2130$ K. 用类似方法得到的不同离子束混合体系中的热峰温度表明, 在大多数情况下热峰温度都超过了各自的熔点 (Nastasi et al., 1994).

参 考 文 献

Adda, Y., M. Beyeler, and G. Brebec (1975) Radiation Effects on Solid State Diffusion, *Thin Solid Films* **25**, 107.

Adesida, I. and L. Karapiperis (1982) Monte Carlo Simulation of Ion Beam Penetration in Solids, *Radiation Effects* **61**, 223-33.

Alder, B. J., W. E. Alley, and J. H. Dymond (1974) Studies in Molecular Dynamics. XIV. Mass and Size Dependence of the Binary Diffusion Coefficient. *J. Chem. Phys.* **61**, 1415.

Alder, B. J., D. M. Gass, and T. E. Wainwright (1970) Studies in Molecular Dynamics. Ⅷ. The Transport Coefficients for a Hard-Sphere Fluid, *J. Chem. Phys.* **53**, 3813.

Biersack, J. P. and L. G. Haggmark (1980) A Monte Carlo Program for the Transport of Energetic Ions in Amorphous Targets, *Nucl. Instrum & Meth.* **174**, 257-69.

Brandes, E. A., ed. (1983) *Smithells Metals Reference Book*, 6th edn. (Butterworths, London), chap. 13.

Coulter, C. A. and D. M. Parkin (1980) Damage Energy Functions in Polyatomic Materials, *J. Nucl. Mater.* **88**, 249.

Czworniak, C. J., H. C. Andersen, and R. Pecora (1975) Light Scattering Measurements and Theoretical Interpretation of Mutual Diffusion Coefficients in Binary Liquid Mixtures, *Chem. Phys.* **11**, 451.

de Boer, F. R., R. Boom, W. C. M. Mattens, A. R. Miedema, and A. K. Niessen (1989) *Cohesion in Metals* (North-Holland, Amsterdam).

Diaz de la Rubia, T., R. S. Averback, and H. Hsieh (1989) MD Simulation of Displacement Cascades in Cu and Ni; Thermal Spike Behavior, *J. Mater. Res.* **4**, 579.

Diaz de la Rubia, T. and M. W. Guinan (1992) Molecular Dynamics Simulation Studies of Basic Aspects of Particle-Solid Interaction Phenomena, in *Trends in Ion Implantation*, M. van Rossum, ed. (Trans Tech. Publications, 1992).

Eckstein, W. (1991) *Computer Simulation of Ion-Solid Interactions* (Springer-Verlag, Berlin).

Guinan, M. W. and J. H. Kinney (1981) Molecular Dynamic Calculations of Energetic Displacement Cascades, *J. Nucl. Mater.* **103/104**, 1319.

Haile, J. M. (1992) *Molecular Dynamics Simulations* (Wilery-Intersciende, New York).

Hsieh, H., T. Diaz de la Rubia, and R. S. Averback (1989) Effects of Temperature on the Dynamics of Energetic Displacement Cascades: A Molecular Dynamics Study, *Phys. Rev.* **B40**, 9986.

Iida, T. and R. I. L. Guthrie (1988) *The Physical Properties of Liquid Metals* (Clarendon Press, Oxford).

Nastasi, M. and J. W. Mayer (1994) Ion Beam Mixing Liquid Interdiffusion, *Radiation Effects & Defects in Solids*, **130-1**, 367.

Protopapas, P. and N. A. D. Parlee (1976) Theory of Transport in Liquid Metals. IV. Calculations of Interdiffusion Coefficients of Gases in Metals, *High Temp. Sci.* **8**, 141.

Rehn, L. E. and P. R. Okamoto (1989) Recent Progress in Understanding Ion-Beam Mixing of Metals, *Nucl. Instum.* Meth. **B39**, 104.

Robinson, M. T. and I. M. Torrens (1974) Computer Simulation of Atomic-Displacement Cascades in Solids in the Binary-Collision Approximation, *Phys. Rev.* **B9**, 5008.

Russell, K. C. (1984) Phase Stability Under Irradiation, *Prog. Mater. Sci.* **28**, 229.

Seitz, F. and J. S. Koehler (1956) Displacement of Atoms During Irradiation, in *Solid State Physics*, F. Seitz and D. Turnbull eds. (Academic Press, New York), vol. 2, p. 305.

Shewmon, P. G. (1963) *Diffusion in Solids* (McGraw-Hill, New York).

Sizmann, R. (1978) The Effect of Radiation Upon Diffusion in Metals, *J. Nucl. Mater.* **69/70**, 386.

Vineyard, G. H. (1976) Thermal Spikes and Activated Processes, *Radiation Effects* **29**, 245.

Voter, A. F. (1993) The Embedded Atom Method, in *Intermetallic Compounds: Principles and Practice*, J. H. Westbrook and R. L. Fleischer eds. (John Wiley & Sons, New York)

Walker, R. S. and D. A. Thompson (1978) Computer Simulation of Ion Bombardment

Collision Cascades, *Radiation Effects* **37**, 113-20.
Ziegler, J. F., J. P. Biersack, and U. Littmark (1985) *The Stopping and Range of Ions in Solids* (Pergamon Press, New York).

推荐阅读

A Monte Carlo Program for the Transport of Energetic Ions in Amorphous Targets, J. P. Biersack and L. G. Haggmark, *Nucl. Instrum. & Meth.* **174**, 257-69 (1980).
An Introduction to Solid State Diffusion, R. J. Brog and G. J. Dienes (Academic Press, Boston, 1988).
Ion Beam Mixing and Liquid Interdiffusion, M. Nastasi and J. W. Mayer, *Radiation Effects & Defects in Solids*, **130-1**, 367 (1994).
MD Studies of Displacement Cascades, R. S. Averback, H. Hsieh, T. Diaz de la Rubia and R. Benedeck, *J. Nucl. Mater.* **179-81**, 87 (1991).
Molecular Dynamics Simulation Studies of Basic Aspects of Particle-Solid Interaction Phenomena, T. Diaz de la Rubia and M. W. Guinan, in *Trends in Ion Implantation*, M. van Rossum, ed. (Trans Tech. Publications, 1992).
Phase Stability Under Irradiation, K. C. Russell, *Prog. Mater. Sci.* **28**, 229 (1984).
Radiation Effects on Solid State Diffusion, Y. Adda, M. Beyeler, and G. Brebec, *Thin Solid Films* **25**, 107 (1975).
The Effect of Radiation Upon Diffusion in Metals, R. Sizmann, *J. Nucl. Mater.* **69/70**, 386 (1978).
Thermal Spikes and Activated Processes, G. H. Vineyard, *Radiation Effects* **29**, 245 (1976).

第 9 章 溅 射

9.1 引 言

离子注入是指载能离子 (能量通常在 10—400 keV) 轰击真空室中的靶材料. 利用这种方法, 理论上任何元素都可以注入任何固体的近表面区域. 注入的掺杂原子的深度分布可以由第 6 章讨论过的理论方法计算. 在低剂量下, 离子剂量 ϕ(即单位面积内注入的离子数量) 的浓度分布服从高斯分布, 并以平均投影射程 R_{p} 为中心. 在高剂量 ($\phi \geqslant 10^{17}\mathrm{ions/cm^2}$) 下, 掺杂原子的浓度接近百分之十几, 其他一些效应, 例如, 溅射和离子注入导致的原子迁移, 会显著改变或限制掺杂原子最终可达到的浓度.

在本章中, 主要讨论载能离子轰击造成靶材料的侵蚀, 称之为溅射. 在这个过程中, 由于入射离子和固体近表面区域的原子发生碰撞, 因此固体近表面区域的原子被移除. 溅射限制了在靶材料中注入和保留的掺杂原子的最大浓度. 溅射产额, 即每个入射离子所引发的溅射原子的数量, 通常在 0.5—20 之间, 这取决于离子种类、离子能量和靶材料. 对于离子直接注入靶材料的情况, 注入离子的最大浓度与溅射产额成反比. 因此, 对于溅射率高的离子–靶组合, 注入离子的最大浓度可能只有百分之几.

9.2 单质靶的溅射

溅射是指载能离子轰击造成靶材料的侵蚀, 主要由溅射产额 Y 进行描述, Y 定义为

$$Y \equiv \text{溅射产额} = \frac{\text{出射原子数的平均值}}{\text{入射离子数}}. \tag{9.1}$$

溅射产额取决于靶材料的结构和组分、入射离子的参数, 以及实验的几何条件. 对于溅射产额的测量已经超过几十年, 然而, 在人们普遍感兴趣的中等质量离

子和 keV 能量区域的离子与固体相互作用中, Y 的值通常在 1 到 10 之间. 更多关于溅射产额的数值请见参考文献 (Matsunami et al., 1984).

在溅射过程中, 原子从固体的外表面出射. 如图 9.1 所示, 入射离子在碰撞过程中将能量传递给靶原子, 靶原子获得足够的能量后产生后续的反冲, 其中的一些后向反冲原子 (例如, 一个能量为 20 keV 的 Ar 离子入射到 Si 上, 会产生 1—2 个反冲原子) 将具有足够的能量, 从而趋于从固体的外表面逃逸. 这些次级反冲原子贡献了绝大部分的溅射产额.

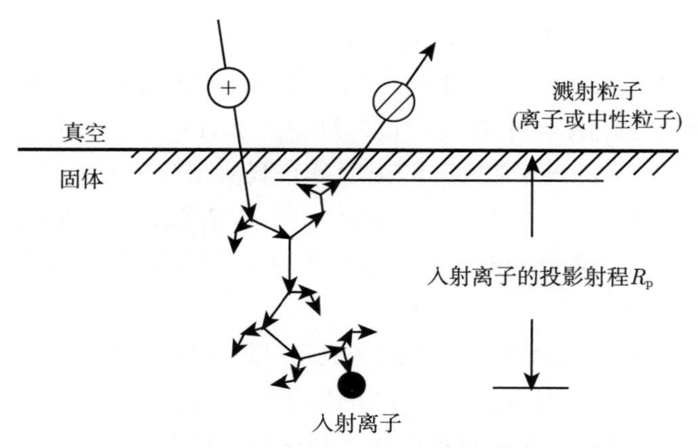

图 9.1　溅射过程中离子与固体相互作用的示意图

单质靶的溅射产额可以由理论进行预测. 图 9.2 表明 Si 的溅射产额与入射离子的种类及能量相关. 实验结果 (Andersen et al., 1981) 与西格蒙德 (1981) 的计算结果一致, 都是基于核阻止机制, 以及在定义级联碰撞的大量原子核之间分配能损的结果. 我们称之为线性级联溅射.

溅射过程涉及一系列复杂的碰撞 (级联碰撞), 包括固体中许多原子之间的一系列角度偏转和能量传递. 在这个过程中, 最重要的参数是在固体表面沉积的能量.

溅射产额应与移位或反冲原子数成正比. 在线性级联体系中, 对于中等质量的离子 (例如, Ar), 移位数正比于在单位深度上由核阻止过程所沉积的能量. 对于离子垂直于固体表面的入射, 可以将溅射产额 Y 表示为 (Sigmund, 1981)

$$Y = \Lambda F_{\mathrm{D}}(E_0), \tag{9.2}$$

其中, Λ 称为材料因子, 它包含了材料的所有性质, 例如, 表面束缚能等; $F_{\mathrm{D}}(E_0)$ 是指在靶材料单位深度上由核阻止过程所沉积的能量. 正如 7.5.3 小节中所述, $F_{\mathrm{D}}(E_0)$ 取决于入射离子的种类、能量和入射方向, 以及靶的 Z_2, M_2 和 N.

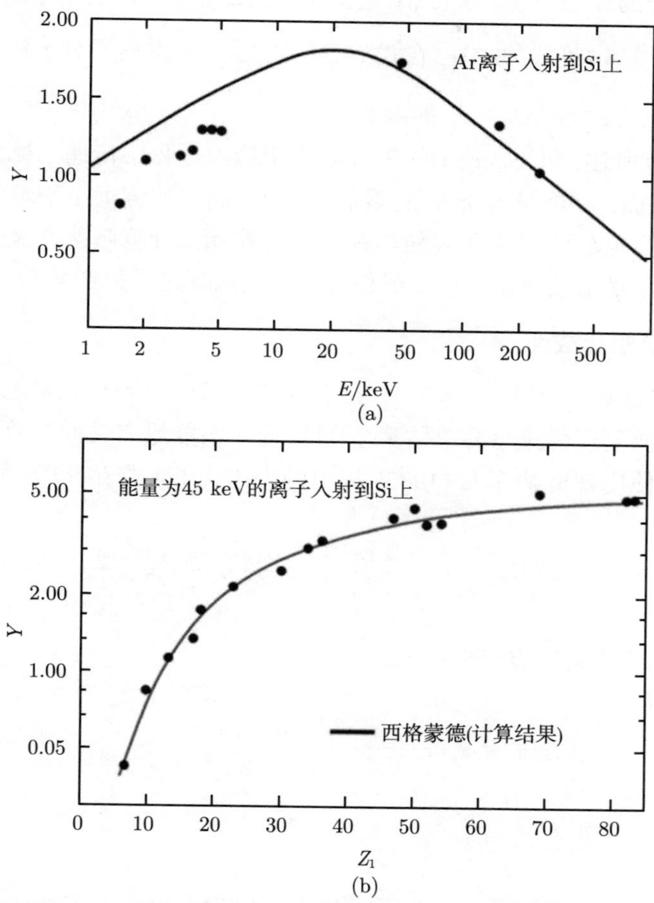

图 9.2　(a) 不同能量的 Ar 离子入射到 Si 上的溅射产额, (b) 不同种类的离子入射到 Si 上的溅射产额. 实线为西格蒙德 (1981) 的计算结果, 数据点为安德森 (Andersen) 和贝 (Bay) (1981) 的实验结果

在靶表面由核阻止过程所沉积的能量可以表示为 (见式 (7.40))

$$F_{\mathrm{D}}\left(E_0\right)=\alpha N S_{\mathrm{n}}\left(E_0\right), \tag{9.3}$$

其中, N 是靶的原子密度, $S_{\mathrm{n}}(E_0)$ 是能量为 E_0 时的核阻止截面, $NS_{\mathrm{n}}\left(E_0\right)=\left.\frac{\mathrm{d}E}{\mathrm{d}x}\right|_{\mathrm{n}}$ 是核能损率 (见式 (5.3)). 在式 (9.3) 中, α 是考虑离子对于靶表面的入射角后的校正因子, 是关于 M_2/M_1 的函数.

如第 5 章所述, 对 $S_{\mathrm{n}}(E_0)$ 的考量取决于碰撞过程中传递给靶原子的能量传递微分散射截面. 在能量为 keV 的溅射体系下, 离子速度远小于玻尔速度. 因此, 在描述碰撞时, 必须考虑电子对核电荷的屏蔽作用. 计算溅射产额的第一步是确定核阻止截面, 可由核阻止过程所沉积的能量直接算出溅射产额.

9.2.1 核阻止截面

利用屏蔽函数 r^{-2}(即 $m=1/2$, 见第 5 章), 可以得到与能量无关的核阻止截面, 依此可对溅射产额进行简单估算. 但是, 对于与能量有关的核阻止截面的详细计算, 则需要使用齐格勒等人 (1985) 提出的表达式 (见式 (5.22)), 即

$$S_{\mathrm{n}}\left(E_0\right)=\frac{8.462\times10^{-15}Z_1Z_2M_1S_{\mathrm{n}}(\varepsilon_{\mathrm{ZBL}})}{\left(M_1+M_2\right)\left(Z_1^{0.23}+Z_2^{0.23}\right)}, \tag{9.4}$$

其中, ZBL 约化能量可表示为式 (5.23), 即

$$\varepsilon_{\mathrm{ZBL}}=\frac{32.53M_2E_0}{Z_1Z_2\left(M_1+M_2\right)\left(Z_1^{0.23}+Z_2^{0.23}\right)}, \tag{9.5}$$

对于 $\varepsilon<30$, 有 (见式 (5.20))

$$S_{\mathrm{n}}(\varepsilon_{\mathrm{ZBL}})=\frac{0.5\ln\left(1+1.1383\varepsilon_{\mathrm{ZBL}}\right)}{\varepsilon_{\mathrm{ZBL}}+0.01321\varepsilon_{\mathrm{ZBL}}^{0.21226}+0.19593\varepsilon_{\mathrm{ZBL}}^{0.5}}. \tag{9.6}$$

9.2.2 沉积能量

沉积能量 F_{D} 由 αNS_{n} 表示, 其中, α 是质量比 M_2/M_1 的函数, 如图 9.3(a) 所示. 随着入射角增大, 靶表面附近的能量沉积增大, α 的值也随之增大, 如图 9.3(b) 所示.

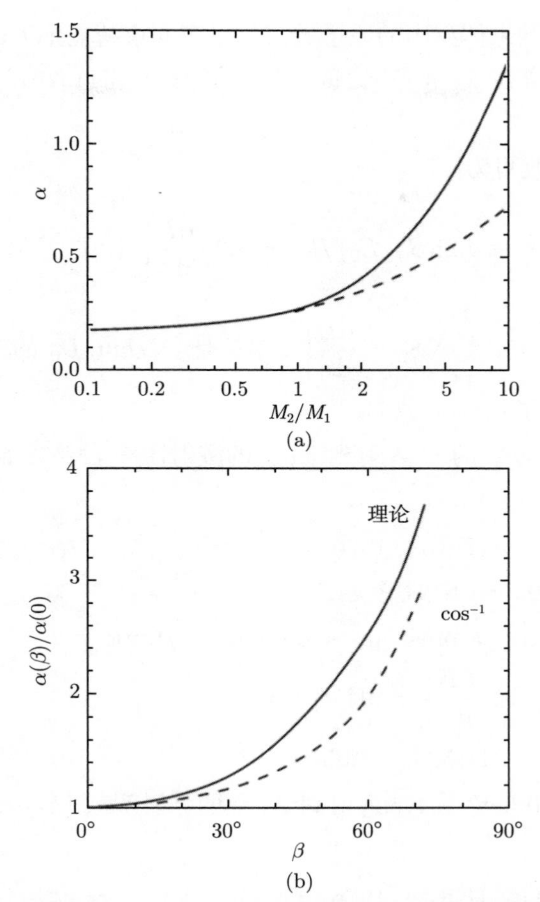

图 9.3 式 (9.3) 中的校正因子 α. (a) α 与质量比 M_2/M_1 之间的关系, 其中, 实线是理论数据, 仅考虑弹性散射; 虚线是能量为 45 keV 的离子入射到 Si, Cu, Ag 和 Au 上的实验数据. 实验数据与理论数据的差异主要是由于在大质量比时对表面校正的忽略. (b) α 与入射角 β 之间的关系, 其中, β 是离子入射方向与靶表面法线之间的夹角, 实线为 Ar 离子入射到 Cu 上的理论数据, 虚线与 $\cos^{-1}$ 相关 (引自参考文献 (Sigmund, 1981))

9.2.3 溅射产额

式 (9.2) 中的材料因子 Λ 包含了材料的所有性质, 并且描述了能够从固体中逃逸的反冲原子的个数. 在西格蒙德 (1981) 的理论中, 有

$$\Lambda \cong 4.2/(NU_0), \tag{9.7}$$

其中, N 是每立方纳米体积内的原子数, U_0 是表面束缚能 (以 eV 为单位). U_0 可由结合能推算, 通常在 2—4 eV 之间. 基特尔 (Kittel)(1976) 也给出了结合能的数值.

式 (9.2) 可以改写为

$$Y \cong 4.2\alpha S_{\mathrm{n}}\left(E_0\right)/U_0 = 4.2\alpha \left.\frac{\mathrm{d}E}{\mathrm{d}x}\right|_{\mathrm{n}} \left(NU_0\right)^{-1}, \tag{9.8}$$

其中, N 的单位是 nm^{-3}, $NS_{\mathrm{n}} = \left.\frac{\mathrm{d}E}{\mathrm{d}x}\right|_{\mathrm{n}}$, 单位是 eV/nm, U_0 的单位是 eV.

下面举两个例子:

(a) 能量为 35 keV 的 C 入射到 Ti 上的溅射产额 ($M_1 < M_2$).

$M_2/M_1 = 4$;

$U_0(\mathrm{Ti}) = 4.85$ eV (Kittel, 1976);

$\alpha \cong 0.5$(见图 9.3(a) 中的虚线);

$N_{\mathrm{Ti}} = 5.66 \times 10^{22}\ \mathrm{atoms/cm^3} = 56.6\ \mathrm{atoms/nm^3}$;

能量为 35 keV 时, $\left.\frac{\mathrm{d}E}{\mathrm{d}x}\right|_{\mathrm{n}} = 94$ eV/nm;

$Y \cong 4.2 \times 0.5 \times 94/(56.6 \times 4.85) = 0.7$.

(b) 能量为 100 keV 的 Kr 入射到 Al 上的溅射产额 ($M_2 < M_1$).

$M_2/M_1 = 0.33$;

$U_0(\mathrm{Al}) = 3.39$ eV (Kittel, 1976);

$\alpha \cong 0.2$(见图 9.3(a) 中的虚线);

$N_{\mathrm{Al}} = 6.02 \times 10^{22}\ \mathrm{atoms/cm^3} = 60.2\ \mathrm{atoms/nm^3}$;

能量为 100 keV 时, $\left.\frac{\mathrm{d}E}{\mathrm{d}x}\right|_{\mathrm{n}} = 1550$ eV/nm;

$Y \cong 4.2 \times 0.2 \times 1550/(60.2 \times 3.39) = 6.4$.

9.3 单质靶溅射的半经验方程

松波 (Matsunami) 等人 (1984)、山村 (Yamamura) 和伊藤 (Itoh)(1989) 先后结合了林哈德等人的核阻止和电子阻止理论 (见第 5 章), 以及溅射数据, 发展

了溅射的半经验方程. 经验溅射产额 Y_E(重离子和轻离子溅射都考虑在内) 为

$$Y_{\mathrm{E}}(E)=0.42\frac{\alpha_{\mathrm{s}}Q_{\mathrm{s}}S_{\mathrm{n}}(E)}{U_0\left[1+0.35U_0S_{\mathrm{e}}(\varepsilon)\right]}\left[1-\left(E_{\mathrm{th}}/E\right)^{0.5}\right]^{2.8}, \tag{9.9}$$

其中, $Y_E(E)$ 是能量为 E 的离子垂直入射时的溅射产额, α_s 和 Q_s 是根据实验测得的溅射数据得到的经验参数, E_{th} 是溅射阈能, $S_e(\varepsilon)$ 是约化电子阻止截面, 由式 (5.59) 和式 (5.60) 给出, $S_n(E)$ 是核阻止截面, U_0 是表面束缚能, 可以由结合能进行估算.

按照山村和伊藤 (1989) 的方法, 溅射阈能为 (Yamamura et al., 1985):

$$E_{\mathrm{th}}=\begin{cases}\left(\dfrac{4}{3}\right)^6\dfrac{U_0}{\gamma}, & M_1\geqslant M_2,\\[2ex] \left(\dfrac{2M_1+2M_2}{M_1+2M_2}\right)^6\dfrac{U_0}{\gamma}, & M_1<M_2,\end{cases} \tag{9.10}$$

其中, γ 是弹性碰撞中的能量转换因子, 定义为

$$\gamma=\frac{4M_1M_2}{\left(M_1+M_2\right)^2}. \tag{9.11}$$

利用式 (9.9) 处理实验数据, 可获得参数 α_s 和 Q_s 的最佳拟合值. 在拟合实验数据时, 采用分析近似后得到的约化核阻止截面 (见式 (5.12a) 和图 5.2) 满足

$$S_{\mathrm{n}}(E)=K_{\mathrm{n}}S_{\mathrm{n}}(\varepsilon), \tag{9.12}$$

其中,

$$K_{\mathrm{n}}=\frac{8.478Z_1Z_2}{\left(Z_1^{2/3}+Z_2^{2/3}\right)^{1/2}}\frac{M_1}{M_1+M_2}, \tag{9.13}$$

$S_n(\varepsilon)$ 的解析形式是 (Matsunami et al., 1984)

$$S_{\mathrm{n}}(\varepsilon)=\frac{3.441\varepsilon^{1/2}\ln(\varepsilon+2.718)}{1+6.355\varepsilon^{1/2}+\varepsilon\left(6.882\varepsilon^{1/2}-1.708\right)}. \tag{9.14}$$

在式 (9.14) 中, 约化能量 ε 为

$$\varepsilon=\frac{0.03255}{Z_1Z_2\left(Z_1^{2/3}+Z_2^{2/3}\right)^{1/2}}\frac{M_1}{M_1+M_2}E. \tag{9.15}$$

参数 α_s 的值与离子–靶组合有关, 其经验表达式为

$$\alpha_s = 0.10 + 0.155\,(M_2/M_1)^{0.73} + 0.001\,(M_2/M_1)^{1.5}\,. \tag{9.16}$$

参数 Q_s 的值只与靶材料有关, Q_s 和 U_0 的值列于表 9.1 中.

表 9.1　表面束缚能 U_0 和 Q_s 的值

靶	Z	$U_0/\mathrm{eV}^{(a)}$	$Q_s^{(b)}$
Be	4	3.32	1.97
B	5	5.77	4.10
C	6	7.37	2.69
Al	13	3.39	1.11
Si	14	4.63	0.95
Ti	22	4.85	0.58
V	23	5.31	0.76
Cr	24	4.10	1.03
Mn	25	2.92	1.09
Fe	26	4.28	0.90
Co	27	4.39	0.98
Ni	28	4.44	0.94
Cu	29	3.49	1.27
Ge	32	3.85	0.73
Zr	40	6.25	0.68
Nb	41	7.57	1.02
Mo	42	6.82	0.70
Ru	44	6.74	1.51
Rh	45	5.75	1.23
Pd	46	3.89	1.09
Ag	47	2.95	1.24
Sn	50	3.14	0.58
Hf	72	6.44	0.65
Ta	73	8.10	0.62
W	74	8.90	0.77
Re	75	8.03	1.34
Os	76	8.17	1.47
Ir	77	6.94	1.39
Pt	78	5.84	0.93
Au	79	3.81	1.02
Th	90	6.20	0.73
U	92	5.55	0.66

注: (a) U_0 值引自参考文献 (Kittel, 1976).
(b) Q_s 值引自参考文献 (Yamamura et al., 1989).

利用式 (9.9)—(9.16), 对 Ni 的溅射产额的实验数据和计算数据进行比较, 图 9.4 中列出了 H, O, He 和 Ar 入射的结果. 考虑在 9.2.3 小节中提到的两种溅射

情况：能量为 100 keV 的 Kr 入射到 Al 上和能量为 35 keV 的 C 入射到 Ti 上.表 9.2 中列出了利用式 (9.9) 计算得到的溅射产额.

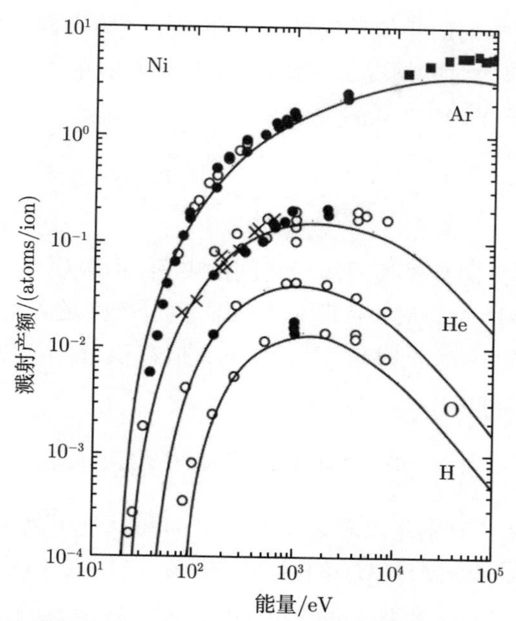

图 9.4 Ni 的溅射产额的根据经验方程 (见式 (9.9)) 的计算数据 (实线) 和实验数据 (数据点) 的对比 (引自参考文献 (Yamamura et al., 1989))

表 9.2 利用式 (9.9) 计算得到的溅射产额

参数	能量为 35 keV 的 C 入射到 Ti 上	能量为 100 keV 的 Kr 入射到 Al 上
E/eV	35×10^3	100×10^3
M_1/M_2	12/48	84/27
Z_1/Z_2	6/22	36/13
γ(见式 (3.27))	0.64	0.78
Q_s(见表 9.1)	0.58	1.11
U_0/eV(见表 9.1)	4.85	3.39
E_{th}/eV(见式 (9.10))	14.26	24.42
α_s(见式 (9.16))	0.53	0.16
ε(见式 (9.15))	0.52	1.30
$K_n/(10^{-15}\ \text{eV}\cdot\text{cm}^2)$(见式 (9.13))	67	740
$S_n(\varepsilon)$(见式 (9.14))	0.40	0.34
$S_e(\varepsilon)$(见式 (5.59))	0.23	0.13
$Y_E(E)$(见式 (9.9))	0.5	4.8

9.4 掠入射时单质靶的溅射产额

式 (9.9) 是垂直入射时单质靶的溅射产额的半经验方程. 当离子掠入射时, 溅射产额不同于垂直入射时的情况. 一般来说, 对于入射角 β, 溅射产额 $Y(\beta)$ 与垂直入射时的溅射产额 $Y(0)$ 之间的关系为

$$\frac{Y(\beta)}{Y(0)} = (\cos\beta)^{-f_s}, \tag{9.17}$$

其中, β 是离子入射方向与靶表面法线之间的夹角, 指数项 f_s 是 M_2/M_1 的函数.

对于轻离子入射, M_2/M_1 通常大于 10, 溅射产额随入射角的变化主要由靶表面的离子反射决定. 当入射角 β 较小时, 指数项 f_s 可以通过下式进行估算 (Yamamura et al., 1989):

$$f_s = 1 + \left(\Delta R_{p_x}/\Delta R_{p_y}\right)^2, \tag{9.18}$$

其中, ΔR_{p_x} 和 ΔR_{p_y} 分别是沿着离子入射方向和垂直于离子入射方向的投影射程歧离. 投影射程歧离是 M_2/M_1 的函数. 当 M_2/M_1 较大时, $\left(\Delta R_{p_x}/\Delta R_{p_y}\right)^2 \cong 1$, 则 $f_s \cong 2$.

对于重离子入射, M_2/M_1 通常小于 10, 溅射源于靶表面附近形成的级联碰撞. 在这种情况下, 指数项 f_s 可以利用能量损伤分布 (Yamamura et al., 1989) 来近似, 即

$$f_s = 1 + \frac{\langle Y^2\rangle_D}{\langle \Delta X^2\rangle_D}\frac{\langle X\rangle_D^2}{\langle \Delta X^2\rangle_D}, \tag{9.19}$$

其中, $\langle X\rangle_D$ 是平均损伤深度, $\langle \Delta X^2\rangle_D^{1/2}$ 和 $\langle Y^2\rangle_D^{1/2}$ 分别对应于沿着离子入射方向和垂直于离子入射方向的损伤. 由图 7.11 可知, 它们是 M_2/M_1 的函数. 当 $M_2/M_1 < 1$ 时, $\langle \Delta X^2\rangle_D / \langle X\rangle_D^2$ 和 $\langle Y^2\rangle_D / \langle X\rangle_D^2$ 几乎是常数, 其平均值分别约为 0.4 和 0.15. 在式 (9.19) 中利用这些数值可以得到 $f_s \cong 1.9$.

9.5 离子注入与稳态浓度

在离子注入过程中, 溅射过程会移除一些靶原子和注入离子, 最终达到平衡态 (稳态), 此时, 通过溅射移除的靶原子数与通过注入补充的离子数是一样的. 在

这种情况下，注入离子的射程分布通常在靶表面处具有最大值，经过与初始离子射程相当的距离后下降. 图 9.5 是高剂量注入时离子浓度分布演化的示意图.

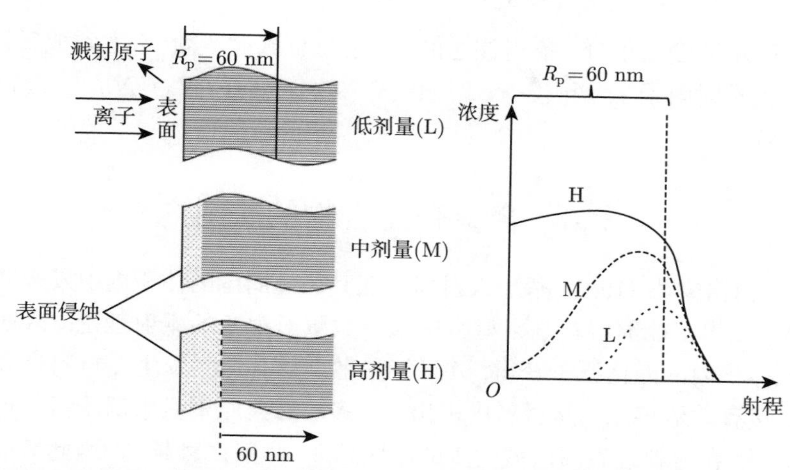

图 9.5 从低剂量注入到高剂量注入的离子浓度分布演化的示意图，投影射程 $R_p = 60$ nm (引自参考文献 (Hubler, 1987))

稳态时的表面浓度相对容易得到. 首先，考虑离子 A 入射到靶材料 B 上. N_A 和 N_B 分别是靶表面单位体积内 A 离子和 B 原子的浓度，因此 N_A/N_B 代表靶的表面组分. 令 J_A 和 J_B 分别是 A 和 B 的通量，则可以得到

$$J_B/J_A = r\,(N_B/N_A)\,, \tag{9.20}$$

其中，r 是靶近表面处的 B 原子被溅射的概率与 A 离子被溅射的概率的比值. 定义入射离子 A 的通量为 $J_{\rm i}$，总溅射产额 Y 满足

$$J_A + J_B = Y J_{\rm i}. \tag{9.21}$$

在稳态时，靶中 A 离子的总数不再改变，因此可得

$$J_A = J_{\rm i}. \tag{9.22}$$

结合式 (9.21) 和式 (9.22)，可得

$$J_B = (Y-1)\,J_{\rm i}. \tag{9.23}$$

将式 (9.22) 和式 (9.23) 代入式 (9.20), 可得

$$N_A/N_B = r\,(Y-1)^{-1}\,. \tag{9.24}$$

这是稳态时靶的表面组分. 值得注意的是, 它与总溅射产额 Y 大致成反比, 但需要乘以优先溅射因子 r. 当 $r=1$ 时, 由式 (9.24) 可得, $N_A/(N_B+N_A)=1/Y$, 与预期一致.

9.6 合金和化合物的溅射

此前, 西格蒙德 (1981) 基于入射离子在其径迹周围的体积内引发级联碰撞的物理图像, 提出了能够解释基本材料中大多数溅射现象的溅射理论. 入射离子的能量由该体积内的晶格原子获得, 并最终消散. 只有那些发生在材料近表面的碰撞才能直接有效地将原子从材料中击出. 大多数溅射原子只来源于材料近表面的几个原子层. 在材料近表面区域发生的碰撞越多, 溅射产额越高, 因此溅射产额与入射离子在材料近表面区域的核阻止截面成正比.

对于复合材料, 例如, 二元合金, 上述主要特征依旧适用. 但是, 由于材料中有两种原子, 因此更为复杂. 由于能量传递 (在级联碰撞中)、出射概率或束缚能的差异, 两种原子的溅射概率可能不同. 事实上, 在许多合金和化合物中已经观察到一种原子相对于另一种原子的优先溅射.

由于离子注入也是载能离子轰击的过程, 因此总会存在一些溅射, 特别是使用高剂量的重离子注入时. 溅射使材料表面后移, 从而影响注入离子的分布, 也会移除已经注入的离子, 最终形成稳态, 即在材料中注入离子的总数不再增大.

在本节中, 将考察二元合金和化合物中的惰性气体离子溅射, 目的有两个: 首先, 这些材料的溅射导致轰击诱导的组分变化; 其次, 诸如优先溅射和原子混合的机制决定了溅射过程中的组分变化, 由此可预测注入离子在给定靶中的积累和饱和情况.

9.6.1 优先溅射

在描述多组分体系的溅射时, 必须考虑优先溅射和表面偏析的影响. 对于具有两种原子组分 A 和 B 的均匀样品, 在不考虑由于热过程引起的表面偏析时, 表面浓度 N^{s} 等于基体浓度 N^{b}. 在溅射开始时,

$$N_A^{\mathrm{s}}/N_B^{\mathrm{s}} = N_A^{\mathrm{b}}/N_B^{\mathrm{b}}. \tag{9.25}$$

由式 (9.1) 可知, A 和 B 的分溅射产额被定义为

$$Y_{A,B} = \frac{\text{出射的}A,B\text{原子数}}{\text{入射离子数}}. \tag{9.26}$$

A 的分溅射产额 Y_A 与 A 的表面浓度 N_A^{s} 成正比, Y_B 与 N_B^{s} 成正比. 分溅射产额的比值可表示为

$$\frac{Y_A}{Y_B} = r\frac{N_A^{\mathrm{s}}}{N_B^{\mathrm{s}}}, \tag{9.27}$$

其中, 优先溅射因子 r 考虑了表面束缚能、溅射逃逸深度和级联体积内能量传递的差异. r 的测量值一般在 0.5 到 2 之间.

在 $r=1$ 的情况下, $Y_A/Y_B = N_A^{\mathrm{s}}/N_B^{\mathrm{s}}$. 在 $r \neq 1$ 的情况下, A 的表面浓度和分溅射产额将从其初始值 $N_A^{\mathrm{s}}(0)$ 和 $Y_A(0)$ 开始变化, 经过较长一段时间后, 它们分别达到稳态值 $N_A^{\mathrm{s}}(\infty)$ 和 $Y_A(\infty)$.

在溅射开始, 即 $t=0$ 时,

$$\frac{Y_A(0)}{Y_B(0)} = r\frac{N_A^{\mathrm{s}}(0)}{N_B^{\mathrm{s}}(0)} = r\frac{N_A^{\mathrm{b}}}{N_B^{\mathrm{b}}}. \tag{9.28}$$

经过较长时间达到稳态后, 质量守恒定律要求分溅射产额的比值等于基体浓度的比值, 即

$$\frac{Y_A(\infty)}{Y_B(\infty)} = \frac{N_A^{\mathrm{b}}}{N_B^{\mathrm{b}}}. \tag{9.29}$$

例如, 假设 $r>1$, 即存在优先溅射, 则 A 的分溅射产额大于 B 的分溅射产额, B 将会在表面富集. 这种表面的富集导致 B 的分溅射产额增大 (B 原子更多) 且 A 的分溅射产额减小 (A 原子更少). 随着溅射过程的继续, 宏观上, 相当一部分材料 (大于 10 nm) 被移除, B 原子浓度的增大恰好平衡了 A 原子的优先溅射. 因此, 当 $r \neq 1$ 时, 稳态的表面浓度比值与基体浓度比值不同, 即

$$\frac{N_A^{\mathrm{s}}(\infty)}{N_B^{\mathrm{s}}(\infty)} = \frac{1}{r}\frac{N_A^{\mathrm{b}}}{N_B^{\mathrm{b}}}. \tag{9.30}$$

也就是说, 由于表面组分的重新排布, 尽管不同种类原子的分溅射产额不同, 但总溅射产额仍旧与基体浓度相关.

9.6.2 组分变化

遭受溅射的多组元材料靶的表面组分的变化是被很好地证明了的 (Betz et al., 1983).

例如, 用能量为 20 keV 的 Ar 入射到 PtSi 上, 然后用能量为 2 MeV 的 ^{4}He 分析硅化物表面区域的组分变化 (见图 9.6). 卢瑟福背散射谱显示了表面区域中 Pt 的富集. 表面区域中 Pt/Si 的比值从与基体浓度比值相等的 1 增大到接近 2. Pt 浓度的增大是由于 Si 的分溅射产额大于 Pt 的分溅射产额导致的, 即 $Y_{\mathrm{Si}} > Y_{\mathrm{Pt}}$. 图 9.7 表明分溅射产额是 Ar 离子剂量的函数. 正如所料, 在低剂量轰击下, Si 的分溅射产额明显大于 Pt 的分溅射产额. 溅射开始时, 分溅射产额的比值 $Y_{\mathrm{Si}}(0)/Y_{\mathrm{Pt}}(0) = 2.4$. 随着溅射过程的继续, 分溅射产额趋于相同. Si 和 Pt 的分溅射产额相同仅仅反映了达到稳态后 PtSi 中 Si 和 Pt 的基体浓度相同.

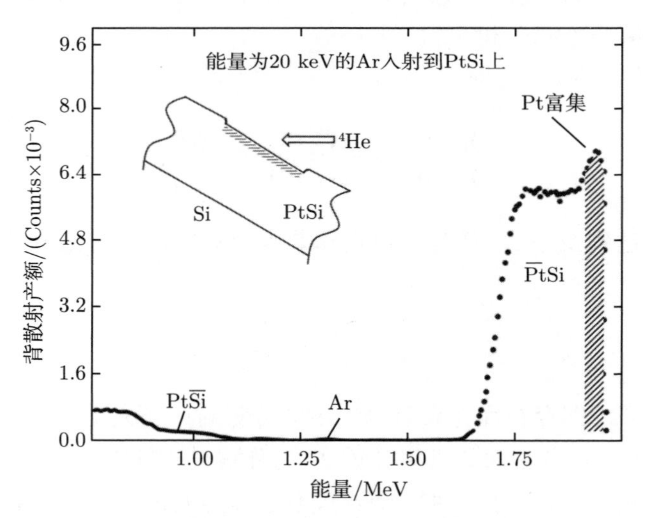

图 9.6 能量为 20 keV 的 Ar 入射到 PtSi 上的卢瑟福背散射谱, Pt 信号中的阴影部分表示由于 Si 溅射的增大导致表面区域中 Pt 浓度的增大 (引自 Liau et al., 1978, *J. Appl. phys.* **49**, 5295)

9.6.3 组分深度分布

在许多体系中, 溅射过程中组分的变化能延伸到与所用离子射程相当的深度. 在溅射移除掉与改变层厚度相当的材料之后, 达到稳态. 达到稳态时, 表面组分与入射离子的质量和能量无关.

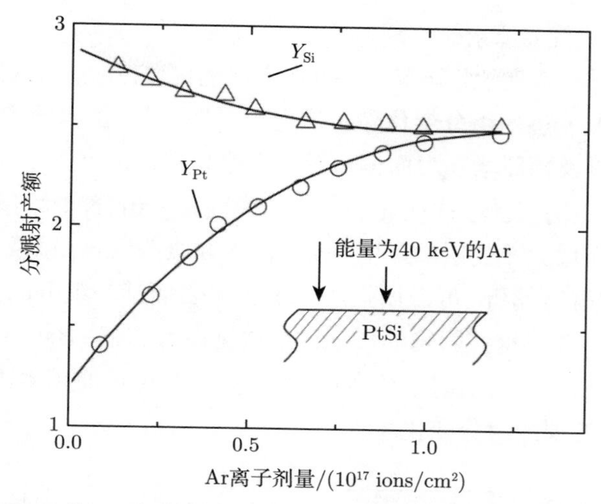

图 9.7 能量为 40 keV 的 Ar 入射到 PtSi 上时, Si 和 Pt 的分溅射产额随 Ar 离子剂量的变化 (引自参考文献 (Liau et al., 1980))

对能量分别为 10 keV, 20 keV, 40 keV 和 80 keV 的 Ar 入射到 PtSi 上的组分深度分布进行测量, 结果如图 9.8 所示. 对于每一个能量, 使用足够高剂量的 Ar 使 Pt 的富集达到稳态. Pt 富集的深度与 Ar 的能量有关. 然而, 达到稳态后的表面组分与 Ar 的能量完全无关.

大多数溅射原子只来自近表面的几个原子层, 因此, 通过优先溅射, 组分变化只会发生在近表面的几个原子层而不是与离子射程相当的深度. 所观测到的改变层的厚度是由原子混合或扩散造成的, 它们可以将组分的改变从表面层传播到更深的区域. 要么原子向内移动以稀释表面富集, 要么原子向外移动以补充表面优先溅射的原子消耗, 从而改变整个原子层的组分.

类似于第 11 章中描述的离子诱导原子混合, 这种溅射过程中的原子混合或扩散发生在与离子射程相当的深度. 改变层的厚度和离子诱导的界面反应与原子混合中的机制相同.

在前面的章节中, 使用优先溅射来解释由于高剂量载能离子辐照导致的表面层和近表面层 (改变层) 的组分变化. 这可以解释高剂量入射的实验结果, 但是, 也确实将几种不同的机制混为一谈. 优先溅射表示不同原子的出射概率不同, 仅引起表面层的组分变化. 根据这个定义可知, 由于反冲注入或表面偏析引起的表面组分变化不属于优先溅射.

然而, 实验结果表明, 组分变化发生在更深的深度, 通常与入射离子的射程相当. 离子入射下改变层的组分变化除了优先溅射外, 还可由辐照增强扩散、反冲注入、级联混合, 以及辐照增强表面偏析等多个过程造成.

热扩散和辐照增强扩散往往会抵消由于表面某一组分的优先溅射所产生的表面组分变化, 进而增大改变层的厚度. 反冲注入和级联混合, 以及辐照增强表面偏析和辐照诱导的溶质偏析, 可以增强或抵消由于表面某一组分的优先溅射所产生的表面组分变化. 关于这些影响的详细讨论请见参考文献 (Betz et al., 1983).

对于高剂量离子注入引起组分变化的描述, 还是保留通用术语 "优先溅射" 来描述表面层和改变层的组分变化.

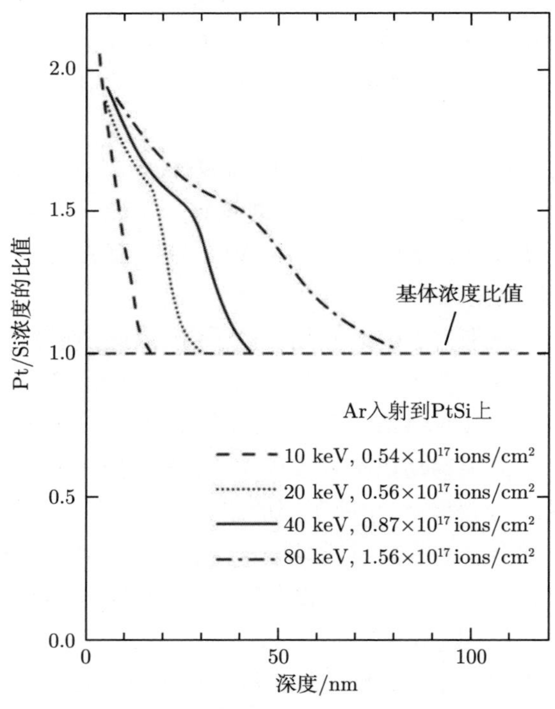

图 9.8　采用卢瑟福背散射谱测量得到的能量分别为 10 keV, 20 keV, 40 keV 和 80 keV 的 Ar 入射到 PtSi 上的稳态组分的深度分布. 改变层的厚度随着入射离子能量的增大而增大, 而卢瑟福背散射谱深度分辨极限处的表面组分与入射离子能量无关 (引自参考文献 (Liau et al., 1980))

9.7 高剂量离子注入

在高剂量离子注入中, 原子混合、溅射和化学效应对于离子注入后材料的状态起到了重要的作用. 通常, 离子注入可达到的最大浓度与溅射产额成反比 (见 9.5 节). 这是因为样品表面的后移 (由于溅射侵蚀), 或者说, 因为注入离子的溅射移除, 如图 9.5 所示. 在溅射深度与离子投影射程 R_p(更确切地说, $R_\mathrm{p}+\Delta R_\mathrm{p}$) 相当时, 可达到最大浓度.

但是, 如果靶原子和注入元素原子之间存在优先溅射, 则应该更仔细地处理该问题. 将离子 A 注入化合物 AB 中时, 会发生有趣的现象. 在受到一定剂量的离子注入后, 假设在有效宽度 R_p 内原子充分混合, 则不同种类的原子均匀分布. 随着进一步注入, 注入浓度的分布形状近似不变, 但是幅度增大, 如图 9.9 所示.

根据原子数守恒, 有

$$R_\mathrm{p}\frac{\mathrm{d}N_A}{\mathrm{d}t}=J_\mathrm{i}-J_A, \tag{9.31}$$

其中, N_A 是元素 A 的原子浓度, J_i 是元素 A 的入射离子通量, J_A 是元素 A 的溅射原子通量. J_A, J_B 和 J_i 之间的关系与式 (9.20) 和式 (9.21) 中给出的相同, 即 $J_B/J_A=r\left(N_B/N_A\right)$, $J_A+J_B=YJ_\mathrm{i}$. 在整个注入过程中, 将 Y 近似为常数, 定义变量 $x\equiv N_A/N_B$. 根据式 (9.20) 和式 (9.21), 可得

$$J_A=\frac{x}{r+x}YJ_\mathrm{i}, \tag{9.32}$$

$$J_B=\frac{r}{r+x}YJ_\mathrm{i}. \tag{9.33}$$

将式 (9.32) 和式 (9.33) 代入式 (9.31), 可得

$$R_\mathrm{p}\frac{\mathrm{d}}{\mathrm{d}t}\left(\frac{x}{1+x}\right)N_0=J_\mathrm{i}-\frac{x}{r+x}YJ_\mathrm{i}, \tag{9.34}$$

其中, $N_0\equiv N_A+N_B$, 经过一系列变换, 式 (9.34) 可改写为

$$\frac{r+x}{(1+x)^2\left[r+(1-Y)\,x\right]}\mathrm{d}x=\frac{1}{N_0R_\mathrm{p}}\mathrm{d}\phi_A, \tag{9.35}$$

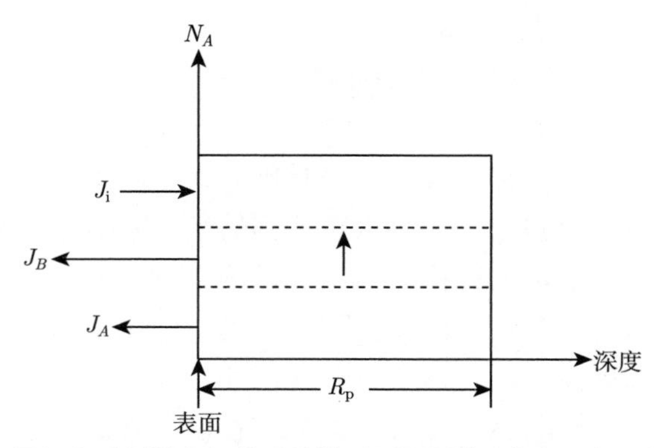

图 9.9 注入浓度积累与离子剂量之间关系的模型. 假设原子充分混合, 随着进一步注入, 注入浓度的分布形状不变, 但是幅度增大. 注入浓度增大的速率是由于元素 A 的入射离子通量 J_i 与元素 A 的溅射原子通量 J_A 之间的差异导致的

这里, $\mathrm{d}\phi_A \equiv J_i \mathrm{d}t$ 是离子剂量的增量. 式 (9.35) 是对于 $x(\phi_A)$ 的微分方程, 可以对其等号左边进行分部积分求解, 结果为

$$Y\left[\frac{Ax}{1+x}+B\ln\frac{1+x}{1-x/x(\infty)}\right]=\frac{Y\phi_A}{N_0R_\mathrm{p}}, \tag{9.36}$$

其中, $A \equiv (r-1)/[r-(1-Y)]$, $B \equiv Yr/[(1-Y)-r]^2$, $x(\infty)=r/(Y-1)$, $Y\phi_A/(N_0R_\mathrm{p})$ 可以理解为通过测量溅射厚度得到的被溅射材料的总量. 图 9.10 展示了计算 $x(\phi_A)$ 的一个例子.

稳态时的组分可由式 (9.30) 预测, 即 $N_A/N_B = r(Y-1)^{-1}$, 其中, 对于 $r=2$, 达到稳态时的组分大约需要 2 次溅射. 这种深度移除 (达到稳态) 所需要的条件可以表示为

$$\phi_0 \equiv \frac{x(\infty)}{\left.\dfrac{\mathrm{d}x}{\mathrm{d}\phi_A}\right|_{\phi_A=0}}. \tag{9.37}$$

这是达到稳态所需要的剂量, 式 (9.35) 给出

$$\left.\frac{\mathrm{d}x}{\mathrm{d}\phi_A}\right|_{\phi_A=0}=\frac{1}{N_0R_\mathrm{p}}. \tag{9.38}$$

因为 $x(\infty)=r(Y-1)^{-1}$, 由式 (9.37) 和式 (9.38) 可得

$$(Y-1)\,\phi_0 = rN_0R_\mathrm{p}. \tag{9.39}$$

当 $Y \gg 1$ 时, 式 (9.39) 可改写为

$$Y\phi_0/(N_0 R_p) \cong r. \tag{9.40}$$

这意味着, 当溅射厚度等于投影射程 R_p 的 r 倍时, 才能达到稳态.

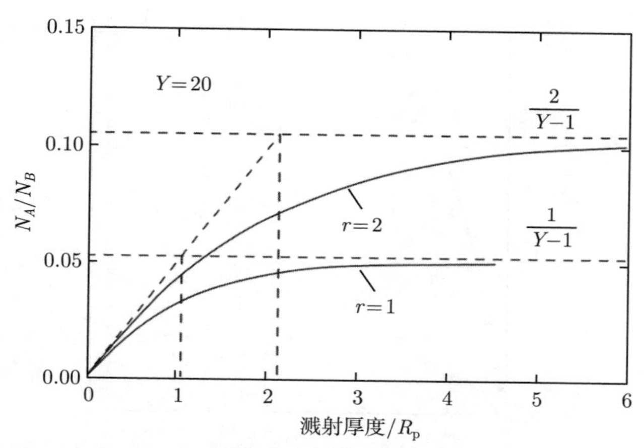

图 9.10 由图 9.9 所示的简单模型计算得到的注入浓度, 其中, $Y = 20$, $r = 1, 2$. 通过靶材料的优先溅射 ($r = 2$), 可以实现更高的注入浓度. 曲线由式 (9.36) 计算得到 (引自参考文献 (Liau et al., 1980))

9.8 注入离子浓度

在本节中, 将考虑将 Au 注入 Cu 和 Fe 中, 将 Ta 注入 Cu 中, 以及将 Pt 和 Si 注入 Si, Pt 和 PtSi 中的情况, 并讨论溅射产额 Y 和优先溅射因子 r 对注入离子浓度积累的影响.

首先, 来看 Au 注入 Cu 和 Fe 中的情况, 注入的 Au 浓度如图 9.11 所示. 在这个例子中, 优先溅射因子为 $1 (r = 1)$, Au 浓度的差异是由于溅射产额 Y 的不同导致的. 对于 Au 注入 Cu 中的情况, $R_p = 41$ nm, 测得的溅射产额 $Y = 20$. 数据点展示了表面组分随溅射厚度的变化, 实线是基于式 (9.36) 的计算结果.

对 Fe 进行类似的 Au 注入实验. 实验测得 $Y = 4.4$, $R_p = 49$ nm. 图 9.11 比较了计算结果和实验结果, 其中, N_{Au}/N_{Fe} 的最大值约为 0.3, 显著高于 N_{Au}/N_{Cu} 的最大值 (约为 0.05). 这主要是因为溅射产额的不同导致的.

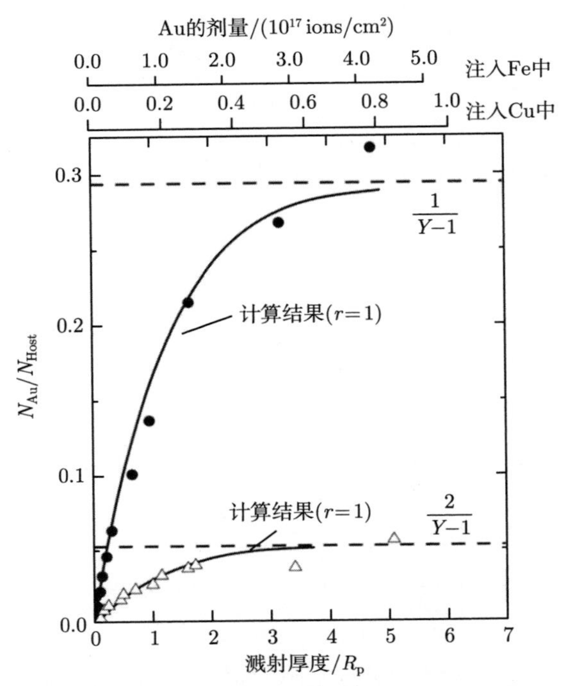

图 9.11 高剂量注入能量为 150 keV 的 Au 到 Cu(△, $Y=20$, $R_p=41$ nm) 和 Fe(●, $Y=4.4$, $R_p=49$ nm) 中, Au 的浓度积累. Cu 中的饱和 Au 浓度比 Fe 中的饱和 Au 浓度要低得多, 这是因为 Cu 的溅射产额更高. 实线由式 (9.36) 计算得到, 在计算中使用了实验测得的 Y 和 R_p 值, 并假设 $r=1$ (引自参考文献 (Liau et al., 1980))

图 9.12 显示了能量为 150 keV 的 Ta 注入 Cu 中的结果, 测得的溅射产额约为 12.5. N_{Ta}/N_{Cu} 的最大值高达 0.25, 此时, $r \cong 3$. 实线是基于式 (9.36) 的计算结果.

9.8.1 能量为 45 keV 的 Pt 注入 Si 中

由式 (9.20), 可将优先溅射因子 r 定义为 $J_{Si}/J_{Pt}=r(N_{Si}/N_{Pt})$, 并且在 Ar 注入 PtSi 中时, 其测量值约为 2. 当 $Y \cong 4.5$, $r \cong 2.0$ 时, 式 (9.24) 预测的稳态时的表面组分满足 $N_{Pt}/N_{Si}=2\times(4.5-1)^{-1}=0.57$, Pt 的浓度为 $N_{Pt}/(N_{Si}+N_{Pt})=36\%$.

为了计算达到稳态浓度时所需 Pt 的剂量, 对于能量为 45 keV 的 Pt 注入 Si 中的情况, 估算得 $R_p=29$ nm. 为了达到稳态浓度的 90%, 必须溅射移除

$4R_p$(即 116 nm) 的厚度, 这一厚度相当于 5.8×10^{17} atoms/cm^2(已知 Si 的原子密度为 5.0×10^{22} atoms/cm^3). 若溅射产额为 4.5, 则需要的 Pt 剂量为 1.3×10^{17} ions/cm^2.

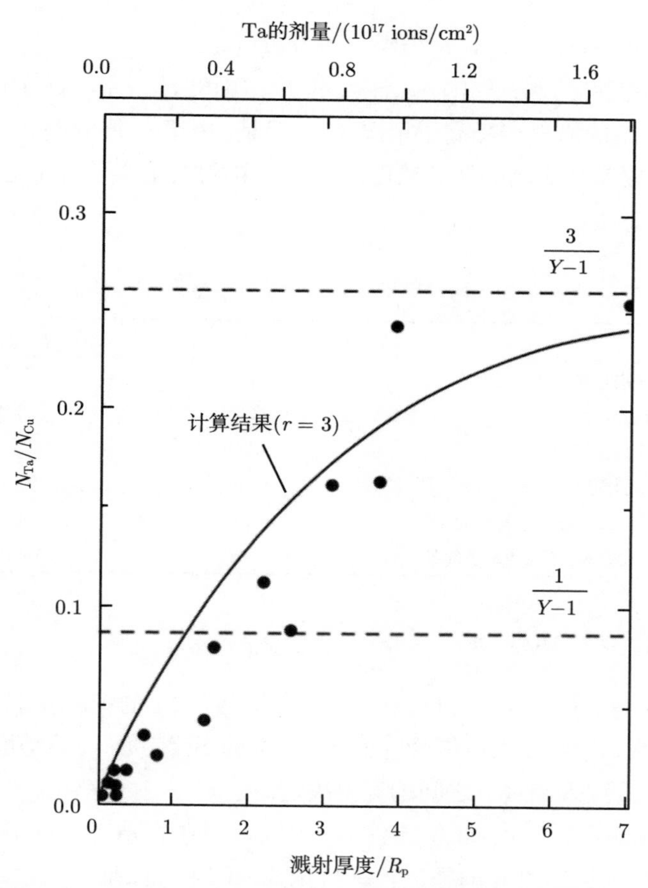

图 9.12　高剂量注入能量为 150 keV 的 Ta 到 Cu($Y = 12.5$, $R_p = 36$ nm) 中, Ta 的浓度积累. 注入的 Ta 的浓度显著高于 $1/Y$, 当用简单模型 (见式 (9.36)) 处理实验数据时, 得到 $r \cong 3$ (引自参考文献 (Liau et al., 1980))

9.8.2 能量为 45 keV 的 Si 注入 Pt 中

如果用能量为 45 keV 的 Si 注入 Pt 中, 则优先溅射因子 r 定义为 $J_{Pt}/J_{Si} = r(N_{Pt}/N_{Si})$, 其测量值约为 0.5. 当 $Y \cong 3.0$, $r \cong 0.5$ 时, 式 (9.24) 预测的稳态时的

表面组分满足 $N_{\text{Si}}/N_{\text{Pt}} = 0.5 \times (3.0-1)^{-1} = 0.25$, Si 的浓度为 $N_{\text{Si}}/(N_{\text{Pt}}+N_{\text{Si}}) = 20\%$.

为了达到稳态浓度的 90%, 必须溅射移除 32 nm 的厚度, 这一厚度相当于 2.1×10^{17} atoms/cm^2(已知 Pt 的原子密度为 6.6×10^{22} atoms/cm^3). 若溅射产额为 3.0, 则需要的 Si 剂量为 0.7×10^{17} ions/cm^2.

关于以上两种注入方式 ((i)Pt 注入 Si 中, (ii)Si 注入 Pt 中) 的讨论总结在表 9.3 中. 情况 (i) 的溅射产额高于情况 (ii), 但是, 由于 r 值的差异, 情况 (i) 相比于情况 (ii) 可以实现更高的注入浓度. 由于同样的原因, 情况 (i) 也需要溅射更多才能达到其稳态浓度.

表 9.3　两种离子的注入情况 (能量为 45 keV)

	情况 (i)：Pt 注入 Si 中	情况 (ii)：Si 注入 Pt 中
溅射产额 Y	4.5	3.0
优先溅射因子 r	2	0.5
稳态浓度	36%	20%
溅射厚度	29 nm	32 nm
达到稳态浓度的 90% 时, 被溅射材料的厚度	116 nm	32 nm
达到稳态浓度的 90% 时, 所需的离子剂量	1.3×10^{17} ions/cm^2	0.7×10^{17} ions/cm^2

9.8.3 Si 注入 PtSi 中

如前所述, 若将 Si 注入 PtSi 中, 则会产生富含 Si 的 Pt–Si 混合物. 然而, 由于 Si 的优先溅射, Si 注入可能会降低 PtSi 中的 Si 浓度, 而不是增大其浓度. 注入样品的组分由注入和溅射之间的竞争决定.

将上面的例子模型化, 即将 A 注入 AB 中. AB 在稳态时有不同的边界条件. 开始时为 AB, 在稳态时并不是 $J_A = J_{\text{i}}$(见式 (9.22)), 而是

$$J_A - J_B = J_{\text{i}}. \tag{9.41}$$

总溅射产额仍为 $J_A + J_B = YJ_{\text{i}}$(见式 (9.21)). 式 (9.20) 表述的关系仍然成立. 因此, 结合式 (9.41) 和式 (9.21), 可得

$$J_A = (Y+1)\,J_{\text{i}}/2, \tag{9.42a}$$

$$J_B = (Y-1)\,J_{\mathrm{i}}/2. \tag{9.42b}$$

将 J_A 和 J_B 代入式 (9.20)(即 $J_B/J_A = r(N_B/N_A)$), 可得

$$N_A/N_B = r\,(Y+1)\,/\,(Y-1)\,, \tag{9.43}$$

此即稳态时的表面组分.

当 $Y \gg 1$ 时, 式 (9.43) 可简化为 $N_A/N_B = r$, 这与惰性气体离子溅射合金 AB 的结果相同. 这是因为在高溅射产额 Y 下, 只有非常少量的注入离子可以留在材料中.

对于 Si 注入 PtSi 中的情况, 稳态时的表面组分由式 (9.43) 给出, 即$N_{\mathrm{Si}}/N_{\mathrm{Pt}} = r\,(Y+1)\,/\,(Y-1)$, 其中，$r \cong 0.5$, 因此表面组分取决于总溅射产额 Y, 如图 9.13 所示. 当 $Y > 3$ 时, 注入后的 PtSi 中的 Si 浓度降低, 这是由于 Y 太大以至于没有足够多的注入 Si 离子留在样品中来抵消 Si 的优先溅射. 当 $Y = 3$ 时, PtSi 在注入 Si 后保持组分不变. 当 $Y < 3$ 时, 更多的注入 Si 离子留在样品中, 使样品变得富 Si.

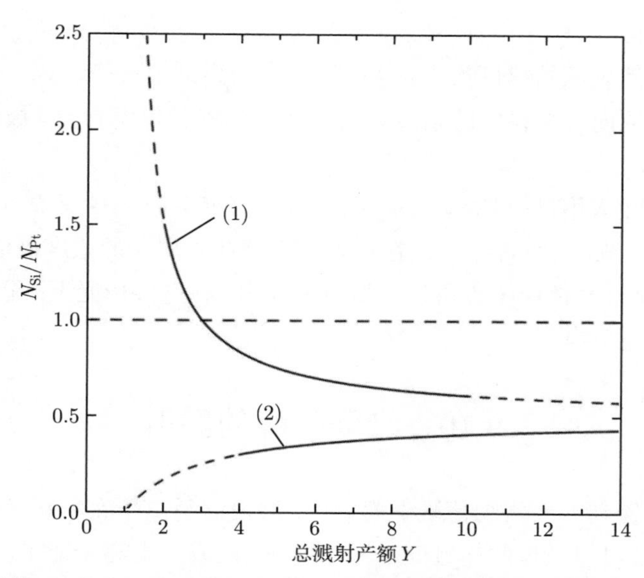

图 9.13 高剂量的 Si(1) 和 Pt(2) 注入 PtSi 中的稳态时的表面组分预测. 如果总溅射产额 Y 大于 3, 则 Si 注入 PtSi 中将导致 Si 浓度降低, 这是因为 Si 的优先溅射. 最终的组分由注入和溅射之间的竞争来确定 (引自参考文献 (Liau et al., 1980))

9.9 影响高剂量离子注入浓度的因素

由于大多数溅射原子具有较低的能量, 且来自近表面的原子层, 因此溅射概率对表面的状况非常敏感. 表面的一层很薄的污染物或氧化物可以有效地保护材料不被溅射, 并在极大程度上影响 Y 和 r, 这反过来又影响了注入后材料的状态.

表面的状况受若干因素影响, 例如, 真空中的残余气体、靶材料, 以及入射离子束的束流强度. 例如, 在真空条件不好时, 离子注入会导致样品表面形成碳层. 在溅射中, 易氧化材料经常容易形成薄的氧化物层. 为了使表面氧化物层最小化, 通常需要良好的真空条件和高束流强度 (高溅射概率). 碳层和氧化物层都能极大地降低材料的溅射产额, 这会显著增大最大注入浓度. 由于氧化物的偏析效应, 表面氧化物层也会影响优先溅射因子 r.

形成表面氧化物层和碳层会增大最大注入浓度, 但是, 由于原子混合, 在长时间注入后, 表面的氧化物和碳可能会被混到注入层中, 这些杂质会导致材料中出现其他结构变化.

溅射也会使表面粗糙度增大, 这可能会影响高剂量离子注入. 研究发现表面粗糙度与晶格取向、材料中的杂质、离子种类和溅射角度有关. 极粗糙的表面会降低溅射产额.

在高剂量注入惰性气体离子时, 研究也已观察到材料中会有气泡形成, 以及起泡效应存在. 背散射实验显示, 在近表面区域注入离子的浓度极低. 这表明, 即使没有溅射, 惰性气体原子也可以从材料中逸出. 在这些情况下, 无法应用前面章节中所描述的简单模型.

9.10 级联热峰的溅射

在 9.2 节提到的西格蒙德溅射模型中, 假设溅射离子在材料表面产生的级联是线性的, 并且可以通过两体碰撞来近似描述. 随着入射离子能量的降低, 移位原子之间的平均自由程 (见 7.11 节) 接近晶格中的原子间距, 两体碰撞近似不再成立. 在这种条件下, 表面级联碰撞的能量沉积密度变得相当高, 有效温度可能超过材料的熔点和汽化点. 在这种情况下, 溅射过程符合级联热峰模型, 并且可能产生异常高的溅射产额. 如图 9.14 所示, 当 Au 离子的能量高达上千 keV 时, 实验测得的 Au 的自溅射产额远大于西格蒙德线性级联模型预测的产额 (见式 (9.2)).

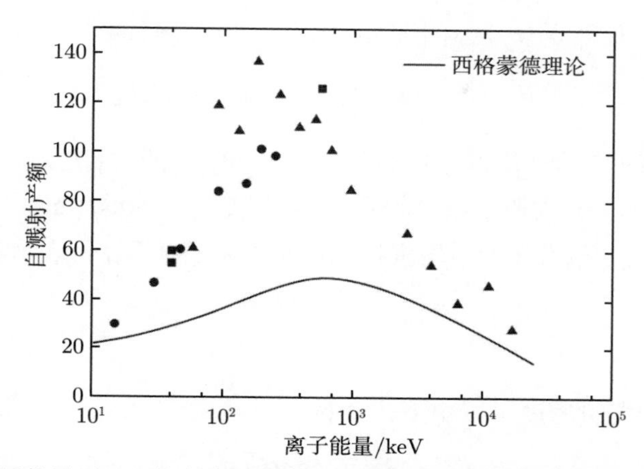

图 9.14　比较不同能量下 Au 的实验测得的自溅射产额与使用西格蒙德线性级联模型预测的产额 (见式 (9.2)), 不同的数据点表示不同的溅射实验 (引自参考文献 (Andersen, 1981))

在级联热峰区域, 可以通过假设原子为理想气体来估计溅射产额. 在理想气体近似下, 级联热峰表面体积内的原子符合麦克斯韦速度分布. 根据该速度分布, 可以计算出表面原子的平均速度, 反过来可以估计级联热峰表面区域的蒸发速率.

由气体动力学理论可以得到, 在温度为 T 时, 质量为 M_2 的原子的一维速度 (在 x 方向上) 分布为

$$f\left(v_x\right)=\left[M_2/(2\pi k_{\mathrm{B}}T)\right]^{1/2}\exp\left[-\frac{1}{2}M_2v_x^2/(k_{\mathrm{B}}T)\right], \tag{9.44}$$

其中, k_{B} 是玻尔兹曼常量. 因为速度范围为 0—∞, 所以平均速度为

$$\begin{aligned}\langle v_x\rangle &= \int_0^{\infty} v_x f\left(v_x\right)\mathrm{d}v_x\\ &= \left[M_2/(2\pi k_{\mathrm{B}}T)\right]^{1/2}\int_0^{\infty} v_x\exp\left[-\frac{1}{2}M_2v_x^2/(k_{\mathrm{B}}T)\right]\mathrm{d}v_x\\ &= \left(\frac{k_{\mathrm{B}}T}{2\pi M_2}\right)^{1/2}.\end{aligned} \tag{9.45}$$

以蒸发激活能作为表面束缚能 U_0, 当表面温度为 T_{surf} 时, 单位时间内单位面积上的蒸发速率 J_{e} 为 (Sigmund, 1981)

$$\begin{aligned} J_{\text{e}} &\cong N \langle v_x \rangle \exp\left[-U_0/(k_{\text{B}} T_{\text{surf}})\right] \\ &= N \left[k_{\text{B}} T_{\text{surf}}/(2\pi M_2)\right]^{1/2} \exp\left[-U_0/(k_{\text{B}} T_{\text{surf}})\right], \end{aligned} \tag{9.46}$$

其中, N 是靶原子密度. 值得注意的是, 式 (9.46) 中的 $[k_{\text{B}} T_{\text{surf}}/(2\pi M_2)]^{1/2}$ 的单位是速度的单位, 当它与原子密度相乘时, 单位变为 atoms/(cm$^2 \cdot$ s).

表面温度 T_{surf} 与表面的平均沉积能量密度 $\bar{\theta}_{\text{surf}}$ 有关, 可表示为 (见式 (7.65))

$$\bar{\theta}_{\text{surf}} = \frac{3}{2} k_{\text{B}} T_{\text{surf}}. \tag{9.47}$$

表面的平均沉积能量密度可以由下式计算:

$$\bar{\theta}_{\text{surf}} = \frac{0.68^2 S_{\text{n}}(E)}{A_{\text{cas}}^{\text{surf}}}, \tag{9.48}$$

其中, $S_{\text{n}}(E)$ 是式 (9.4) 给出的核阻止截面, $A_{\text{cas}}^{\text{surf}}$ 是热级联面积. 在式 (9.48) 中, 假设表面的沉积能量等于核阻止, 表面的级联热峰可以近似为圆柱体, 则热级联面积可以表示为

$$A_{\text{cas}}^{\text{surf}} = \delta_{\text{corr}}^2 A_{\text{T}} = \delta_{\text{corr}}^2 \pi \left\langle Y^2 \right\rangle_{\text{D}}, \tag{9.49}$$

其中, A_{T} 是输运级联面积, 可以根据输运理论计算得到, 或者由多次蒙特卡罗方法计算其平均值得到. 在式 (9.49) 中, 输运级联半径被视为垂直于离子径迹的损伤 $\left\langle Y^2 \right\rangle_{\text{D}}^{1/2}$(见图 7.11). 变量 δ_{corr} 是级联体积的校正因子, 它将输运级联面积与单个级联面积相关联 (见式 (7.70) 和图 7.21). 考虑到沉积能量分布, 式 (9.48) 中加入了因子 0.68^2(见 7.11.4 小节).

设定一个级联热峰的寿命为 τ, 则溅射产额可表示为

$$Y_{\text{spike}} = \tau A_{\text{cas}}^{\text{surf}} J_{\text{e}}. \tag{9.50}$$

例如, 用能量分别为 1 keV, 5 keV, 10 keV, 20 keV, 100 keV 和 200 keV 的 Au 离子注入 Au 中. 为此, 首先需要确定级联面积, 这就需要知道离子射程, 以便从图 7.11 中得到离子损伤歧离. 级联面积由式 (9.49) 进行计算, 校正因子 δ_{corr} 取自图 7.21. 对于上述离子能量, 约化能量 ε 不超过 0.2, 表明参数 $m = 1/3$

适用. 在这个例子中, 将利用式 (9.4) 来计算核阻止截面, 以便确定 $\bar{\theta}_{\rm surf}$. 在利用式 (9.45) 计算 $\langle v_x \rangle$ 时, 采用 cgs 单位, 即 cm/s, 这就要求 M_2 以 g 为单位 ($M_{\rm Au} = 3.27 \times 10^{-22}$ g), $k_{\rm B} = 1.38 \times 10^{-16}$ erg/(atom·K). Au 的原子密度为 $N = 5.9 \times 10^{22}$ atoms/cm^3 = 59 atoms/nm^3(取自附录 A), 表面束缚能 $U_0 = 3.81$ eV (取自表 9.1). 表 9.4 中给出了 Au 离子注入 Au 中时通过计算得到的各个参数.

如果假设 $\tau = 10^{-12}$ s, 并对表 9.4 中通过计算得到的级联溅射产额与图 9.14 中给出的数据进行比较, 可以发现, 直到能量为 100 keV, 两个数据都符合得很好. 然而, 级联热峰模型 (见式 (9.50)) 似乎在能量高于 100 keV 时不再适用, 此时, 计算得到的数据显示溅射产额持续增大, 而级联热峰模型预测的却是溅射产额达到平台后快速下降.

表 9.4 Au 的级联热峰溅射

参数	Au 离子的能量/keV					
	1	5	10	20	100	200
$R_{\rm p}$/nm(由 TRIM 程序得到)	1.0	2.0	2.8	4.1	10.8	17.6
R/nm(取自图 6.8)	1.7	3.3	4.7	6.8	18.0	29.3
$(\langle X \rangle_{\rm D} \cong 0.5R)$/nm(取自图 7.11)	0.85	1.65	2.35	3.42	9.00	14.67
$\left(\left\langle Y^2 \right\rangle_{\rm D} \cong 0.2 \langle X \rangle_{\rm D}^2\right)$/nm^2(取自图 7.11)	0.14	0.55	1.06	2.33	16.20	43.01
$A_{\rm T}/(10^{-16}\ {\rm cm}^2)$	43	174	332	733	5089	1350
$S_{\rm n}(E)/(10^{-15}\ {\rm eV \cdot cm^2/atom})$(取自式 (9.4))	178	419	580	777	1312	1520
$\delta_{\rm corr}$(取自图 7.21)	0.6	0.6	0.6	0.6	0.6	0.6
$A_{\rm cas}^{\rm surf}/(10^{-14}\ {\rm cm}^2)$ (取自式 (9.49))	0.16	0.63	1.20	2.64	18.3	48.6
$\bar{\theta}_{\rm surf}$/eV(取自式 (9.48))	52.9	32.2	22.5	13.7	3.3	1.5
$T_{\rm surf}/(10^3\ {\rm K})$ (取自式 (9.47))	410	242	175	106	26	11
$\langle v_x \rangle/(10^3\ {\rm cm/s})$(取自式 (9.45))	166	127	108	85	42	28
$J_{\rm e}/[10^{27}\ {\rm atoms/(cm^2 \cdot s)}]$(取自式 (9.46))	8.8	6.3	5.0	2.7	0.4	0.03
$(Y_{\rm spike}/\tau)/(10^{12}\ {\rm s}^{-1})$(取自式 (9.50))	13.8	39.2	59.5	69.9	80.5	15.6

9.11 计算机模拟

使用蒙特卡罗和分子动力学方法都可以对溅射进行计算机模拟. 关于计算机模拟的详细描述请见参考文献 (Eckstein, 1991).

如第 8 章所述, TRIM 程序正是一种两体碰撞蒙特卡罗方法, 可被用于预测溅射产额. 追踪在整个减速过程中的入射离子和反冲原子, 直到它们的能量低于预设能量. 通常, 入射离子的能量阈值为 5 eV, 而反冲原子的能量阈值为表面束缚能. 图 9.15 比较了 TRIM 计算和实验测得的溅射产额 Y 与垂直于表面入射的离子能量之间的关系. TRIM 计算结果与实验结果符合得很好.

如 9.9 节所述, 当离子的平均自由程接近靶的平均原子间距时, 两体碰撞近似不再适用. 在这种情况下, 离子和靶原子之间的相互作用变成了多体问题, 需要利用分子动力学方法来进行精确模拟. 加利 (Ghaly) 和阿韦尔巴克 (1994) 使用分子动力学模拟研究了能量为 10 keV 和 20 keV 的 Au 离子对 0 K 下的 Au 靶的影响.

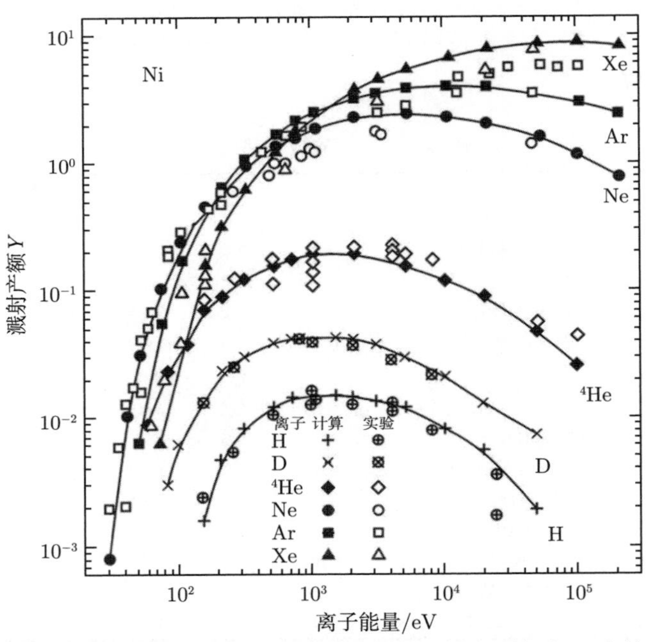

图 9.15 TRIM 计算和实验测得的溅射产额 Y 与垂直于表面入射到 Ni 上的气体离子能量之间的关系 (引自参考文献 (Ziegler et al., 1985))

能量为 10 keV 的 Au 离子入射到 Au 上的时间演化过程如图 9.16 所示. 这里展示的是 (100) 面内厚度为 $a_c/2$ 的一个剖面, 其中, a_c 是 Au 的晶格常数. 图 9.16(a)—9.16(d) 显示了表面级联的演化. 图 9.16(b) 显示了级联移位的径迹, 以及接近声速向外传播的冲击波的发展过程. 当级联能量扩散并使周围的晶格熔化时, 无序区域随时间增大. 图 9.17 显示了温度和压力随时间变化的曲线, 在时间约为 3 ps 时, 级联中心的温度超过 6000 K, 这会产生极高的压力. 这些级联热峰导致表面下空腔的形成, 它在 9.0 ps 时开始收缩. 图 9.16(d)—9.16(f) 显示, 在这个阶段, 级联内的压力会迫使热的液体喷到表面上. 熔化区域重新固化时会使大约 550 个原子从基体内跑到表面上.

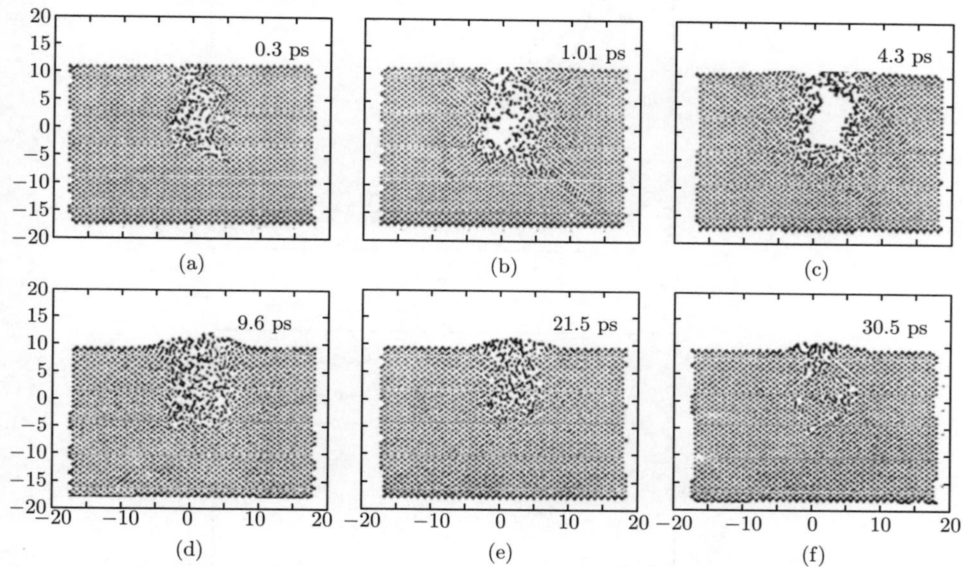

图 9.16　能量为 10 keV 的 Au 离子入射到 Au 上的时间演化过程 (引自参考文献 (Ghaly et al., 1994))

在这一单个事件中观察到的溅射产额是 4, 包括 3 个表面原子和 1 个表面下的原子. 所有的溅射原子在引发级联后的 0.2 ps 内出射. 有文献报道, 对于能量为 10 keV 的 Au 离子入射到 Au 上, 平均溅射产额是 20. 加利和阿韦尔巴克 (1994) 将实验结果和他们的计算结果之间的差异归因于溅射产额实验值的大幅度变化, 而且分子动力学模拟中可能包含沟道效应, 这将减小表面附近沉积的核能损.

模拟表明热峰对能量为 10 keV 情况下的溅射没有影响, 但是模拟得到的能量为 20 keV 情况下的溅射产额是 84. 在这 84 个原子中, 有 52 个是在最开始的 0.2 ps 内出射的, 其余 32 个是在接下来的 7 ps 内出射的. 对于能量为 20 keV 的 Au 离子入射到 Au 上, 级联热峰模型的计算结果 (见式 (9.50)) 与分子动力学模拟结果符合得很好.

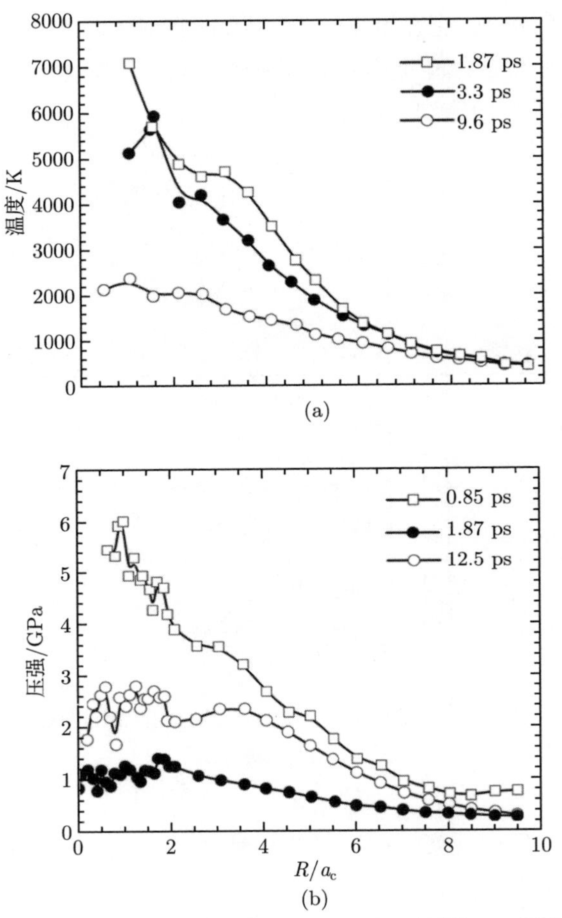

图 9.17　能量为 10 keV 的 Au 离子入射到 Au 上, 在不同时刻的 (a) 温度和 (b) 压力. 这些数据表明, 时间大约为 3 ps 时, 级联中心的温度超过 6000 K, 这会产生极高的压力 (引自参考文献 (Ghaly et al., 1994))

参考文献

Andersen, H. H. and H. L. Bay (1981) Sputtering Yield Measurements, in *Sputtering by Particle Bombardment I: Physical Sputtering of Single Element Solids*, R. Behrisch, ed., Topics in Applied Physics Vol. 47 (Springer-Verlag, Berlin), pp. 145-218.

Betz, G. and G. K. Wehner (1983) Sputtering of Multicomponent Materials, in *Sputtering by Particle Bombardment I: Physical Sputtering of Single Element Solids*, R. Behrisch,

ed., Topics in Applied Physics Vol. 47 (Springer-Verlag, Berlin), pp. 11-90.
Eckstein, W. (1991) *Computer Simulations of Ion-Solid Interactions* (Springer-Verlag, Berlin), chap. 12.
Ghaly, M. and R. S. Averback (1994) The Effect of Viscous Flow on Ion Damage Near Solid Surfaces, *Phys. Rev. Lett.* **72**, 364.
Hubler, G. K. (1987) Ion Beam Processing, *Naval Research Laboratory Memorandum Report* 5928.
Kittel, C. (1976) *Introduction to Solid State Physics* (Wiley, New York), 5th edn.
Liau, Z. L. and J. W. Mayer (1980) Ion Bombardment Effects on Material Composition, in *Treatise on Materials Science and Technology*, J. K. Hirvonen, ed. (Academic Press, New York).
Matsunami, N., Y. Yamamura, Y. Itikawa, N. Itoh, Y. Kazumata, S. Miyagawa, K. Morita, R. Shimizu, and H. Tawara (1984) Energy Dependence of the Ion-Induced Sputtering Yields of Monatomic Solids, *Atomic Data and Nuclear Data Tables* **31**, 1-84.
Sigmund, P. (1981) Sputtering by Ion Bombardment: Theoretical Concepts, in *Sputtering by Particle Bombardment I: Physical Sputtering of Single Element Solids*, R. Behrisch, ed., Topics in Applied Physics Vol. 47 (Springer-Verlag, Berlin), pp. 9-71.
Yamamura, Y. and J. Bohdansky (1985) *Vacuum* **35**, 561.
Yamamura, Y. and N. Itoh (1989) Sputtering Yield, in *Ion Beam Assisted Film Growth*, ed. T. Itoh (Elsevier, Amsterdam). chap. 4.
Ziegler, J. F., J. P. Biersack, and V. Littmark (1985) *The Stopping and Range of Ions in Solids* (Pergamon, New York).

推荐阅读

Computer Simulations of Ion-Solid Interactions, W. Eckstein (Springer-Verlag, Berlin, 1991), chap. 12.
Energy Dependence of the Ion-Induced Sputtering Yields of Monatomic Solids, N. Matsunami, Y. Yamamura, Y. Itikawa, N. Itoh, Y. Kazumata, S. Miyagawa, K. Morita, R. Shimizu, and H. Tawara, *Atomic Data and Nuclear Data Tables* **31** (1984), 1-84.
Fundamentals of Surface and Thin Film Analysis, L. C. Feldman and J. W. Mayer (North-Holland, New York, 1986).
Ion Bombardment Effects on Material Composition, Z. L. Liau and J. W. Mayer, in *Ion Implantation*, J. K. Hirvonen, ed. (Academic Press, New York, 1980), chap. 2.
Ion-Bombardment-Induced Composition Changes in Alloys and Compounds, H. H. Andersen, in *Ion Implantation and Beam Processing*, J. S. Williams and J. M. Poate, eds. (Academic Press, New York, 1984), chap. 6.
Ion Implantation, in *Treatise on Materials Science and Technology*, J. K. Hirvonen, ed. (Academic Press, New York, 1980).

Ion Implantation, Sputtering and Their Applications, P. D. Townsend, J. C. Kelly, and N. E. W. Hartley (Academic Press, New York, 1976).

Limits of Composition Achievable by Ion Implantation, Z. L. Liau and J. W. Mayer, *J. Vacuum Sci. Technol.* **15**, 1629-35, 1978.

Sputtering by Particle Bombardment I: Physical Sputtering of Single Element Solids, Topics in Applied Physics Vol. 47, R. Behrisch, ed. (Springer-Verlag, Berlin, 1981).

Sputtering by Particle Bombardment II: Sputtering of Alloys and Compound, Electron and Neutron Sputtering, Surface Topography, Topics in Applied Physics Vol. 52, R. Behrisch, ed. (Springer-Verlag, Berlin, 1983).

Sputtering by Particle Bombardment, III: Characteristics of Sputtered Particles, Technical Applications Topics in Applied Physics Vol. 64, R. Behrisch and K. Wittmaack, eds (Springer-Verlag, Berlin, 1991).

Sputtering Yield, Y. Yamamura and N. Itoh, in *Ion Beam Assisted Film Growth*, ed. T. Itoh (Elsevier, Amsterdam, 1989), chap. 4.

Surface and Depth Analysis Based on Sputtering, K. Wittmaack, in *Sputtering by Particle Bombardment, III: Characteristics of Sputtered Particles, Technical Applications* Topics in Applied Physics Vol. 64, R. Behrisch and K. Wittmaack, eds. (Springer-Verlag, Berlin, 1991).

Thin Film and Depth Profile Analysis, H. Oechsner, Topics in Current Physics Vol. 37 (Springer-Verlag, Berlin, 1984).

第 10 章　辐照致有序–无序转变和离子注入冶金学

10.1　辐照导致的化学有序–无序转变

实验表明, 辐照会导致有序合金变得化学无序. 有序合金中的辐照效应是由化学无序和化学有序二者之间的竞争过程来描述的, 其中, 化学无序是由原子移位和级联损伤引起的原子替换导致的, 而辐照增强扩散效应会促进化学有序 (Aronin, 1954; Butler, 1979; Liou et al., 1979; Polenok, 1973; Schulson, 1979; Zee et al., 1980). 在本章中, 将讨论离子辐照条件下的有序和无序过程的解析表达式.

10.1.1　长程有序参数 S_{LR}

对于一个由 A 原子和 B 原子组成的化学有序的二元合金, A, B 原子分别占据 α 和 β 晶格位点. 在完全有序条件下, A 原子完全占据 α 晶格位点, 而 B 原子完全占据 β 晶格位点. 对于这种合金, 长程有序参数 S_{LR} 的布拉格–威廉斯 (Bragg-Williams) 定义为

$$S_{\mathrm{LR}} \equiv \frac{P_A^\alpha - x_A}{1 - x_A} = \frac{P_B^\beta - x_B}{1 - x_B}, \tag{10.1}$$

其中, P_A^α 和 P_B^β 分别是 A 原子和 B 原子占据 α 晶格位点和 β 晶格位点的概率, x_A 和 x_B 分别是相应原子种类的原子 (浓度) 百分比 (即 $x_A + x_B = 1$). 对于完全有序合金, $P_A^\alpha = P_B^\beta = 1$, 所以 $S_{\mathrm{LR}} = 1$. 对于完全无序合金, $P_A^\alpha = x_A$, $P_B^\beta = x_B$, 所以 $S_{\mathrm{LR}} = 0$.

通过式 (10.1) 可以将 P_A^α 和 P_B^β 写成如下形式:

$$\begin{aligned} P_A^\alpha &= x_A + (1 - x_A)S_{\mathrm{LR}}, \\ P_B^\beta &= x_B + (1 - x_B)S_{\mathrm{LR}} = 1 - x_A(1 - S_{\mathrm{LR}}). \end{aligned} \tag{10.2}$$

这样, 就给出了 A 原子和 B 原子在各自晶格位点上的概率. 同样地, 还可以定义 A 原子占据 β 晶格位点的概率 P_A^β, 以及 B 原子占据 α 晶格位点的概率 P_B^α, 它

们的表达式为

$$
\begin{aligned}
P_A^\beta &= x_A(1 - S_{\rm LR}), \\
P_B^\alpha &= x_B(1 - S_{\rm LR}) = (1 - x_A)(1 - S_{\rm LR}).
\end{aligned} \tag{10.3}
$$

由式 (10.3) 可知, 当 A 原子和 B 原子在"错误"的晶格位点上的概率等于它们各自的原子百分比 x_A 和 x_B 时, 长程有序参数 $S_{\rm LR}$ 变为零.

当讨论有序合金受到辐照时的情况, 可以利用稳态速率方程来定义长程有序参数的变化率 ${\rm d}S_{\rm LR}/{\rm d}t$, 它包含辐照引起无序化的速率 $\left.\dfrac{{\rm d}S_{\rm LR}}{{\rm d}t}\right|_{\rm irr}$ 和辐照增强引起有序化的速率 $\left.\dfrac{{\rm d}S_{\rm LR}}{{\rm d}t}\right|_{\rm ord}$ 之间的平衡, 即

$$
\frac{{\rm d}S_{\rm LR}}{{\rm d}t} = \left.\frac{{\rm d}S_{\rm LR}}{{\rm d}t}\right|_{\rm irr} + \left.\frac{{\rm d}S_{\rm LR}}{{\rm d}t}\right|_{\rm ord}. \tag{10.4}
$$

式 (10.4) 给出了稳态条件下合金受到辐照时的有序度. 这里将通过两个特定辐照条件的无序项来对式 (10.4) 进行求解: (a) 点缺陷的产生占主导地位, 导致原子移位, 其中的主要缺陷是弗仑克尔对, 以及产生反位缺陷的替位碰撞; (b) 级联和移位峰占主导地位, 导致材料无序.

10.1.2　辐照导致的无序: 点缺陷

点缺陷是辐照损伤的主要形式, 点缺陷引起无序的主要机制包括: (a) 间隙原子 A 和 B 与"错误"的空位重新复合, 导致 A 和 B 原子分别占据 β 和 α 晶格位点; (b) 替位级联碰撞, 导致出现沿着级联路径上的晶格无序, 如图 7.16 所示.

为了确定不同辐照条件下的无序化速率 $\left.\dfrac{{\rm d}S_{\rm LR}}{{\rm d}t}\right|_{\rm irr}$, 必须考虑在原子移位过程中, A 原子占据的 α 晶格位点被 B 原子取代造成无序的概率, 以及 B 原子占据 α 晶格位点后又被 A 原子替换回有序的概率之间的平衡. 对于离子剂量的增量 ${\rm d}\phi$, α 晶格位点被 B 原子占据而转变为无序状态的概率为 $-\kappa P_A^\alpha P_B {\rm d}\phi$, 其中, P_B 是 B 原子占据 α 晶格位点的概率, κ 是一个常数. 此外, α 晶格位点的 B 原子被 A 原子取代的概率为 $\kappa P_B^\alpha P_A {\rm d}\phi$, 其中, P_A 为 A 原子占据 α 晶格位点的概率. 因此 α 晶格位点处无序的总概率为

$$
{\rm d}P_A^\alpha = -\kappa P_A^\alpha P_B {\rm d}\phi - \kappa P_B^\alpha P_A {\rm d}\phi. \tag{10.5}
$$

式 (10.5) 可以通过令 A 原子或 B 原子占据 α 晶格位点的概率等于它们各自的原子百分比, 即 $P_A = x_A$, $P_B = x_B$ 来进一步简化. 除此之外, $\mathrm{d}P_A^\alpha$ 可以通过式 (10.2) 得到, 即 $\mathrm{d}P_A^\alpha = (1 - x_A)\mathrm{d}S_{\mathrm{LR}}$. 利用式 (10.2) 和式 (10.3), 可将式 (10.5) 简化为

$$\mathrm{d}S_{\mathrm{LR}} = -\kappa S_{\mathrm{LR}}\mathrm{d}\phi, \tag{10.6}$$

或者以速率的形式表示为

$$\left.\frac{\mathrm{d}S_{\mathrm{LR}}}{\mathrm{d}t}\right|_{\mathrm{irr}} = -\kappa S_{\mathrm{LR}}\frac{\mathrm{d}\phi}{\mathrm{d}t}, \tag{10.7}$$

其中, 比例系数 κ 与离子剂量 $\mathrm{d}\phi$ 下发生在每个晶格位点上的平均替位数 (replacements per atom, 简称 rpa)[①] 相关 (Aronin, 1954), 即

$$\mathrm{d}(\mathrm{rpa}) = \kappa\mathrm{d}\phi. \tag{10.8}$$

利用式 (7.44), 可将离子剂量 $\mathrm{d}\phi$ 对应的 dpa 表示为

$$\mathrm{d}(\mathrm{dpa}) = \sigma_{\mathrm{d}}\mathrm{d}\phi, \tag{10.9}$$

其中, σ_{d} 为移位截面 (见式 (7.33)[②]). 比较式 (10.8) 和式 (10.9), 可以发现比例系数 κ 等于替位截面, 即

$$\kappa = \frac{\mathrm{rpa}}{\mathrm{dpa}}\sigma_{\mathrm{d}} = N_{\mathrm{r/d}}\sigma_{\mathrm{d}}, \tag{10.10}$$

其中, 定义 $N_{\mathrm{r/d}}$ 为替位数与移位数之比.

因此辐照导致无序的速率方程 (见式 (10.7)) 可以改写为

$$\left.\frac{\mathrm{d}S_{\mathrm{LR}}}{\mathrm{d}t}\right|_{\mathrm{irr}} = -N_{\mathrm{r/d}}\sigma_{\mathrm{d}}S_{\mathrm{LR}}\frac{\mathrm{d}\phi}{\mathrm{d}t}. \tag{10.11}$$

通过式 (7.44) 给出的移位截面与离子剂量之间的关系, 可知

$$\frac{\mathrm{d}(\mathrm{dpa})}{\mathrm{d}t} \equiv K_{\mathrm{d}} = \sigma_{\mathrm{d}}\frac{\mathrm{d}\phi}{\mathrm{d}t}, \tag{10.12}$$

---

① 我们将使用 rpa 来表示每个原子的替位数, 这与 7.6 节中给出的 dpa 的定义类似.

② 式 (7.33) 定义的移位截面是针对单质靶的. 对于二元靶, 移位截面定义为 $\sigma_{\mathrm{d}}^{AB} = x_A\sigma_{\mathrm{d}}^A + x_B\sigma_{\mathrm{d}}^B$, 其中, x_A 和 x_B, 以及 σ_{d}^A 和 σ_{d}^B 分别是 A 原子和 B 原子的原子百分比及移位截面.

其中, K_d 定义为原子移位速率, 因此可将辐照导致无序的速率方程 (见式 (10.11)) 改写为

$$\left.\frac{\mathrm{d}S_\mathrm{LR}}{\mathrm{d}t}\right|_\mathrm{irr} = -N_{\mathrm{r/d}}K_\mathrm{d}S_\mathrm{LR}, \tag{10.13}$$

这里, 变量 $N_{\mathrm{r/d}}$ 通常称为无序化效率, 与辐照的类型紧密相关. 一般来说, 对于重离子和中子辐照, $N_{\mathrm{r/d}}$ 一般为 10 到 100; 而对于电子辐照, $N_{\mathrm{r/d}}$ 一般为 1 到 3 (Russell, 1984).

通过对式 (10.11) 求积分, 即

$$\int_{S_0}^{S_\mathrm{irr}}\frac{\mathrm{d}S_\mathrm{LR}}{S_\mathrm{LR}} = -\int_0^{\phi}N_{\mathrm{r/d}}\sigma_\mathrm{d}\mathrm{d}\phi, \tag{10.14}$$

可以得到在不考虑晶格重新有序排列的情况下, 由辐照导致的长程有序参数 S_irr, 即

$$S_\mathrm{irr} = S_0\exp(-N_{\mathrm{r/d}}\sigma_\mathrm{d}\phi) = S_0\exp(-\mathrm{dpa}N_{\mathrm{r/d}}), \tag{10.15}$$

其中, S_0 为辐照前靶中有序度的初始值.

10.1.3　辐照导致的无序: 密集级联

当有序材料在低温下受到重离子辐照时, 级联区域可能会出现完全无序的状态. 在理想条件下, 每个级联产生一个完全无序的体积, 且晶格中的原子重排被抑制, 此时, 每个离子导致的材料无序增长率可以描述为 (Gibbons, 1972)

$$\frac{\mathrm{d}V_\mathrm{D}}{\mathrm{d}N_\mathrm{ion}} = \langle V_\mathrm{cas}\rangle\left(1 - V_\mathrm{D}/V_0\right), \tag{10.16}$$

其中, V_D 为无序材料的体积, N_ion 为辐照样品的入射离子的总数, $\langle V_\mathrm{cas}\rangle$ 为平均级联体积, V_0 为总辐照体积. 等号右边圆括号里的项表示的是在有序材料中出现新级联的概率.

式 (10.16) 可以改写成

$$\frac{\mathrm{d}V_\mathrm{D}}{1 - V_\mathrm{D}/V_0} = \langle V_\mathrm{cas}\rangle\,\mathrm{d}N_\mathrm{ion},$$

对上式求积分后可得

$$\ln\left(1-V_{\mathrm{D}}/V_{0}\right)=-\frac{\langle V_{\mathrm{cas}}\rangle}{V_{0}}N_{\mathrm{ion}}=-\frac{\langle V_{\mathrm{cas}}\rangle}{\Delta t}\phi, \tag{10.17}$$

其中, 总辐照体积 V_0 等于单位辐照面积乘以辐照区域的厚度 Δt, ϕ 为单位面积上的离子剂量. 对式 (10.17) 等号两边同时取指数, 可以得到

$$\frac{V_{\mathrm{D}}}{V_{0}}=1-\exp\left(-\frac{\langle V_{\mathrm{cas}}\rangle\phi}{\Delta t}\right), \tag{10.18}$$

其中, V_{D}/V_0 为无序材料在厚度为 Δt、离子剂量为 ϕ 的条件下的体积分数. 式 (10.18) 也可以应用于材料的直接级联导致的非晶化[①] 问题, 其中, V_{D} 用非晶化体积 V_A 来代替.

无序材料的体积分数 V_{D}/V_0 与长程有序参数 S_{cas} 直接相关, 其中, 使用下角标 cas 来表示级联导致的无序. 当 $V_{\mathrm{D}}/V_0=1$ 时, 材料完全无序, $S_{\mathrm{cas}}=0$. 当 $V_{\mathrm{D}}/V_0=0$ 时, 材料处于初始有序状态, $S_{\mathrm{cas}}=S_0$. 因此可以写出一个联系无序材料体积分数与长程有序参数的表达式, 即

$$S_{\mathrm{cas}}=S_0(1-V_{\mathrm{D}}/V_0). \tag{10.19}$$

结合式 (10.18), 可以得到

$$S_{\mathrm{cas}}=S_0\exp\left(-\frac{\langle V_{\mathrm{cas}}\rangle\phi}{\Delta t}\right). \tag{10.20}$$

式 (10.20) 表明, 在直接级联导致无序的范围内, 长程有序参数随离子剂量和平均级联体积以指数形式变化. 通过将 S_{cas}/S_0 对离子剂量 ϕ 取对数, 可以从无序化实验中获得平均级联体积.

值得注意的是, 由直接级联导致的无序或非晶化的假设并不总是合理的. 轻离子的实验已经表明, 在某些情况下, 每单位体积需要多于一个级联才可以实现完全无序化转变. 在吉本斯 (Gibbons) 重叠模型 (1972) 中, 假设两个级联体积必须重叠才能产生完全无序. 在完全未损伤的体积中形成级联的概率由 V_{u}/V_0 给出, 其中, V_{u} 是总辐照体积 V_0 中未损伤部分的体积. 同样, 在部分无序体积中形成级联的概率由 V_{PD}/V_0 给出, 其中, V_{PD} 是总辐照体积 V_0 中处于部分无序状态的体积. 在重叠模型中, 未受辐照损伤体积随辐照样品的入射离子总数的变化为

① 在第 12 章中, 我们将更详细地讨论材料在受到离子辐照时可能发生的相变. 一种常见的现象是, 具有高度有序结构的晶体转变为缺乏长程有序结构的无定形固体 (见图 1.5). 这种产生无定形固体的过程称为非晶化.

$$\frac{\mathrm{d}V_{\mathrm{u}}}{\mathrm{d}N_{\mathrm{ion}}}=-\left\langle V_{\mathrm{cas}}\right\rangle \frac{V_{\mathrm{u}}}{V_0}, \tag{10.21a}$$

部分受辐照损伤体积随辐照样品的入射离子总数的变化为

$$\frac{\mathrm{d}V_{\mathrm{PD}}}{\mathrm{d}N_{\mathrm{ion}}}=\left\langle V_{\mathrm{cas}}\right\rangle \left(\frac{V_{\mathrm{u}}}{V_0}-\frac{V_{\mathrm{PD}}}{V_0}\right), \tag{10.21b}$$

其中, 等号右边的第一项是未受辐照损伤材料的部分无序体积, 第二项是部分无序材料通过转变为完全无序材料而损失的部分无序体积. 完全无序材料的体积增大可以表示为

$$\frac{\mathrm{d}V_{\mathrm{D}}}{\mathrm{d}N_{\mathrm{ion}}}=-\left\langle V_{\mathrm{cas}}\right\rangle \frac{V_{\mathrm{PD}}}{V_0}. \tag{10.21c}$$

由式 (10.21a)—(10.21c), 可以解出 V_{D}, 它满足

$$\frac{V_{\mathrm{D}}}{V_0}=1-(1+\left\langle V_{\mathrm{cas}}\right\rangle \phi/\Delta t)\exp\left(-\left\langle V_{\mathrm{cas}}\right\rangle \phi/\Delta t\right). \tag{10.22}$$

将重叠模型扩展到 n 个级联体积必须重叠才能产生完全无序或完全无定形区域的情况, 有 (Gibbons, 1972)

$$\frac{V_{\mathrm{D}}}{V_0}=1-\sum_{k=0}^{n}\frac{\left(\left\langle V_{\mathrm{cas}}\right\rangle \phi/\Delta t\right)^k}{k!}\exp\left(-\left\langle V_{\mathrm{cas}}\right\rangle \phi/\Delta t\right). \tag{10.23}$$

图 10.1 给出了基于式 (10.18)、式 (10.22) 和式 (10.23) 表示的无序材料的体积分数的演化. 从图 10.1 中可以看出, 与材料预损伤相关的孕育期一旦完成, 对于 $n>0$, 无序材料的体积分数的变化速率更快. 式 (10.22) 和式 (10.23) 给出的无序材料的体积分数可以转换成一个用式 (10.19) 来描述长程有序参数的表达式.

丹尼斯 (Dennis) 和黑尔 (Hale) (1978) 提出了一个涉及级联重叠的更复杂的模型. 在他们的模型中, 一些级联的产生能够使材料直接转变为完全无序 (或非晶) 状态, 而另一些级联的产生只能造成其体积内部分转变为无序, 并且必须经历第二次级联才能完全无序化, 但是此处不详细讨论这个模型.

10.1.4　辐照增强的热重排

当离子辐照造成有序合金无序化时, 其恢复化学有序状态的驱动力强度将由热力学规律决定 (见第 12 章). 由于无序状态不是平衡态, 因此合金中总是存在驱动力, 并且动力学是重新排序的最主要的影响因素. 无序合金的动力学行为已经被很多科学家研究过了 (Butler, 1979; Dienes, 1955; Liou et al., 1979; Nowick et al.,

1958). 根据利乌 (Liou) 和威尔克斯 (Wilkes) (1979), 以及迪恩斯 (Dienes) (1955) 等工作可知, 在未受辐照的情况下, 材料的长程有序参数随时间的变化率为

$$\left.\frac{\mathrm{d}S_{\mathrm{LR}}}{\mathrm{d}t}\right|_{\mathrm{th}} = \Psi_k \left\{x_A x_B (1-S_{\mathrm{LR}})^2 - \left[S_{\mathrm{LR}} - x_A x_B (1-S_{\mathrm{LR}})^2\right] \exp[-V_{\mathrm{OD}}/(k_{\mathrm{B}}T)]\right\}, \tag{10.24}$$

其中, Ψ_k 代表从无序到有序的动力学势垒, x_A 和 x_B 分别为 A 原子和 B 原子在合金中的原子百分比, V_{OD} 为有序焓, 代表材料完全有序和无序之间的能量差. 在布拉格和威廉斯 (1934a, 1934b) 的关于有序–无序的模型中, 有序焓 V_{OD} 定义为

$$V_{\mathrm{OD}} = V_{AB} S_{\mathrm{LR}}, \tag{10.25}$$

其中, V_{AB} 是形成 AB 原子对所需要的能量. 假设通过空位机制实现有序化过程, 则 Ψ_k 可以表示为

$$\Psi_k = C_{\mathrm{v}} \nu \exp[-E_{\mathrm{m}}^{\mathrm{v}}/(k_{\mathrm{B}}T)], \tag{10.26}$$

其中, C_{v} 是空位浓度, ν 是 A 原子和 B 原子的平均振动频率, $E_{\mathrm{m}}^{\mathrm{v}}$ 是空位迁移能.

在 8.3 节中已经表明, 辐照可以提高点缺陷的浓度. 在势阱密度较低且缺陷的相互复合过程决定缺陷浓度的情况下, 空位浓度可以近似表示为

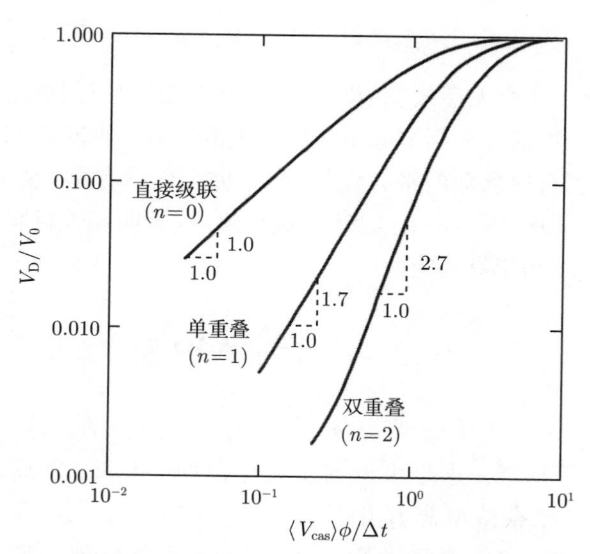

图 10.1 基于式 (10.18) 和式 (10.22) (单重叠), 以及基于式 (10.23) (双重叠) 表示的无序材料的体积分数演化的对比. 结果表明, 与材料预损伤相关的孕育期一旦完成, 对于 $n > 0$, 无序材料的体积分数的变化速率更快

$$C_{\rm v} \cong \sqrt{\frac{K_{\rm d}}{\varGamma_{\rm v}}}, \tag{10.27}$$

其中, $K_{\rm d}$ 是原子移位速率, $\varGamma_{\rm v}$ 是空位跳跃频率. 结合式 (10.24)—(10.27), 可以得到辐照增强导致有序化的速率方程为

$$\left.\frac{{\rm d}S_{\rm LR}}{{\rm d}t}\right|_{\rm ord} \cong \sqrt{\frac{K_{\rm d}}{\varGamma_{\rm v}}}\nu \exp[-E_{\rm m}^{\rm v}/(k_{\rm B}T)]\{x_A x_B(1-S_{\rm LR})^2 - \left[S_{\rm LR} - x_A x_B(1-S_{\rm LR})^2\right]\exp[-S_{\rm LR}V_{AB}/(k_{\rm B}T)]\}. \tag{10.28}$$

式 (10.28) 描述了辐照增强导致有序化的动力学过程, 与热扩散相比, 辐照增强扩散的作用是非常显著的.

对于辐照增强扩散的情形, 式 (10.27) 是适用的, 此时, 扩散系数可由式 (8.33) 计算得出, 扩散激活能为 $E_{\rm m}^{\rm v}/2$. 实验结果表明, 相对于化学有序状态, 无序合金中的原子扩散激活能较低 (Brandes, 1983). 这些实验结果给出了关于有序–无序合金中扩散的理论分析的证据 (Girifalco, 1973). 利用准化学方法并仅考虑在 AB 合金中最近邻的具有相同数量的 A 原子和 B 原子, 在空位主导的扩散机制中, 空位迁移能可以表示为

$$E_{\rm m}^{\rm v} = E_{\rm m}^{\rm v}(0) + \varDelta_{\rm m}S_{\rm LR}^2, \tag{10.29}$$

其中, $E_{\rm m}^{\rm v}(0)$ 为处于完全无序状态 (即 $S_{\rm LR}=0$) 时的空位迁移能, $\varDelta_{\rm m}$ 是与原子对之间相互作用势和扩散势垒周围原子排序相关的常数. 通过式 (10.29) 可以发现, 空位迁移能随长程有序参数的平方变化, 它在完全化学有序 ($S_{\rm LR}=1$) 时达到最大值, 在完全化学无序 ($S_{\rm LR}=0$) 时达到最小值, 这表明随着材料有序化程度的增加, 有序化过程的动力学被约束.

10.2　离子注入冶金

离子注入技术广泛应用于半导体工业, 通过可重复的方式引入掺杂原子, 可改变材料的电学等性能. 这是由于与扩散掺杂的晶片相比, 离子注入掺杂的浓度高度可控, 并且掺杂浓度高好几个数量级. 在冶金领域, 离子注入通过载能 (通常为几十到几百 keV) 离子束注入合金, 几乎可将任何元素注入任何基底的近表面区域, 而无须考虑溶解度和扩散率等热力学规律. 这些因素与低温处理相结合, 在很多应用方面实现了突破. 在几乎所有情况下, 改性区域都发生在基底

最外层的 μm 范围内, 通常仅发生在近表面的几十 nm 内. 表 10.1 总结了离子注入方法的优缺点.

表 10.1 离子注入方法的优缺点

优点	缺点
可获得与热力学判据无关的表面合金	难以获得很深的改性层
无分层问题出现	必须瞄准[a]
无尺寸变化	合金浓度受溅射影响
可实现常温生产	成本较其他表面改性技术高
工艺灵活	

注: [a] 随着等离子体离子源离子注入系统投入生产, 这一限制可能会被取消.

在注入过程中, 离子在小于 10^{-12} s 的时间内就会耗尽能量并停留在样品表面下方, 产生一个近表面的改性区域, 其中, 注入元素的浓度可高达 50% (原子百分比). 由于淬火时间短, 因此可以在室温下得到许多通过其他技术无法获得的新型表面合金或化合物, 包括具有独特物理和化学性质的高亚稳态和非晶态合金. 除了非半导体材料的离子注入改性研究外, 该方法的应用也扩展到了其他领域, 例如, 腐蚀、氧化、老化、超导、光学和冶金学等. 除金属外, 聚合物和陶瓷也越来越受到研究者的关注, 其主要目的是提高聚合物的导电性、陶瓷的断裂韧性和摩擦性能. 表 10.2 总结了离子注入的部分应用领域.

表 10.2 离子注入的部分应用领域

表面改性	基体	离子种类	备注
磨损	钢铁、碳化钨、钛合金	氮、碳 10%—20%	钛合金的商业化应用
摩擦	陶瓷: Al_2O_3	银、钛和碳 $\geqslant 10^{17}$ ions/cm^2	摩擦加热主导
断裂	钛合金、钢铁	氮、碳 $\geqslant 10^{17}$ ions/cm^2	表面老化的影响
断裂韧性	陶瓷: Al_2O_3, TiN	氩 10^{15}—10^{17} ions/cm^2	辐照损伤评估
化学腐蚀催化	钢铁、钛合金、铂	铬、铬和磷 $\geqslant 10^{17}$ ions/cm^2	能否模拟"普通合金"、非晶态合金
表面氧化	超合金	钇、铈 $\geqslant 10^{15}$ ions/cm^2	界面注入
电导	聚合物、陶瓷	氩、氟	链断裂、掺杂
光学: 折射率	玻璃、光电材料	锂、氩	掺杂和晶格无序的控制

10.3　离子注入冶金与相的形成

在考虑与射程、投影射程、投影射程歧离和注入离子射程分布相关的因素时，将离子注入的基底视为各向同性的无定形固体，并利用原子物理学来描述离子与固体相互作用. 在离子注入冶金中，关注离子与基底原子的两体碰撞过程对合金形成和微观结构演化的影响. 大多数离子注入的基底本质上是 (多晶) 晶体，近表面注入区域的机械或化学行为在很大程度上取决于在基底晶格中所注入的原子. 因此需要知道注入的离子在基底中的晶格位点 (替位或间隙位)，以及所得到的合金是晶体还是非晶体. 为了更好地理解离子注入冶金学，首先需要了解二元平衡相图和平衡冶金方法中影响杂质原子晶格位点的因素，以及快速淬火技术.

10.3.1　简单的二元平衡相图：固溶体

二元合金的固溶体是一种组分可以取代另一种组分的相. 如果所有比例均可取代，则可以形成连续的系列固溶体. 组分范围处于二元相图两端的固溶体称为端部固溶体 (或一次固溶体). 金属间化合物在具有特定的组分比例时具有较高的互溶性.

当原子之间的尺寸差异足够大时，容易形成间隙固溶体，半径较小的原子占据半径较大原子的晶格间距中的空隙或空位. 非金属物质容易形成这种结构，例如，H, O, N 或 C 是 Fe-C 晶格中特别重要的元素.

两种类型的固溶体都可以在不同程度上显示随机或有序行为，完全有序的固溶体称为超晶格结构. 另一方面，合金杂质可能表现出对其自身种类的偏好并形成离散的簇团，其中，每个原子占据替位 (或间隙位). 图 10.2 (Massalski, 1983) 显示了不同类型的固溶体.

二元平衡相图表明了合金相随温度和组分的稳定性，是二元合金研究的基础. 在实验演变和平衡相图的构筑中，假设在给定的组分和温度下，如果时间足够长，则合金能达到最低自由能的状态. 吉布斯 (Gibbs) 自由能 $G = H - TS + pV$ 具有最小值的组分，能够形成平衡相. 由于只考虑固态，因此可以假设 pV 项是常数，此时可只考虑其他两项的变化，即 H (焓) 和 TS (绝对温度乘以熵). 如果时间不够长，合金不能达到最低自由能的状态，则可以通过淬火使其达到比平衡相的自由能稍高的亚稳相. 离子注入形成亚稳相的重要性将在后面的章节中详细介绍. 在下面的讨论中，将仅仅围绕简单的平衡相.

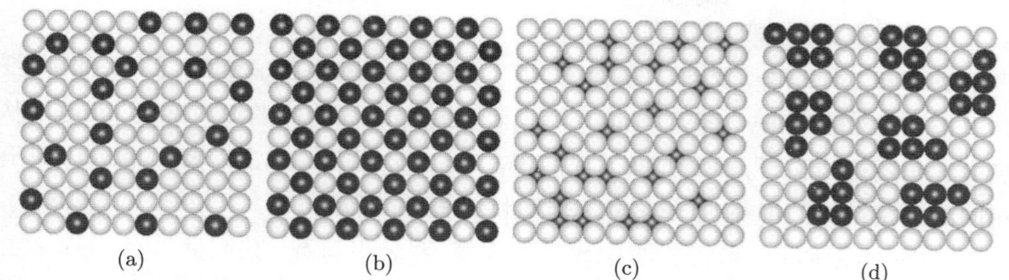

图 10.2 不同类型固溶体的示意图, (a) 随机取代, (b) 有序取代, (c) 随机间隙, (d) 簇团取代 (引自参考文献 (Massalski, 1983))

在不同原子的混合过程中, 由于晶格错配和价态差异或短程有序、形成簇团等, 它们的焓和熵都会发生变化, 因此人们希望原子在尺寸差异不大时形成固溶体, 以免造成较大的自由能变化或电化学性质的差异, 进而带来焓的显著变化. 这些因素决定了一般的合金化行为, 并构成了预测其行为的现象学规则, 这些将在后续章节中讨论.

例如, Ag–Au 可被视为一组理想的固溶体. Ag 和 Au 具有相同的面心立方结构, 以及基本相同的原子半径和电负性, 二者可以互溶. 如果 Ag 和 Au 混合, 例如, 通过固态扩散, 则实验上可以获得一组完全的固溶体, 这表明 Ag 和 Au 可以以任意比例互溶. 合金也是面心立方结构, Ag 和 Au 原子位于随机取代的晶格位点. 由维加德 (Vegard) 定律可知, 合金的晶格常数随着合金组分的变化 (从 Ag 到 Au) 而线性变化 (Hume–Rothery et al., 1969). 如图 10.3 (a) 所示的二元相图, 液相线平滑, 合金组分从 Ag 到 Au 变化时, 没有任何组分浓度结构 (即突变点) 形成的迹象. 固相线显示出类似的单调行为.

另外, 发现 Au–Cu 具有与 Ag–Au 类似的合金化行为, 尽管 Cu 的原子半径略小于 Au 的原子半径. 它们在相图中的行为是相似的, 除了液相线和固相线边界中突变点的形成外, 这些突变点对应于固态中 Cu_3Au, CuAu 和 $CuAu_3$ 的有序超晶格结构的存在.

而对于二元合金 Ag–Cu, 虽然预测可能会形成一组完全的固溶体, 但实际上并非如此. 因为 Ag 的原子半径比 Cu 的原子半径大约 13%, 即其“尺寸因子”接近于形成二元固溶体所允许的数值. 它是一种经典的共晶体系, Ag 在 Cu (α 相) 中的溶解度和 Cu 在 Ag (β 相) 中的溶解度都非常有限. 如果 Ag–Cu 合金从固溶体中缓慢冷却, 则所得固体将是 α 相和 β 相的混合物. 图 10.3 的三个相图显示了从完全溶解到共晶体系的进程.

要了解二元合金, 必须先解释图 10.3 的三个相图中所显示的行为. 休姆–罗瑟里 (Hume–Rothery) 等人 (1969) 基于经验提出了固溶体的形成准则, 并可以从热力学角度进行论证, 即形成完全固溶体二元合金体系的元素需要满足: (i) 具有相同的晶格结构; (ii) 在原子尺寸和电负性方面差异较小.

如图 10.3 所示, 考虑相图中元素的休姆–罗瑟里参数, 它们都具有: (i) 面心立方结构; (ii) 相当的电负性; (iii) 接近的原子尺寸 (a(Cu)= 0.361 nm, a(Ag)= 0.409 nm, a(Au)= 0.408 nm).

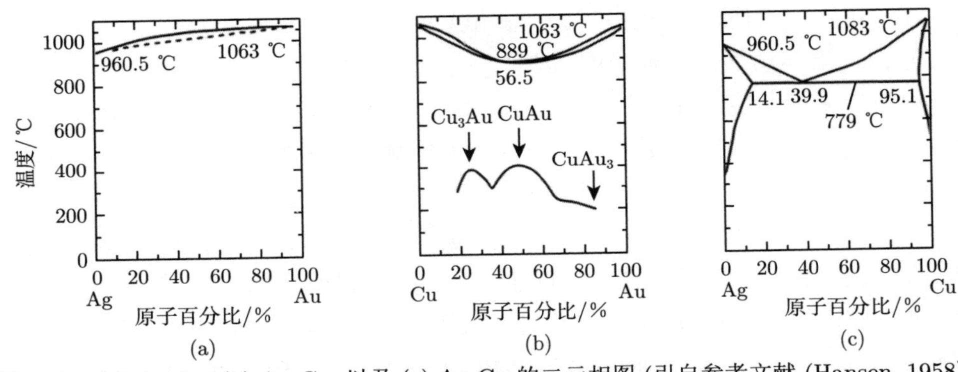

图 10.3　(a) Ag-Au, (b) Au-Cu, 以及 (c) Ag-Cu 的二元相图 (引自参考文献 (Hansen, 1958))

可以发现, 休姆–罗瑟里准则解释了 Ag-Au 和 Au-Cu 的固溶度, 但解释不了 Ag-Cu, 基于该准则, Ag 和 Cu 应具有完全的固溶度. 事实证明, 休姆–罗瑟里准则只是形成固溶体的必要条件. 对三种体系的完整热力学分析表明, 在 Ag-Au 和 Au-Cu 体系中, 合金的形成焓是负值, 而在 Ag-Cu 体系中, 合金的形成焓是正值.

尽管 Ag-Cu 相图从纯热力学角度来看是可以理解的, 但它违反了休姆–罗瑟里准则, 这促使研究者推测这些元素的固溶体可能存在一种自由能更高的相. 为了形成 Ag-Cu 固溶体, 他们开发了淬火这种实验技术, 以便形成亚稳态合金.

10.3.2　快速淬火金属体系: 亚稳态合金

克莱门特 (Klement)、威伦斯 (Willens) 和迪韦 (Duwez) (1960) 针对 Ag-Cu 体系的这种异常行为, 开发了用于生产亚稳态合金的快速淬火技术. 他们设想, 如果熔融 Ag-Cu 能够足够快地淬火, 则其固溶度可以在相图的组分范围内得到延伸, 从而得到一系列亚稳态固溶体. 他们开发了 “急冷法” 技术, 将熔融合金沉积到低温冷却的 Cu 表面. 利用这一技术, 实现了 10^6—10^7 K/s 的冷却速率, 并且淬火后的 Ag-Cu 合金是单相的, 其晶格常数遵循维加德定律的正偏差 (见图 10.4), 并预测晶格间距趋势 (二元合金) 将遵循对组分的线性依赖关系. 科恩 (Cohen) 和特恩布尔 (Turnbull) (1964) 也发现, 通过充分地快速淬火可以得到亚稳态无定形合金.

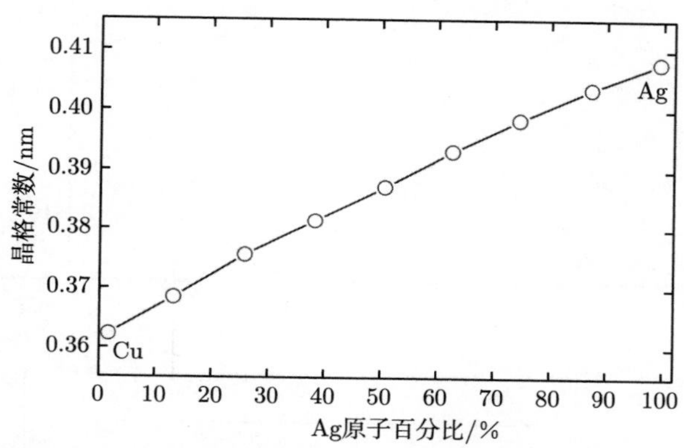

图 10.4 亚稳态 Ag-Cu 合金的晶格常数与 Ag 原子百分比之间的关系 (引自参考文献 (Duwez, 1967))

能够实现快速淬火的典型技术包括: (i) 液体喷溅冷却; (ii) 蒸气冷凝; (iii) 离子束诱导的级联淬火. 表 10.3 给出了与这几种技术相对应的淬火速率.

事实上, 金属单质可以以非晶态气相沉积到低温基体上, 当加入杂质后, 会对非晶相的稳定性产生影响, 使得这个问题更为复杂. 但是通过这种气相沉积也已经得到了非晶态合金, 例如, 研究者在 80 K 下通过气相沉积在无定形胶棉基体上形成了 Cu (46%)-Ag (54%) 合金, 并确定其为无定形非晶态结构 (Mader et al., 1967). 将该合金在 380 K 下加热 1.5 h, 会形成单相面心立方结构, 它相当于通过液体喷溅冷却产生的单相亚稳态固溶体. 再进一步通过 600 K 退火后, 该气相沉积得到的合金返回平衡的两相结构.

图 10.5 显示了通过气相沉积形成的其他无定形二元金属合金的组分范围与原子半径差异之间的对应关系. 该图清楚地表明非晶相的稳定范围取决于合金组分之间的原子半径差异. 例如, 由晶相和非晶相之间的实验数据点所绘制的相界表明 Ag-Au 非晶态合金不可能形成.

表 10.3　淬火速率

技术	淬火速率/(K/s)
熔融体淬火:	
液体喷溅	10^5—10^8
激光脉冲	10^9—10^{12}
凝结:	
气相	10^{12}
溅射	
化学	
离子辐照:	
离子轰击	10^{12}
离子注入	
离子束混合	

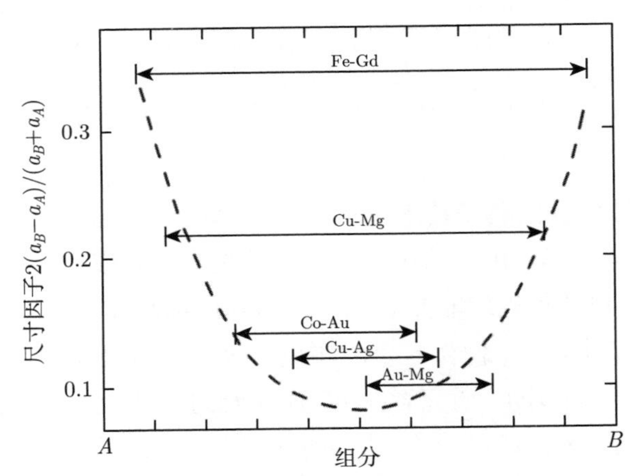

图 10.5　通过气相沉积形成的具有密排组分的二元金属合金的组分范围 (引自参考文献 (Mader, 1976))

许多其他无定形的金属体系可以通过快速淬火技术获得, 但它们通常含有一种非金属元素. 这些无定形的结构称为金属玻璃, 因为它们具有金属的导电性. 第一种通过熔融体喷溅冷却制成的无定形体系是 Au-Si (Klement et al., 1960). 现在通过各种常规技术, 包括液体喷溅、气相沉积和电沉积, 可以制备出无定形合金或金属玻璃. 与讨论相关的另一种技术是通过强激光脉冲照射快速加热和冷却合金中局部区域的方法, 这一过程称为激光上釉, 已经成功应用到材料的表面处理中, 但是它也存在缺点, 例如, 导致材料表面出现严重的拉力. 无定形合金和金属玻璃的详细描述请见参考文献 (Cahn, 1991).

在本章的其余部分, 将考虑在低剂量和高剂量离子注入下形成的合金, 该方法可在教学上用于讲解离子沟道研究中晶格位点的测量. 随后, 将讨论离子注入实验, 其中, 包含在合金浓度大于 1%时形成的合金和非晶相. 通过退火, 合金能够返回其平衡结构, 证明了其处于亚稳态. 此后, 将讨论在离子注入期间可能发生的化合物形成过程和沉淀现象. 最后, 将总结离子注入合金的实验数据和可能的形成机制.

10.3.3 注入杂质原子的晶格位点

进行离子注入的大多数材料具有有序的晶体点阵. 由于合金在各种应用中的性能受到合金化原子 (即杂质或外来原子) 在不同晶格位点的直接影响, 因此知道注入杂质原子停留的位置至关重要. 图 10.6 显示了处于不同晶格位点的原子, 包括: (i) 替位原子和杂质原子 (半导体术语); (ii) 间隙杂质和外来间隙原子 (虚线表明运动的低激活能); (iii) 空位和自间隙原子.

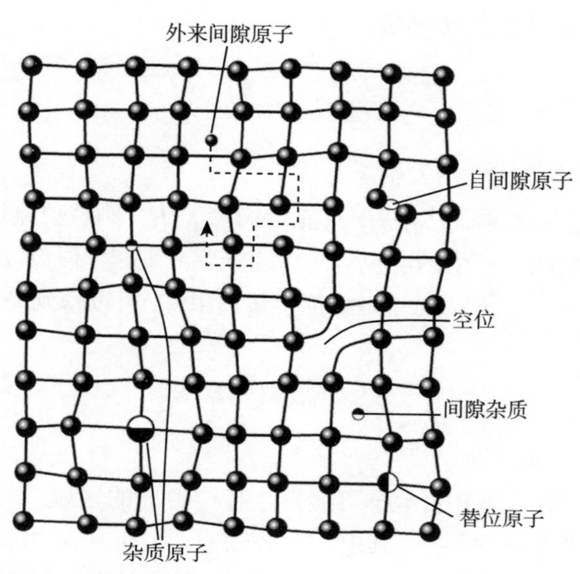

图 10.6 不同点缺陷所处的晶格位点, 包括间隙杂质和外来间隙原子、替位原子和杂质原子、空位和自间隙原子

10.3.3.1　替位碰撞: 动力学图像

初始动能为 100 keV 的离子注入固体, 经历约 10^{-13} s 的电子阻止和核阻止后在固体内部停留下来 (见第 4 章和第 5 章). 在阻止过程结束时, 离子能量降至 1 keV 以下, 基本上所有阻止过程都将归因于弹性 (原子) 散射. 此时, 入射离子有一定的概率使靶 (晶格) 原子移位, 但离子剩余的能量不足以使其从新产生的空位势阱中逃逸. 这种碰撞过程称为替位碰撞, 并将导致入射离子被产生的空位捕获 (见第 7 章). 碰撞过程可以理解如下: 能量为 E、质量为 M_1 的入射离子与质量为 M_2 的靶原子碰撞, 传递给靶原子的最大能量由动力学 (见式 (3.27)) 定义为

$$T_{\mathrm{M}} = \gamma E, \tag{10.30}$$

其中, γ 是与质量相关的动力学因子, 定义为

$$\gamma = 4M_1M_2/\left(M_1 + M_2\right)^2. \tag{10.31}$$

如果传递给靶原子的能量小于其移位阈能 (E_{d}), 即 $T < E_{\mathrm{d}}$, 则不会发生替位碰撞. 对于可能的最大能量传递事件, 有 $T_{\mathrm{M}} = \gamma E < E_{\mathrm{d}}$. 因此, 在低能, 即入射离子的能量满足

$$E < E_{\mathrm{d}}/\gamma \tag{10.32}$$

时, 替位碰撞不会在动力学上发生.

如果入射离子使靶原子移位后, 其能量仍大于 E_{c}, 则替位碰撞也不可能发生, 其中, E_{c} 表示逃脱刚刚产生的空位势阱所需的临界能量. 假设 $E_{\mathrm{c}} \sim E_{\mathrm{d}}$, 则该假设可以表示为 $E - T > E_{\mathrm{d}}$. 对于最大能量传递事件, 可以得到 $E - \gamma E > E_{\mathrm{d}}$. 因此, 在高能, 即

$$E > E_{\mathrm{d}}/\left(1 - \gamma\right) \tag{10.33}$$

时, 替位碰撞也不可能发生.

图 10.7 中的阴影部分表示了可能发生替位碰撞的区域. 该图显示了 γ 与 E/E_{d} 之间关系平面的一部分, 其中, $E_{\mathrm{c}} = E_{\mathrm{d}}$. 由图 10.7 可知, $\gamma = 0.8$ 的载能离子在 $E > 5E_{\mathrm{d}}$ 时不能发生替位碰撞. 对于特定的 γ, 随着离子损失能量, 它将沿着 γ 恒定的水平轴由右往左移动. 例如, Au 离子注入 Al 或 Cu 中, 有 $E_{\mathrm{c}} = E_{\mathrm{d}} = 25$ eV. Au-Al 的横切线 ($\gamma = 0.42$) 表明替位碰撞是不可能发生的, 而

对于 Au 离子注入 Cu ($\gamma = 0.72$) 中的情况, 替位碰撞在 30—130 eV 之间是可能发生的.

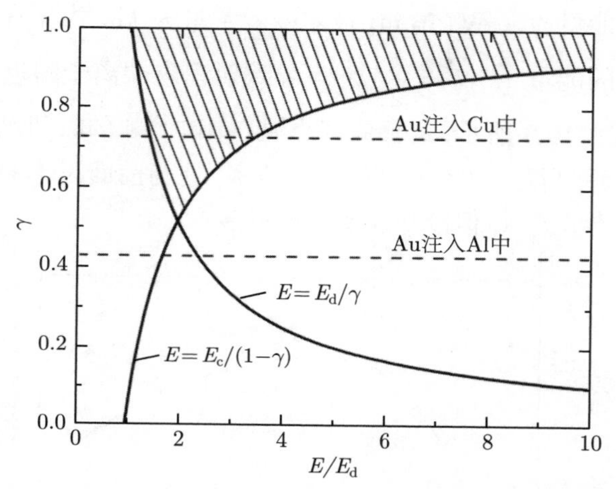

图 10.7 Au 离子注入 Al 和 Cu 中的离子替位碰撞的动力学描述, 阴影部分表示这种碰撞在动力学上的可行区域 (引自参考文献 (Brice, 1976))

德德里希斯 (Dederichs) 等人 (1965) 是最早计算初级反冲原子替位碰撞概率的学者们之一, 他们计算了入射离子与靶原子具有相同质量时的替位碰撞概率, 并获得了刚球和其他弹性散射情况的解决方案.

安德森 (1974) 也利用连续慢化近似, 计算了入射离子和靶原子质量不同时的替位碰撞概率. 然而, 他的计算忽略了束流衰减效应, 因此高估了替位碰撞概率.

随后, 布赖斯 (Brice) (1976) 推导并利用积分方程, 描述了这种替位碰撞概率 $P(E)$, 其形式上是入射离子质量 M_1、靶原子质量 M_2 和入射离子能量 E 的函数. 他的计算模型假设入射离子和靶原子之间发生两体碰撞. 布赖斯计算了 Cu 中各种离子的替位碰撞概率 $P(E)$, 结果如图 10.8 中的曲线所示, 其中, $E_{\mathrm{d}} = 25$ eV. 对于原子序数 $Z_1 = 40$ 的入射离子, 发生替位碰撞的概率约为 80%, 并且这些入射离子随后占据了 Cu 的位置. 图中也给出了 Cu 中注入离子替代分数的实验数据 (Sood, 1978). 很显然, 上面提出的替位碰撞概率在解释注入离子替代分数方面是存在问题的.

替位碰撞是两体碰撞, 并不能代表在减速过程中发生的多体碰撞事件. 在移位峰 (见第 7 章) 中, 级联碰撞后的大多数原子都从它们各自的晶格位点移位. 这与在射程末端发生的热峰中原子获得和传递能量 (低于移位阈能) 的运动不同. 计算和模拟已经表明, 在射程末端产生的级联内产生的能量大约为 1 eV/atom. 假设能量均分定理在级联内是适用的, 原子的能量与温度相关, 即 $E = 3k_{\mathrm{B}}T/2$ (见式 (7.65)). 假设能量为 1 eV/atom, 玻尔兹曼常量为 k_{B}, 由于在离子阻止过程中传递给晶格原子的能量 $\left(k_{\mathrm{B}}T = \dfrac{1}{2}Mv^2\right)$ 导致射程末端离子附近的局部有效温度高达 7800 K, 如图 10.9 所示, 这种局部高温在 10^{-12} s 的时间尺度上迅速消散成声子, 因此产生局部高达 10^{15} K/s 的淬火速率, 这与前面讨论的用于生产亚稳态合金的快速冷却技术类似, 但冷却速率要快得多.

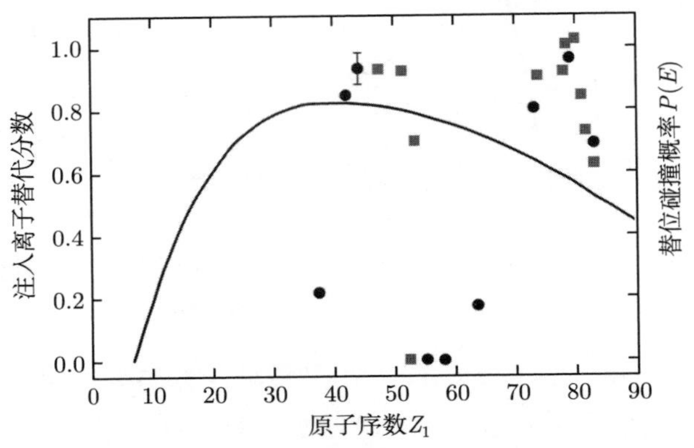

图 10.8　Cu 中的替位碰撞概率 (平滑曲线) 和各种注入离子替代分数的实验数据, ● 取自参考文献 (Sood et al., 1978), ■ 取自参考文献 (Borders et al., 1976b) (引自参考文献 (Brice, 1976; Sood, 1978))

10.3.3.2　休姆–罗瑟里准则

在前面关于替位碰撞的部分中, 讨论了注入离子在固体内部停留下来的位置. 如图 10.8 所示, 替位碰撞过程的动力学不一定能预测注入离子的最终停留位置. 例如, 即使离子在动力学上应停留在间隙位点, 但是, 如果在能量上许可, 它也可以占据空位. 这些结果表明, 材料本身也是决定注入离子最终所处晶格位点的重要因素.

从休姆–罗瑟里等人早期冶金工作开始时 (Hume-Rothery, 1961; Hume-Rothery et al., 1969), 休姆–罗瑟里准则就被用来确定初级固溶度的极限和某些中间相的稳定性. 该准则基于材料因素, 例如, 注入离子和靶原子之间的原子尺寸和电负性差异. 休姆–罗瑟里准则包括: (1) 如果组分的原子尺寸差异超过 15%, 则合金的固溶度受到限制; (2) 由原子组成的合金, 如果其中一个是带负电的, 而另一个是带正电的，则倾向于形成中间化合物，这将限制固溶度; (3) 电子浓度由所有价电子数和每个晶胞的原子数的比值决定，它决定了固溶度和中间相的稳定性. 马萨尔斯基 (Massalski) (1983) 进一步讨论了休姆–罗瑟里准则和固溶度的有效性.

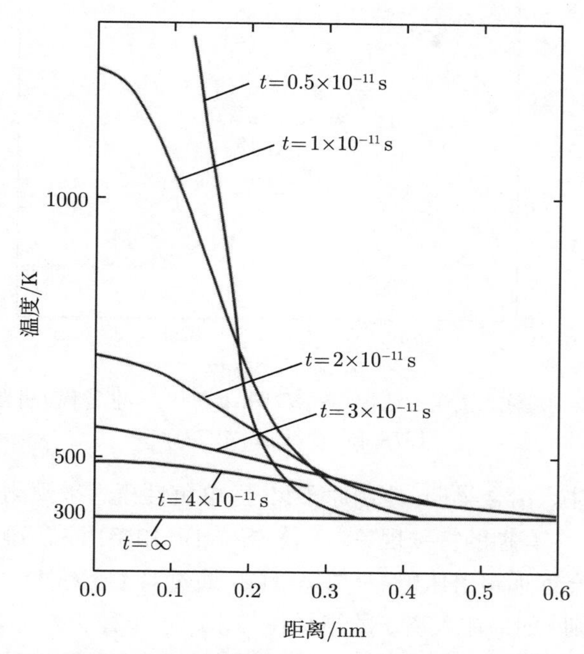

图 10.9 不同时间内的热峰温度随距离的分布 (引自参考文献 (Dienes et al., 1957))

达肯 (Darken) 和格尔瑞 (Gurry) (1953) 提出了一种通过休姆–罗瑟里准则预测固溶度的方法. 在他们的工作中，将固溶度与靶原子和杂质原子之间的原子尺寸和电负性差异联系起来. 他们发现，在原子尺寸 (横坐标) 和电负性 (纵坐标) 的组合图 (达肯–格尔瑞图，简称 D-G 图) 中，相对于给定靶原子的每个杂质原子都可以由一个点表示，且这些点越接近表示它们之间的相互溶解度越高. 在 D-G 图中，具有高固溶度的元素可以通过围绕给定点的椭圆边界反映出来，并且尺寸差异为 ±15%，电负性差异为 ±0.4. 图 10.10 为常温下的低剂量 ($\phi < 1\%$) 离子注入 Cu 中的 D-G 图 (Sood, 1978). 根据休姆–罗瑟里准则，那些与靶原子形成替代合金的元素应位于椭圆或圆内，其原子尺寸差异在 15%以内，并且电负性差异在 0.4 以内. 这显然不是 Cu 中杂质的情况，例如，注入的杂质 Bi, Pt 和 Ti 具有比 Cu 大 30%的原子半径，但是通过离子沟道测量方法显示，这些原子半径大的注入离

子依然是可以形成替代合金的.

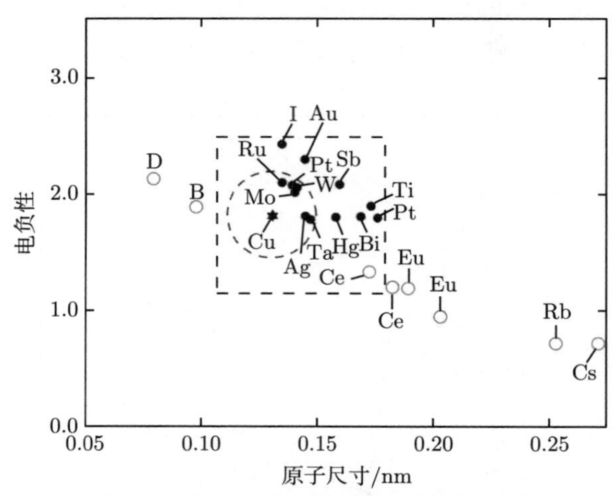

图 10.10　Cu 中低剂量注入离子的达肯–格尔瑞图: ●-替代, ○-非替代 (引自参考文献 (Sood, 1978; Sood et al., 1978))

因此在离子注入冶金早期, 应用原子尺寸–电负性概念来预测合金体系的注入替代时, 出现了一个有趣的特殊现象: 苏德 (Sood) (1978) 注意到, 对于 Cu 和 Fe, 大多数亚稳态合金远远超出休姆–罗瑟里极限. 通过对 Cu 和 Fe 的数据进行拟合, 他提出了经验准则: 如果注入离子的半径在与靶原子半径相差 -15% 到 40% 的范围内, 电负性在靶原子的 ± 0.7 范围内, 则会形成亚稳态替代固溶体. 通过这些修改后的休姆–罗瑟里准则预测的固溶度区域可由图 10.10 中的虚线围成的矩形表示. 苏德通过将该经验准则应用于 Ni 中检验了其有效性, 结果显示, 除了 B 和 La 外, 所有注入离子都符合此准则. 随后, 苏德和迪尔内利 (Dearnaley) (1978) 提出, 在级联碰撞末端形成的空位簇团除了替位碰撞概率较高之外, 还有助于使注入离子稳定地占据替代位点.

然而, 达肯–格尔瑞准则用于预测注入杂质晶格位点的有效性还是具有一定局限性的, 因为该准则不能预测或解释替位原子的出现.

10.3.3.3　米德马准则

米德马及其合作者 (de Boer et al., 1989) 提出了另一种半经验的合金化模型, 他们获得了 (合金化) 元素的热力学参数, 成功预测了五百多种合金的形成焓的特征数值. 米德马模型基于两个参数 ϕ^* 和 n_{ws}, 它们分别与二元合金的化学势和金

属中威格纳 (Wigner)–塞茨原胞边界处的电子密度有关, 且这两个参数都与二元合金的形成焓有关. 原胞模型中二元合金组分之间 ϕ^* 的差异导致跨越不同原胞边界的电荷转移, 从而降低形成焓. n_{ws} 的差异对应于原胞边界处的电子密度, 从而提高形成焓. 从更宏观的意义上说, n_{ws} 与单质液态金属的表面张力有关. 米德马通过对五百多种二元合金的形成焓的特征数值进行拟合, 确定了五十多种合金的这两个参数, 它们满足

$$\Delta H_{\mathrm{sol}} \propto -P\left(\Delta\phi^*\right)^2 + Q\left(\Delta n_{\mathrm{ws}}^{1/3}\right)^2, \tag{10.34}$$

其中, P 和 Q 为常数, 关于米德马表达式的详细信息见附录 F.

考夫曼 (Kaufmann) 等人 (1977), 以及维安登 (Vianden) 和考夫曼 (1978) 将 25 种金属元素注入 Be 中, 浓度 (原子百分比) 约为 0.1%, 并根据米德马参数为他们的实验结果建立了模型, 发现注入的原子将占据靶原子晶格中 3 个可能的晶格位点: (1) 常规的替代位点; (2) 八面体的间隙位点; (3) 四面体的间隙位点.

质量较轻的 Be 的注入情况是特别有趣的, 因为对于大多数注入离子而言, 替位碰撞在动力学上是不可能发生的. 此外, 质量较轻的离子有助于保证在级联碰撞中产生的缺陷密度最小. 需要注意的是, 质量较重的离子在射程末端不会产生空位. 而且, 在级联开始时, 由注入离子产生的缺陷在室温下的运动是受限的, 因此最终的杂质原子所处的晶格位点代表了注入元素的冶金或化学性质. 研究者们首先尝试使用达肯–格尔瑞图对 Be 的数据进行系统化分析, 结果显示了替代位点和间隙位点之间的部分偏离, 较大的原子被迫停留在晶格的间隙位点. 然而, 八面体和四面体的间隙位点之间没有明显的偏离. 随后, 他们进一步根据米德马模型拟合了他们的数据.

图 10.11 显示了 Be 的米德马参数的情况. 很明显, 不同的晶格位点, 例如, 替代位点、八面体和四面体的间隙位点, 位于不同区域. 这证明了米德马模型适用于这些特定的亚稳态注入构型. 考夫曼等人 (1977) 使用米德马参数修改了朗道–金斯伯格 (Landau-Ginsberg) 扩展的每个元素的位点能量差异, 以确定位点区域的边界. 得到的替位区域是椭圆形的, 并且八面体和四面体的间隙区域通过穿过替位区域的双曲线分开. 在图 10.11 中, Li 是一个例外. 考夫曼等人的测量结果 (1979) 表明, 注入的 Li 位于替代位点而不是之前预测的四面体的间隙位点. 其实, 这并不奇怪, 因为 Li 注入 Be 中的动力学因素可以发挥更重要的作用, 即替位碰撞发生的概率高 ($\delta = 0.8$) 且可以在射程末端产生空位. 这些实验和理论发展表

明, 将这些材料特性融入其中将大有可为.

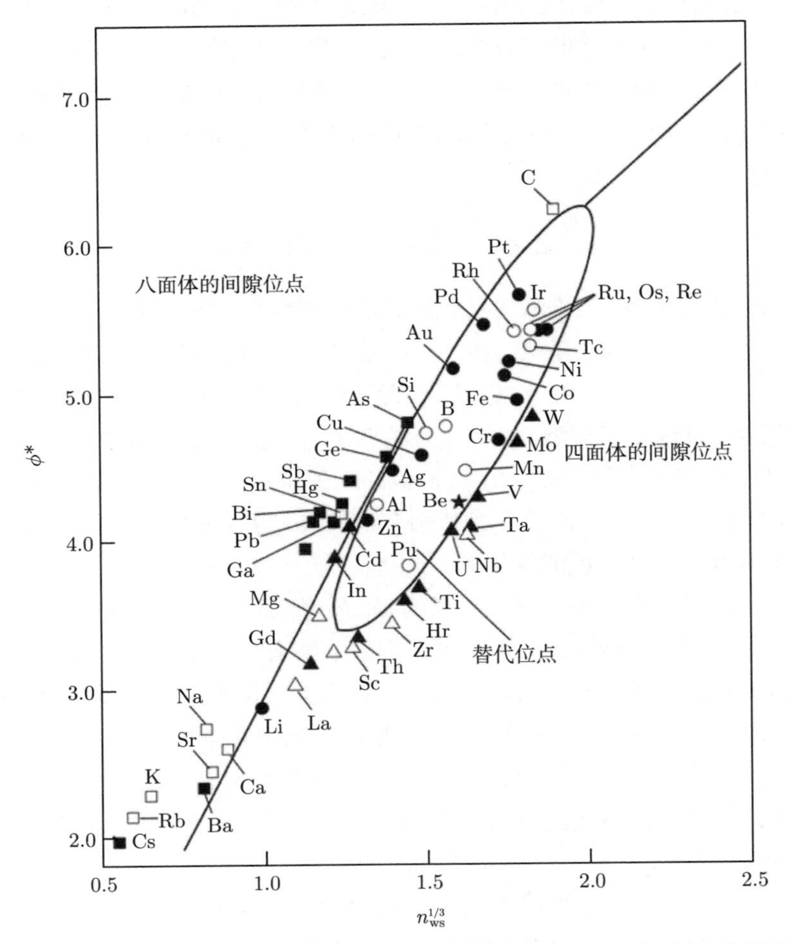

图 10.11　Be 的米德马参数的情况, 图中显示了理论预测 (空心符号) 和离子沟道测量实验观察到的 (实心符号) 注入离子的替代位点和间隙位点 (引自参考文献 (Kaufmann et al., 1977))

10.3.3.4　杂质原子与晶格缺陷相互作用

下面用修正后的金兴–皮斯方程 (即式 (7.16)) 表示注入离子在能损过程中产生的平均移位数:

$$\langle N_{\rm d}(E)\rangle = \xi\frac{\nu(E)}{2E_{\rm d}}, \tag{10.35}$$

其中，ξ 是接近 0.8 的常数，$\nu(E)$ 是损伤能量，E_{d} 是将原子从其晶格位点移位所需的移位阈能，大约为 25 eV. 每个注入离子在不断减速的过程中，可以产生数百至数千个移位，由于级联碰撞在几何形状上的相似性 (即分支)，因此可以用类树状结构对其进行描述. 初级移位原子将继续与其他晶格位点上的原子相互作用，产生链状的移位分布. 载能移位原子将依次发生: (i) 回到空位, (ii) 在晶格中 (间隙) 迁移，或 (iii) 被另一个晶格缺陷捕获. 自间隙原子与相邻的晶格空位重新复合的概率很高. 吉布森 (Gibson) 等人 (1960) 的计算机模拟结果显示，为了形成稳定的构型，自间隙原子和晶格空位之间的距离必须足够远. 自间隙原子和晶格空位被弹性势能所吸引，该弹性势能在几个晶格间距的范围内都是有效的，尤其是沿着密堆积的晶格方向，因此自间隙原子将与含有约 100 个原子的晶格体积内的晶格空位自发地非热复合.

自间隙原子可以通过一系列聚集碰撞从而沿着密堆积的方向运动，产生一系列相邻原子的替位，如图 10.12 所示. 该图显示了 Cu 中能量为 40 eV 的散射事件产生的原子径迹. 大圆圈显示晶格原子在 {100} 平面中的初始位置，小圆点给出相邻晶格原子在相互作用平面正上方和正下方的初始位置. 这里，初级移位原子 A 指向水平轴上方约 20° 方向，在 A 位置产生一个空位，并由此产生两个碰撞路径: $A \to C$ (45° 方向) 和 $A \to B$ (水平方向). $A \to B$ 碰撞路径的径迹显示原子返回其初始位置，而 $A \to C$ 碰撞路径导致在 C 处产生自间隙原子. 虚线将 A 处的不稳定位置与空位周围的稳定位置分开. 在 C 处产生的自间隙原子是稳定的,

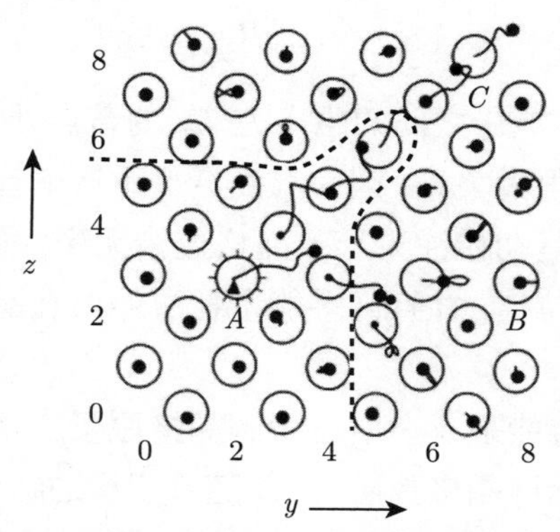

图 10.12　Cu 中能量为 40 eV 的散射事件产生的原子径迹，以及两个聚集的级联碰撞路径，即 $A \to B$ 和 $A \to C$ (引自参考文献 (Gibson et al., 1960))

并且构成弗仑克尔对 (即自间隙原子和空位对) 的一半. 这些碰撞仅发生在能量低于 40 eV 的条件下, 并不适用于更高能量的碰撞. 值得注意的是, 弗仑克尔对形成的特征能量明显高于通过热过程形成的空位 (约 1 eV) 或自间隙原子 (5 eV) 所需的能量.

空位与杂质相互作用可以在一定程度上解释注入离子替位比例较高的现象, 即是因为大尺寸原子导致的晶格错配应力的释放. 迈耶尔 (Meyer) 和图罗什 (Turos) (1987) 在他们对金属中注入不溶性元素占据晶格位点的综述中详细介绍了该内容.

根据热力学关系可知, 在给定温度下, 缺陷浓度与缺陷形成能 E^{f} 相关, 缺陷浓度的热力学表达式为

$$C = C_0 \exp[-E^{\mathrm{f}}/(k_{\mathrm{B}}T)]. \tag{10.36}$$

由此发现, 在 1000 K 时, 晶格中空位和间隙的相对浓度分别为 10^{-3} 和 10^{-26}. 这意味着晶格中自间隙原子的浓度可以忽略. 通过降低体系的总能量, 可以形成特定的缺陷结构. 对于金属, 自间隙原子最稳定的构型是“哑铃”型, 即两个原子共享一个晶格位点.

可以通过两种方法, 即弹性模型和电子结构计算, 来解释杂质原子与缺陷相互作用的性质. 杂质原子与缺陷相互作用不同于规则晶格原子的相互作用, 这使得杂质原子倾向于优先吸引或排斥点缺陷. 这种倾向通常可以用捕获半径 R_{t} 表示, 其中, 杂质原子与缺陷之间的吸引势将导致优先结合或形成杂质原子–缺陷复合体. 这种相互作用的能量如图 10.13 所示. 发生捕获的标准是形成捕获所需的能量是有利的, 即

$$\phi_{\mathrm{s}}(\infty) - \phi_{\mathrm{s}}(R_{\mathrm{t}}) \geqslant k_{\mathrm{B}}T, \tag{10.37}$$

其中, $\phi_{\mathrm{s}}(R_{\mathrm{t}})$ 是在与杂质原子之间的距离为 R_{t} 的鞍点处的相互作用势.

缺陷捕获与温度有很大关系, 因为温度会严重影响注入原子的捕获能力. 这种捕获的一个重要特征是初始注入导致晶格位错无序, 称为关联损伤. 这是指初始入射离子产生的晶格位错, 并且许多能量耗尽停留在晶格中的离子将保持在这些损伤位点附近.

在弹性模型中, 结合能来自杂质原子和晶格原子之间的尺寸不匹配产生的应力场. 相邻空位的存在允许晶格弛豫, 并伴随着能量的释放, 这一能量与初始晶格畸变成比例, 可以用定义为

$$\Omega_{\mathrm{sf}} = \frac{\Omega_B - \Omega_A}{\Omega_A} \tag{10.38}$$

的错配参数 $\Omega_{\rm sf}$ 作为描述该现象的特征参数, 其中, Ω_A 和 Ω_B 分别是晶格原子体积和杂质原子体积. 较小原子的错配参数 $\Omega_{\rm sf} < 0$. 迈耶尔和图罗什 (1987) 利用弹性模型估算出错配能 $\Delta H_{\rm size}$ 为

$$\Delta H_{\rm size} = 2\mu(V_{\rm I} - V_{\rm H})^2/(3\delta V_{\rm H}), \tag{10.39}$$

其中, μ 是晶格原子的剪切模量, $V_{\rm I}$ 和 $V_{\rm H}$ 分别是杂质原子和晶格原子的摩尔体积, $\delta = 1 + 4\pi/(3K_{\rm I})$, 这里, $K_{\rm I}$ 是杂质原子的体积模量. 迈耶尔和图罗什指出, 1/12 的弹性应变可通过单空隙捕获得到缓解.

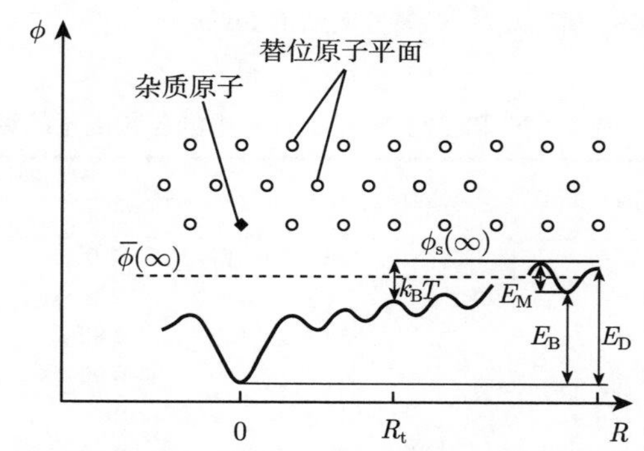

图 10.13 杂质原子与缺陷之间的相互作用势的示意图, 其中, $\phi_{\rm s}(R_{\rm t})$ 是在与杂质原子之间的距离为 $R_{\rm t}$ 的鞍点处的相互作用势 (引自参考文献 (Meyer et al., 1987))

米德马 (1979) 研究了影响结合能的各种因素, 并指出尺寸效应起主导作用. 对于晶格中尺寸过大的杂质原子 ($\Omega_{\rm sf} > 0$), 杂质原子附近的空位尺寸将减小, 而电子密度将增大. 这些因素降低了空位的形成焓, 使得其最近邻的晶格位点更容易被占据.

在离子注入过程中, 注入离子的替位比例与基底温度紧密相关, 如图 10.14 所示. 在 100 K 以下, 替位比例几乎保持恒定, 而在室温 (290 K) 以上, 替位比例急剧下降. 如前所述, 非替位组分取决于熔化热和错配能.

表 10.4 总结了在 Fe 中注入各种离子, 并通过离子沟道实验测量得到的晶格位点的实验结果, 并包括由式 (10.34) 和式 (10.39) 计算得到的 $\Delta H_{\rm sol}$ 和 $\Delta H_{\rm size}$ 的值. $\Delta H_{\rm sol}$ 与杂质–空位结合能相关, $\Delta H_{\rm size}$ 与捕获半径相关. 一般来讲, 替位比例随着总能量 (即两种能量之和) 的增大而减小. 这种减小归因于注入离子与空位的相互作用, 从而导致杂质原子从其替代位点移位.

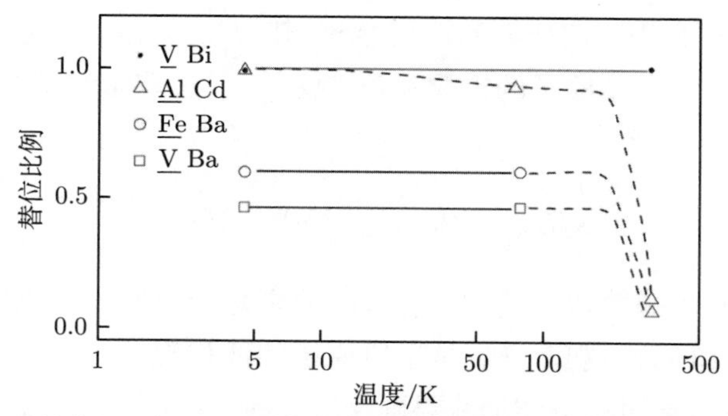

图 10.14　注入离子的替位比例与基底温度之间的关系图, 虚线表示温度升高至室温期间替位比例的降低 (引自参考文献 (Meyer et al., 1987))

表 10.4　在 77 K 和 293 K 注入 Fe 中的各种离子的替位比例

注入离子	ΔH_{sol}/(kJ/mol)	ΔH_{size}/(kJ/mol)	替位比例		浓度/%
			77 K	293 K	
Sb	57	186	1.0	0.9	0.1
Hg	105	70	1.0	0.9	0.1
Bi	146	254	0.92	0.7	0.1
Pb	159	241	0.96	0.83	0.1
Ba	242	610	0.6	0.0	0.1
Xe	259	116	0.65	0.45	0.1
Cs	518	531	0.45(0.1)	0.0	0.1(0.3)

注: 表中数据引自参考文献 (Meyer et al., 1987).

从迈耶尔和图罗什的详细研究 (1987) 中, 还可以得到其他一些结论:

(i) 用于预测替位比例的经验方法取决于杂质原子与点缺陷的相互作用, 反过来取决于熔化热和错配能.

(ii) 替位碰撞不是确定注入离子初始晶格位点的重要因素.

(iii) 杂质原子在金属中占据晶格位点的基本机制是伴随着离子停止的级联碰撞过程中的冷却或弛豫阶段的杂质原子与晶格空位的自发复合.

10.4　离子注入: 高剂量情形

虽然 “高剂量” 注入没有准确的定义, 但它通常指的是注入浓度达到几个原子百分比的条件, 或者注入 (即输送) 剂量可能偏离保留剂量的情况, 因为离子诱导

的表面侵蚀 (通常称为溅射) 导致基底表面物理去除, 这不仅限制了保留剂量, 还可能导致表面形态发生变化.

在离子注入过程中, 表面原子有一定的概率可以从其晶格位点逃逸出去, 即溅射, 因为它已经获得了足够的动能来克服它与晶格原子之间的结合能. 发生溅射的晶格原子总数与入射离子总数之比称为溅射产额 Y. 在第 9 章中, 讨论了溅射对注入离子最大浓度的影响. 通常, 最大浓度与溅射产额 Y 成反比.

在高注入浓度 ($\phi > 10^{17}$ ions/cm^2) 下, 注入离子的极限表面浓度是由连续去除 (溅射) 的基底材料层引起的, 这导致注入离子分布的重叠, 并增大了初始高斯型分布的误差函数. 在这种情况下, 一些最初注入的离子会在持续注入过程中被移除, 直到达到稳定状态, 此时通过溅射移除的离子数量与保留的离子数量相同. 在 Y 值较高时, 极限表面浓度会减小为 $1/(Y+1)$. 例如, Au 离子注入具有高溅射产额的基底, 如 Cu ($Y > 10$, 能量为 10 keV), 极限表面浓度的原子百分比为 10%. 如果溅射产额为 1, 则所得到的原子百分比为 50%, 因为在平衡时每次离子注入都将造成一个晶格原子被溅射出去.

格拉博夫斯基 (Grabowski) 等人 (1984) 和曼宁 (Manning) (1985) 根据移除的材料厚度计算出注入离子浓度, 并由此得到了一种详细的溅射平衡方法. 图 10.15 显示了随着剂量增大, 注入离子分布的情况, 即溅射产额乘以离子分数 (F_{ion}) 与无量纲深度变量 ($x/(\sqrt{2}\Delta R_{\text{p}})$) 之间的关系.

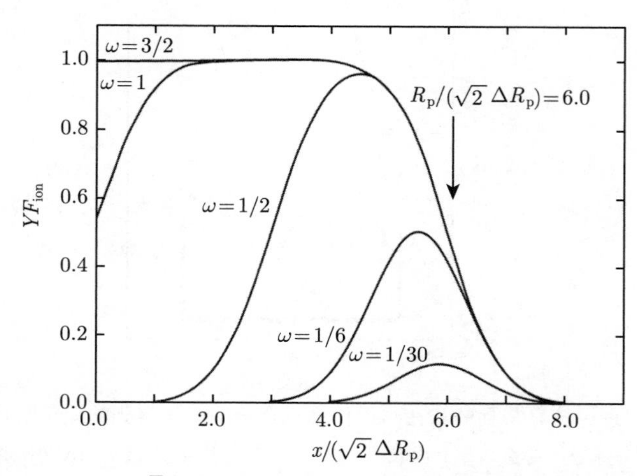

图 10.15 当 $R_{\text{p}}/\Delta R_{\text{p}} = 6\sqrt{2}$ 时, 注入离子分布 (YF_{ion}) 随无量纲深度变量 ($x/(\sqrt{2}\Delta R_{\text{p}})$) 的变化 (引自参考文献 (Grabowski et al., 1984))

结果表明: (i) 没有发生扩散; (ii) 溅射系数保持不变; (iii) 注入离子不占据体积. 随着剂量增大, 当浓度分布不再发生任何变化时, 溅射达到饱和, 此时, ω 为

$$\omega = \frac{Y\phi}{R_{\mathrm{p}}N}, \tag{10.40}$$

其中, ϕ 是离子剂量 (单位为 ions/cm^2), N 是原子密度 (单位为 atoms/cm^3). 由图 10.15 可知, 当 $\omega = 3/2$ 时, 溅射达到饱和. 根据式 (10.40), 可以得到由于溅射达到表面饱和分布时所需离子剂量的表达式 (Hubler, 1987).

10.4.1　几何效应

溅射效应导致离子注入的保留剂量有强烈的角度依赖性 ($\cos^{8/3}\theta$). 在许多实验上都可以观察到这种依赖性, 包括测量高剂量 (即 $\phi > 1\times10^{17}$—3×10^{17} ions/cm^2) 离子注入金属中的保留剂量. 图 10.16 显示了能量为 150 keV 的高剂量 Ti 离子注入马氏体轴承合金中的保留剂量, 可以看到保留剂量随角度的增大而急剧减少, 因此要想获得最大保留剂量, 必须使离子注入方向接近靶表面法线方向.

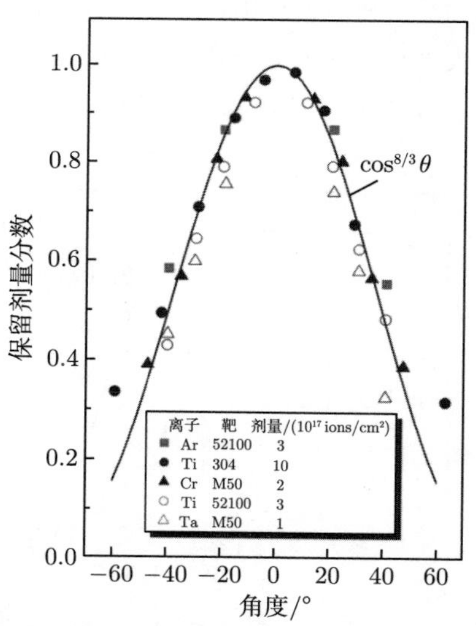

图 10.16　由简化理论计算得到的和在马氏体轴承合金中测量得到的保留剂量分数, 曲线是理论计算结果, 不同符号 (实验结果) 代表不同离子 (引自参考文献 (Grabowski et al., 1984))

10.4.2 表面化学效应

图 10.17 显示了溅射去除率对于表面状态的依赖性, 为了提高不锈钢的耐磨性和耐腐蚀性, 可以在其表面注入高剂量的 Ta. 首先将 Ta 离子注入材料中, 即在能量为 70 keV 下先注入 0.3×10^{17} Ta/cm^2, 接着在能量为 170 keV 下注入 0.8×10^{17} Ta/cm^2. 图中顶部轮廓曲线是在 10^{-6} torr 的靶室中完成测量的, 而底部轮廓曲线对应于在离子注入期间用 CO 气体回充靶室, 二者均是在未注入区/注入区界面处进行测量的. 其中, 后者的溅射去除率明显降低, 最终产生更光滑的表面. 主要原因是 Ta 与 CO 分子之间的表面吸杂 (反应), 导致化合物形成 (增大的 U_0) 且随后减小溅射.

此外, 通过特意在高溅射速率的基底上涂覆具有低溅射产额的膜来充当保护层, 也可以达到类似的效果. 使用该技术在金属 (Cu) 基底上涂覆碳膜可以达到接近 100%的保留剂量.

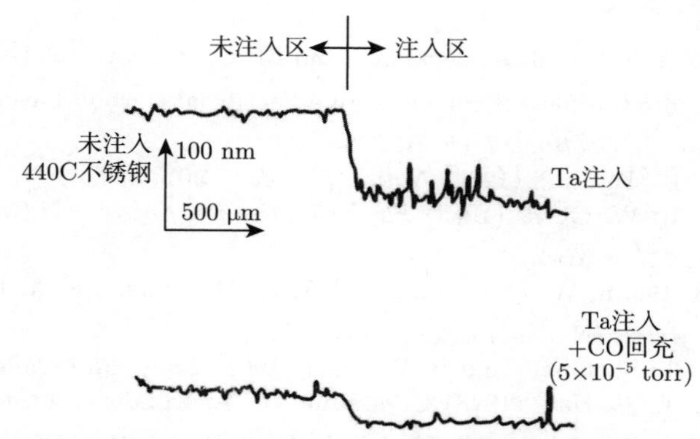

图 10.17 Ta 注入不锈钢中, 导致不锈钢表面状态的变化情况 (引自参考文献 (Hubler, 1987))

参 考 文 献

Andersen, H. H. (1974) Sputtering, in *Symposium on Ionized Gases 1974*, Vujnovic, ed. (Institute of Physics, Ljubljana), p. 361.

Aronin, L. R. (1954) Radiation Damage Effects on Order-Disorder in Nickel-Manganese Alloys, *J. Appl. Phys.* **25**, 344.

Borders, J. A., A. G. Cullis, and J. M. Poate (1976) The Physical State of Implanted W in Copper, in *Applications of Ion Beams to Materials*, G. Carter, J. S. Colligon, and W. A. Grant, eds., Conference Series no. 28 (The Institute of Physics, London and Bristol), p. 204.

Borders, J. A. and J. M. Poate (1976) Ion Implanted Impurities in Copper and Other FCC Metals, *Phys. Rev. B* **13**, 969.
Bragg, W. L. and E. J. Williams (1934a) The Effects of Thermal Agitation on Atomic Arrangements in Alloys, *Proc. Royal Soc.* **A145**, 699.
Bragg, W. L. and E. J. Williams (1934b) The Effects of Thermal Agitation on Atomic Arrangements in Alloys-Ⅱ, *Proc. Royal Soc.* **A151**, 540.
Brandes, E. A., ed. (1983) *Smithells Metals Reference Book* (Butterworths, London), 6th edn.
Brice, D. K. (1976) Replacement Collision Probabilities for Energetic Incident Ions, in *Applications of Ion Beams to Materials*, eds. G. Carter, J. S. Colligon, and W. A. Grant, Conference Series no. 28 (The Institute of Physics, London and Bristol), p. 334.
Butler, E. P. (1979) The Effects of Electron Irradiation on the Kinetics of Order-Disorder Transformation, *Radiation Effects* **42**, 17.
Cahn, R. W. (1991) *Processing of Metals and Alloys*, R. W. Cahn, P. Haasen, and F. J. Kramer, eds., Materials Science and Technology, Vol. 15, (VCH, Weinheim, Germany), chap. 10.
Clapham, L., J. L. Whitton, J. A. Jackman, and M. C. Ridway (1994) High-dose Pt Ion Implantation into Stainless Steel Through a Sacrificial Carbon Layer: Carbon Mixing Effects, *Surface & Coatings Tech.* **66**, 398.
Cohen, M. H. and D. Turnbull (1964) *Nature (London)* **203**, 964.
Darken, L. S. and R. W. Gurry (1953) *Physical Chemistry of Metals* (McGraw-Hill Book Company, Inc., New York).
de Boer, F. R., R. Boom, W. C. M. Mattens, A. R. Miedema, and A. K. Niessen (1989) *Cohesion in Metals* (North-Holland, Amsterdam).
Dederichs, P. H., Chr. Lehman, and H. Wegener (1965) *Phys. Stat. Solids* **8**, 213.
Dennis, J. R. and E. B. Hale (1978) Crystalline to Amorphous Transformations in Ion-Implanted Silicon: A Composite Model, *J. Appl. Phys.* **49**, 1119.
Dienes, G. J. (1955) Kinetics of Order-Disorder Transformations, *Acta Metallica* **3**, 549.
Dienes, G. J. and G. H. Vineyard (1957) *Radiation Effects in Solids* (Wiley Interscience, New York).
Duwez, P. (1967) *Prog. Solid State Chem.* **3**, 377.
Gibbons, J. F. (1972) Ion Implantation in Semiconductors - Part Ⅱ: Damage Production and Annealing, *Proc. IEEE* **60**, 1062.
Gibson, J. B., A. N. Goland, M. Milgram, and G. H. Vineyard (1960) Dynamics of Radiation Damage, *Phys. Rev.* **120**, 1229.
Girifalco, L. A. (1973) *Statistical Physics of Materials* (Wiley-Interscience, New York), chap. 9.
Grabowski, K. S., N. E. W. Hartley, C R. Gossett, and I. Manning (1984) Retention of Ions Implanted at Non-Normal Incidence, *Mater. Res. Soc. Symp. Proc.* **27**, 615.

Hansen, M. (1958) *Constitution of Binary Alloys* (McGraw-Hill, New York).
Hubler, G. K. (1987). Ion Beam Processing, NRL Memorandum Report 5828, Naval Research Laboratory, Washington, DC.
Hume-Rothery, W. (1961) *Elements of Structural Metallurgy* (The Institute of Metals, London), Monograph and Report Series, no. 26.
Hume-Rothery, W., R. E. Smallman, and C. W. Haworth (1969) *The Structure of Metals and Alloys* (Institute of Metals, London).
Kaufmann, E. N., R. Vianden, J. R. Chelikowsky, and J. C. Phillips (1977) Extension of Equilibrium Formation Criteria to Metastable Microalloys, *Phys. Rev. Lett.* **39**, 1671.
Kaufmann, E. N., R. Vianden, T. E. Jackman, J. R. MacDonald, and L. G. Haggmark (1979) Lattice Location of ^{6}Li Implanted into Be, *J. Phys. F.: Metal Phys.* **9**, L23.
Klement, W., R. H. Willens, and P. Duwez (1960) *Nature*, **187**, 869.
Liou, K.-Y., and P. Wilkes (1979) The Radiation Disorder Model of Phase Stability, *J. Nucl. Mater.* **87**, 317.
Mader, S. (1976) Phase Transformations in Thin Films, *Thin Solid Films* **35**, 195.
Mader, S., A. S. Nowick, and H. Widmer (1967) Metastable Evaporated Thin Films of Cu-Ag and Co-Au Alloys. Pt. 1. Occurrence and Morphology of Phases, *Acta Metallica* **15**, 203.
Manning, I. (1985) Naval Research Laboratory, Washington, DC, unpublished data.
Massalski, T. B. (1983) Structure of Solid Solutions, in *Physical Metallurgy*, R. W. Cahn and P. Haasen eds. (Elsevier Science Publishers, Amsterdam), 3rd edn, chap. 4.
Meyer, O. and A. Turos (1987) Lattice Site Occupation of Non-Soluble Elements Implanted in Metals, in *Materials Science Reports Vol. 8* (North Holland, Amsterdam).
Miedema, A. R. (1979) The Formation Enthalpy of Monovacancies in Metals and Intermetallic Compounds, *Metalkd Z.*, **70**, 345.
Nowick, A. S. and L. R. Weisberg (1958) A Simple Treatment of Ordering Kinetics, *Acta Metallica* **6**, 260.
Polenok, V. S. (1973) The Radiation Disordering of Ordered Alloys, *Fiz. Metal. Metalloved.* **1**, 195.
Russell, K. C. (1984) Phase Stability Under Irradiation, *Prog. Mater. Sci.* **28**, 229.
Schulson, E. M. (1979) The Ordering and Disordering of Solid Solutions Under Irradiation, *J. Nucl. Mater.* **83**, 239.
Sood, D. K. (1978) Empirical Rules for Substitutionality in Metastable Surface Alloys Produced by Ion Implantation, *Phys. Lett.* **68A**, 469.
Sood, D. K. and G. Dearnaley (1978) Ion-Implanted Surface Alloys in Nickel, *Radiation Effects* **39** (3/4), 157.
Vianden, R. and E. N. Kaufmann (1978) Recent Lattice Location Results for Implanted Impurities in Beryllium Metal, *Nucl. Instrum. Meth.* **149**, 393.
Zee, R. and P. Wilkes (1980) The Radiation Induced Order-Disorder Transformation in Cu_3Au, *Phil. Mag.* **A42**, 463.

推荐阅读

Backscattering Spectrometry, W. K. Chu, J. W. Mayer, and M-A. Nicolet (Academic Press, New York, 1978).

Defects and Radiation Damage in Metals, M. W. Thompson (Cambridge University Press, 1969), chap. 4.

Ion Beam Handbook for Materials Analysis, J. W. Mayer and E. Rimini (Academic Press, San Francisco, 1977).

Ion Beam Processing, G. K. Hubler, NRL Memorandum Report 5828, Naval Research Laboratory, Washington, D.C., 1987.

Ion Bombardment Modification of Surfaces, O. Auciello and R. Kelly, eds. (Elsevier, Amsterdam, 1984).

Ion Implantation, J. K. Hirvonen, ed. (Academic Press, New York, 1980).

Ion Implantation and Beam Processing, J. S. Williams and J. M. Poate, eds. (Academic Press, New York, 1984), chap. 4.

Lattice Site Occupation of Non-Soluble Elements Implanted in Metals, O. Meyer and A. Turos, in *Material Science Reports, Vol. 8* (North Holland, Amsterdam, 1987).

Materials Analysis by Ion Channeling, L. C. Feldman, J. W. Mayer, and T. P. Picraux (Academic Press, New York, 1982).

Physical Chemistry of Metals, L. S. Darken and R. W. Gurry, (McGraw-Hill Book Company, New York, 1953).

Sputtering by Ion Bombardment, R. Behrisch, ed. (Springer-Verlag, New York, 1981).

Structure of Solid Solutions, T. B. Massalski, in *Physical Metallurgy*, R. W. Cahn and P. Haasen, eds. (Elsevier Science BV, Amsterdam, 1983), chap. 4.

Surface Modification and Alloying by Laser, Ion and Electron Beams, J. M. Poate, G. Foti, and D. C. Jacobson, eds. NATO Conference Series VI (Plenum Press, New York, 1983), chap. 7.

The Stopping and Ranges of Ions in Materials, ed. J. F. Ziegler (Pergamon Press, New York, 1980), vols. 1-6.

第 11 章 离子束混合

11.1 引　　言

在离子辐照下, 材料会发生明显的原子重排, 这种现象最明显的例子是在离子辐照过程中, 两种不同材料的界面处可能发生的原子混合或合金化, 这个过程称为离子束混合. 最早, 研究者在利用 Ar 离子辐照涂有一层 Pd 薄膜的 Si 基底时观察到离子束混合现象. 当 Ar 离子具有足够的可以穿透 Pd/Si 界面的能量时, 可以观察到 Pd 与 Si 之间的反应 (van der Weg et al., 1974). 图 11.1 展示了基底

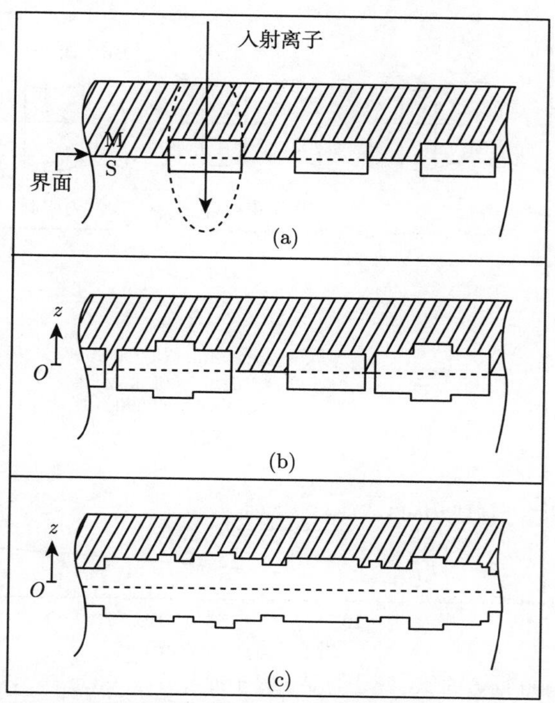

图 11.1　基底 S 上 M 层受到连续高剂量辐照时的离子束混合过程示意图 (引自参考文献 (Mayer et al., 1983))

S 上 M 层受到连续高剂量辐照时的离子束混合过程. 在辐照初期, 当离子径迹相互独立 (未发生重叠) 时, 每个入射离子都会在其径迹周围引发级联碰撞. 级联体积内的原子是可移动的, 并可在短时间内重新排列, 从而导致界面附近出现混合区域. 在离子束混合过程的这一阶段, 界面反应被认为是由许多局部反应组成的 (见图 11.1(a)). 随着离子剂量的增大, 局部区域会发生重叠 (见图 11.1(b)), 对于更高剂量的辐照, 界面处会形成连续反应层 (见图 11.1(c)).

与常规高剂量注入技术相比, 离子束混合工艺具有一个明显的优势, 即能够在更低的离子剂量下产生溶质浓度更高的离子改性材料. 例如, 在 Cu 基体上形成 Au-Cu 合金, 如图 11.2 所示, 将 Xe 离子与 Au 离子混合后注入 Cu 中, 以及将 Au 离子直接注入 Cu 中, Au 浓度与离子剂量之间的关系有所不同. 离子束混合实验是在 Cu 上沉积 20 nm 厚的 Au 层 (可表示为 20 nm Au/Cu), 然后以具有能够穿透 Au 层的能量的 Xe 离子辐照样品. 通过离子束混合引入 Cu 中的 Au 浓度大大

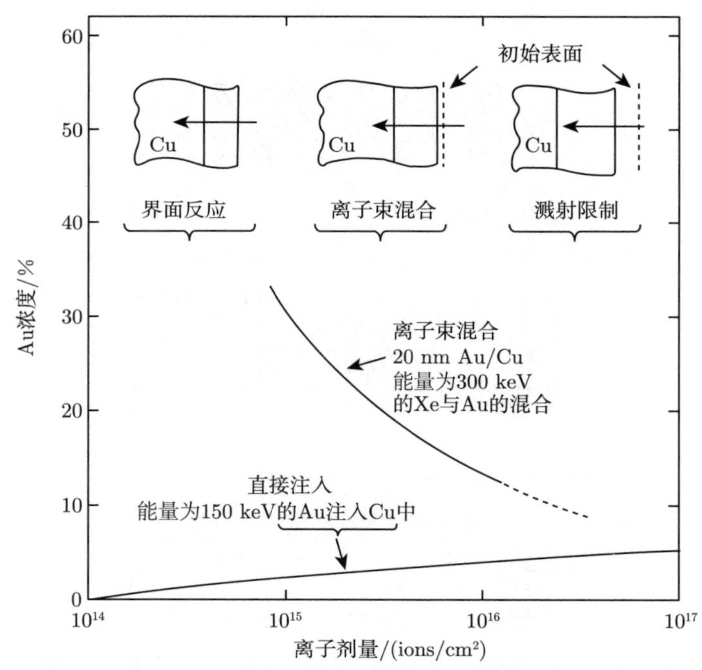

图 11.2 将能量为 300 keV 的 Xe 离子与 Au 离子混合后注入 Cu 中, 以及将能量为 150 keV 的 Au 离子直接注入 Cu 中, 形成 20 nm 厚的 Au 层时, Au 浓度随离子剂量的变化 (引自参考文献 (Mayer et al., 1983))

超过了通过直接注入可以实现的最大浓度, 并且后者中的溅射效应也在一定程度上限制了浓度上限.

离子束混合效应是由几个过程引起的, 它们都是由载能离子与固体相互作用产生的. 离子与靶相互作用的动力学过程尤为重要, 体现在级联碰撞的形成和通过界面的总离子数, 即离子剂量 ϕ. 级联效应可以通过改变辐照离子的质量来改变, 增大离子的质量会增大离子在单位长度核碰撞中所沉积的能量. 图 11.3 显示了离子束混合中的质量和剂量效应 (Tsaur et al., 1979). 这些数据表明, Pt/Si 界面的平均反应厚度随着辐照离子质量和剂量 ϕ 的增大而增大, 所有辐照离子的混合速率正比于 $\phi^{1/2}$. 对于给定剂量, 与 Xe, Kr 和 Ar 离子反应的原子数之比为 2.8:2.2:1.0. 这个比例大致与 Xe, Kr 和 Ar 离子的质量之比 3.3:2.1:1.0, 以及能量为 300 keV 的 Xe, Kr 和 Ar 离子辐照下 Pt 层的核能损 $\left.\frac{\mathrm{d}E}{\mathrm{d}x}\right|_{\mathrm{n}}$ 的 1/2 次方的比值 ($\sqrt{7.4}:\sqrt{3.8}:\sqrt{1.0}=2.7:2.0:1.0$) 相等. 基于这些趋势, 我们可以知道两种不同材料界面处的混合量 Q 满足

$$Q \propto \left(\phi \cdot \left.\frac{\mathrm{d}E}{\mathrm{d}x}\right|_{\mathrm{n}}\right)^{1/2}. \tag{11.1}$$

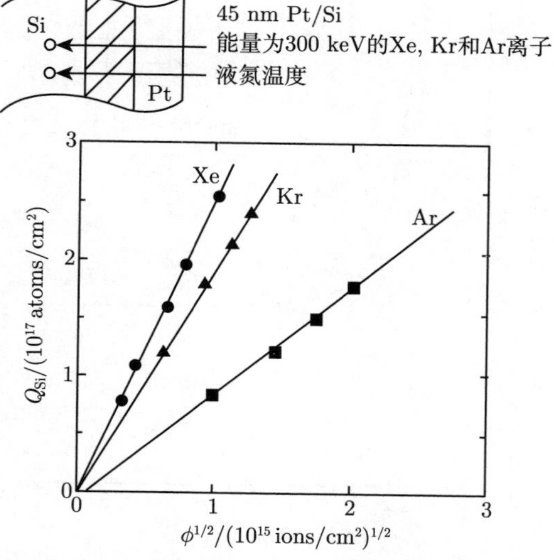

图 11.3 离子束混合中的质量和剂量效应 (引自参考文献 (Tsaur et al., 1979))

由于在每次离子束混合实验中, 剂量率 (ions/(cm^2·s)) 名义上保持不变, 因此离子剂量与时间成正比, 所以观察到的混合量与剂量的 1/2 次方成正比, 意味着混合量也与离子束混合时间的 1/2 次方成正比. 后者与通过热扩散在两种材料之间形成的反应层所观察到的情况非常相似. 在热扩散实验中, 观察到的反应层宽度 W 满足

$$W \propto \left(\widetilde{D}t\right)^{1/2}, \tag{11.2}$$

其中, $\widetilde{D}$ 为扩散系数. 离子束混合具有与式 (11.2) 描述的热扩散过程类似的特性.

除了离子与靶原子碰撞的主要影响外, 外部变量, 例如, 辐照过程中的温度, 也会影响离子束混合过程. 在低温下, 在给定离子剂量条件下观察到的混合量通常对温度变化不敏感, 而在临界温度以上, 混合量非常依赖于温度. 如图 11.4 所示, 用能量为 300 keV 的 Xe 离子以剂量 10^{16} ions/cm^2 辐照 Cr/Si 时, 可看到明显的温度依赖性. 对于温度为 0 ℃ 以下的情况, 辐照造成的混合量对温度变化相对不敏感, 该温度区间称为与温度无关的离子束混合区间; 而当温度升高到约

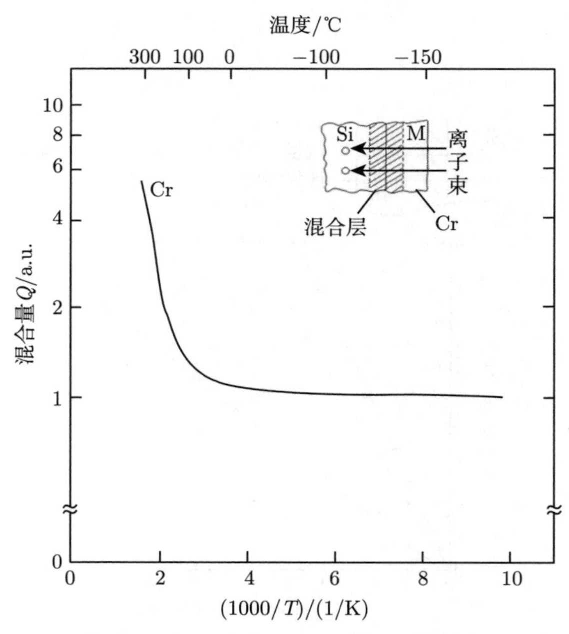

图 11.4　混合量与温度倒数之间的关系 (引自参考文献 (Mayer et al., 1980))

100 ℃ 以上时, 混合量会随着温度升高而快速增大, 该温度区间称为依赖于温度的离子束混合区间.

11.2 碰撞混合

载能离子与固体相互作用涉及多个过程. 当离子穿过固体时, 向固体中的原子和电子传递能量, 从而减速. 在此过程的核碰撞部分中, 靶原子可以从其晶格位点永久移位, 并移到几个晶格位点之外. 当此过程发生在两种不同材料的边界处时, 会产生界面混合. 原子重排的移位机理是控制碰撞混合的基本原理.

11.2.1 反冲混合

当入射离子撞击金属与基体界面附近的金属靶原子时, 部分入射离子的动能会转移到靶原子上. 对于高能碰撞, 靶原子会向远离其初始位置的地方反冲, 这会导致通过入射离子和靶原子之间的碰撞而发生的迁移混合, 是碰撞混合的最简单形式, 称为反冲注入或反冲混合. 为了使混合过程有效, 反冲原子应尽可能达到最大射程. 当入射离子和靶原子之间发生对头碰撞 ($\theta = 0$) 时, 射程最大. 但是发生对头碰撞的可能性非常小, 大多数碰撞是“柔和”的 (即 $\theta > 0$), 相对于对头碰撞, 这种碰撞过程中产生的反冲原子具有相对较低的能量, 并且射程较小, 而且反冲原子的径迹不会与入射离子一致. 因此通过反冲注入机制参与混合的靶原子数将会很少.

此前, 已有实验验证了这种反冲混合的现象 (Paine et al., 1981). 如图 11.5 所示, 当用能量为 500 keV 的 Xe 离子辐照 Cu/Al 双层膜时 (Besenbacher et al., 1982), 向 Al 基体中反冲注入的 Cu 原子数 $N(\phi)$ 随着离子剂量线性变化, 而且混合量与温度无关.

我们利用嵌入标记材料进行研究, 可以深入了解离子束混合过程中的碰撞混合因素. 在该技术中, 标记材料 (例如, Ge) 的薄层被放置在基体元素 (例如, Si) 的两层之间. 其中, 在标记材料的离子束混合过程中观察到的有效扩散系数 Dt 与离子束混合剂量 ϕ, 以及单位长度沉积的损伤能量 F_{D} 均成正比, 如图 11.6 所示 (Matteson et al., 1981). 这些结果及其他类似结果使得我们可以得到有效混合参数 Dt/ϕ, 如图 11.6(b) 所示. 同时, 我们也可以考虑 F_{D}, 并进一步将有效混合参数定义为 $Dt/(\phi F_{\mathrm{D}})$. 严格来说, F_{D} 是入射离子在单位长度上沉积在核碰撞中的总动能, 是考虑电子碰撞后由反冲能量得到的. 然而, 样品中某些位置的损伤能量有时接近核能损, 从而导致对 $F_{\rm D}$ 的高估 (见第 7 章).

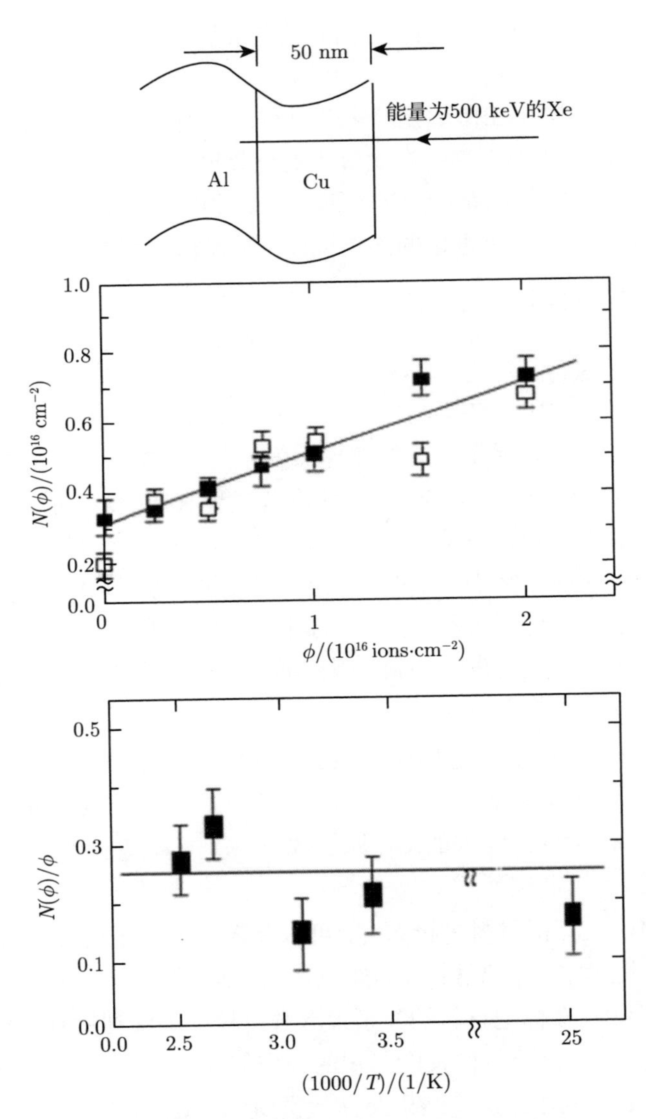

图 11.5　能量为 500 keV 的 Xe 离子辐照 Cu/Al 双层膜时的反冲混合现象 (引自参考文献 (Besenbacher et al., 1982))

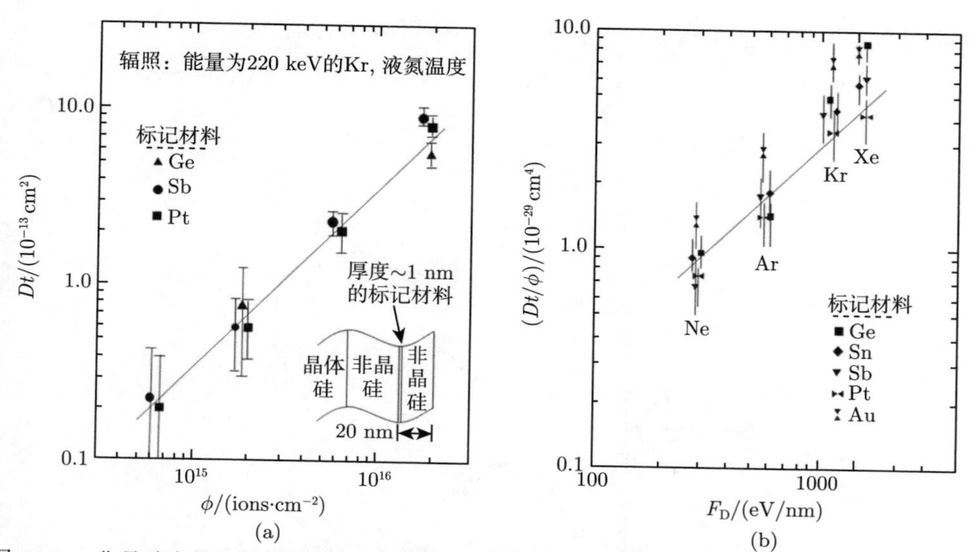

图 11.6 非晶硅中的几种不同标记材料的混合数据, 这些数据展示了 (a) 有效扩散系数 Dt 与离子束混合剂量 ϕ, 以及 (b) 有效混合参数 Dt/ϕ 与单位长度沉积的损伤能量 F_D 之间的关系 (引自参考文献 (Matteson et al., 1981))

11.2.2 级联混合

除了反冲混合外, 在离子辐照和注入过程中还可能出现其他碰撞现象. 当单个入射离子引起靶原子的多次移位时, 会发生因辐照增强而引起的原子混合. 在多次移位过程中, 最初移位的靶原子 (初级移位原子) 继续与其他原子碰撞, 产生二级移位原子, 进而使得其他原子移位. 碰撞事件中的连续移位过程通常称为级联碰撞. 不同于高度定向的反冲原子注入过程 (一个原子在单次移位中获得大量动能), 级联碰撞内的原子会经历许多不相关的低能移位和迁移回晶格位点的情况. 由一系列不相关的低能原子移位产生的原子混合称为级联混合.

载能离子与固体的碰撞如图 11.7 所示. 该图显示了固体表面的溅射事件、单离子/单原子反冲事件, 以及涉及大量低能移位原子的级联碰撞事件. 级联发生在早期移位阶段, 此时移位原子占据空位周围的间隙位点.

级联碰撞内原子的平均能量计算结果表明, 产生的大多数反冲原子的能量在原子移位阈能 E_d 附近, 因此入射离子的初始动量很快消失, 级联碰撞内原子的整体运动变得各向同性. 这种各向同性的运动引起原子的重新分布, 可以用随机游走模型建模, 其步长由能量接近 E_d 的原子的平均射程决定. 级联碰撞引起的随机

游走过程的有效扩散系数 $D_{\mathrm{cas}}t$ 在扩散方程中可表示为 (Andersen, 1979)

$$D_{\mathrm{cas}}t = \frac{\mathrm{dpa}(x)\left\langle r^2\right\rangle}{6}, \tag{11.3}$$

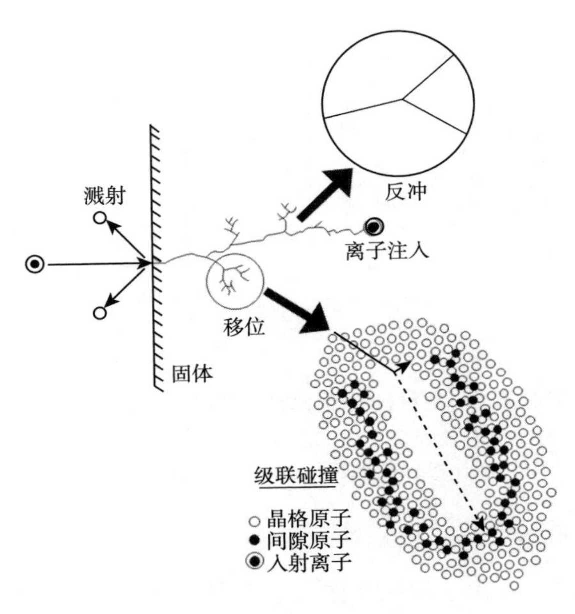

图 11.7　载能离子与固体的碰撞

其中, $\mathrm{dpa}(x)$ 为距离 x 处级联碰撞内每个原子的移位数, $\left\langle r^2\right\rangle$ 为移位原子射程的均方值. 给定离子剂量时, 对应的 dpa 可表示为 (见式 (7.46))

$$\mathrm{dpa}(x) \cong \frac{0.4F_{\mathrm{D}}(x)\phi}{E_{\mathrm{d}}N}, \tag{11.4}$$

其中, $F_{\mathrm{D}}(x)$ 是在距离 x 处单位长度沉积的损伤能量, ϕ 是离子剂量, N 是原子密度. 结合式 (11.3) 和式 (11.4), 我们可以给出级联碰撞混合的有效扩散系数为

$$D_{\mathrm{cas}}t = 0.067\frac{F_{\mathrm{D}}(x)\left\langle r^2\right\rangle}{NE_{\mathrm{d}}}\phi. \tag{11.5}$$

西格蒙德和格拉斯–马蒂 (Gras-Marti) (1981) 基于线性输运理论, 对级联碰撞混合进行了更为详细的理论表述. 这个方程也引入了质量为 M_1 的离子和质量

为 M_2 的靶原子之间的质量差. 通过计算离子辐照引起的杂质原子在均匀基体中的扩散, 可得有效扩散系数为

$$D_{\mathrm{cas}}t = \frac{\Gamma}{6}\xi\frac{F_{\mathrm{D}}\langle r^2\rangle}{NE_{\mathrm{d}}}\phi, \tag{11.6}$$

其中, Γ 是一个无量纲参数, 值为 0.608, ξ 是一个质量相关的运动学参数, 由 $[4M_1M_2/(M_1+M_2)^2]^{1/2}$ 给出. 在 $M_1 = M_2$ 的情况下, $\xi = 1$, 式 (11.5) 和式 (11.6) 变得非常相似.

式 (11.5) 和式 (11.6) 的主要特点是有效扩散系数应与离子剂量 ϕ 和损伤能量 F_{D} 成正比, 如图 11.6 所示. 这两个式子的另一个特征是它们不包含任何与温度有关的项. 式 (11.5) 描述的有效扩散系数与温度无关, 只能与观察到混合与温度无关的实验进行比较, 如图 11.8 所示. 图 11.8 显示了温度对 Si 中的 Sb 和 Sn 标记材料的有效混合参数 Dt/ϕ 的影响. 该图表明, 在 500 ℃ 以下, 有效混合参数与温度无关.

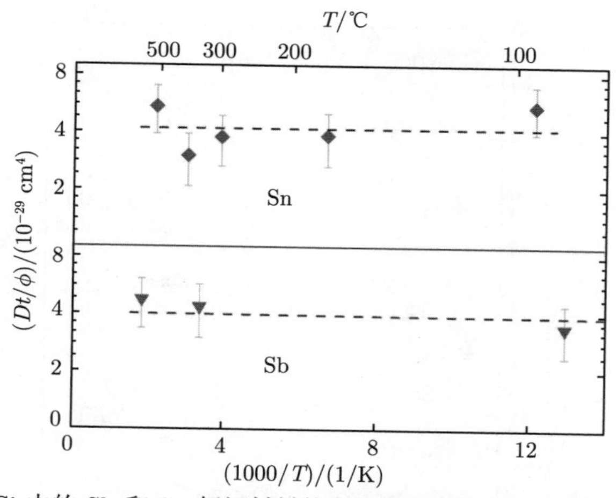

图 11.8　温度对 Si 中的 Sb 和 Sn 标记材料的有效混合参数 Dt/ϕ 的影响 (引自参考文献 (Matteson et al., 1981))

式 (11.5) 和图 11.8 给出的标记材料数据可用于估计在非晶硅基体级联碰撞内标记材料原子的平均原子移位距离, 例如, 根据图 11.6(a) 中与温度无关的数据可知, 对于 Sn 和 Sb, $D_{\mathrm{irr}}t/\phi$ 的值是 4×10^{-29} cm^4 或 0.4 nm^4. 由图 11.6(b) 可知, 相应的损伤能量为 1500 eV/nm. 而晶体硅的原子密度为 50 atoms/nm^3, 对于非晶硅, $F_{\mathrm{D}}/N = 30$ eV/nm^4. 这表明, 对于 $E_{\mathrm{d}} \cong 13$ eV 的 Si 的移位阈能, $\langle r^2\rangle^{1/2}$ 大约是 1.6 nm.

11.3　离子束混合中的热力学效应

如 11.2 节所述，标记材料的移位和展宽是研究体系中混合量的有效方法，标记材料的存在会引入很小的热力学驱动力. 要观察离子束混合中的热力学效应，我们需要研究浓合金的形成. 这类合金是在双层膜体系的离子束混合过程中形成的.

设化学互扩散系数为 $\widetilde{D}$. 对于 A/B 双层膜体系，理想溶液在浓度梯度中的化学互扩散系数可定义为 (Shewmon, 1963)

$$\widetilde{D}_{AB} = D_A X_B + D_B X_A, \tag{11.7}$$

其中，D_i 是元素 i 的固有扩散系数，X_i 是元素 i 的摩尔分数. 与我们从离子束混合标记材料体系中观察到的情况类似，在 Xe 离子辐照双层膜体系中，$4\widetilde{D}t$ 和 ϕ 之间也存在线性关系. 图 11.9 显示了几种金属/金属双层膜体系在辐照条件下的低温

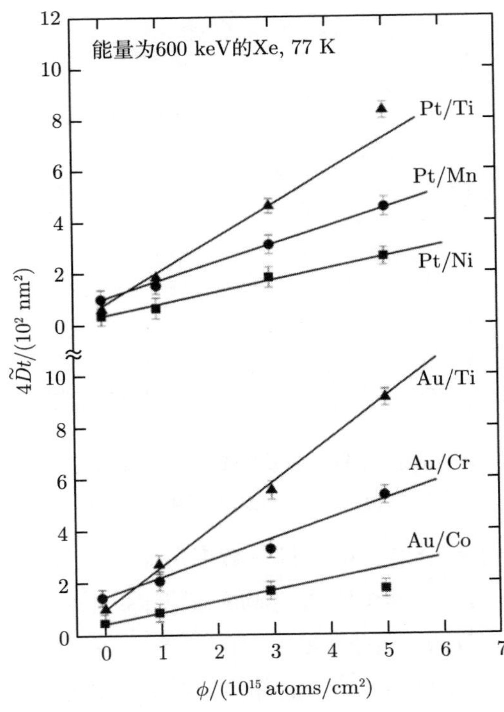

图 11.9　能量为 600 keV 的 Xe 离子辐照后，几种金属/金属双层膜体系的低温离子束混合趋势 (引自参考文献 (Cheng et al., 1984))

离子束混合趋势 (Cheng et al., 1984). 在 77 K 低温下, 碰撞混合模型低估了离子的混合程度. 在 11.3.1 小节中, 我们将引入热力学的概念来解释混合程度.

11.3.1 混合焓

当浓合金形成时, 化学驱动力在离子束混合过程中起着重要作用, 但在碰撞模型中并没有考虑这一因素. 对于 Au/Cu 和 W/Cu 两个体系, 它们对离子束混合应该有相同的碰撞特性, 因为它们在离子与固体相互作用中的参数 (例如, 原子密度、原子序数和原子质量) 几乎相同. Au/Cu 数据显示 Au 与 Cu 混合良好, W/Cu 数据显示 W 在辐照后相对不变, 仅出现溅射造成的材料损失迹象. 对这些数据的分析表明, Au/Cu 体系中的有效扩散系数是 W/Cu 体系中有效扩散系数的 10 倍 (Westendorp et al., 1982). 这些结果可归因于两个体系的溶混性差异: Au 和 Cu 在液态和固态都是能完全混溶的, 而 W 和 Cu 在液态和固态都是互不相溶的.

在 Hf/Ni 和 Hf/Ti 体系的不同离子束混合反应中, 研究者也发现了类似的结果 (van Rossum et al., 1984). 另外, 从碰撞角度看, 这两个体系的离子束混合应该是几乎相同的. 然而, 研究者观察到 Hf/Ni 的混合速率明显高于 Hf/Ti. 这种差异是由两个体系的混合焓 ΔH_{mix} 不同造成的. 表 11.1 中列出了四个双层膜体系 Au/Cu, W/Cu, Hf/Ni 和 Hf/Ti 在等原子浓度合金状态下的 ΔH_{mix} 值和在初始双分子层界面的核能损.

表 11.1 的数据表明, 具有较高混合速率的双层膜体系 (Au/Cu 和 Hf/Ni) 的混合焓为负值, 而很少或没有混合的双层膜体系 (W/Cu 和 Hf/Ti) 的混合焓为零或正值.

表 11.1 双层膜体系中的混合焓和核能损

双层膜体系	ΔH_{mix}/[kJ/(g·atom)]	$\left.\frac{\mathrm{d}E}{\mathrm{d}x}\right\|_{\mathrm{n}}$/(eV/nm)
Au/Cu	−9	31.0
W/Cu	36	32.2
Hf/Ni	−62	32.9
Hf/Ti	0	23.5

注: $\left.\frac{\mathrm{d}E}{\mathrm{d}x}\right|_{\mathrm{n}}$ 值引自参考文献 (Biersack, 1981).

混合焓类似于合金形成焓, 可以用来衡量不同元素之间的吸引力相对于同种元素之间吸引力的差异. 混合焓 ΔH_{mix} 是由合金形成过程中的 A 和 B 化学键合, 以及 A-B 键的形成产生的. 混合焓越负, 形成 AB 合金的倾向越强. 在常规

溶液模型中, A, B 两种元素的混合焓定义为 (Swalin, 1972)

$$\Delta H_{\mathrm{mix}} = X_A X_B \Omega_{\mathrm{H}}, \tag{11.8}$$

其中, X_i 是元素 i 的摩尔分数, 混合焓参数 Ω_{H} 的定义是

$$\Omega_{\mathrm{H}} \cong n_{\mathrm{c}} N_{\mathrm{A}} \left(H_{AB} - \frac{H_{AA} + H_{BB}}{2} \right), \tag{11.9}$$

这里, n_{c} 是配位数 (最近邻原子数, 且 $n_{\mathrm{bcc}} = 8$, $n_{\mathrm{fcc}} = 12$, $n_{\mathrm{hcp}} = 12$, $n_{\mathrm{dia}} = 4$), N_{A} 是阿伏伽德罗常数, H_{ij} 是密堆积排列原子对之间的平均势能 (键焓). 如果不同原子之间有相互吸引作用, 则 A-B 对的焓比 A-A 对的焓或 B-B 对的焓更负, 会得到负的 Ω_{H} 和 ΔH_{mix}.

在固体中, 原子对之间的平均势能 H_{AA} 和 H_{BB} 可以由升华热 ΔH_{S} 估算得到. 升华热是在 298 K 下将 1 mol 固体物质分解成自由原子所需的能量. 如果考虑 1 mol A 原子, 则有

$$-\Delta H_{\mathrm{S}} = \frac{1}{2} n_{\mathrm{c}} N H_{AA}, \tag{11.10}$$

其中, $\dfrac{n_{\mathrm{c}} N}{2}$ 是包含 1 mol 原子的晶体中的键数. 几种元素的键焓计算结果如表 11.2 所示.

表 11.2　几种元素的键焓

元素	n_{c}	ΔH_{S}/(kcal/mol)	$-H_{AA}$/(eV/atom)
Si	4	108.4	2.4
Ti	12	112.7	0.8
V	8	122.8	1.3
Fe	8	100.0	1.1
Cu	12	81.1	0.6
Nb	8	175.0	1.9
Ag	12	68.4	0.5
Ta	8	186.8	2.0
Au	12	87.6	0.6

注: ΔH_{S} 值引自参考文献 (Gschneidner, 1964).

在具有负混合焓的双层膜体系中, 离子辐照过程中存在形成界面合金的驱动力. 虽然可以预见离子辐照会使层状结构相互混合, 但热力学效应的作用可以超过碰撞过程. 如果混合焓为正值, 则当样品温度足够低时, 离子辐照可引起混合;

然而，当样品温度升高时，混合层反而发生分离．反分离过程称为解混．例如，Au/Cu 体系的 ΔH_{mix} 是负值，W/Cu 体系的 ΔH_{mix} 是正值．

对于 A/B 双层膜体系，混合的驱动力来自 AB 合金形成时释放的热量．这种能量的变化，即混合的焓变，如图 11.10 所示，其中，给出了元素 A 和 B 的机械混合物 (例如，A 和 B 的双层或多层膜) 和合金 AB 的焓差与原子百分比之间的关系．我们把体系的标准状态 (零焓) 定义为元素 A 和 B 的双层膜的形式，这在图中表示为零能线．如前所述，当 A-B 对的结合强度大于 A-A 对或 B-B 对时，混合焓为负值．焓 (实线) 与原子百分比有关，在一般情况下，它是原子百分比的抛物线型函数．在原子百分比为 25%处的垂直线表示在该混合物中形成合金时所产生的混合焓．

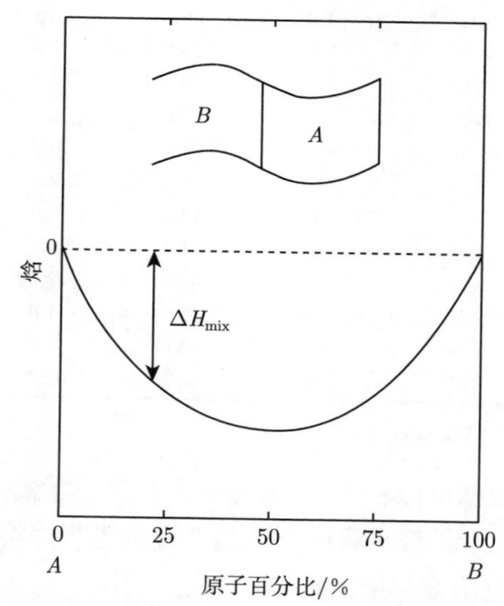

图 11.10　元素 A 和 B 的机械混合物 (例如，A 和 B 的双层或多层膜) 和合金 AB 的焓差与原子百分比之间的关系

对于大多数合金体系来说，最小焓通常出现在接近 50%的原子百分比时，如图 11.10 所示．该图表示初始状态的双层膜结构 (也就是机械混合物) 与具有 50%的原子百分比的合金之间最大的焓变也是在离子束混合实验中的混合驱动力．在标记材料研究中，通常涉及标记材料在均匀基体中的扩散，其合金浓度非常小．由式 (11.8) 可知，随着 X_A 或 X_B 趋于零，混合焓也趋于零，因此预计混合焓在标记材料研究中不会发挥很大作用．

双层膜体系的混合速率用导数表达式 $\mathrm{d}(4\widetilde{D}t)/\mathrm{d}\phi$ 表示, 该数据是根据 $4\widetilde{D}t$ 与 ϕ 之间的关系 (类似于图 11.6(a) 和图 11.9) 得到的. 表 11.3 和图 11.11 (Cheng et al., 1984) 给出了实验观察到的几种合金的混合速率和 ΔH_{mix}, 以及二者之间的关系. 这些数据是由能量为 600 keV 的 Xe 离子进行辐照实验测得的, 样品温度为 77 K. Pt/Ni 和 Au/Ti 两个体系的混合速率之间的差异接近 4 倍, 它们具有几乎相同的离子与固体相互作用, 但 ΔH_{mix} 却有极大不同.

表 11.3　实验和计算得到的离子束混合数据

体系	$-\Delta H_{\mathrm{mix}}$ /[kJ/(g·atom)]	$-\Delta H_{\mathrm{coh}}$ /(eV/atom)	F_{D} /(10^3 eV/nm)	$\overline{N}/\mathrm{nm}^{-3}$	$\left.\frac{4\widetilde{D}t}{\phi}\right\|_{\mathrm{exp}}/\mathrm{nm}^4$	$\left.\frac{4\widetilde{D}t}{\phi}\right\|_{\mathrm{calc}}/\mathrm{nm}^4$
Pt/Ti	122	6.60	445	61.4	12.8	10.7
Pt/V	68	6.27	491	69.2	6.8	7.8
Pt/Mn	43	4.82	531	74.0	7.3	11.9
Pt/Cr	36	5.34	530	74.7	4.5	7.8
Pt/Ni	7	5.21	582	78.8	4.5	4.4
Au/Ti	84	5.20	414	57.8	16.3	14.8
Au/Cr	0	3.96	498	71.2	7.8	4.8
Au/Co	−11	3.99	539	74.3	4.5	1.2
Pt/Pd	0	4.87	554	67.1	4.5	4.3
Hf/Zr	0	6.34	355	44.0	2.6	2.2
W/Mo	0	7.86	519	63.6	1.6	1.6
Ta/Nb	0	7.84	445	55.6	1.4	1.5
Au/Ag	0	3.38	480	58.8	23.7	8.4

注: 表中数据引自参考文献 (Johnson et al., 1985).

由图 11.11 中的数据可以看出, 混合速率存在热力学偏差. 在这种情况下, 式 (11.7) 中的两个假设: 在扩散过程中形成的合金为理想固溶体 (即 $\Delta H_{\mathrm{mix}}=0$), 原子运动的驱动力只是浓度梯度, 就不符合实际情况了. 达肯 (Shewmon, 1963) 对这个表达式进行了修正, 以解释化学驱动力存在下的扩散. 根据达肯的分析, 有

$$\widetilde{D}=(D_1^*X_1+D_2^*X_2)\left(1+\frac{\mathrm{d}\ln\gamma_1}{\mathrm{d}\ln X_1}\right), \tag{11.11}$$

其中, D_i^*, X_i 和 γ_i 分别是示踪剂扩散系数、元素 i 的摩尔分数和活性系数. 活性系数可以衡量不同原子之间的结合倾向, 类似于 ΔH_{mix}. 在常规溶液的热力学中, 活性系数与混合焓参数 $\varOmega_{\mathrm{H}}$ 有关 (Swalin, 1972), 即

$$\ln\gamma_1=\frac{(1-X_1)^2\varOmega_{\mathrm{H}}}{k_{\mathrm{B}}T}, \tag{11.12}$$

其中, k_B 是玻尔兹曼常量. 由关系式 $\mathrm{d}\ln X = \mathrm{d}X/X$, 我们可以得到

$$\frac{\mathrm{d}\ln\gamma_1}{\mathrm{d}\ln X_1} = X_1\frac{\mathrm{d}\ln\gamma_1}{\mathrm{d}X_1} = \frac{-2X_1(1-X_1)\Omega_{\mathrm{H}}}{k_{\mathrm{B}}T} = \frac{-2X_1X_2\Omega_{\mathrm{H}}}{k_{\mathrm{B}}T}. \tag{11.13}$$

将式 (11.13) 和式 (11.8) 代入式 (11.11), 可得

$$\widetilde{D} = \widetilde{D}_0\left(1 - \frac{2\Delta H_{\mathrm{mix}}}{k_{\mathrm{B}}T}\right), \tag{11.14}$$

其中,

$$\widetilde{D}_0 = D_1^*X_1 + D_2^*X_2. \tag{11.15}$$

式 (11.15) 不同于式 (11.7), 用示踪剂扩散系数 D_i^* 代替了固有扩散系数 D_i, 并加入了热力学因子. D_i^* 和 D_i 的区别在于热力学项. 对于 $\Delta H_{\mathrm{mix}} = 0$ 的情况, 式 (11.14) 可简化成 $\widetilde{D} = D_1^*X_1 + D_2^*X_2$. 在这种情况下, 通过互扩散或离子束混合形成的合金是理想固溶体, 式 (11.15) 是有效的. 当 $\Delta H_{\mathrm{mix}} = 0$ 时, 由式 (11.14) 和式 (11.15) 的对比可得, $D_i^* = D_i$. $\widetilde{D}_0$ 项与纯随机游走过程的扩散系数有关. 对于离子辐照过程, $\widetilde{D}_0$ 可由式 (11.15) 表示.

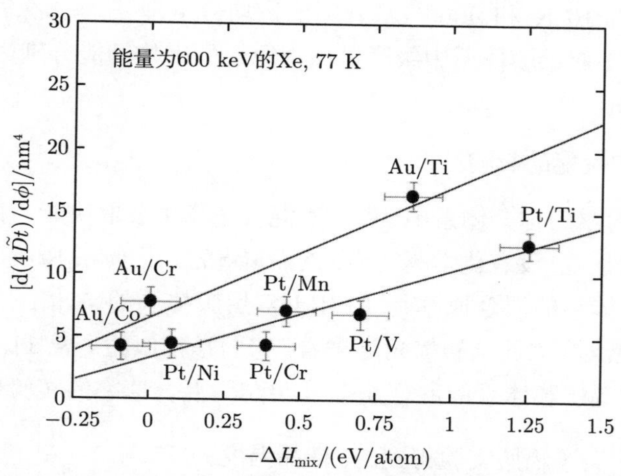

图 11.11 用能量为 600 keV 的 Xe 离子辐照几个合金体系时得到的混合速率和 ΔH_{mix}, 样品温度为 77 K (引自参考文献 (Cheng et al., 1984))

对于离子束混合实验, 式 (11.14) 中的温度指的是级联碰撞内的局部温度, 而不是辐照过程中样品的平均温度. 利用图 11.11、式 (11.14) 和式 (11.15), 可以估

算出级联碰撞内原子的平均能量和有效级联温度. 双层膜体系的混合速率方程可以表示为

$$\frac{4\widetilde{D}t}{\phi}=\frac{4\widetilde{D}_0t}{\phi}\left(1-\frac{2\Delta H_{\mathrm{mix}}}{k_{\mathrm{B}}T}\right),\tag{11.16}$$

其中, 碰撞引起的混合项可以定义为

$$\frac{4\widetilde{D}_0t}{\phi}=0.268\frac{F_{\mathrm{D}}\left\langle r^2\right\rangle}{NE_{\mathrm{d}}}.\tag{11.17}$$

式 (11.16) 是一个含 ΔH_{mix} 的线性表达式, 斜率为

$$\frac{4\widetilde{D}_0t}{\phi}\frac{2}{k_{\mathrm{B}}T}=0.536\frac{F_{\mathrm{D}}\left\langle r^2\right\rangle}{NE_{\mathrm{d}}k_{\mathrm{B}}T},\tag{11.18}$$

其中, $F_{\mathrm{D}}=5500\ \mathrm{eV/nm}$, $\langle r^2\rangle=2.25\ \mathrm{nm}^2$, $N=74\ \mathrm{atoms/nm}^3$, $E_{\mathrm{d}}=30\ \mathrm{eV}$, 由此可知, 斜率为 $3.0/(k_{\mathrm{B}}T)$ (单位为 $\mathrm{nm}^4/\mathrm{eV}$). 由实验测得的 Au/Ti 和 Pt/Ti 双层膜体系的混合数据得到的斜率分别约为 5.0 $\mathrm{nm}^4/\mathrm{eV}$ 和 7.0 $\mathrm{nm}^4/\mathrm{eV}$. 使实验值和计算值相等, 并取 $k_{\mathrm{B}}=8.63\times10^{-5}\ \mathrm{eV/K}$, 可以得到 Au 和 Pt 样品的有效级联温度分别为 3310 K 和 4966 K. 利用能量均分定理 $E=3k_{\mathrm{B}}T_{\mathrm{eff}}/2$, 可以得到 Au/Ti 和 Pt/Ti 双层膜体系中级联碰撞内原子的平均动能分别为 0.43 eV/atom 和 0.64 eV/atom.

11.3.2　内聚能的影响

在混合焓为零的合金体系中, 离子束混合速率主要取决于与碰撞混合相同的主导因素, 也就是说, 没有化学驱动力. 然而, 研究发现 (van Rossum et al., 1985), Au/Ag 双层膜体系的混合速率是 Pt/Pd 双层膜体系的 5 倍. 它们是元素周期表中相邻的元素对, 因此从碰撞角度来看, 它们是相似的. 表 11.4 中列出了几个 $\Delta H_{\mathrm{mix}}=0$ 的双层膜体系的混合速率 $4\widetilde{D}t/\phi$. 混合速率的实验数据是由能量为 600 keV 的 Xe 离子辐照实验得到的, 样品温度为 77 K. $\left.\frac{4\widetilde{D}t}{\phi}\right|_{\mathrm{calc}}$ 是由式 (11.17) 计算得到的, 其中, $\left\langle r^2\right\rangle=2.25\ \mathrm{nm}^2$, 其他参数如表 11.4 所示. A/B 双层膜体系的平均原子密度 $\overline{N}$ 定义为

$$\overline{N}=\frac{1}{2}(N_A+N_B),\tag{11.19}$$

其中, N_A 和 N_B 分别为元素 A 和 B 的原子密度.

表 11.4 $\Delta H_{\text{mix}}=0$ 的双层膜体系的混合速率

体系	$F_{\text{D}}/(\text{eV/nm})$	E_{d}/eV	$\overline{N}/\text{nm}^{-3}$	$\left.\frac{4\widetilde{D}t}{\phi}\right\|_{\text{exp}}/\text{nm}^4$	$\left.\frac{4\widetilde{D}t}{\phi}\right\|_{\text{calc}}/\text{nm}^4$
Pt/Pd	5950	32.8	67.1	4.5	1.6
Hf/Zr	3751	22.5	44.0	2.6	2.3
W/Mo	5527	40.0	63.6	1.6	1.3
Ta/Nb	4807	32.3	55.6	1.4	1.6
Au/Ag	5287	30.2	58.8	23.7	1.8

注: 表中数据引自参考文献 (Cheng, 1990).

从表 11.4 中的数据可以看出, 实验测得的混合速率与式 (11.17) 预测的混合速率之间没有相关性. 计算数据表明, 这些体系的混合速率相近, 但实验数据表明, 它们之间可相差一个数量级以上.

虽然混合数据与碰撞模型之间似乎没有相关性, 但实验测得的混合速率与内聚能之间存在一定关联. 图 11.12 显示了内聚能对离子束混合的影响, 即每个 A/B 双层膜体系的 $\left[\left.\frac{\mathrm{d}(4\widetilde{D}t)}{\mathrm{d}\phi}\right|_{\text{exp}}\right]^{-1}$ 与内聚能 ΔH_{coh} 之间的关系. 这些数据表明, 低 ΔH_{coh} 的体系有更高的混合速率. 对这些数据进行拟合可得 $4\widetilde{D}t/\phi \cong (\Delta H_{\text{coh}})^{-2}$.

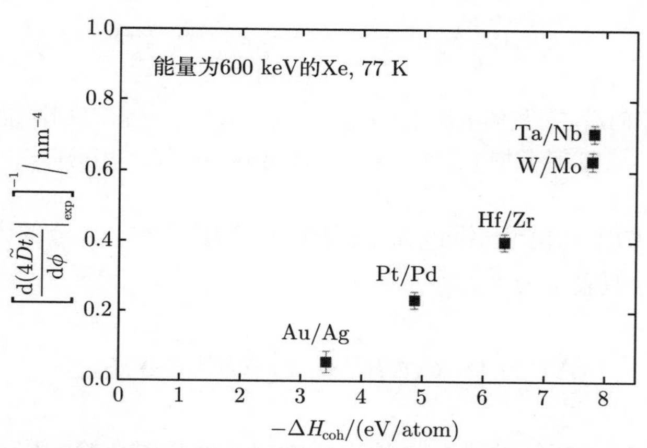

图 11.12 内聚能对离子束混合的影响. 这些数据表明, 低 ΔH_{coh} 的体系有更高的混合速率 (引自参考文献 (van Rossum et al., 1985))

有研究者认为, 离子束混合速率对内聚能的依赖源于原子在级联内的扩散. 内聚能是将一种材料凝聚在一起的能量, 它的定义是固体的能量与相同数量自由中性原子无限分离时的能量之差. 在纯金属中, 内聚能与升华能和单空位形成能 $E_{\mathrm{f}}^{\mathrm{v}}$ 有关. 图 11.13 显示了具有不同晶格结构的多种纯金属的内聚能 ΔH_{coh} 与单空位形成能 $E_{\mathrm{f}}^{\mathrm{v}}$ 之间的关系 (Doyama et al., 1976), 这一关系可以表示为

$$E_{\mathrm{f}}^{\mathrm{v}} \cong -0.29\Delta H_{\mathrm{coh}}. \tag{11.20}$$

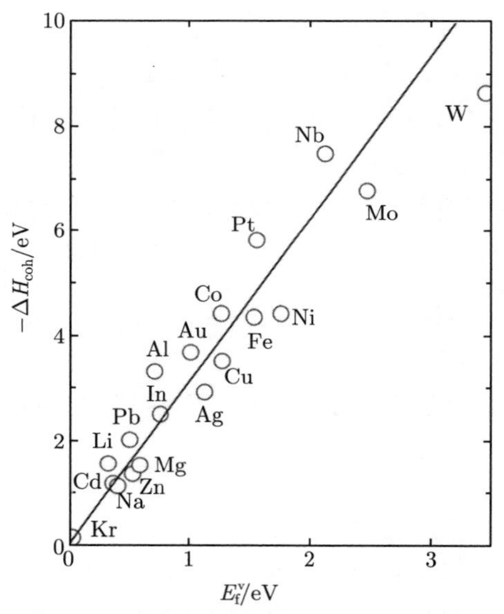

图 11.13　具有不同晶格结构的多种纯金属的内聚能 ΔH_{coh} 与单空位形成能 $E_{\mathrm{f}}^{\mathrm{v}}$ 之间关系的实验数据 (引自参考文献 (Doyama et al., 1976))

基特尔 (1976) 列出了不同元素的内聚能 ΔH^{O}, AB 合金的内聚能可以使用常规溶液理论近似表示为

$$\Delta H_{\mathrm{coh}} \cong X_A \Delta H_A^{\mathrm{O}} + X_B \Delta H_B^{\mathrm{O}} + \Delta H_{\mathrm{mix}}. \tag{11.21}$$

式 (11.21) 的最后一项是式 (11.8) 给出的常规溶液的混合焓. 当 $X_A = X_B = 0.5$ 时, 式 (11.21) 给出的内聚能如图 11.14 所示.

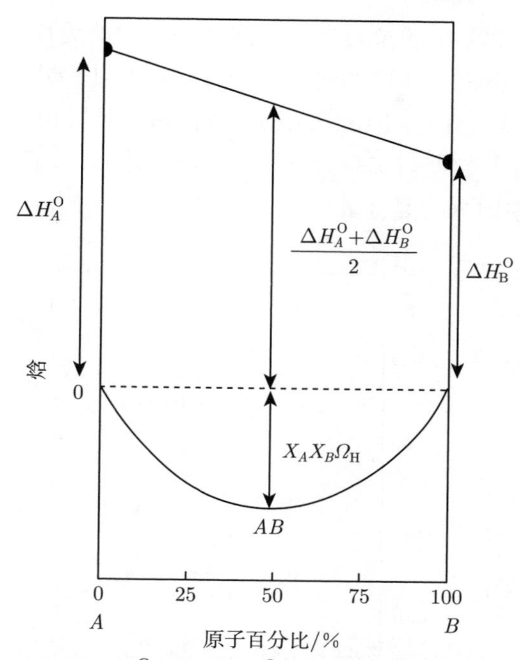

图 11.14 根据 $\Delta H_{\mathrm{coh}} \cong X_A \Delta H_A^{\mathrm{O}} + X_B \Delta H_B^{\mathrm{O}} + \Delta H_{\mathrm{mix}}$ 得到的 AB 合金内聚能的示意图，其中，ΔH^{O} 代表不同元素的内聚能，ΔH_{mix} 是常规溶液的混合焓 $X_A X_B \Omega_{\mathrm{H}}$

11.3.3 混合模型

在前面的章节中，我们已经展示了双层膜体系的离子束混合受热力学因素的影响，特别是混合焓 ΔH_{mix} 和内聚能 ΔH_{coh} 所受的影响. 约翰逊 (Johnson) 等人 (1985) 提出了一个离子束混合速率的表达式，其中包含 ΔH_{mix} 和 ΔH_{coh}，即

$$\frac{\mathrm{d}(4\widetilde{D}t)}{\mathrm{d}\phi} = \frac{K_1 F_{\mathrm{D}}^2}{\overline{N}^{5/3}(\Delta H_{\mathrm{coh}})^2}\left(1 + K_2 \frac{\Delta H_{\mathrm{mix}}}{\Delta H_{\mathrm{coh}}}\right), \tag{11.22}$$

其中，F_{D} 为单位长度沉积的损伤能量，$\overline{N}$ 为平均原子密度，K_1 和 K_2 为拟合参量. 通过实验测得的能量为 600 keV 的 Xe 离子辐照 (在 77 K 温度下) 时的混合速率，可得拟合参量的值为 $K_1 = 0.0034$ nm, $K_2 = 27.4$.

在图 11.15 中，我们可以通过 $\overline{N}^{5/3}(\Delta H_{\mathrm{coh}})^2 F_{\mathrm{D}}^{-2}$ 与 $\Delta H_{\mathrm{mix}}/\Delta H_{\mathrm{coh}}$ 之间的关系来描述混合速率. 线性关系表明，混合量与 $\Delta H_{\mathrm{mix}}/\Delta H_{\mathrm{coh}}$ 成正比. 利用式 (11.22)，我们可以预测在低温下被重离子辐照的金属/金属双层膜体系的离子

束混合速率. 式 (11.22) 中的拟合参量由图 11.15 中的线性关系确定. 基于德博尔 (de Boer) 等人 (1989) 计算得到的 ΔH_{mix}, 以及使用式 (11.24) 计算得到的 ΔH_{coh} (数据引自参考文献 (Kittel, 1976)), 我们可以计算出 $4\widetilde{D}t/\phi$, 如表 11.4 所示. 除 Ag/Au 外, 计算数据与实验数据基本一致. 图 11.15 还显示, 有些双层膜体系明显偏离线性关系预测的混合量.

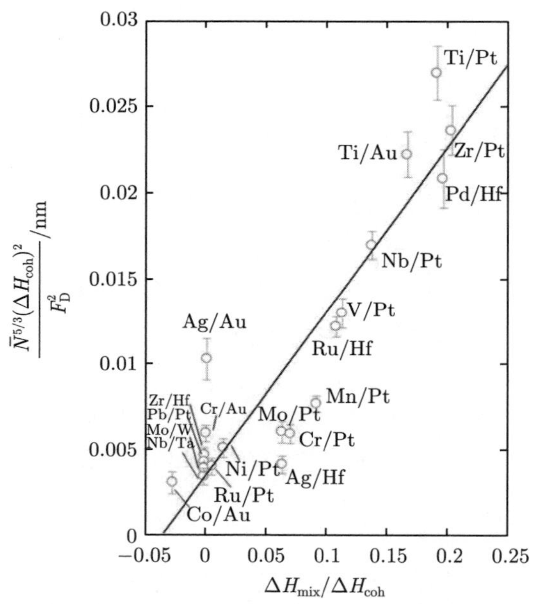

图 11.15　$\overline{N}^{5/3}(\Delta H_{\mathrm{coh}})^2 F_{\mathrm{D}}^{-2}$ 与 $\Delta H_{\mathrm{mix}}/\Delta H_{\mathrm{coh}}$ 之间的关系, 可以以此描述混合速率 (引自参考文献 (Cheng, 1990))

11.3.4　级联参数

载能离子的能量在材料中沉积的方式会对混合量产生明显影响. 从离子与固体相互作用的碰撞运动学可知, 沉积的损伤能量随质量和质量密度的增大而增大. 随着 F_{D} 的增大, 级联内的原子数不断增多, 直到达到临界能量 E_{c}. 当超过临界能量 E_{c} 时, 次级级联形成. 罗西 (Rossi) 等人 (1991) 结合分形的概念和蒙特卡罗模拟, 对具有能量 E_{c} 的离子形成的热峰中的原子数 N_{at} 进行了预测. 如图 11.16 所示, N_{at} 为平均质量密度与平均质量之间关系曲线上的值. 平均质量密度和平均质量是指两种组分在双层膜体系的离子束混合实验中得到的平均值. 马 (Ma) 等人 (1989) 发现, 他们的实验数据中的混合速率较低, 热峰中的原子数也较少 (10—

30), 程 (1990) 的实验数据中的 N_{at} 值大都在 60—90 之间. 图 11.16 中 U 的实验数据大概在 $N_{\mathrm{at}}=60$ 的曲线上. 从图 11.16 中的数据可以看出, 当热峰中有大量原子时, 热力学驱动的离子束混合更符合式 (11.22) 的预测.

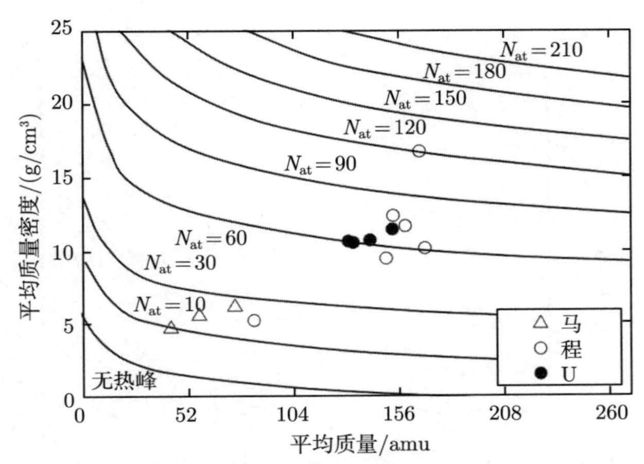

图 11.16 能量为 E_{c} 的自离子形成的热峰中的原子数 N_{at}, N_{at} 是平均质量密度与平均质量之间关系曲线上的值 (引自参考文献 (Rossi et al., 1991))

11.4 热辅助离子束混合

我们在前几节讨论的是与温度无关的离子束混合, 然而, 在离子束混合过程中, 温度起到了重要作用, 如图 11.4 所示. 与之类似, 图 11.17 展示了 Al/Mo 体系的离子束混合随温度的变化情况. 混合速率在 0 ℃ 及以下基本与温度无关, 当温度升高到 150 ℃ 以上时, 混合速率表现出强烈的温度依赖性.

热辅助离子束混合的一个特征是, 离子束混合的激活能 $E_{\mathrm{A}}^{\mathrm{ion}}$ 在大多数混合实验中大约在 0.1—0.3 eV 之间. 这些数据是通过将温度依赖状态下的混合速率归因于与 $\exp[-E_{\mathrm{A}}^{\mathrm{ion}}/(k_{\mathrm{B}}T)]$ 成比例的阿雷纽斯型扩散行为而得到的.

如果激活能极低, 则表明原子在离子束混合过程中的运动是一个非活化过程. 这一过程与原子扩散中的原子尺度的起源形成了鲜明的对比. 在热辅助原子扩散中, 扩散系数与 $\exp[-E/(k_{\mathrm{B}}T)]$ 成正比, 其中, $E=E_{\mathrm{f}}^{\mathrm{v}}+E_{\mathrm{m}}^{\mathrm{v}}$, 这里, $E_{\mathrm{f}}^{\mathrm{v}}$ 是空位形成能, $E_{\mathrm{m}}^{\mathrm{v}}$ 是空位迁移能. 与常规的离子辐照类似, 离子束混合也会产生空位, 因此与 $E_{\mathrm{f}}^{\mathrm{v}}$ 相关的扩散势垒趋于零.

金属中的 $E_{\mathrm{m}}^{\mathrm{v}}$ 比离子束混合得到的 $E_{\mathrm{A}}^{\mathrm{ion}}$ 大 4—10 倍. 当离子束混合数据与

更具可比性的均匀合金数据进行对比时, 这种差异可能会更大. 基于这些观察, 雷恩和冈守 (1989) 得出结论, 温度依赖对离子束混合的主要贡献是由级联冷却阶段产生的级联内原子输运导致的.

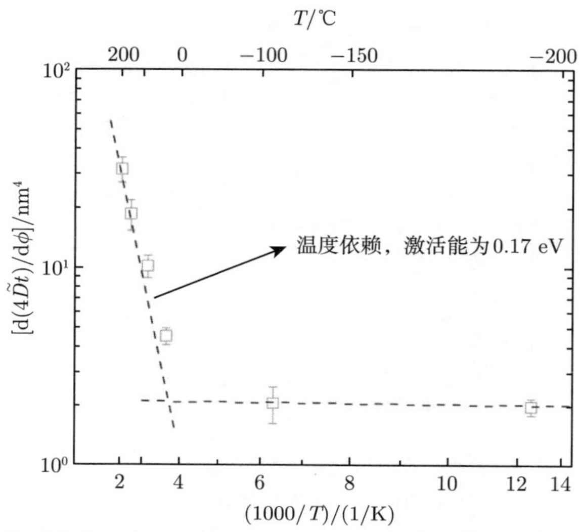

图 11.17　Al/Mo 体系的离子束混合数据, 该图显示出温度在离子束混合实验中的影响 (引自参考文献 (Ma et al., 1989))

11.4.1　液体扩散

如第 8 章所述, 从热峰和液体扩散的角度研究离子束混合的激活能似乎是相关的. 液态金属的扩散系数是固态金属扩散系数的 100—1000 倍. 通常, 大多数金属在其熔点以上的扩散系数在 10^{-5}—10^{-4} cm^2/s 之间, 激活能是零点几 eV (Iida et al., 1988). 研究者利用恩斯库格动力学扩散模型, 研究离子束混合和液体扩散的问题 (Nastasi et al., 1994). 采用这种方法, 可将二元液体体系的扩散系数表示为 (见式 (8.34))

$$D_{\mathrm{liq}} = D_{\mathrm{kin}}\left(1 - \frac{2\Delta H_{\mathrm{mix}}^{\mathrm{L}}}{k_{\mathrm{B}}T}\right), \tag{11.23}$$

其中, D_{kin} 为分子动力学修正后的恩斯库格动力学扩散系数, $\Delta H_{\mathrm{mix}}^{\mathrm{L}}$ 是组分相关的混合焓, $1 - 2\Delta H_{\mathrm{mix}}^{\mathrm{L}}/(k_{\mathrm{B}}T)$ 是热力学因子. 式 (11.23) 与达肯扩散方程 (见式 (11.11) 和式 (11.14)) 非常相似. 有关 D_{kin} 的详细信息可以在第 8 章中

找到.

对于 Ni/Si 体系, 热峰中的混合量 Dt (见式 (8.40)) 在第 8 章中已经给出, 基于第 8 章中讨论的级联参数和液体扩散模型, 我们对其进行分析. 通过在温度依赖状态下用 $\exp[-E/(k_BT)]$ 拟合计算得到的混合曲线, 可以确定一个有效的激活能 E. 对于 Ni/Si 体系, 热峰温度 $\Delta T_s = 2130$ K, 曲线如图 8.12(b) 所示. 这种热峰温度产生的激活能为 0.09 eV/atom, 与实验测量值相同. 对于给定的体系, 热峰温度和激活能是相互依赖的变量, 若一个已知就能够得到另一个, 如图 8.12 所示. 对于激活能较低的体系, 热峰温度如表 11.5 所示. 表 11.5 中也列出了总热峰温度 T_t, 定义为通过计算得到的热峰温度及用于确定激活能的最低辐照温度之和, T_{melt} 为体系中最不易熔化的化合物、共晶或元素的熔化温度. ΔT_s 和 T_{melt} 的对比表明, 在大多数情况下, 热峰温度都超过了熔化所需的温度阈值. 对总热峰温度与 T_{melt} 也进行了相似的对比, 结果表明, 表 11.5 中的所有体系都会熔化.

表 11.5 圆柱体热峰模型的激活能和热峰温度

体系	E_A^{ion}/(eV/atom)	ΔH_{mix}^L/(kJ/mol)	ΔT_s/K	T_t/K	T_{melt}/K
Au/Zr	0.06	−74	3800	4130	1473
Zr/Fe	0.07	−25	2940	3260	1247
Ni/Si	0.09	−23	2130	2385	1239
Pt/Si	0.11	−36	1480	1785	1103
U/Ti	0.12	−18	2180	2580	1405 (U)
Si/Ge	0.16	0	1860	2285	1210 (Ge)
Cr/Si	0.20	−20	1750	2165	1578
U/Al	0.25	−62	1075	1425	913
Nb/Si	0.25	−39	2250	2630	1648
Cu/Al	0.27	−8	975	1275	821
Mo/Si	0.30	−18	2300	2930	1673
Co/Si	0.33	−21	1200	1520	1468
U/Si	0.34	−99	1140	1540	1258
Zr/Ni	0.40	−49	1730	2080	1233
U/Al	0.57	−62	720	1070	913
Nb/Si	0.90	−39	1900	2430	1648

注: 表中数据引自参考文献 (Nastasi et al., 1994).

11.5 转变温度

在大多数金属/金属体系的离子束混合中, 温度无关和温度相关的混合区域之间的转变温度高于室温. 转变温度 T_c 定义为两种状态区间外推的截距.

程等人 (1986) 观察到碰撞混合 (与温度无关) 和与温度相关的混合区域之间的转变温度大致与合金的内聚能 ΔH_{coh} 成正比. 罗西等人 (1991) 总结了 T_c 与 ΔH_{coh} 之间的关系, 即

$$T_c \cong 95.2\Delta H_{coh}. \tag{11.24}$$

根据图 11.18, 我们可以得到这种相关性. 图 11.18 中的实线表明 T_c 和 ΔH_{coh} 之间为线性关系. 对于 Si, 设定 ΔH_{coh} 为 4.6 eV/atom, 则可以通过式 (11.24) 得出 T_c 是 165 ℃, 这与实验值 (150 ℃) 接近.

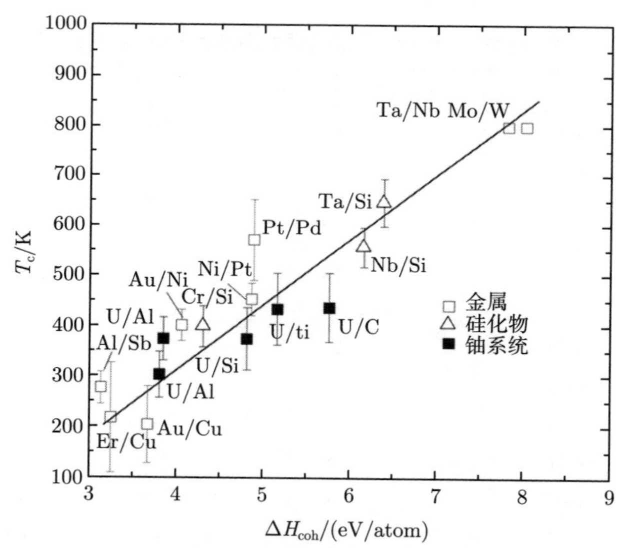

图 11.18　碰撞混合 (与温度无关) 和与温度相关的混合区域之间的转变温度 T_c 与合金的内聚能 ΔH_{coh} 之间的关系 (引自参考文献 (Rossi et al., 1991))

11.6 相 形 成

第 12 章将介绍利用薄膜研究离子辐照下化合物的稳定性和相变机制, 其中, 最合适的研究体系是固定组分多层膜, 可以通过离子辐照来研究离子束混合导致

的相变, 而热处理多层膜的离子辐照可以用来研究化合物的稳定性 (Nastasi et al., 1991). 在某些合金中, 离子束混合过程中有限制的转变机制可能与被混合材料的初始状态、辐照种类和辐照温度有关. 在接下来的章节中, 我们将讨论这些限制, 并研究离子束混合过程中相的形成是如何受到动力学、形核和热力学约束的影响的.

11.6.1 动力学

在热辅助离子束混合体系中形成的结晶相可能是亚稳态合金或平衡态合金. 根据米德马模型 (de Boer et al., 1989), 两种元素的空位必须是可移动的, 以形成有序的晶态合金, 这与非晶态合金的结晶理论类似. 德雷乌斯 (de Reus) 等人 (1991) 认为, 若要通过离子束混合过程形成晶态合金, 则必须达到与较大原子的空位形成焓相关的临界温度 T_x:

$$T_x \cong 367\Delta H_{\mathrm{L}}^{\mathrm{v}}, \tag{11.25}$$

其中, $\Delta H_{\mathrm{L}}^{\mathrm{v}}$ 为等原子比随机合金中较大原子的空位形成焓, 由参考文献 (de Boer et al., 1989) 给出, 即

$$\Delta H_{\mathrm{L}}^{\mathrm{v}} = \frac{1}{2}[\Delta E_{\mathrm{L}}^{\mathrm{v}} + (V_{\mathrm{L}}/V_{\mathrm{s}})^{5/6}\Delta E_{\mathrm{s}}^{\mathrm{v}}],$$

这里, $\Delta E_{\mathrm{L}}^{\mathrm{v}}$ 和 $\Delta E_{\mathrm{s}}^{\mathrm{v}}$ 为单质中的单空位形成能; V_{L} 和 V_{s} 是相应元素的原子体积. 表 11.6 中列出了相关参数.

表 11.6 原子体积和单空位形成能

金属	ΔE^{v} (单质) /(eV/atom)	V_{metal} /(cm^3/mol)	金属	ΔE^{v} (单质) /(eV/atom)	V_{metal} /(cm^3/mol)
Sc	1.24	15.03	Ru	1.97	8.20
Ti	1.45	10.58	Rh	1.61	8.30
V	1.61	8.36	Pd	1.24	8.90
Cr	1.45	7.23	Ag	0.98	10.25
Mn	0.98	7.35	La	1.09	22.55
Fe	1.40	7.09	Hf	1.76	13.45
Co	1.24	6.70	Ta	2.23	10.81
Ni	1.19	6.60	W	2.49	9.55
Cu	1.04	7.12	Re	2.49	8.85
Y	1.35	19.90	Os	2.23	19.90

续表

金属	ΔE^{v} (单质) /(eV/atom)	V_{metal} /(cm^3/mol)	金属	ΔE^{v} (单质) /(eV/atom)	V_{metal} (cm^3/mol)
Zr	1.66	14.00	Ir	1.97	8.51
Nb	2.02	10.80	Pt	1.71	9.10
Mo	2.18	9.40	Au	0.93	10.20

注: 表中数据引自参考文献 (de Boer et al., 1989).

在涉及容易形成合金的元素的离子束混合实验中, 当混合温度低于 T_{c} (见式 (11.24)) 时, 许多体系的混合层是非晶相. 然而, 一旦热辅助离子束混合开始起作用, 就有可能形成晶相, 这些相可以是亚稳态合金或平衡态合金. 在 T_x 以上的高温下, 两种元素均发生扩散, 则会出现平衡相.

11.6.2 形核

在 11.6.1 小节中, 我们重点讨论了离子束混合过程中合金形成的动力学限制. 在讨论中, 我们假设空位形成能和原子扩散是形成新相的主要限制因素, 而且形核势垒很小. 虽然这一假设在某些情况下可能是正确的, 但如果相的结构不止与周围材料的结构相关, 则形核势垒会对相的形成带来明显的影响. 在基体 α 中, 新相 β 均匀形核的势垒可以表示为 (Shewmon, 1969)

$$\Delta G^* = \frac{16\pi\gamma_{\alpha\beta}^3}{3(\Delta G_{\text{chem}} + \Delta G_{\varepsilon})^2}, \tag{11.26}$$

其中, $\gamma_{\alpha\beta}$ 是形核相 β 和基体 α 之间的界面能, ΔG_{chem} 和 ΔG_{ε} 分别是与形核相关的化学驱动力和应变能驱动力. 在合金体系中, $\gamma_{\alpha\beta}$ 和 ΔG_{ε} 均为正值, 并倾向于增大形核势垒, 而 ΔG_{chem} 为负值, 并倾向于减小形核势垒.

在离子束混合过程中, 平衡态化合物的形成必须先有核的形成, 但它不止与 $\Delta H_{\text{L}}^{\text{V}}$ (见式 (11.25)) 相关. 也就是说, 动力学观点认为相的形成只受长程扩散过程的限制, 而形核观点认为, 即使存在长程扩散, 也只有在临界核形成后才会形成相.

11.6.3 热力学

通过平衡相图及其相应的热力学特征, 我们可以得到与温度无关的离子束混合过程中相形成的定性信息. 在这种情况下, 环境温度足够低, 可以抑制长程扩散. 可用于形成相的组分是级联内原子混合所产生的. 级联混合发生在非常高的

有效温度 (约为 10^4 K) 下. 在 10^{-11} s 的时间内, 级联淬火到环境温度, 在级联内的元素组分被 "冻结". 由于级联淬火发生得非常快, 因此相形成过程中组分不会改变. 级联混合后形成的相必须形成于多相相互作用, 例如, 在没有长程扩散情况下发生 (Johnson, 1986; Perepezko et al., 1987).

在无长程扩散的限制下, 形成相的组分会与级联内形成相的组分相同, 因此我们可以构造一个亚稳态相图, 称为多晶相图. 在给定温度下, 多晶相边界由每个晶体固相的自由能曲线 (α, β, γ) 与液相/非晶相的自由能曲线 (λ) 的交点确定, 如图 11.19(a) 中温度为 T_1 时的一系列自由能曲线所示. 对于这种组分与温度的组合, 两个相交叉相变的热力学驱动力为零. 这些交点的径迹与温度之间的函数关系构成了 T_0 曲线, 如图 11.19(b) 所示.

如图 11.19(b) 所示的多晶相图与平衡相图的不同之处在于其并不存在双相区. 由 T_0^α 和 T_0^γ 曲线, 我们可以得到固溶体相区间的热力学限制. 对于 T_0 曲线范围以外的部分, 在热力学上, 非晶相优先形成. 例如, 在离子束混合实验中, 设样品温度为 T_1. 假设在级联碰撞内发生原子混合, 产生一个类似于误差函数形式的组分分布. 这表明, 在级联内的某个位置, 存在与图 11.19(a) 中 x_B' 对应的组分. 如图 11.19(b) 所示, 延长 α 溶液相到 x_B' 会得到一个相对于液相/非晶相的热力学不稳定的 α 相. 对于 α 相, 当离子束混合得到在 T_0 限制之外的合金组分时, 考虑到热力学条件和级联的快速淬火 (没有长程扩散) 所引入的动力学限制, α 相很可能会熔化或非晶化.

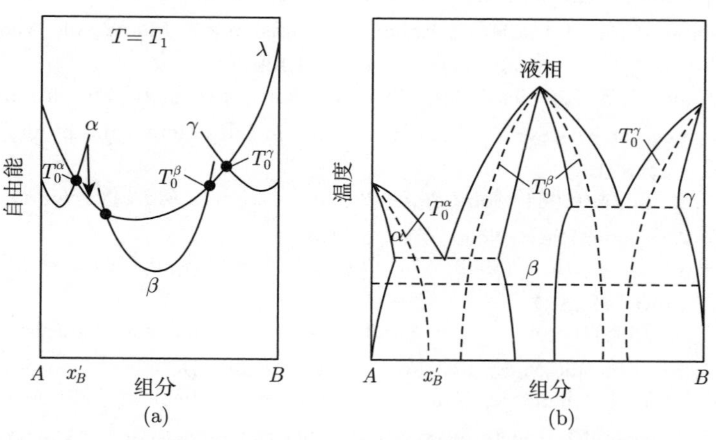

图 11.19 温度为 T_1 时的 (a) 自由能曲线和 (b) 相应的多晶相图

与固溶相一样, 多晶相图可用于研究离子束混合过程中形成金属间化合物的热力学特性. 图 11.19(b) 给出了一组化合物的 T_0 曲线, 要使 β 化合物稳定且不发生熔化或非晶化, 组分必须在 T_0^β 曲线的范围内. 由于在双层膜界面处级联内形成的组分范围很广, 因此在有限的组分区间内, 相比非晶相, 在热力学上, 化合物更倾向于形成多晶相.

参考文献

Andersen, H. H. (1979) The Depth Resolution of Sputter Profiling, *Appl. Phys.* **18**, 131.

Besenbacher, F., J. Bottiger, S. K. Nielsen, and H. J. Whitlow (1982) Short- and Long-Range Ion-Beam Mixing in Cu:Al, *Appl. Phys.* **A29**, 141.

Biersack, J. P. (1981) Calculation of Projected Ranges in Analytical Solutions and a Simple General Algorithm, *Nucl. Instrum. & Meth.* **182/183**, 199-206.

Cheng, Y.-T. (1990) Themodynamic and Fractal Geometric Aspects of Ion-Solid Interactions, *Mater. Sci. Reports*, **5**, 45.

Cheng, Y.-T., M. van Rossum, M.-A. Nicolet, and W. L. Johnson (1984) Influence of Chemical Driving Forces in Ion Mixing of Metallic Bilayers, *Appl. Phys. Lett.* **45**, 185.

Cheng, Y.-T., X.-A. Zhao, T. Banwell, T. W. Workman, M.-A. Nicolet, and W. L. Johnson (1986) Correlation Between the Cohesive Energy and the Onset of Radiation-Enhanced Diffusion in Ion Mixing, *J. Appl. Phys.* **60**, 2615.

de Boer, F. R., R. Boom, W. C. M. Mattens, A. R. Miedema, and A. K. Niessen (1989) *Cohesion in Metals* (North-Holland, Amsterdam).

de Reus, R., A. M. Vredenberg, A. C. Voorrips, H. C. Tissink, and F. W. Saris (1991) Critical Temperature for Radiation Enhanced Diffusion and Metastable Alloy Formation in Ion Beam Mixing, *Nucl. Instrum. Meth.* **B53**, 23.

Doyama, M. and J. S. Koehler (1976) The Relation Between the Formation Energy of a Vacancy and the Nearest Neighbor Interaction in Pure Metals and Liquid Metals, *Acta Metallica* **24**, 871.

Gschneidner, K. L. Jr. (1964) *Solid State Physics, Advances in Research and Applications*, vol. 16 (Academic Press, New York), p. 275.

Iida, T. and R. I. L. Guthrie (1988) *The Physical Properties of Liquid Metals* (Clarendon Press, Oxford), chap. 7.

Johnson, W. L. (1986) Thermodynamic and Kinetic Aspects of the Crystal to Glass Transformation in Metallic Materials, *Prog. Mat. Sci.* **30**, 81.

Johnson, W. L., Y.-T. Cheng, M. Van Rossum, and M.-A. Nicolet (1985) When is Thermodynamics Relevant to Ion-Induced Atomic Rearrangements in Metals? *Nucl. Instrum. & Meth.* **B7/8**, 657.

Kittel, C. (1976) *Introduction to Solid State Physics*, 5th edn (John Wiley & Son., Inc., New York).

Ma, E., T. W. Workman, W. L. Johnson, and M.-A. Nicolet (1989) Ion Mixing of Metal/Al Bilayers Near 77 K, *Appl. Phys. Lett.* **54**, 413.

Matteson, S., B. M. Paine, M. G. Grimaldi, G. Mezey, and M.-A. Nicolet (1981) Ion Beam Mixing in Amorphous Silicon I. Experimental Investigation, *Nucl. Instrum. & Meth.* **182/183**, 43.

Mayer, J. W. and S. S. Lau (1983)'Ion Beam Mixing', in *Surface Modification* and Alloying by Laser, Ion, and Electron Beams, eds. J. M. Poate, G. Foti, and D. C. Jacobson (Plenum Press, New York), p. 241.

Mayer, J. W., S. S. Lau, B. Y. Tsaur, J. M. Poate, and J. K. Hirvonen, (1980) High-Dose Implantation and Ion-Beam Mixing, in *Ion Implantation Metallurgy*, eds. C. M. Preece and J. K. Hirvonen (The Metallurgical Society of AIME, New York) p. 37.

Nastasi, M. and J. W. Mayer (1991) Thermodynamics and Kinetics of Phase Transformations Induced by Ion Irradiation, *Mater. Sci. Reports* **6**, 1-51.

Nastasi, M. and J. W. Mayer (1994) Ion Beam Mixing and Liquid Interdiffusion, *Radiation. Effects and Defects* in Solids, **130-1**, 367.

Paine, B. M., M.-A. Nicolet, R. G. Newcombe, and D. A. Thompson (1981) Comparison of Ion Beam Mixing at Room Temperature and 40 K, *Nucl. Instrum. & Meth.* **182/183**, 115.

Perepezko, J. H. and W. J. Boettinger (1987) Kinetics of Resolidification, in *Surface Alloying by Ion, Electron, and Laser Beams*, eds. L. E. Rehn, S. T. Picraux, and H. Wiedersich (American Society for Metals, Metals Park), p. 51.

Rehn, L. E. and P. R. Okamoto (1989) Recent Progress in Understanding Ion-Beam Mixing of Metals, *Nucl. Instrum. & Meth.* **B39**, 104.

Rossi, F., M. Nastasi, M. Cohen, C. Olsen, J. R. Tesmer, and C. Egert (1991) Ion Beam Mixing of U-Based Bilayers, *J. Mater. Res.* **6**, 1175.

Shewmon, P. G. (1963) *Diffusion in Solids* (McGraw-Hill, New York).

Shewmon, P. G. (1969) *Transformations in Metals* (McGraw-Hill, New York), chap. 6.

Sigmund, P. and A. Gras-Marti (1981) Theoretical Aspects of Atomic Mixing by Ion Beams, *Nucl. Instrum. & Meth.* **182/183**, 25.

Swalin, R. A. (1972) *Thermodynamics of Solids*, 2nd edn (Wiley-Interscience, New York).

Tsaur, B. Y., S. S Lau, Z. L. Liau, and J. W. Mayer (1979) Ion-Beam Induced Intermixing of Surface Layers, *Thin Solid Films* **63**, 31.

van der Weg, W. F., D. Sigurd, and J. W. Mayer (1974) Ion Beam induced Intermixing in the Pd/Si System, in *Applications of Ion Beams to Metals*, eds. S. T. Picraux, E. P. EerNisse, and F. L. Vook (Plenum Press, New York), p. 209.

van Rossum, M., U. Shreter, W. L. Johnson, and M.-A. Nicolet (1984) Amorphization of Thin Multilayer Films by Ion Mixing and Solid State Amorphization, *Mat. Res. Soc.*

Symp. Proc. **27**, 127.

van Rossum, M., Y.-T. Cheng, M.-A. Nicolet, and W. L. Johnson (1985) Correlation Between Cohesive Energy and Mixing Rate in Ion Mixing of Metallic Bilayers, *Appl. Phys. Lett.* **46**, 610.

Westendorp, H., Z.-L. Wang, and F. W. Saris (1982) Ion-Beam Mixing of Cu-Au and Cu-W Systems, *Nucl. Instrum. & Meth.* **194**, 543.

推荐阅读

Correlation between Chemistry and the Amount of Mixing in Bilayers Submitted to Ion Bombardment, F. d'Heurle, J. E. E. Baglin, and G. J. Clark, *J. Appl. Phys.* **57** (1985), 1426.

Fundamental Aspects of Ion Beam Mixing, R. S. Averback, *Nucl. Instrum. & Meth.*, **B15**, (1986), 675.

Ion Beam Mixing, J. W. Mayer and S. S. Lau, in *Surface Modification and Alloying by Laser, Ion, and Electron Beams*, eds. J. M. Poate, G. Foti, and D. C. Jacobson (Plenum Press, New York, 1983) p. 241.

Ion Mixing and Metallic Alloy Phase Formation, B. X. Liu, *Phys. Stat. Sol.* (a) **94** (1986), 11.

Prediction of Metallic Glass Formation by Ion Mixing, B. X. Liu, *Mater. Lett.* **5** (1987), 322.

Thermodynamic and Fractal Geometric Aspects of Ion-Solid Interactions, Y.-T. Cheng, *Mater. Sci. Reports* **5** (1990), 45.

When is Thermodynamics Relevant to Ion-Induced Atomic Rearrangements in Metals?, W. L. Johnson, Y.-T. Cheng, M. Van Rossum, and M.-A. Nicolet, *Nucl. Instrum. & Meth.* **B7/8** (1985), 657.

第 12 章 相　　变

12.1 引　　言

离子辐照晶态合金会造成材料结构的变化. 结晶相可能变成非晶相或不同的晶格结构. 这种转变可能形成亚稳相或平衡相. 辐照导致相变的驱动力来源于载能离子入射和随后的阻止过程中传递给晶格原子的能量 (见第 7 章).

为了在热力学上理解辐照导致的相变, 先来考虑一个 AB 二元体系的平衡相图和相关的三种组分的自由能 (见图 12.1). 选取 A 和 B 为面心立方结构的金属元素. AB_3 为每个晶胞含有多个原子的有序化合物 (即其组成元素偏离化学计量比的程度可忽略不计). AB 具有宽相场的简单 CsCl 型结构 (CsCl 型结构中每个晶胞含有两个原子), 存在于 10%—20%的组分范围内. α 区域为 fcc 固溶体. 小曲率 (宽相场) 的自由能曲线表明辐照引起的与平衡相的偏差不会导致化合物自由能的大幅度增大, 大曲率 (窄相场) 则表示恰好相反的情况：组分中平衡缺陷浓度的小幅度增大或组分的轻微变化会引起自由能的显著增大. 因此相对于具有窄相场的化合物, 具有宽相场的化合物可以承受更大程度的辐照损伤, 也具有更高的辐照稳定性 (Brimhall et al., 1983; Hung et al., 1983).

通常, 可以认为如果辐照温度足够高, 以至于允许结构恢复, 则级联内产生的缺陷对 CsCl 型结构或固溶体的结构不会产生显著影响, 也就是说, 动力学限制最小. 若每个晶胞只含有少数几个原子并具有宽相场, 则即使在富 A 或 B 原子的非化学计量比区域, 在级联的热峰和淬火阶段也将有足够的时间来建立化学和结构秩序.

而对于诸如 AB_3 的这种晶胞内原子又多又复杂且具有窄相场的有序化合物, 情况可能非常不同. 在这类金属间化合物中, 级联内化学和结构无序的恢复需要 A 和 B 原子之间更大量的协同运动, 这就降低了在级联和淬火之前发生完全恢复的可能性. 在这种情况下, 应当在自由能 (见图 12.2) 中考虑该相相对于亚稳相的能级. 高能区的实线表示长程无序的非晶相的自由能, 虚线表示亚稳相的自由能. 在一次级联碰撞内的能量沉积和后续的原子移位可能导致自由能大幅度跃升, 并发生向非晶相或亚稳相的直接转变. 此外, 如短箭头所示, 每个级联可以分别造成自由能的少量增大, 引发向中间相的转变, 并在整个辐照过程中不断沉积能量, 最终导致亚稳相或非晶相的形成.

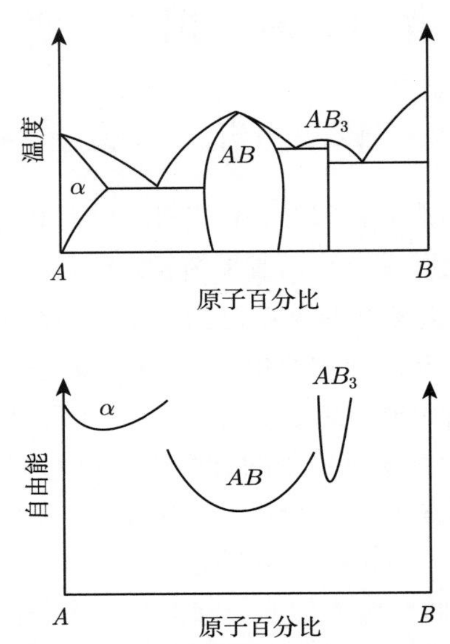

图 12.1　AB 二元体系的平衡相图和相关的三种组分的自由能示意图, 其中包含 fcc 固溶体 α, 具有宽相场的 CsCl 型结构的 AB 和有序化合物 AB_3

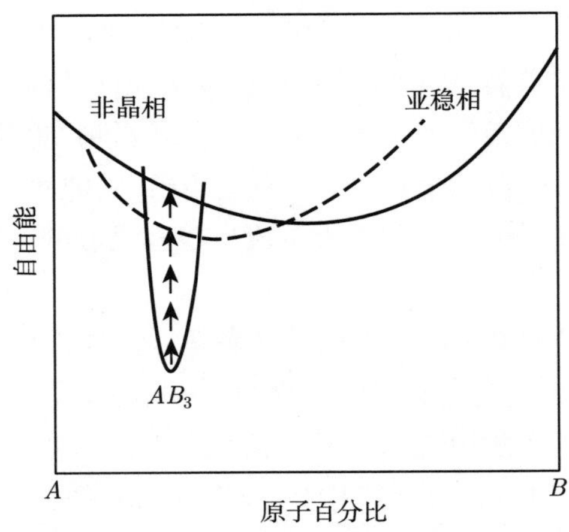

图 12.2　有序化合物 AB_3 的非晶相 (实线) 和亚稳相 (虚线) 的自由能示意图, 短箭头表示离子辐照过程中损伤能量的沉积, 并发生向亚稳相或非晶相的转变 (不存在相分离)

12.2 相变和离子辐照中的能量

在本节中,我们将研究平衡相和亚稳相之间的能量差异,以及辐照诱发相变的热力学驱动力是如何建立的,并在实验可测的混合焓、非晶相能量和无序焓之间建立关系.

在这些相变中,自由能的变化 ΔF 为

$$\Delta F = \Delta H - T\Delta S, \tag{12.1}$$

其中,ΔH 是焓变,ΔS 是熵变.在接下来的分析中,只考虑焓变.构型熵对自由能的贡献是 $-k_{\mathrm{B}}T\ln\Omega$,这里,$\Omega$ 是热力学概率 (合金原子在晶格中可能的排列方式数),k_{B} 是玻尔兹曼常量 (8.6×10^{-5} eV/K),T 是开尔文温度.在一个完美有序的体系中,$\Omega=1$,源于构型熵的自由能为零.对于 AB 二元合金,$\Omega = X_A\ln X_A + X_B\ln X_B$,其中,$X_A$,$X_B$ 分别是元素 A,B 的摩尔分数.当 $X_A = X_B = 0.5$ 时,构型熵达到最大值,此时熵对自由能的贡献为 6×10^{-5} TeV/K.大多数辐照诱发相变的研究在低温 (10—80 K) 下开展,此时熵对自由能的贡献 (6×10^{-4}—4.8×10^{-3} eV) 可忽略不计,因此熵的问题将不予考虑.

12.2.1 亚稳相

由热力学定义可知,亚稳相具有比平衡相更高的自由能.离子辐照能够提供必要的能量以诱发平衡相向较高能量的亚稳相转变.在辐照实验中观察到的典型转变包括:有序合金转变为非晶、有序合金转变为无序固溶体、有序合金转变为有序合金、非晶转变为晶体、非晶转变为准晶.

威尔克斯等人 (1976) 首次提出辐照诱发相变的自由能模型,如图 12.3 所示.该图给出了三个平衡相 α,β',γ 和一个亚稳相 β 的自由能曲线.辐照导致 β' 相的自由能增大.当 β' 相的自由能增大值达到 ΔF 时,它将首先变得不稳定 (与 α 相和 γ 相相比),从而为形成过饱和亚稳相固溶体建立热力学条件.进而,任何超过 ΔF 的自由能增大值都足以使 β' 相变得比亚稳相 β 更不稳定,并为两者之间的转变提供热力学驱动力.亚稳相 β 可能是非晶相或结晶相.最终形成的代替 β' 相的亚稳相 β 将由形核和转变动力学因素综合决定.在本节的余下部分,将考察平衡结晶相和亚稳非晶相之间的能量差异.在后面的章节中,将会讨论辐照诱发相变中形核和转变动力学的作用.

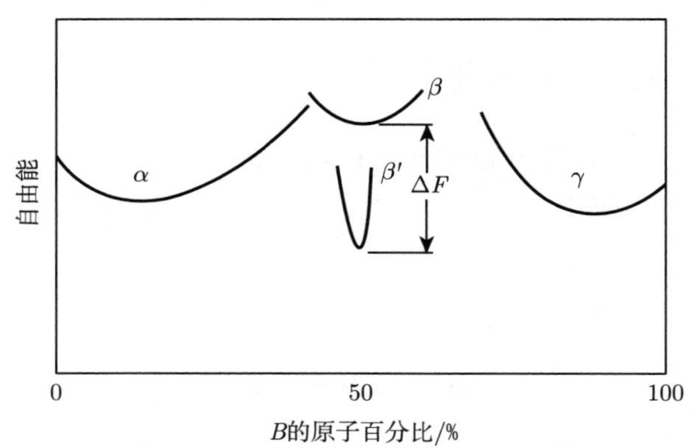

图 12.3 自由能与 B 的原子百分比之间的关系图, 该图显示了有序的金属间化合物 β' 在辐照下如何使自由能增大 ΔF 而发生无序化转变成为 β 相 (引自参考文献 (Liou et al., 1979))

12.2.2 非晶相和结晶相之间的能量差异

从有序结晶相转变到非晶相所需要的能量变化 $\Delta H_{\mathrm{c-a}}$ 可以通过几种方法来估算: 直接使用从相图计算得到的热力学数据 (Kaufman et al., 1970), 或者用米德马模型 (1980) 来计算 $\Delta H_{\mathrm{c-a}}$ 或混合焓 ΔH_{mix}, 后者与实验测得的 $\Delta H_{\mathrm{c-a}}|_{\mathrm{meas}}$ 成比例. 在给定的 B 的原子百分比下, 有

$$\Delta H_{\mathrm{c-a}} = H_{\mathrm{cryst}} - H_{\mathrm{amorph}}. \tag{12.2}$$

在实验上, 该值可以从非晶相结晶的量热实验中测得. 表 12.1 中给出了几种不同的合金体系和 B 的原子百分比下的 $\Delta H_{\mathrm{c-a}}$ 的实验测量值 ($\Delta H_{\mathrm{c-a}}|_{\mathrm{meas}}$) 和米德马模型计算值 ($\Delta H_{\mathrm{c-a}}|_{\mathrm{calc}}$). 实验数据取自液体淬火的非晶相的结晶过程. 在米德马模型中, 尝试考虑结构弛豫和结晶相与非晶相之间标准状态的差异, 且假设非晶相的自由能等于液体的自由能 (见附录 E 和参考文献 (Loeff et al., 1988)). 表 12.1 中还列出了有序合金体系混合焓的米德马模型计算值 $\Delta H_{\mathrm{mix}}|_{\mathrm{calc}}$, 可以认为, 该值等于从初始的纯元素 A 和 B 的机械混合物形成 AB 合金的形成焓. $\Delta H_{\mathrm{mix}}|_{\mathrm{calc}}$ 来源于 A 和 B 原子的化学结合, 以及合金化过程中 A-B 键的形成.

表 12.1 中的数据表明, $\Delta H_{\mathrm{c-a}}$ 的测量值和计算值之间存在差异, 米德马模型计算值要比实验测量值大 4—8 倍. 这种差异可能来源于液体淬火形成的非晶相中短程有序的演变. 米德马模型计算值反映了没有大范围短程有序的理想非晶相.

我们认为, (在可能时) 使用 $\Delta H_{\mathrm{c-a}}$ 的实验测量值反映了可与离子辐照诱发的相变相比的合理条件. 表 12.1 中的数据表明, 如果没有实验测量值, $\Delta H_{\mathrm{c-a}}$ 的计

算值经 1/8—1/4 的系数修正后也可以作为参考. 通过比较 $\Delta H_{\text{c-a}}$ 的实验测量值与 ΔH_{mix} 的计算值可以得到另一参考, 这里, 修正系数约为 0.1, 即 $\Delta H_{\text{c-a}}|_{\text{meas}} \cong 0.1\Delta H_{\text{mix}}|_{\text{calc}}$. 表 12.1 中给出的 $\Delta H_{\text{c-a}}$ 的实验测量值的绝对值的范围在 0.036—0.079 eV/atom 之间. 利用 1 eV/atom=23.06 kcal/mol = 96.5 kJ/mol 的变换关系, 可得 $Ni_{50}Zr_{50}$ 的 $|\Delta H_{\text{c-a}}|_{\text{meas}}| = 7.63$ kJ/mol $= 7.9\times10^{-2}$ eV/atom. 在赫尔特格伦 (Hultgren) 等人 (1973) 和库巴舍夫斯基 (Kubaschewski) 等人 (1979) 的论文中可以找到 ΔH_{mix} (例如, $\Delta H_{\text{formation}}$) 的实验测量值.

表 12.1 $\Delta H_{\text{c-a}}$ **的测量值和计算值, 以及** ΔH_{mix} **的计算值 (单位为** (kJ/mol))

合金	$\Delta H_{\text{c-a}}\|_{\text{meas}}$	$\Delta H_{\text{c-a}}\|_{\text{calc}}$	$\dfrac{\Delta H_{\text{c-a}}\|_{\text{calc}}}{\Delta H_{\text{c-a}}\|_{\text{meas}}}$	$\Delta H_{\text{mix}}\|_{\text{calc}}$	$\dfrac{\Delta H_{\text{c-a}}\|_{\text{meas}}}{\Delta H_{\text{mix}}\|_{\text{calc}}}$
$Pd_{80}Si_{20}$	−4.70			−36.2	0.13
$Co_{83}B_{17}$	−5.50			−15.1	0.36
$Cu_{45}Zr_{55}$	−4.95	−24.8	5.0	−47.5	0.10
$Cu_{55}Zr_{45}$	−4.78	−26.1	5.5	−49.9	0.10
$Ni_{35}Zr_{65}$	−6.62	−27.0	4.1	−62.5	0.11
$Ni_{50}Zr_{50}$	−7.63	−37.2	4.9	−80.1	0.10
$Ni_{65}Zr_{35}$	−4.32	−32.2	7.5	−73.1	0.06
$Ni_{30}Ti_{70}$	−3.44	−19.9	5.8	−44.5	0.08
$Ni_{35}Ti_{65}$	−3.77	−24.0	6.4	−51.6	0.07
$Ni_{60}Ti_{40}$	−3.47	−27.8	8.1	−59.3	0.06

注: $\Delta H_{\text{c-a}}|_{\text{calc}}$ 和 $\Delta H_{\text{mix}}|_{\text{calc}}$ 数据引自参考文献 (de Boer et al., 1988).

12.2.3 有序–无序转变焓

一般情况下, 金属间化合物在低于其熔点的温度下不发生有序–无序转变[①], 因此有序–无序转变焓是一个难以测量的量. 确定有序化能量的一种方法是使用对势或准化学模型来估计等原子比有序合金 (例如, CsCl 型结构) 与相同组分和晶格结构 (例如, 体心立方结构) 的无序合金之间的能量差异 (Chang, 1974).

在准化学模型的零级近似中, 只考虑了最近邻相互作用 (Bragg et al., 1934). 通过进一步假设相邻原子之间的对势与组分无关, 可将合金焓描述为

$$H = n_{AA}H_{AA} + n_{BB}H_{BB} + nH_{AB}, \tag{12.3}$$

① 实验和理论都对有序–无序转变温度 $T_{\text{O-D}}$ 的细节进行了广泛研究. 一般来说, 理论计算表明, $k_{\text{B}}T_{\text{O-D}} \propto V_{AB}$, 其中, V_{AB} 是有序能 (见式 (12.9)). $k_{\text{B}}T_{\text{O-D}}$ 和 V_{AB} 之间的比例系数多年来一直在变化, 其值介于 0.25 到 0.53 之间. 有兴趣了解更多的读者可见参考文献 (Cahn et al., 1987; Girifalco, 1973).

其中, n_{AA}, n_{BB} 和 n 分别是最近邻的 $A-A$, $B-B$ 和 $A-B(B-A)$ 对的数目, H_{AA}, H_{BB} 和 H_{AB} 是相应的这些对所涉及的焓.

n_{AA}, n_{BB} 和 n 的值取决于两种合金原子在相应相中的结构和分布. 图 12.4 显示了有序的 CsCl 型超晶格结构, 它可以看作是由两个简单立方结构子晶格 α (实线) 和 β (虚线) 彼此相互移位 (1/2, 1/2, 1/2) 嵌套而成的. 在完美的 CsCl 型超晶格结构中, A 原子 (空心圈) 占据 α 子晶格, B 原子 (实心圆) 占据 β 子晶格, $A-B$ 对的数目达到最大值, 其中, 每个原子被八个异类 (相反种类) 原子包围. 在体心立方结构的无序状态中, A 和 B 原子占据晶格位点的概率相等, 意味着平均每个原子会有四个相同和四个异类的最近邻原子. 图 12.5 中, CsCl 型超晶格的二维 [110] 晶面显示了有序和无序结构之间的关系.

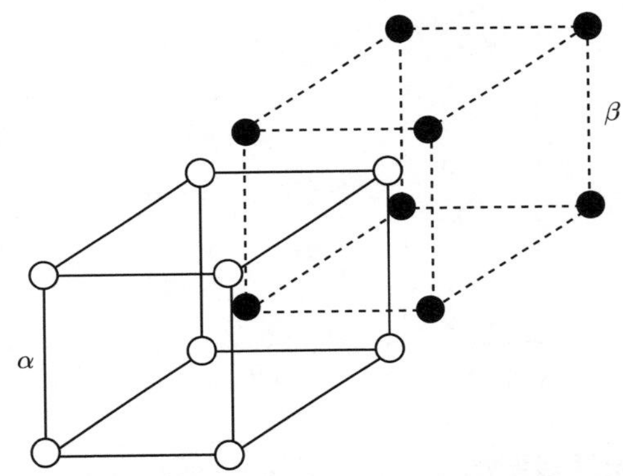

图 12.4　两个简单立方结构子晶格相互嵌套而成的 CsCl 型超晶格结构, 其中, A 原子 (空心圈) 占据 α 子晶格, B 原子 (实心圆) 占据 β 子晶格

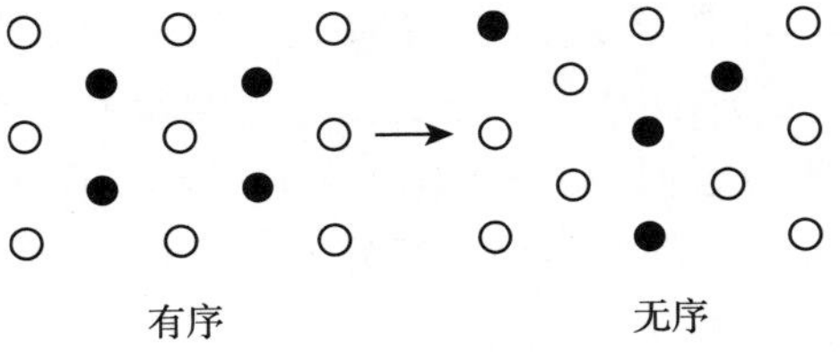

图 12.5　CsCl 型超晶格结构转变到原子无规则排列的无序结构的 [110] 晶面的示意图

晶体中原子对的总数为 $Nn_c/2$, 其中, n_c 是晶格的配位数 (最近邻原子数), $n_c(\text{CsCl}) = 8$, $n_c(\text{fcc}) = 12$, 而 $N = 6.02 \times 10^{23}$ 是 1mol 合金中的总原子数, 因此

原子对的总数为

$$Nn_{\mathrm{c}}/2 = n_{AB} + n_{BA} + n_{AA} + n_{BB} = n + n_{AA} + n_{BB}, \tag{12.4}$$

并有 $n = n_{AB} + n_{BA}$, 其中, n_{AB} 是 α 子晶格上 A 原子和 β 子晶格上 B 原子组成的异类原子对的数目, n_{BA} 是 α 子晶格上 B 原子和 β 子晶格上 A 原子组成的异类原子对的数目.

在完全有序的 CsCl 型超晶格结构中, 每个原子被八个异类原子包围 (见图 12.4), 即 $n_{AA} = n_{BB} = 0$, 则由式 (12.4) 可知, $n = n_{\mathrm{c}}N/2$. 然而, 当存在一些无序时, $A-A$ 和 $B-B$ 对也会出现. 在最大无序度下, $n_{AA} = n_{BB}$, 则晶体中相同原子对的数目为

$$n_{AA} = n_{BB} = \frac{n_{\mathrm{c}}N}{4} - n/2. \tag{12.5}$$

将式 (12.5) 代入式 (12.3), 可以得到合金焓的一般表达式:

$$H = \left(\frac{n_{\mathrm{c}}N}{4} - \frac{n}{2}\right)(H_{AA} + H_{BB}) + nH_{AB}. \tag{12.6}$$

如上所述, 在完全有序状态下, $n_{AA} = n_{BB} = 0$, 且 $n_{\mathrm{c}}N/2 = n$. 在这种情况下, 式 (12.6) 给出有序合金的焓为

$$H_{\mathrm{O}} = \frac{n_{\mathrm{c}}N}{2}H_{AB}. \tag{12.7}$$

对于完全无序的体心立方结构, $A-B$ 对的数目是完全有序的 CsCl 型超晶格结构中的一半, 即 $n = n_{\mathrm{c}}N/4$. 由式 (12.6) 可以得到无序合金的焓为

$$\begin{aligned} H_{\mathrm{D}} &= \frac{n_{\mathrm{c}}NH_{AB}}{4} + \frac{n_{\mathrm{c}}N(H_{AA} + H_{BB})}{8} \\ &= \frac{n_{\mathrm{c}}N}{4}\left(H_{AB} + \frac{H_{AA} + H_{BB}}{2}\right). \end{aligned} \tag{12.8}$$

从完全无序的体心立方结构到完全有序的 CsCl 型超晶格结构的转变焓为

$$\Delta H_{\mathrm{O-D}} = H_{\mathrm{O}} - H_{\mathrm{D}} = \frac{n_{\mathrm{c}}N}{4}V_{AB}, \tag{12.9}$$

其中, $V_{AB} = H_{AB} - (H_{AA} + H_{BB})/2$, 称为有序能. 对于 $n_c = 8$ 的 CsCl 型超晶格结构, 式 (12.9) 可以简化为

$$\Delta H_{\mathrm{O-D}} = 2NV_{AB}. \tag{12.10}$$

为了对比, 现在将使用相同的方法来推导实验上可测量的混合焓的表达式. 混合焓 ΔH_{mix} 是纯 A 和纯 B 元素的满足化学计量比的机械混合物的焓 H_{m} 与有序合金 AB 的焓 H_{O} (见式 (12.7)) 之间的差值. 纯 A 和纯 B 元素的满足化学计量比的机械混合物中的 $A-B$ 和 $B-A$ 对的数目 n 为零. 对于 1 g-atom 材料, 式 (12.4) 可以简化为 $n_c N/4 = n_{AA} = n_{BB}$. 利用式 (12.3), 可以得到这种机械混合物的焓为

$$H_{\mathrm{m}} = \frac{n_c N\left(H_{AA} + H_{BB}\right)}{4}. \tag{12.11}$$

有序合金 AB 形成时的混合焓为式 (12.7) 和式 (12.11) 之间的差值, 即

$$\begin{aligned}\Delta H_{\mathrm{mix}} = H_{\mathrm{O}} - H_{\mathrm{m}} &= \frac{n_c N}{2}\left(H_{AB} - \frac{H_{AA} + H_{BB}}{2}\right) \\ &= \frac{n_c N}{2} V_{AB}.\end{aligned} \tag{12.12}$$

混合焓 ΔH_{mix} (实验上可测量) 与有序–无序转变焓 $\Delta H_{\mathrm{O-D}}$ (在达到熔点时仍保持有序的合金中难以测量) 之间的关系可以通过式 (12.9) 和式 (12.12) 建立起来, 即

$$\frac{\Delta H_{\mathrm{O-D}}}{\Delta H_{\mathrm{mix}}} = \frac{1}{2}. \tag{12.13}$$

式 (12.13) 表明, 有序–无序转变焓是混合焓的一半. 如果混合焓已知, 则可以通过式 (12.13) 来估计储存在已经被辐照等过程无序化了的系统中的总能量. 然而, 若要使式 (12.13) 成立, 那么, 对于所有的初态和末态, 配位数 n_c 必须相同. 这对于完全无序的体心立方结构或完全有序的 CsCl 型超晶格结构来说都不是问题, 因为它们都有 $n_c = 8$. 然而, 不是所有的纯金属都是体心立方结构, 这就意味着机械混合物中某些组分的配位数不总是 8. 这个问题很容易通过假定体心立方结构为参考状态来重新评估所有 ΔH_{mix} 的数据得到修正. 可以使用考夫曼晶格稳定值来计算大多数金属的体心立方结构和其他结构之间的能量差异 (Kaufman et al., 1970). 表 12.2 中列举了一些使用式 (12.13) 计算得到的 $\Delta H_{\mathrm{O-D}}$ 值.

表 12.2 有序–无序转变焓 (见式 (12.13))(单位为 eV/atom)

相	ΔH_{mix}	$\Delta H_{\text{O-D}}$
FeAl	0.32	0.16
CoAl	0.65	0.33
NiAl	0.79	0.39
PdAl	1.12	0.56
IrAl	0.75	0.38
TiRu	0.78	0.39
TiFe	0.22	0.11
TiCo	0.54	0.27
TiNi	0.40	0.20
ZrRu	0.97	0.49

注: 纯金属的参考状态为体心立方结构, 数据引自参考文献 (Kaufman et al., 1970).

这里推导焓的表达式时仅考虑了最近邻效应. 这种简化假设使得分析相当简单且易于处理. 但是, 当考虑次近邻效应时可以证明, 对于等原子比有序合金, 其焓的表达式 (见式 (12.7)) 不受影响, 而无序合金的焓 (见式 (12.8)) 可能降低一半之多. 这会使得式 (12.13) 等号右边变为原值的四分之一左右. $\Delta H_{\text{O-D}}/\Delta H_{\text{mix}}$ 的实际值将取决于次近邻键的强度, 但该强度值也很难通过实验确定.

12.3 辐照诱发的缺陷和损伤沉积

如第 7 章所述, 辐照损伤可能增大晶格能量, 并为其向亚稳相的转变提供驱动力. 在本节中, 将讨论该过程的几种方式.

12.3.1 空位–间隙原子对缺陷

随着离子径迹和级联重叠造成的损伤沉积, 合金的自由能会逐渐增大. 由缺陷和损伤沉积引起的能量变化不仅仅是级联损伤现象. 辐照时的原子移位过程还会产生点缺陷, 例如, 空位–间隙原子对. 每当晶格中产生一个稳定的空位–间隙原子对时, 合金的能量便会增大, 其增大量即缺陷形成焓 $\Delta H_{\text{i-v}}$. 合金能量增大 $\Delta H_{\text{c-a}}$ 所需的空位–间隙原子对缺陷的浓度 $C_{\text{i-v}}$ 可由

$$\Delta H_{\text{c-a}} = C_{\text{i-v}}\Delta H_{\text{i-v}} \tag{12.14}$$

进行估算. 若取 $\Delta H_{\text{i-v}}$ 为面心立方结构中的值 (约为 5 eV), 并设 $\Delta H_{\text{c-a}}$ 为平均值 6 kJ/mol 或 0.06 eV/atom (见表 12.1), 则式 (12.14) 给出的 $C_{\text{i-v}}$ 为 1.2%.

假设所有辐照导致的移位都是稳定的, 即不发生复合或聚集, 则在对应原子移位比例为 0.012 (dpa, 见第 7 章) 的离子剂量下达到该浓度.

对于 $C_{\mathrm{i-v}}$ 为 1.2%的材料, 意味着其中平均每 80 个原子必然存在一个对缺陷, 或者平均每 40 个原子必然存在一个空位或一个间隙原子. 然而, 当缺陷十分靠近时, 非常可能发生非热复合. 实验 (在 4.2 K 时) 和计算都发现, 空位–间隙原子对的自发复合体积在 50—100 个原子体积之间 (Wollenberger, 1970). 该限制表明, 缺陷浓度在 0.5%—1.0%之间达到饱和. 此外, 这些结果表明, 实际保留下来的点缺陷浓度将远低于辐照损伤计算中给出的值. 从能量角度来看, 通过空位–间隙原子对的沉积而非晶化的概率将会很低.

12.3.2　反位缺陷

在有序合金中, 当一个 A 原子在 β 子晶格中占据一个晶格位点或一个 B 原子在 α 子晶格中占据一个晶格位点时 (见图 12.5 和图 7.16), 即出现一个反位缺陷. 反位缺陷的产生增大了合金的自由能. 可以通过式 (12.13) 和表 12.1, 对金属间化合物完全无序化和晶相到非晶相转变两个过程相关联的能量变化做一个比较. 式 (12.13) 给出 $\Delta H_{\mathrm{O-D}} = \Delta H_{\mathrm{mix}}/2$, 表 12.1 显示 $\Delta H_{\mathrm{c-a}} \cong 0.1\Delta H_{\mathrm{mix}}$, 表明

$$\Delta H_{\mathrm{O-D}} > \Delta H_{\mathrm{c-a}}. \tag{12.15}$$

式 (12.15) 指出, 合金在辐照下的完全无序化过程提供了足够的能量来将其自身转变为非晶相. 即使在考虑到有序–无序转变焓中的次近邻效应时, 这种情况仍然存在.

式 (12.15) 中没有揭示的一个重要因素是辐照温度必须足够低以限制原子迁移并抑制重新有序化. 由于非晶相到晶相的转变是热力学上自发的, 因此原子迁移率将决定合金是保持非晶相还是变成晶相.

12.3.3　位错

除了点缺陷形式的辐照损伤外, 由于缺陷聚集和级联坍塌, 也在离子辐照的材料中观察到了诸如位错环等线缺陷的形成 (Bullough et al., 1986). 如图 7.18 所示的移位峰显示该峰具有富空位的核心和富间隙原子的外壳结构. 在移位峰坍塌时, 同种缺陷有聚集在一起并形成位错的趋势. 图 12.6 显示了空位和间隙原子在某些原子平面上的聚集是如何分别形成空位型位错环和间隙型位错环的.

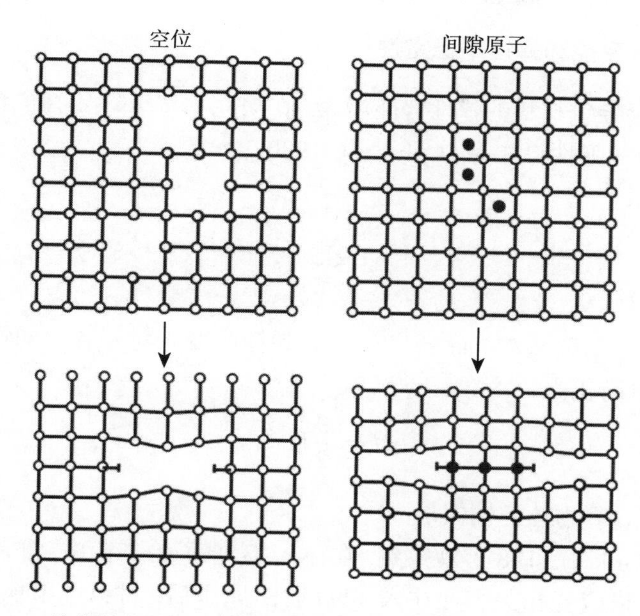

图 12.6 聚集的空位和间隙原子坍塌形成空位型位错环和间隙型位错环

由于位错是非平衡缺陷, 因此它们的存在也增大了合金的能量. 位错通过促进化学无序和给晶格施加弹性应变来增大晶格能量. 若忽略位错核心的贡献, 则单位长度位错对弹性势能的贡献可以近似表示为 (Weertman et al., 1964)

$$E_{\mathrm{s}} = \frac{Gb^2}{4\pi} \ln \frac{R_{\mathrm{s}}}{r_0}, \tag{12.16}$$

其中, R_{s} 代表位错之间的距离, r_0 近似等于柏氏 (Burgers) 矢量 $\boldsymbol{b}$ (其大小约为 2×10^{-8} cm), G 是材料的剪切模量. 刃型位错具有相似的表达式.

位错密度 n_{d} 给出了单位体积内位错的总长度, 其在重度冷加工材料中为 10^{12} cm^{-2} 的数量级, 位错之间的距离 R_{s} 为 $n_{\mathrm{d}}^{-1/2}$, 因此 R_{s} 约为 10^{-6} cm. G 的典型值约为 5×10^{11} dyn/cm^2, 该剪切模量对应的弹性势能约为 6.2×10^{-5} erg/cm. 10^{12} cm^{-2} 数量级的位错密度将使能量增大 0.6×10^{8} erg/cm^3. 若位错密度增大到 10^{14} cm^{-2} ($R_{\mathrm{s}} \cong 10^{-7}$ cm), 则会产生 2.6×10^{-5} erg/cm 的位错能, 而系统获得的总能量为 2.6×10^{9} erg/cm^3. 对于原子密度为 6.2×10^{22} atoms/cm^3 的材料, 该能量相当于 0.026 eV/atom. 将其与表 12.1 中的 $\Delta H_{\mathrm{c-a}}|_{\mathrm{meas}}$ 比较, 发现高位错密度 ($\cong 10^{14}$ cm^{-2}) 可以提供很大一部分非晶化所需要的能量.

12.3.4 应变能和弹性不稳定性

小应变将会导致材料的弹性势能增大. 在胡克 (Hooke) 定律的情形 (小变形) 下, 单位体积内的弹性势能为 (Grimvall, 1986)

$$U = \frac{1}{2}\sum_{i,j=1}^{6} c_{ij}\varepsilon_i\varepsilon_j, \tag{12.17}$$

其中, c_{ij} 为弹性劲度系数, 而 ε_i 和 ε_j 为弹性应变. 对于各向同性的多晶材料, 式 (12.17) 可以简化为

$$U = \frac{9}{2}K\varepsilon^2, \tag{12.18}$$

其中, ε 为应变, K 为体弹性模量.

林克尔 (Linker) (1987) 观察到, 在注入 B 原子的 Nb 中, 非晶化与 B 的浓度和 Nb 的晶格应变相关. 在注入 5%的 B 原子后, 材料中出现了明显的非晶化, 此时应变的峰值为 0.6%. 由米德马模型计算可得, Nb–5%B 合金的混合焓是 −6.9 kJ/mol. 由表 12.1 可知, 该组分的非晶态合金的预期结晶能为 690 J/mol 或 7.2×10^{-3} eV/atom. 体弹性模量为 1.7×10^5 J/cm^3 的 Nb 在 $\varepsilon = 0.006$ 的纯应变 (即 $\varepsilon_{11} = \varepsilon_{22} = \varepsilon_{33}$) 条件下, 单位体积内的弹性势能为 28 J/cm^3. 对于 $N_{\text{Nb}} = 5.56\times10^{22}$ atoms/cm^3 的体系, 弹性势能将降到 3.1×10^{-3} eV/atom, 和 $\Delta H_{\text{c-a}}$ 的数量级相同. 该分析表明, 应变能可能是注入 B 原子的 Nb 非晶化的主要驱动力.

一个相的弹性稳定性可以使用吉布斯的相稳定性判据来评估 (Johnson, 1986). 简单来说, 稳定性条件要求弹性模量为正值. 换句话说, 在小变形时, 应力–应变曲线的斜率, 即弹性模量, 必须保持正值以使材料保持稳定性. 这个概念可以用图 12.7 来进一步阐明. 该图是晶体的总能量 $E(r)$ 与晶格参数 r 之间的关系图. $r_{\min}$ 的位置给出了平衡晶格参数, 该位置处的曲率 $\partial^2E/\partial r^2$ 可以通过

$$K = V\frac{\partial^2 E}{\partial^2 V^2} = V\frac{\partial^2 E}{\partial r^2}\left(\frac{\partial r}{\partial V}\right)^2 \tag{12.19}$$

与平衡体弹性模量 K 相关联, 其中, V 是样品的体积. $r_{\min}$ 处的深度代表平衡结合能 U_0.

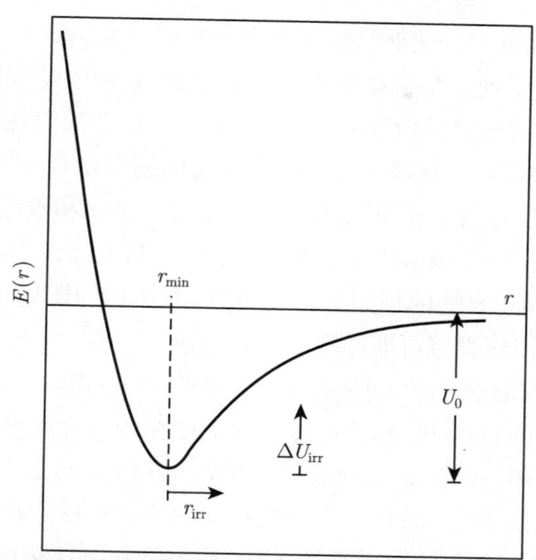

图 12.7 晶体的总能量 $E(r)$ 与晶格参数 r 之间的关系图, $r_{\min}$ 的位置给出了平衡晶格参数, 该位置处的曲率与平衡体弹性模量 K 相关联, $r_{\min}$ 处的深度代表平衡结合能 U_0

例如, 当有序金属间化合物 Zr_3Al 被辐照时, 可以观察到晶格膨胀和无序化. 这两种现象都表明该系统不再处于能量最低位置, 而是向右移动, 即 $r_{\text{irr}} > r_{\min}$, $U_{\text{irr}} = U_0 - \Delta U_{\text{irr}} > U_0$. 如图 12.7 所示, 随着 r 增大, 样品的状态将移出能量最低处, 并向右进入曲率 (即平衡体弹性模量 K) 减小的区域, 表明材料发生弹性软化. 这一预测与实验观察结果一致. 最终, 在晶格膨胀的临界点处, $E(r)$ 的曲率符号从正值变为负值. 在该点处, 平衡体弹性模量变为负值, 造成晶格的弹性不稳定性. 由于平衡体弹性模量通过泊松比与杨氏模量和剪切模量简单相关, 因此这些模量应该也存在类似的弹性不稳定性. 看起来这些违反吉布斯的相稳定性判据的行为可以为亚稳相的形成提供驱动力和转变路径.

12.4 级联和热峰导致的相变

辐照导致的缺陷的沉积能够提高系统的自由能, 为系统提供热力学驱动力, 使其向非晶相或亚稳相转变. 在 12.2 节中, 讨论了点缺陷的沉积是如何为转变过程提供能量的. 在被辐照的固体中, 除了诱发转变的点缺陷模型外, 在第 7 章中还讨论了在密集的级联内也可能发生相变, 级联内的温度可能高达数万度, 平均沉积

能量密度 $\bar{\theta}_{\mathrm{D}}$ 可能远远超过使材料熔化所需要的能量 θ_{melt}.

第 8 章中的分子动力学模拟数据也验证了第 7 章中的高能量密度峰的分析模型和计算结果, 以及这种峰在峰体积中引起局部相变的潜在可能性. 图 8.5 和图 8.6 展示了 Ni 中自离子级联的原子构型的时间演化结果, 该结果清楚地显示了级联早期的晶体失序过程和随后发生的最终重新有序化和重结晶过程. 实验证实了单质金属中高能量密度级联内的恢复和结晶, 表明未淬入非晶相. 然而, 与之相反的是, 有序金属间化合物的辐照实验表明, 级联体积的恢复并不总会发生, 并且这些材料中的辐照损伤很有可能导致非晶相形成.

毋庸置疑, 在级联过程的峰阶段可以形成非晶相. 鉴于非晶相只出现于某些而非所有被辐照过的材料中, 因此这样一种亚稳相的存在必然依赖于高度损伤的级联体积恢复到其初始结晶状态的能力. 这个级联恢复问题不仅对离子与固体相互作用的基本认识很重要, 而且对离子束在材料改性中的应用也有着关键性的影响, 因为在某些情况下, 期望得到非晶材料 (摩擦学和腐蚀学), 而在其他情况下则不然 (半导体电子学). 在本节的剩余部分, 将研究影响高度损伤的级联体积恢复到其初始结晶状态的驱动力和约束条件.

12.4.1 级联恢复：驱动力

对于具有很高能量且结构高度无序的级联, 其恢复到初始结晶状态的驱动力可以由基础热力学来理解. 当由高度损伤, 甚至类液亚稳相组成的级联在平衡晶体中形成时, 会导致材料局部自由能增大 ΔG_{chem}. 而由于分离级联相与周围平衡基体相的相界的存在, 自由能还将额外增大 ΔE_{s}. 级联导致总自由能的增量是这两部分贡献之和. 假设级联是半径为 R 的球形, 如图 12.8 所示.

如果认为亚稳相级联体积通过级联边缘的外延再生长转变为平衡相, 则 δr 大小的恢复将产生的化学能和表面能的变化分别为

$$\Delta G_{\mathrm{chem}}=\frac{4}{3}\pi\left(R-\delta r\right)^{3}G_{\mathrm{cas}}+4\pi R^{2}\delta rG_{\mathrm{xtal}}-\frac{4}{3}\pi R^{3}G_{\mathrm{cas}}, \tag{12.20}$$

$$\Delta E_{\mathrm{s}}=4\pi\gamma(R-\delta r)^{2}-4\pi\gamma R^{2}, \tag{12.21}$$

其中, G_{cas} 和 G_{xtal} 分别是级联相和基体相的自由能, γ 是界面能. 当 δr 的值很小时, 式 (12.20) 和式 (12.21) 可以分别简化为

$$\Delta G_{\mathrm{chem}}=4\pi R^{2}\delta r\left(G_{\mathrm{xtal}}-G_{\mathrm{cas}}\right), \tag{12.22}$$

$$\Delta E_{\mathrm{s}} = -8\pi\gamma R\delta r. \tag{12.23}$$

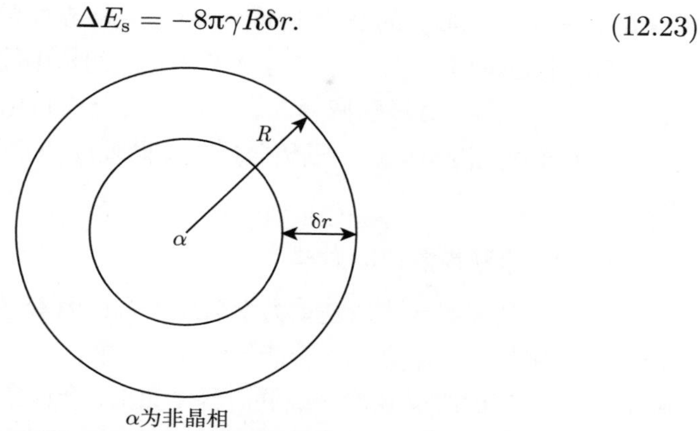

图 12.8 结晶基体相中含有过渡层 δr 的球形 (半径为 R) 非晶相区域的示意图

将级联体积恢复到平衡基体相, 总自由能的变化量 ΔG_{T} 为

$$\Delta G_{\mathrm{T}} = \Delta G_{\mathrm{chem}} + \Delta E_{\mathrm{s}} = 4\pi\delta r R^2 \left(G_{\mathrm{xtal}} - G_{\mathrm{cas}} - 2\gamma/R\right). \tag{12.24}$$

由于基体相的自由能 (G_{xtal}) 总是小于级联相的自由能 (G_{cas}), 并且相界的表面能总是正值, 所以 ΔG_{T} 总是负值, 因此使级联体积恢复到平衡基体相的驱动力总是存在.

由于级联损伤体积是亚稳相的, 并且存在着维持平衡相的热力学驱动力, 那么为什么有些合金会保留辐照诱发的亚稳相? 这个问题的答案部分取决于形核和系统的动力学特性.

12.4.2 级联恢复：形核

在辐照的早期阶段, 损伤区域主要位于材料的平衡基体相. 在这种情况下, 级联恢复不需要形核, 通过外延再生长就可以简单地恢复到平衡相, 该过程仅受动力学限制. 然而, 随着辐照损伤在晶格中的沉积, 基体的外延性能将衰减. 最终, 级联相的外延恢复不再可能发生, 级联相要恢复到初始平衡结构将需要结晶态平衡相的形核. 均匀形核的能量势垒定义为 (Russell, 1980)

$$\Delta G^* = \frac{16\pi\gamma^3}{3(\Delta G)^2}, \tag{12.25}$$

其中, γ 是形核相 (平衡相) 和形核所在基体相 (级联相或高度损伤的结晶相) 之间的界面能. 界面能在式 (12.25) 中是势垒项, 其典型值分布较广, 从堆垛层

错 (几乎是共格界面) 的几 erg/cm^2 到非共格界面的 500 erg/cm^2. ΔG 在式 (12.25) 中是驱动力项, 是形核相和基体相之间自由能的差值, 类似于式 (12.20) 中的 ΔG_{chem}. 形核对级联恢复的影响已经在金属间化合物 U_6Fe 的实验中观察到了, 该化合物先由裂变热中子辐照造成不同程度的非晶化 (Nastasi et al., 1991, 1987).

12.4.3　级联恢复：动力学

可以预想到辐照损伤恢复动力学取决于多种因素, 例如, 辐照离子的质量、样品温度、辐照材料的熔点或结合能等. 实验结果表明, 与较重离子相比, 较轻离子 (例如, Ne) 产生的级联在次级级联阶段结束时, 会保留更大比例的初始产生的弗仑克尔对 (Averback et al., 1978). 有研究指出, 级联内的空位迁移率会受到样品温度的影响. 辐照材料的熔点或结合能将决定级联的 “热” 阶段的时长, 进而影响在淬火之前可用于相变过程的级联扩散的数量.

在第 8 章中用分子动力学模拟, 对金属材料中级联的热力学过程进行了研究. 这些结果表明, 在具有低熔点和低结合能的材料中, 级联恢复在动力学上是自发的.

在本节中已经表明, 存在一个将无序和高能量材料的级联体积恢复到初始平衡结构的热力学驱动力. 如果级联损伤的恢复在热峰阶段没有发生, 则可能在材料中淬入诸如非晶相的这类亚稳相. 在低损伤水平下, 平衡相形成的主要限制源于动力学过程. 随着损伤的沉积, 还必须考虑形核的影响. 在 12.5 节中, 将进一步讨论动力学是如何影响辐照状态的恢复的.

12.5　动力学和亚稳相的形成

在本章前面部分的讨论中已知, 离子辐照过程中可以有充足的能量来诱发相变. 相变可能直接发生在级联的移位峰和热峰部分的高度无序区域中, 或者通过辐照损伤点缺陷和级联淬火残余缺陷的逐渐沉积完成.

式 (12.24) 表明, 存在一个热力学驱动力将高度损伤的级联体积恢复到较低自由能的状态. 尽管自由能最低的状态是平衡相无缺陷晶体, 但是从被辐照状态到亚稳相 (晶相或非晶相) 的转变也会使自由能显著降低. 需要强调的是, 我们关注的是均匀组分的合金, 因此关注的是结构重排和短程动力学过程, 而不是长程原子的转移情况, 后者在双层膜体系的离子束混合等工作中可能需要考虑.

图 12.9 显示了辐照损伤的晶格相对于其对应的亚稳相和平衡相来说是不稳定的. 如果将级联无序相或辐照损伤相视为起始点, 则向平衡相的转变可能绕过亚稳相或被亚稳相滞留住. 这些反应的自由能的改变量为负值. 图 12.10 显示了 A_xB 的级联无序相转变成平衡相 (实线, 标记为 eq) 或亚稳相 (虚线, 标记为 m) 的能量变化. 级联无序相和平衡相之间的能量改变量 ΔG_{eq} 大于其与亚稳相之间的能量改变量 ΔG_{m}. 假设在级联无序相和结晶相之间存在动力学势垒 Q_{eq} 和 Q_{m}, 则在亚稳相和平衡相之间存在势垒 Q'.

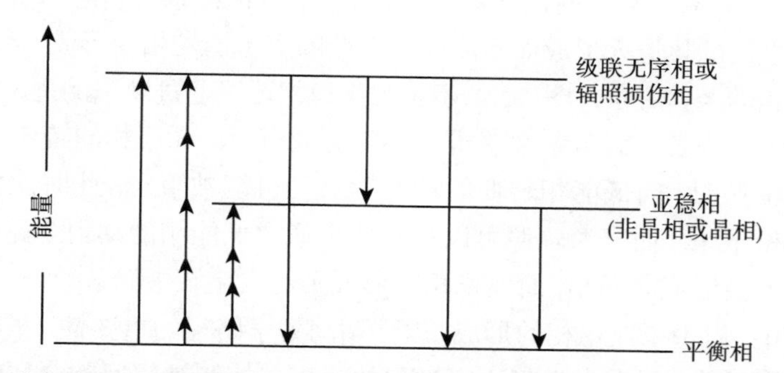

图 12.9 亚稳相和平衡相的能级, 向上的箭头表示级联诱发相变,向下的箭头表示弛豫过程

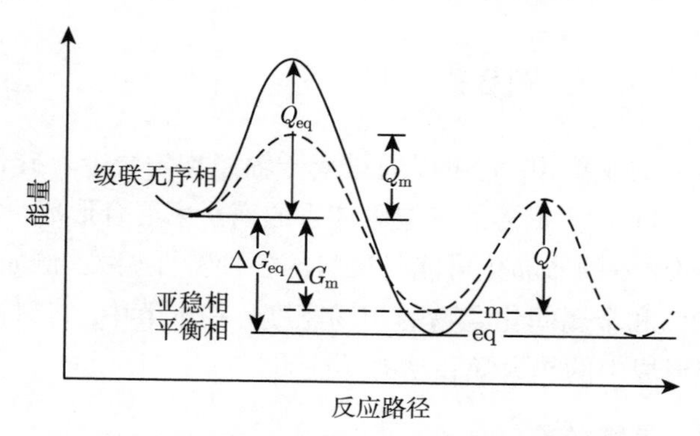

图 12.10 级联无序相向亚稳相或平衡相转变的势垒

形成能 ΔG 是反应的驱动力. 如果形成亚稳相的 ΔG_{m} 接近形成平衡相的 ΔG_{eq}, 则与反应势垒 Q 相关的动力学将占主导地位. 假设在这种状态下, 玻尔兹曼分布成立, 则可以把得到亚稳相的概率 (P_{m}) 与得到平衡相的概率 (P_{eq}) 的比值表达为

$$\frac{P_{\mathrm{m}}}{P_{\mathrm{eq}}} = K \exp\left[\frac{(Q_{\mathrm{eq}} - Q_{\mathrm{m}}) - (\Delta G_{\mathrm{eq}} - \Delta G_{\mathrm{m}})}{k_{\mathrm{B}}T}\right], \tag{12.26}$$

其中, K 是指数比例前因子, $\exp[Q/(k_{\mathrm{B}}T)]$ 表示激活势垒. 由于 ΔG_{eq} 比 ΔG_{m} 大, 因此, 当 $|Q_{\mathrm{m}}| < |Q_{\mathrm{eq}}|$ 时才会有亚稳相的形成. 同时, 亚稳相到平衡相的势垒 Q' 也必须足够高 ($|Q'| > |Q_{\mathrm{m}}|$), 或者有效温度足够低才能阻止平衡相的形成.

在处理具有大而复杂晶胞的合金有序化过程时, 将反应势垒 Q 与形核或短程关联扩散联系起来. 因此, 假设到平衡相的动力学路径不太可能发生, 因为与亚稳相相比, 平衡相具有更复杂的化学有序度和更大的晶胞. 该分析意味着亚稳相可以通过辐照损伤层的热退火形成而不能通过直接的离子诱发相变形成. 当然, 热退火是形成亚稳相的经典方法. 图 12.9 还表明亚稳相可以通过缺陷的逐渐沉积 (由能级之间的许多箭头表示) 形成, 就像非晶相没有通过级联无序相的转变而形成一样.

在低温辐照时, 向低能相转变的动力学路径可能被阻止, 此时能量较高的亚稳相会被保留下来. 而高温辐照可以打开这个通向低能相的动力学路径. 因此可以预测低温下会形成非晶相, 而亚稳相的形成则应发生在中温区.

在本节中, 讨论了亚稳相的形成, 以强调动力学路径的重要性. 虽然热力学提供了相变的驱动力, 但动力学将决定过程的速率并控制被辐照的金属间化合物的终态. 动力学在辐照诱发相变中的重要性将在后面的章节中进一步讨论.

12.6 非 晶 相

非晶相是典型的亚稳相, 它可以通过离子辐照均匀合金、硅化物、金属间化合物, 或者通过第 11 章中描述的多层膜体系的离子束混合形成. 多年来的研究结果已经表明, 辐照诱发的非晶化可能与材料的各种特性相关, 例如, 晶胞尺寸、化学有序度的复杂性和金属间化合物的相场宽度. 在本节中, 将讨论这些材料特性如何影响亚稳相形成中的热力学和动力学性质.

12.6.1 复杂晶胞

这里讨论大尺寸晶胞和复杂的化学有序度在被辐照的二元金属间化合物的非晶相形成中的作用. 已有实验结果表明, 简单的金属间化合物难以非晶化, 例如, NiAl 或 PdAl, 它们的每个晶胞都含有 2 个原子, 具有 CsCl 型结构. 相反, 辐照很容易导致化合物 $NiAl_3$, Pd_2Al 和 Pt_2Al_3 形成非晶相, 它们的每个晶胞分别含有 16, 12 和 5 个原子 (Hung et al., 1983). 可以利用实现级联损伤区域的组分和结构有序化所需时间来定性解释晶格结构在离子辐照诱发非晶化过程中的作用. 高能级联会产生大量的结构无序, 在金属间化合物和合金中也将产生大量的化学无序. 级联无序的恢复需要合金原子相关联的协同运动. 完成这种转变所需的原子运动的量与平衡相的结构及化学有序度的复杂性程度成比例. 如果该相的化学有序度和结构很复杂, 则恢复过程可能被抑制, 从而导致亚稳相的形成. 如果合金是多晶, 并且在比损伤状态能量更低的自由能下可能有不止一种晶格结构, 则其对恢复过程的抑制会更加严重.

当形核因素变得重要时, 例如, 在离子束混合时或在重度损伤的材料中, 晶胞的尺寸也会在辐照诱发相变过程中起作用. 因此可以预测有序化合物的临界晶核 (临界晶核表示启动新相生长所需的最小体积) 一定与其晶胞尺寸成比例. 对于金属间化合物, 临界晶核必定包含化学和拓扑 (晶格结构) 有序度的信息, 且一定与晶胞尺寸的量级相当. 因此, 相对于具有大而复杂晶胞的化合物, 晶胞较小的化合物应该有较小的临界晶核, 从而更容易形核. 相比之下, 无序结晶相固溶体 (长程无序) 和非晶相 (在化学和拓扑意义上都高度无序) 可以有极小的临界晶核. 因此, 基于形核和协同运动两个概念的论据都表明非晶相、固溶体和小晶胞化合物在辐照下是最稳定的或是最有可能形成的.

12.6.2 相场宽度

已有实验结果表明, 辐照下化合物的稳定性与合金的相场宽度有关. 具有宽相场的合金容易保持结晶相, 而具有窄相场的合金容易变为非晶相 (Brimhall et al., 1983; Nastasi et al., 1986). 表 12.3 中列出了不同的 CsCl 型有序相的相场宽度. 对于表中顶部的几个 CsCl 型有序化合物, FeAl, CoAl, NiAl, PdAl, IrAl, AuZn 和 TiRu, 其相场宽度大于 8%, 并且在辐照中保持了结晶相, 而表中底部的几个具有窄得多的相场宽度的化合物变为了非晶相.

当一个有序金属间化合物具有宽相场时, 晶体中必然存在结构缺陷以补偿组分远离化学计量比时引入的偏差. 这种偏差可以通过在位错子晶格上放置过量原子从而形成反结构缺陷, 或者通过使不足组分的子晶格空置而得到补偿. 当材料中存在这种结构缺陷时, 有序–无序转变焓将受到影响. 在非化学计量比的机械混合物中, 式 (12.13) 推导出来的 ΔH_{mix} 和 $\Delta H_{\mathrm{O-D}}$ 之间的简单关系不再成立. 但由化学计量比变化引起的焓变也可以使用 12.2.3 小节中给出的准化学模型来研究. 这种分析的目的是确定具有非化学计量比的宽相场的无序金属间化合物对辐照期间可能产生的焓变的影响.

表 12.3 CsCl 型有序相的相场宽度

化合物	相场宽度/%[a]
FeAl	>10
CoAl	30
NiAl	25
PdAl	13
IrAl	?
AuZn	21
TiRu	8
TiFe	0.3
TiCo	5.5
TiNi	0.7
ZrRu	0.7
SiRu	~ 0

注：[a] 以原子百分比表示的最大宽度 (引自参考文献 (Nastasi et al., 1986)).

在类似于 12.2.3 小节的分析中, 纳斯塔西和迈耶 (1991) 建立了非化学计量比的 CsCl 型金属间化合物中的 ΔH_{mix} 和 $\Delta H_{\mathrm{O-D}}$ 之间的关系. 对于由 A 和 B 原子组成的二元合金, CsCl 型金属间化合物在相场中富 B 原子侧与化学计量比的偏差可表示为 (Chang, 1974)

$$\chi = x_B - 0.5, \tag{12.27}$$

其中, x_B 是合金中 B 的原子分数, 它大于或等于 0.5 (这意味着总是有 $\chi \geqslant 0$). 这表明, 若晶格中一共有 N 个原子, 则将有 χN 个过量的 B 原子. 假设当 $\chi = 0$ 时, 合金拥有完美的有序度, 即 A 原子只占据 α 子晶格, 而 B 原子只占据 β 子晶格. 而当 $\chi > 0$ (非化学计量比) 时, β 子晶格仅被 B 原子占据, 而 α 子晶格将被 A 原子和所有 χN 个过量的 B 原子共同占据.

在零阶准化学焓模型中, χ 的影响是改变 $A-A$, $B-B$ 和 $A-B(B-A)$ 对的数目 n_{AA}, n_{BB} 和 n. 与式 (12.3) 相似的是, 在非化学计量比的化合物中, 构建 ΔH_{mix} 和 $\Delta H_{\mathrm{O-D}}$ 之间的关系时, 需要考虑在最大有序度、最大无序度和 A 与 B 原子的机械混合物的条件下, χ 对不同类型的对数目的影响. 对于非化学计量比的 CsCl 型金属间化合物, 有序–无序转变焓与混合焓之间的关系为 (Nastasi et al., 1991)

$$\Delta H\left(\chi\right)_{\mathrm{O-D}}=\left(\frac{1}{2}-\chi\right)\Delta H\left(\chi\right)_{\mathrm{mix}}. \tag{12.28}$$

式 (12.28) 的一个难点是依赖于化学计量比的有序–无序转变焓 $\Delta H\left(\chi\right)_{\mathrm{O-D}}$ 被表示为与 $\Delta H\left(\chi\right)_{\mathrm{mix}}$ 相关的形式, 而后者也是 χ 的函数. 由于可用的作为 χ 的函数的混合焓的实验数据非常少, 因此更加实用的表达式是将 $\Delta H\left(\chi\right)_{\mathrm{O-D}}$ 写成与满足化学计量比的混合焓 (见式 (12.12)) 相关的形式, 即

$$\Delta H\left(\chi\right)_{\mathrm{O-D}}=\frac{1}{2}\left(1-2\chi\right)^{2}\Delta H_{\mathrm{mix}}. \tag{12.29}$$

图 12.11 显示了 $\Delta H\left(\chi\right)_{\mathrm{O-D}}/\Delta H_{\mathrm{mix}}$ 与 χ 的这种二次相关性. 当 χ 接近 0.28 时, $\Delta H\left(\chi\right)_{\mathrm{O-D}}/\Delta H_{\mathrm{mix}}$ 接近非晶化的临界值 0.1 (见表 12.1). 该结果表明, 与平衡相的化学计量比偏差越大, 由无序化造成的系统能量的增大量越小. 在 χ 较大 (大于 0.28) 时, 仅由无序化带来的非晶化驱动力将小于 $\Delta H_{\mathrm{c-a}}$.

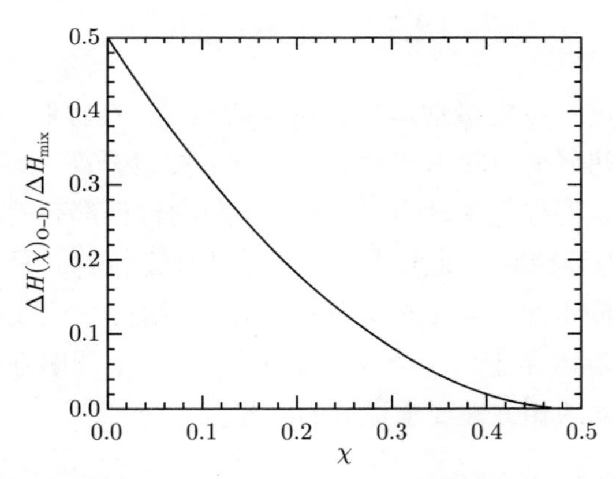

图 12.11　$\Delta H\left(\chi\right)_{\mathrm{O-D}}/\Delta H_{\mathrm{mix}}$ 与 χ 的二次相关性 (见式 (12.29))

在具有宽相场的 CsCl 型有序化合物 (即 NiAl, CoAl, PdAl, FeAl 和 AuZn) 中, 由组分极端值所确定的在化学计量比两侧的平衡相匀质范围通常小于 30% (见表 12.3). 然而, 在辐照下经常能观察到亚稳相对匀质范围的扩展. 一个相场的宽度与这个相的自由能曲线的曲率相关, 宽相场的自由能曲线的曲率较小, 而窄相场的自由能曲线的曲率较大. 尽管被辐照样品的整体组分可能满足化学计量比, 但载能离子碰撞可以通过 A 和 B 原子的移位、反结构缺陷的产生和级联诱发的局部组分变化, 造成局部平衡的偏离. 辐照的效果是在材料中产生局部亚稳相, 等效于在某些 χ 值下发现的状态.

如果自由能曲线的曲率很小 (宽相场), 则这种亚稳相的存在将仅导致局部自由能的小幅度增大. 同时, 通过简化的准化学分析 (见式 (12.29)), 可以预测无序化对非晶化的影响将会降低. 然而, 在具有窄相场的体系中情况正好相反, 缺陷浓度的微小偏离或局部组分的轻微变化将使得自由能大幅度增大, 可能足以驱动非晶化过程.

宽相场的存在, 以及与之相关的对无序状态的容忍度也从动力学角度提高了被辐照相的稳定性. 众所周知, 由于高度有序化能量的约束, 在高度有序的金属间化合物中, 扩散的激活能很大. 移动一个空位穿越一个体心立方结构晶格所需的能量预计与参数呈二次方的变化关系 (Girifalco, 1973). 因此, 相对于高度有序相, 具有宽相场、能够容许部分无序状态的金属间化合物体系, 在级联损伤的恢复上具有动力学优势.

12.7 概 述

从自由能的角度可以定量理解辐照诱发的相变. 在辐照下, 晶格损伤的逐渐沉积和级联碰撞内热峰的直接形成都会使系统的能量升高. 辐照状态的高自由能为转化到低自由能状态提供了动力. 每种被辐照的材料都有一个热力学层次上的结构, 即在辐照状态弛豫时可能形成的可转移或稳定结构. 只有当动力学上优先选择的转化路径不同于热力学上最有利的转化路径时, 才会出现稳定结构. 辐照后观察到的无序固溶体和非晶相结构与以下观点一致, 即偏好的转化路径将是对原子位置和原子运动的相关性要求最低的路径.

参考文献

Averback, R. S., R. Benedek, and K. L. Merkle (1978) Ion-Irradiation Studies of the Damage Function of Copper and Silver, *Phys. Rev.* **B18**, 4156.

Bragg, W. L. and E. J. Williams (1934) The Effects of Thermal Agitation on Atomic Arrangements in Alloys, *Proc. Roy. Soc.* **A145**, 699; and The Effects of Thermal Agitation on Atomic Arrangements in Alloys-II, *Proc. Roy. Soc.* **A151**, 540.

Brimhall, J. L., H. E. Kissinger, and L. A. Charlot (1983) Amorphous Phase Formation in Irradiated Intermetallic Compounds, *Radiation Effects* **77,** 45.

Bullough, R. and M. H. Wood (1986) Theory of Microstructural Evolution, in *Physics of Radiation Effects in Crystals*, eds. R. A. Johnson and A. N. Orlov (North-Holland,

Amsterdam), p. 189.

Cahn, R. W., P. A. Siemers, J. E. Geiger, and P. Bardhan (1987) The Order-Disorder Transformation in Ni_3Al and Ni_3Al-Fe alloys-I. Determination of the Transition Temperatures and Their Relation to Ductility, *Acta Metallica* **11**, 2737.

Chang, Y. A. (1974) Thermodynamics of Lattice Disorder in Binary Ordered Intermetallic Phase, in *Treatise on Materials Science and Technology*, Vol. 4, ed. H. Herman (Academic Press, New York), p. 173.

de Boer, F. R., R. Boom, W. C. M. Mattens, A. R. Miedema, and A. K. Niessen (1988) *Cohesion in Metals* (North-Holland, Amsterdam).

Girifalco, L. A. (1973) *Statistical Physics of Materials* (Wiley-Interscience, New York), p. 275.

Grimvall, G. (1986) *Thermophysical Properties of Materials* (North-Holland, Amsterdam), chap. 3.

Hultgren, R., P. D. Desai, D. T. Hawkins, M. Gleiser, K. K. Kelley, and D. D. Wagman (1973) *Selected Values of the Thermodynamic Properties of Binary Alloys* (American Society for Metals, Ohio).

Hung, L. S., M. Nastasi, J. Gyulai, and J. W. Mayer (1983) Ion-Induced Amorphous Phase Formation in Al/Ni, Al/Pd, and Al/Pt Thin Films, *Appl. Phys. Lett.* **42**, 672.

Johnson, W. L. (1986) Thermodynamic and Kinetic Aspects of the Crystal to Glass Transformation in Metallic Materials, *Prog. Mater. Sci.* **30**, 81.

Kaufman, L. and H. Bernstein (1970) *Computer Calculations of Phase Diagrams* (Academic Press, New York).

Kubaschewski, O. and C. B. Alcock (1979) *Metallurgical Thermochemistry*, 5th edn. (Pergamon Press, New York).

Linker, G. (1987) The Occurrence of Strain in Amorphization Studies by Ion Implantation: Boron into Niobium and Molybdenum Films, *Nucl. Instrum. & Meth.* **19/20**, 526.

Liou, K.-Y. and P. Wilkes (1979) The Radiation Disorder Model of Phase Stability, *J. Nucl. Mater.* **87**, 317.

Loeff, P. I., A. E. Weeber, and A. R. Miedema (1988) *J. Less Common Metals* **140**, 299.

Miedema, A. R., P. F. de Chatel, and F. R. deBoer (1980) Cohesion in Alloys-Fundamentals of a Semi-Emperical Model, *Physica* **100B**, 1.

Nastasi, M., D. Lilienfeld, H. H. Johnson, and J. W. Mayer (1986) Stability of CsCl-Structured Metallic Alloys Under Ion Irradiation, *J. Appl. Phys.* **59**, 4011.

Nastasi, M. and J. W. Mayer (1991) Thermodynamics and Kinetics of Phase Transformations Induced by Ion Irradiation, *Mater. Sci. Reports* **6**, 1-51.

Nastasi, M. and D. M. Parkin (1987) The Kinetic and Nucleation Limited Stability of

Amorphous U_6Fe, *Solid State Commun.* **62**, 617.

Russell, K. C. (1980) Nucleation in Solids: The Induction and Steady State Effects, *Adv. Colloid. Interface Sci.* **13**, 205.

Weertman, J. and J. R. Weertman (1964) *Elementary Dislocation Theory* (Macmillan, New York), chap. 3.

Wilkes, P., K. Y. Liou, and R. G. Lott (1976) Comments on Radiation Induced Phase Instability, *Radiation Effects* **29**, 249.

Wollenberger, H. J. (1970) Production Rates of Frenkel Defects During Low-Temperature Irradiations, in *Vacancies and Interstitials in Metals*, eds. A. Seeger, D. Schumacher, W. Schilling, and J. Diehl (North-Holland, Amsterdam), p. 215.

推荐阅读

Phase Stability and Microstructural Evolution in Concentrated Alloys Under Irradiation, G. Martin, F. Soisson, and P. Bellon, *J. Nucl. Mater.* **205** (1993), 301.

Phase Stability Under Irradiation, K. C. Russell, *Prog. Mater. Sci.* **28** (1984), 229.

Phase Stability Under Irradiation: Ballistic Effects, G. Martin, *Phys. Rev. B* **30** (1984), 1424.

Phase Transformations During Irradiation, F. V. Nolfi, Jr., ed. (Applied Science Publishers, London, 1983).

Radiation Induced Amorphization of Intermetallic Compounds, P. R. Okamoto and M. Meshii, in *Science of Advanced Materials,* eds. H. W. Wiedersich and M. Meshii (ASM, Metals Park, 1990), p. 33.

Surface Alloying by Ion, Electron, and Laser Beams, eds. L. E. Rhen, S. T. Picraux, and H. Wiedersich (American Society for Metals, Metals Park, 1987).

Surface Modification and Alloying by Laser, Ion, and Electron Beams, eds. J. M. Poate, G. Foti, and D. C. Jacobson (Plenum Press, New York, 1983).

The Ordering and Disordering of Solids Solutions Under Irradiation, E. M. Schulson, *J. Nucl. Mater.* **83** (1979), 239.

Thermodynamic and Kinetic Aspects of the Crystal to Glass Transformation in Metallic Materials, W. L. Johnson, *Prog. Mater. Sci.* **30** (1986), 80.

Thermodynamics and Kinetics of Phase Transformations Induced by Ion Irradiation, M. Nastasi, and J. W. Mayer, *Mater. Sci. Reports* **6** (1991), 1-51.

第 13 章 离子束辅助沉积

13.1 引言

通过载能离子轰击生长中的薄膜, 可以改变薄膜的许多关键性能, 例如, 增强附着性、使基底上低温生长的薄膜致密化、改变残余应力、控制织构 (取向)、改变晶粒尺寸和形貌、改变光学性质、改变硬度和延展性等.

此前, 已有各种术语用来描述利用离子进行薄膜沉积的过程, 包括：离子辅助涂层 (IAC)、离子辅助沉积 (IAD)、离子气相沉积 (IVD)、离子束增强沉积 (IBED)、动力学反冲混合 (DRM) 和离子束辅助沉积 (IBAD) 等, 其中, 离子束辅助沉积得到了载能离子与固体相互作用研究领域的广泛认可和使用. 因此在本章中也将使用离子束辅助沉积这一术语.

涂层界早已意识到离子在薄膜沉积技术中的重要作用. 然而, 在许多基于等离子体的镀膜技术中, 很难区分离子和中性粒子通量, 以及离子能量对镀膜性能的影响程度. 马托克斯 (Mattox) (1982) 早在 1963 年就指出, 在他早期开发的离子电镀技术中, 等离子体中的高能离子对镀膜性能有重要影响. 此外, 其他基于等离子体的沉积工艺, 例如, 邦沙阿 (Bunshah) (1982) 开发的活化反应蒸发 (ARE), 也利用离子来改进薄膜性能. 20 世纪 70 年代, 有关离子在薄膜沉积中的作用的研究日益增多, 该领域的早期研究人员包括普拉涅维丘斯 (Pranevicius) (1979)、韦斯曼特尔 (Weissmantel) 等人 (1979), 以及哈珀 (Harper) 及其同事 (Harper, 1990; Harper et al., 1984). 1972 年, 利用电离的高能原子团沉积薄膜的课题已由高木 (Takagi) 等人 (1989)、山田 (Yamada) 等人 (1993) 在日本京都大学进行了深入研究. 最近, 该课题又在其他实验室进行了研究 (Brown et al., 1991).

仅利用低能离子束轰击来产生薄膜沉积的过程有时称为离子束沉积, 赫伯特 (Herbots) 等人 (1994) 对此进行了系统的回顾.

在过去的几年中, 国际离子束界对同时使用离子束轰击和物理气相沉积 (PVD) 越来越感兴趣. 自 20 世纪 80 年代初以来, 全球多个实验室对 IBAD 进行了研究,以研究电子材料、了解离子在 IBAD 过程中的作用、制备致密光学涂层, 以及制备耐摩擦和耐腐蚀涂层. 值得注意的是, 除个别情况外, 该领域的大部分工作都使用了比离子注入能量低得多的离子束 (能量通常为 100—2000 eV).

在本章中, 我们将只关注 IBAD 过程的一般特征. 有关 IBAD 过程和其他离子束沉积现象的详细实验结果请见参考文献 (Cuomo et al., 1987, 1989; Hirvonen, 1991; Mattox, 1989; Smidt, 1990). 在本章中, 我们将首先研究在没有离子轰击的情况下薄膜生长的细节, 然后研究离子轰击对薄膜生长的影响, 最后讨论 IBAD 过程中化合物的形成. 总体来说, 我们将根据实验观察结果, 采用经验主义的方法进行研究. 该领域的分析模型非常有限, 大多数预测都是通过计算机模拟获得的, 但是在本章中我们始终试图将实验结果与本书前面部分所阐述的离子与固体相互作用的基本原理联系起来. 在适当的时候会参考前面章节中介绍的内容.

13.2　金属薄膜生长过程中的微观结构演化

膜形核和生长的早期阶段会影响薄膜最终的微观结构, 因此理解薄膜如何生长, 以及薄膜沉积过程中晶粒结构演化的机制非常重要. 格罗夫纳 (Grovenor) 等人 (1984) 研究了通过热蒸发生长的金属薄膜的形态, 并发现基底温度 T_s 在极大程度上影响了薄膜中形成的微观结构, 影响程度可用 T_s 和绝对熔点 T_m 的比值 T_s/T_m 表示. 可以将薄膜中的微观结构分为 4 个特征区域, 如图 13.1 所示.

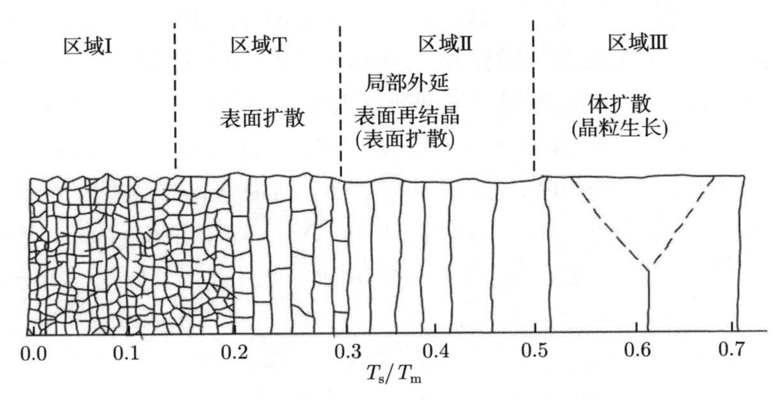

图 13.1　气相沉积金属薄膜中的微观结构 (引自参考文献 (Grovenor et al., 1984))

13.2.1 区域 I, $T_s < 0.15T_m$

在基底温度 T_s 小于 $0.15T_m$ 时, 基底上生长的薄膜由直径为 5—20 nm 的等轴晶粒构成. 在此温度下, 沉积原子的迁移率很低, 并最终停留在其到达的位置. 计算结果表明, 在该温度下的临界形核尺寸是单个原子, 并且沉积的原子在被后续沉积的原子覆盖之前可以扩散的最大距离约为一个原子间距, 这对形成非晶相或无定形结构是有利的. 然而, 实验中观察到了结晶相的晶粒 (并非无定形的微观结构), 表明发生了某种非热再结晶过程, 使得晶粒由前驱相转变为拥有最终尺寸的晶体.

13.2.2 区域 T, $0.15T_m < T_s < 0.3T_m$

在该温度范围内, 观察到了由区域 I 中的等轴晶粒向区域 Ⅱ 中的柱状晶结构过渡的微观结构. 这种过渡是由于表面扩散造成的, 使得沉积的原子迁移到沉积物表面. 在这种条件下, 晶界变得可移动, 晶粒得以开始生长.

13.2.3 区域 Ⅱ, $0.3T_m < T_s < 0.5T_m$

在该温度范围内, 沉积的原子具有足够高的迁移率, 并发生有效扩散, 使得晶粒尺寸增大. 此外, 晶界变得可移动. 在该温度范围内生长的薄膜具有均匀的柱状晶结构. 通常, 晶粒直径小于薄膜厚度, 但随着温度和薄膜厚度的增大而增大.

13.2.4 区域 Ⅲ, $T_s > 0.5T_m$

在该温度范围内, 生长的薄膜具有粗短的均匀柱状晶粒, 晶粒直径甚至大于薄膜厚度. 该温度范围内晶粒结构的形成主要是由于体扩散而非表面扩散引起的晶粒生长造成的.

13.3 非反应性 IBAD：离子对薄膜生长的影响

离子轰击会对薄膜沉积过程中的多个方面产生影响, 例如, 附着性、形核过程、内部应力、形态、密度, 以及低温下沉积的可能性.

使用 IBAD 可以得到比直接离子注入或采用离子束混合技术更厚的合金区域, 并仍具有离子束带来的优点, 例如, 在沉积的早期阶段, 离子束的预清洁和混合作用会使得材料具有优异的附着性.

IBAD 设备的结构如图 13.2 所示, 中性粒子 (沉积的原子) 可以通过物理气相沉积输送, 例如, 溅射沉积 (见图 13.2(a)) 或电子束蒸发 (见图 13.2(b)). 离子通常由低能 (0.2—2 keV) 宽束栅格离子源产生, 可产生离子通量高达 1—2 mA/cm^2 ($\cong 10^{16}$ ions/($cm^2 \cdot s$)) 的束流.

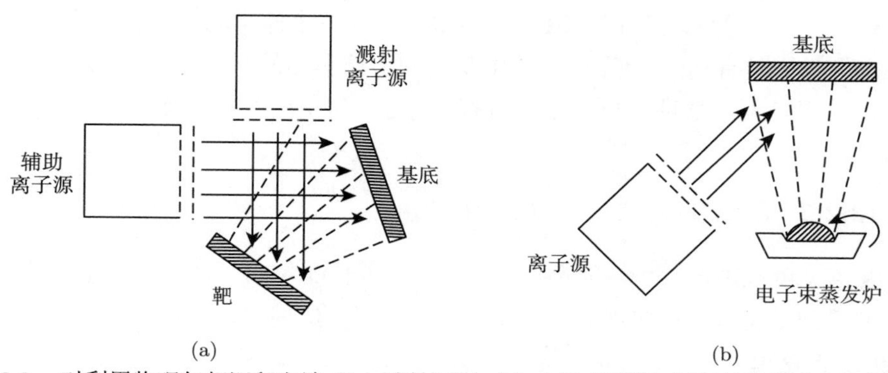

图 13.2　对利用物理气相沉积方法 ((a) 溅射沉积, (b) 电子束蒸发) 沉积的薄膜进行高能离子轰击 (通常称为 IBAD) 的几何示意图 (引自参考文献 (Harper et al., 1984))

如图 13.3 所示, 沉积的薄膜原子与载能离子和基底原子之间会发生相互作用. 该图描述了初始的基底表面和离子束混合作用下产生的薄膜之间的混合区域 (尤其针对离子束能量较高的情况). 如果薄膜和基底的元素在溶解度或化合物形成方面具有亲和性, 则该区域可以避免形成尖锐的界面且可以增强附着性 (Galuska, 1990). 离子束对薄膜生长及其导致的物理性质的影响取决于离子种类、能量, 以及离子通量 J_{I} 与沉积的原子通量 J_{A} 的比值, 通常定义为 R_{i}, 即式 (13.1). 数据表明, 离子轰击对薄膜性质的影响源于两个因素: 离子通量 (假设沉积的原子通量恒定), 它是基底处的离子–原子相对通量比 (即 R_{i}); 每个原子沉积的平均能量 E_{ave} (即离子–原子相对通量比 R_{i} 和平均离子能量 E_{ion} 的乘积, 单位为 eV/atom). 这两个参数的数学表达式分别为

$$R_{\mathrm{i}} = \frac{\text{离子通量}}{\text{沉积的原子通量}} = \frac{J_{\mathrm{I}}}{J_{\mathrm{A}}}, \tag{13.1}$$

$$E_{\mathrm{ave}} = E_{\mathrm{ion}}\frac{J_{\mathrm{I}}}{J_{\mathrm{A}}} = E_{\mathrm{ion}}R_{\mathrm{i}}. \tag{13.2}$$

后面可以看到, 即使当 R_{i} 的值低至 0.001 时, 都对薄膜的生长具有显著影响, 尤

其在高能情形下.

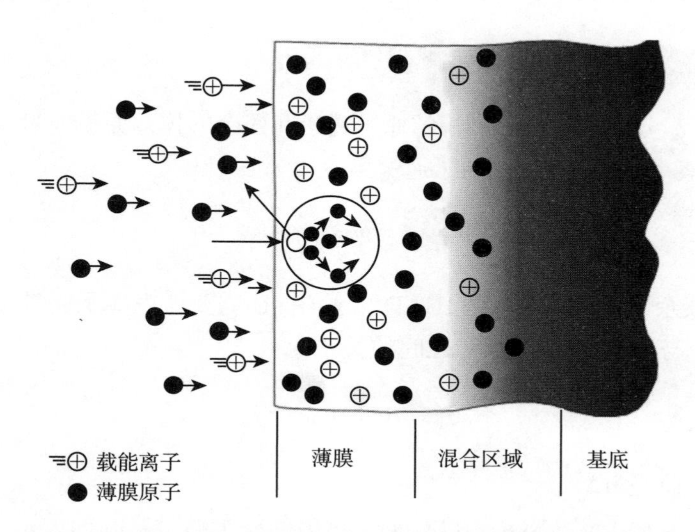

图 13.3 IBAD 过程中载能离子与薄膜原子发生级联碰撞并形成混合区域的示意图

由图 13.3 可知, 在 IBAD 过程中出现了一些低能 (通常小于 2 keV) 离子的注入. 可以通过式 (6.25) 给出的指数形式的约化射程表达式和式 (6.21) 给出的约化射程定义估算出合理的射程值. 将这些表达式联立, 可以得到如下射程表达式：

$$R = \frac{(1-m)\varepsilon^{2m}}{m\lambda_m}\frac{(M_1+M_2)^2}{4\pi N a^2 M_1 M_2}, \tag{13.3}$$

其中, m 和 λ_m 是幂指数变量, ε 是约化能量, N 是原子密度, a 是屏蔽长度. 取 ZBL 散射方程 (见式 (5.26)) 中的低能部分的数值 (即 $m = 0.18$, $\lambda_m = 8.00$), 并使用 ZBL 形式的 ε (见式 (5.23)) 和 $a = a_{\mathrm{U}}$ (见式 (2.54)), 可以将式 (13.3) 改写为

$$R = 20.44\varepsilon^{0.36}\frac{\left(Z_1^{0.23}+Z_2^{0.23}\right)^2(M_1+M_2)^2}{M_1 M_2 N}. \tag{13.4}$$

例如, 利用能量为 500 eV 的 Ar 离子对 Ge 进行 IBAD 实验. 由式 (5.23) 可得, $\varepsilon = 0.00436$, 已知 Ge 的原子密度是 $N = 4.41 \times 10^{22}$ atoms/cm^3 = 44.1 atoms/nm^3, 则由式 (13.4) 可得, 射程是 4.9 nm.

在 IBAD 实验中, 热沉积和离子轰击过程中的气压通常要高于仅使用热沉积法时的气压. 随着操作气压的增大, 沉积薄膜过程中可能会掺入污染物. 为了最大

限度地减少沉积过程中残余气体的污染, 必须使 (Miyake et al., 1989)

$$S_{\mathrm{A}}J_{\mathrm{A}} \gg S_{\mathrm{r}}J_{\mathrm{r}}, \tag{13.5}$$

其中, J_{A} 和 J_{r} 分别是基底上沉积的原子通量和残余气体的原子通量, S_{A} 和 S_{r} 是各自的附着概率. 残余气体的原子通量可表示为

$$J_{\mathrm{r}} = 5.3 \times 10^{20} P, \tag{13.6}$$

其中, P 是残余气体的压强. 在 IBAD 实验中, 还需要考虑离子通量 J_{I} 和 $J_{\mathrm{I}}/J_{\mathrm{A}}$. 离子通量 J_{I} 与离子电流密度 j_{i} 之间的关系为

$$J_{\mathrm{I}} = 6.25 \times 10^{12} j_{\mathrm{i}}, \tag{13.7}$$

其中, j_{i} 的单位是 μA/cm^2.

图 13.4 展示了式 (13.5)—(13.7) 中给出的粒子通量之间的关系 (即等效性), 这里假设入射离子、残余气体原子和沉积原子的附着概率相同. 例如, 当 $R_{\mathrm{i}} = 1$ 时, 如果原子的热沉积速率为 0.5 nm/s, 则基底上沉积的原子通量将为 10^{15} atoms/(cm^2·s). 当 $R_{\mathrm{i}} = 1$ 时, 式 (13.1) 给出了基底上的离子通量为 10^{15} ions/(cm^2·s), 假设离子为单电荷态, 则相当于 160 μA/cm^2 的离子电流密度. 另外, 为了避免污染物 (例如, H_2O) 掺入, 要求本底压强较低. 因为 10^{-6} torr 的本底压强相当于特定组分在真空中约 5×10^{14}/(cm^2·s) 的到达率. 例如, 在对活性元素 (Ti, Gr, Nb) 进行 IBAD 处理时, 真空物质的分压将影响沉积速率的选择, 以尽量减少污染物的掺入.

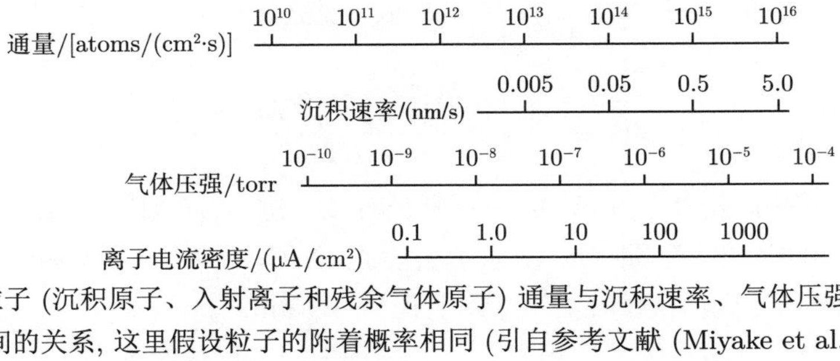

图 13.4　粒子 (沉积原子、入射离子和残余气体原子) 通量与沉积速率、气体压强和离子电流密度之间的关系, 这里假设粒子的附着概率相同 (引自参考文献 (Miyake et al., 1989))

13.3.1　IBAD 过程中的微观结构演化

在传统 (非 IBAD) 实验中, 研究者已经观察到几种不同的薄膜生长模式, 包括：(i) 弗兰克–范德梅韦 (Frank–van der Merwe) 生长, 在该模式中, 薄膜逐层完全覆盖生长; (ii) 沃尔默–韦伯 (Volmer–Weber) 生长, 在该模式中, 先聚结, 之后是岛状结构生长; (iii) 斯特兰斯基–克拉斯坦诺夫 (Stranski–Krastanov) 生长, 在该模式中, 润湿层首先形成, 之后是岛状结构生长. 关于这些不同的生长模式的讨论见参考文献 (Greene et al., 1989; Smidt, 1990; Tu et al., 1992). 图 13.5 展示了离子对薄膜初始生长阶段和聚结的影响. 在普拉涅维丘斯 (1979) 的实验中, Al 以恒定速率被蒸发到绝缘体上, 通过测量该绝缘体表面上两个分开的电极之间的电流, 可以得到电导率与时间之间的关系. 在无离子束时, Al 的岛状结构重叠、电流导通需要相当长的时间. 离子束的存在显著缩短了重叠发生的时间, 这是由于吸附原子的迁移率提高了, 并且为生长岛状结构提供了形核位点. 实验结果表明, 在离子束存在的情况下, 形核密度增大了 4 倍, 形核尺寸减小到原来的 1/15—1/5.

如图 13.5 所示的实验, 离子轰击可以极大地影响薄膜微观结构的演变. 在 13.2 节中, 讨论了在非 IBAD 条件下热蒸发形成的薄膜中的微观结构受基底温度的影响, 影响程度可以用基底温度与绝对熔点的比值 $T_{\mathrm{s}}/T_{\mathrm{m}}$ 来表示. 桑顿 (Thornton) (1982) 进一步发展了溅射沉积薄膜中 $T_{\mathrm{s}}/T_{\mathrm{m}}$ 的概念, 并且引入了溅射气体压强的影响. 梅西尔 (Messier) 等人 (1984) 也研究了薄膜微观结构的演变过程, 并且将桑顿 (1982) 在溅射沉积薄膜中发现的气体压强效应归因于在沉积过程中轰击基底的粒子能量的变化. 这些轰击粒子是中性原子, 是当载能离子不穿透溅射靶表面而与表面原子发生碰撞时, 离子被反射 (反弹) 并远离表面而产生的. 在这种反冲碰撞事件中, 离子得到足够多的电子, 从而转变为中性原子. 该反冲中性原子的动能将由碰撞的动力学过程决定, 并且不受产生溅射过程的电场影响. 反冲中性原子与气体分子或溅射等离子体中的其他离子发生碰撞, 使得其动能减小. 溅射气体压强越高, 碰撞中心的密度越大, 反冲中性原子在向基底运动时通过碰撞损失能量的可能性越大. 因此在生长的薄膜表面, 轰击粒子 (反射后呈中性) 的能量与溅射气体压强负相关, 溅射过程与 IBAD 过程中的平均离子能量 E_{ion} 相关. 从上面的讨论中可知, 就用于薄膜生长过程的平均离子能量 E_{ion} 而言, 溅射过程可以直接与 IBAD 过程进行比较.

图 13.6 展示了溅射或 IBAD 条件与生成的薄膜微观结构之间的关系. 该图

类似于图 13.1 中的蒸发区域, 但除了基底温度 (以基底温度和绝对熔点的比值来描述) 这个因素外, 还包括溅射气体压强或平均离子能量等作为变化参量.

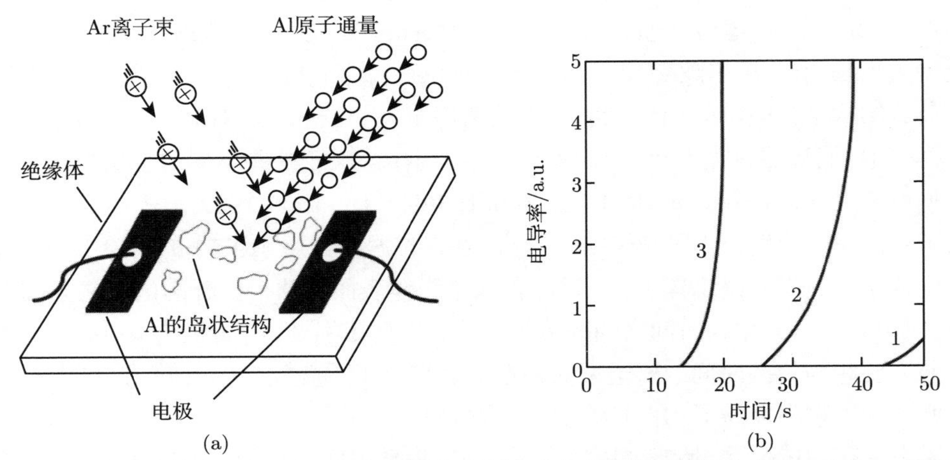

图 13.5　在绝缘体上沉积 Al, (a) 实验装置示意图, (b) 电导率随时间的变化：曲线 1, 无离子轰击, $j_{\mathrm{i}}=0$; 曲线 2, $j_{\mathrm{i}}=0.3\ \mu\mathrm{A/cm^2}$, $E_{\mathrm{ion}}=5\ \mathrm{keV}$, Ar 轰击; 曲线 3, $j_{\mathrm{i}}=8\ \mu\mathrm{A/cm^2}$, $E_{\mathrm{ion}}=5\ \mathrm{keV}$, Ar 轰击. Al 的聚结速率为 10^{16} atoms/(cm^2·s) (引自参考文献 (Pranevicius, 1979))

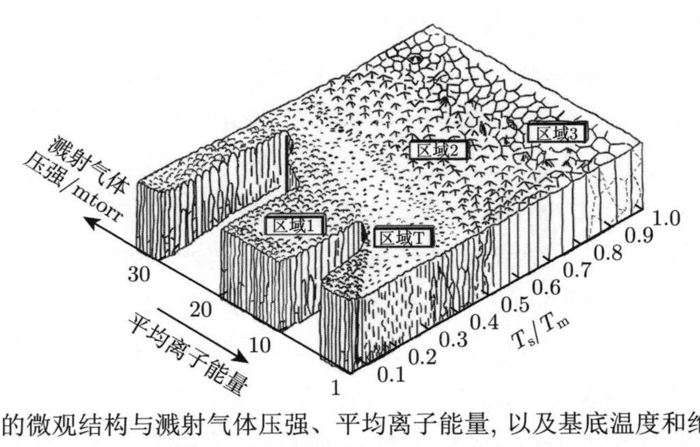

图 13.6　薄膜的微观结构与溅射气体压强、平均离子能量, 以及基底温度和绝对熔点的比值 $T_{\mathrm{s}}/T_{\mathrm{m}}$ 之间的关系 (引自参考文献 (Thornton, 1982; Messier et al., 1984))

在图 13.6 中, 区域 1 具有沿晶界生长的开放结构的柱状晶粒, 并且机械强度低. 在该温度下结构稳定, 较高的溅射气体压强或较低的平均离子能量会提高区域 1 的温度. 区域 1 中开放结构的产生主要是由于沉积的原子扩散受限而无法克服阴影效应导致的, 因此在低 T_s/T_m 比值时形成. 阴影效应是指在生长表面上的凸点比凹点的薄膜通量更高, 在向表面斜向沉积时更容易发生. 阴影效应会导致晶界开放, 降低薄膜密度. 薄膜表面的粗糙度可能会因以下原因而增大：(i) 基底粗糙, (ii) 在不均匀处优先形核, (iii) 形核的初始形状. 区域 1 中的薄膜内部结构错综复杂且位错密度可能很高.

区域 T (或称为过渡区域) 中的微观结构也受阴影效应的影响, 但其具有更精细的结构, 该结构由密集的纤维状晶粒组成, 其晶界足够致密, 使其具有较强的机械强度. 形成该区域中微观结构的主要原因是, 表面扩散使得沉积原子在被后面沉积的原子覆盖之前可以在沉积表面上迁移. 该区域的边界受基底温度和平均离子能量的影响. 沉积过程中对基底进行高强度的离子轰击会抑制区域 1 中开放结构在低温 (低 T_s/T_m 比值) 时的形成, 并且在对未冷却基底进行离子轰击时, 会形成典型的高 T_s/T_m 比值的结构.

当 T_s/T_m 在 0.3—0.5 范围内时, 会形成区域 2 中的微观结构, 该微观结构对溅射气体压强或平均离子能量并不敏感, 但其生长过程主要与沉积原子的表面扩散相关. 该区域的微观结构中的晶粒尺寸随着温度升高而增大, 在高温时可能会增大至薄膜厚度. 该结构中含有柱状晶粒, 晶粒之间有清晰致密的晶界, 并且具有良好的机械完整性. 其中, 位错主要存在于晶界区域.

当温度升高至 $T_s/T_m \geqslant 0.5$ 时, 区域 3 中所示的微观结构形成. 在此温度范围内, 体扩散是决定薄膜最终结构的主要因素. 该微观结构对 T_s/T_m 比值、溅射气体压强和平均离子能量都不敏感. 晶格恢复和再结晶过程通常在该温度范围内发生, 因为应变能和晶粒表面能趋于最小化. 如果在沉积过程中在薄膜中产生晶格应变能过高的区域, 那么柱状晶粒可能会再结晶成等轴晶粒.

13.3.2 致密化

IBAD 对微观结构最重要的改善之一就是使得在图 13.6 所示区域 1 的条件下沉积的薄膜致密化. 此前的研究结果已经表明, 在低温下薄膜形成中通常出现柱状晶粒 (见图 13.1 和图 13.6) (Grovenor et al., 1984; Movchan et al., 1969; Thornton, 1982). 在该条件下沉积的薄膜的孔隙率高且机械强度低, 这是因为沉积原子的扩散率低导致的. 在沉积过程中提高基底温度可以增大薄膜密度, 但有时这对于沉积薄膜的基底来说是有害的. 在低温沉积时使用载能离子轰击可以基本上消除这种微观结构的演变. 这种致密化效应已经在生长致密薄膜中发现了许多实际应用, 例如, 生长光学涂层.

目前, 已有很多实验结果证实了 IBAD 导致薄膜的致密化过程. 耶霍达 (Yehoda) 等人 (1988) 研究了低能 Ar 离子对 Ge 表面气相沉积薄膜中空洞结构的影响. 实验中使用能量为 15—110 eV 的离子, 基底上的离子–原子相对通量比为 0—25%. 他们发现, 对于所有离子能量和离子通量的实验组合来说, 孔隙率随着到达基底的离子的平均沉积能量的下降而迅速下降.

虽然 IBAD 过程的机制复杂、理论分析困难, 但使用蒙特卡罗模拟和分子动力学模拟可以帮助我们理解 IBAD 过程中薄膜的演化和致密化机制. 在本小节的剩余部分, 将讨论 IBAD 过程的计算机模拟方法.

13.3.2.1　蒙特卡罗模拟

载能离子轰击对区域 1 中薄膜微观结构的影响最早由穆勒 (Müller) (1986a) 使用蒙特卡罗方法和热峰模型进行了模拟. 穆勒研究了离子产生的热峰对生长中的薄膜中多孔柱状网格结构中原子运动的作用. 初始的热峰温度在表面下离子射程处具有最大值, 宽度与损伤分布相同, 两者均由蒙特卡罗级联碰撞计算而得. 热峰中的热量通过热扩散而消散. 在级联碰撞期间 ($\cong 10^{-11}$ s), 原子在热峰中心附近的运动可以用温度相关的原子跳跃频率 ν 描述, ν 可表示为

$$\nu = \left[8k_{\mathrm{B}}T/(\pi M d^2)\right]^{1/2} \exp\left[-\Delta E/(k_{\mathrm{B}}T)\right],$$

其中, T 是热峰温度, M 是沉积形成薄膜的物质的质量, d 是平均原子间距, ΔE 是发生原子跳跃的激活能垒. 图 13.7 展示了穆勒对 (a) 无离子轰击和 (b) 有 Ar 离子 ($E_{\mathrm{ion}} = 150$ eV) 轰击下二维 Ni 薄膜的微观结构生长的模拟结果, 模拟中, 离子–原子相对通量比为 1 (即 $R_{\mathrm{i}} = 1$). 由图 13.7 可以看出, IBAD 过程破坏了多孔柱状网格结构的生长并促进了相邻晶粒之间的连接, 使得开放空洞闭合. 然而, 这些模拟没有显示出薄膜发生明显的致密化, 其主要原因是热峰模型仅考虑了级联碰撞后热峰状态下促使局部各向同性原子发生的重排, 但级联碰撞期间由于多次碰撞和动量转移而引起的原子运动并未考虑在内.

正如前几章所述, 当载能离子与材料相互作用时, 会引发级联碰撞, 产生移位原子、空位和间隙原子、声子, 以及电子激发. 以上过程在级联的弹性碰撞阶段占主导地位 (参见 8.2 节和图 8.4), 并且可以通过蒙特卡罗方法较好地模拟. 对于能量为几百 eV 的低能离子轰击的情况, 大多数级联碰撞过程局限在材料表面. 此时,

离子会发生背散射或注入表面中，而被撞击的移位原子可以离开表面成为溅射原子，或者反冲注入表面下方被捕获成为间隙原子. 在这种离子轰击下，反冲注入原子在它们停留位置附近 (即射程末端) 使得材料中的原子密度增大，而溅射原子和由反冲注入表面下的原子留下的空位导致表面处空位浓度增大并且表面原子密度减小. 当低能离子轰击与热蒸发结合时，如果利用 IBAD 处理，则由离子轰击在表面附近产生的空位被气相沉积的原子部分填充. 图 13.8 展示了该致密化过程. 当离子–蒸气原子相对通量比较高时，IBAD 会导致薄膜中原子的向内堆积，这就消除了在区域 I 的薄膜中常观察到的多孔柱状网格结构，并有利于致密堆积结构的生长.

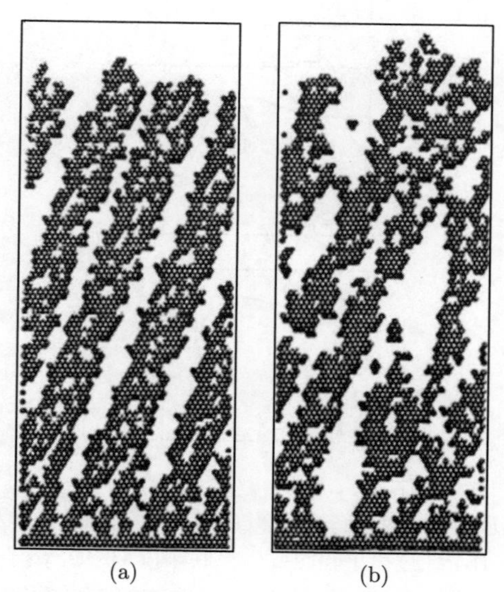

图 13.7 Ni 蒸气以 45° 角沉积的薄膜中的柱状结构的蒙特卡罗模拟结果，(a) 无离子轰击，(b) 能量为 150 eV 的 Ar 离子辅助沉积，入射方向与薄膜表面垂直，离子–原子相对通量比为 1 (引自参考文献 (Müller, 1986a))

穆勒 (1986b) 使用蒙特卡罗 TRIM 程序 (参见第 8 章) 研究了 IBAD 过程中级联碰撞导致的致密化. 蒙特卡罗模拟能够计算靶原子的质量转移和注入分布，可将其应用于二维 IBAD 模型. 图 13.9 展示了在能量为 600 eV 的 O 离子轰击下生长的 ZrO_2 薄膜中的质量密度分布函数 $\rho(z)$ 与深度 z 之间的关系. 在该 IBAD 过程中，假设 O 离子通量为 $J_\mathrm{I} = 200\ \mu\mathrm{A/cm}^2 = 1.25 \times 10^{15}\ \mathrm{ions/(cm^2{\cdot}s)}$. 由此可得，离子–蒸气原子相对通量比为 $R_\mathrm{i} = J_\mathrm{I}/J_\mathrm{A} = 0.22$，蒸气原子的沉积速

率为 2.75×10^{14} atoms/(cm^2·s). 离子的入射方向与薄膜表面法线之间的夹角为 $\alpha_{\mathrm{I}} = 30°$. 当 $t < 0.0$ s 时, ZrO_2 薄膜在无离子轰击的情况下生长, 薄膜密度为 4.41 g/cm^3. 当 $t \geqslant 0.0$ s 时, ZrO_2 薄膜在能量为 600 eV 的 O 离子的辅助下生长. 如图 13.9 所示, 计算结果表明, 致密化区域在表面下方约 2.5 nm 处开始, 并且薄膜的非 IBAD 部分 ($t = 0.0$ s) 变得重新致密化且达约 3 nm 深.

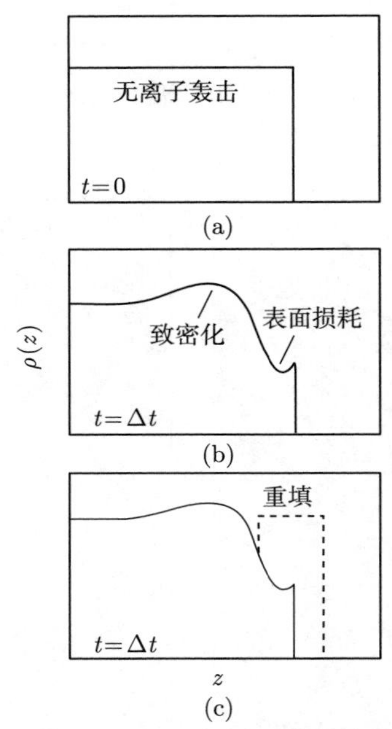

图 13.8　薄膜的质量密度分布函数 $\rho(z)$ 与深度 z 之间的关系, (a) 无离子轰击的热沉积后薄膜的质量密度分布均匀, (b) 经过离子辐照发生级联碰撞 (例如, 离子注入、溅射、反冲注入) 后薄膜的质量密度分布, (c) IBAD 过程中可能存在效应的综合作用结果, 载能离子改变了材料密度, 蒸气原子填充到表面缺失的位置, 重填后的质量密度分布与无离子轰击下得到的薄膜的质量密度分布一致 (引自参考文献 (Müller, 1986b))

离子–蒸气原子相对通量比 $J_{\mathrm{I}}/J_{\mathrm{A}}$ 对 ZrO_2 薄膜质量密度分布的影响如图 13.10 所示, 并且与实验结果进行了比较. 模拟结果和实验结果在 $J_{\mathrm{I}}/J_{\mathrm{A}} \cong 0.2$ 之前有很好的一致性, 之后实验结果趋于稳定, 而模拟结果则预测质量密度会随着 $J_{\mathrm{I}}/J_{\mathrm{A}}$ 的增大而进一步增大. 在 $J_{\mathrm{I}}/J_{\mathrm{A}} = 0.22$ 时, 质量密度接近 ZrO_2 的体密度 5.7 g/cm^3. 实验结果趋于稳定表明质量密度可能趋于饱和, 并且由于薄膜原子之间的排斥力而无法更加致密, 而这点在模拟中并没有考虑. 当注入 IBAD 薄膜中的原子和离子能量接近几 eV 时, 这种排斥力起到了重要作用. 这源于级联碰撞过程中热峰阶段和冷却阶段的原子能量, 因此无法使用蒙特卡罗方法进行有效模拟, 必须使用分子动力学方法进行模拟.

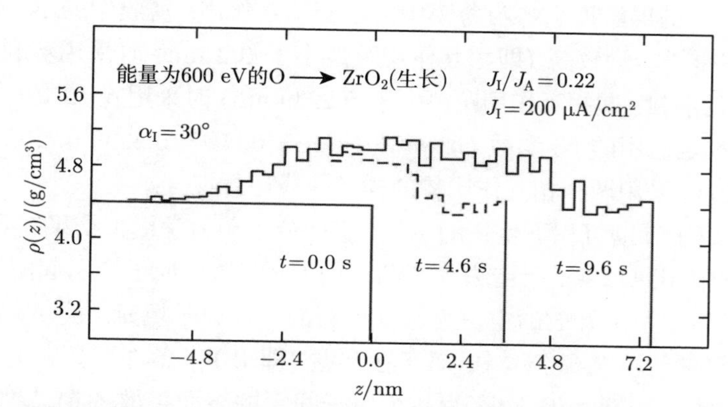

图 13.9 在能量为 600 eV 的 O 离子轰击下生长的 ZrO_2 薄膜中的质量密度分布函数 $\rho(z)$ 与深度 z 之间的关系. 对于 IBAD 过程, O 离子通量为 $J_I = 200\ \mu A/cm^2$, 离子–蒸气原子相对通量比为 0.22. 离子的入射方向与薄膜表面法线之间的夹角为 $\alpha_I = 30°$. 当 $t < 0.0$ s 时, ZrO_2 薄膜在非 IBAD 过程中生长 (引自参考文献 (Müller, 1986b))

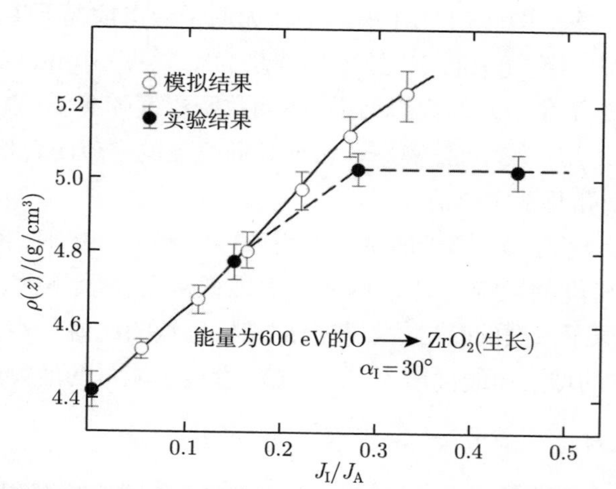

图 13.10 分别由模拟和实验得到的能量为 600 eV 的 O 离子辅助生长的 ZrO_2 薄膜的质量密度分布函数与 J_I/J_A 之间的关系, ZrO_2 薄膜的密度为 4.41 g/cm^3, 而 ZrO_2 的体密度为 5.7 g/cm^3 (引自参考文献 (Müller, 1986b))

13.3.2.2　分子动力学模拟

穆勒 (1987a) 利用二维分子动力学模拟研究了在零温下的 Ni 基底上用 Ar 离子辅助生长 Ni 薄膜的 IBAD 过程. 在这些分子动力学模拟中, 离子通过由式 (2.41) 定义的屏蔽库仑势与薄膜中的原子相互作用. 薄膜中的 Ni 原子之间的相互作用在原子能量较高 (即相互作用距离小于 0.2 nm) 时采用莫利雷势, 而在只有几 eV 的能量 (即相互作用距离大于 0.2239 nm) 时采用式 (2.19) 给出的屏蔽库仑势, 并选定适用的 Ni 参数 (即 $m = 12$, $n = 6$, $\Gamma_{\mathrm{r}} = 0.2239$ nm, $\varepsilon = 1.32$ eV). 对于中间能量, 采用两个相互作用势的样条曲线进行拟合.

在 Ar 离子辅助沉积下生长的 Ni 薄膜的分子动力学模拟结果表明, 在 Ni 气相沉积过程中用 Ar 离子轰击去除了凸起的原子 (这些原子会引起阴影效应), 去除这些原子后会留下开放的空位直到其被新的沉积原子填充. 被 Ar 离子溅射的 Ni 原子大都重新填充在空位中, 对于在零温 (即 0 K) 条件下基底上生长的薄膜进行离子轰击会引起：(i) 距离为几个原子间距的表面扩散, (ii) 局部热峰加热, (iii) 空位坍塌, (iv) 再结晶.

图 13.11 中展示了用能量为 50 eV 的 Ar 离子轰击约 500 个 Ni 原子的 IBAD 过程中微观结构演化的分子动力学模拟实例. 在该模拟中, 设定 Ni 蒸气沉积的角度是 0°, Ar 离子轰击的角度是 30°, 并对不同的离子–原子相对通量比 $J_{\mathrm{I}}/J_{\mathrm{A}}$ 时的结果进行了比较. 图 13.11(a) 展示了在无离子轰击情况下生长的开放柱状微观结构. 模拟中假定蒸气中的 Ni 原子的能量为 0.1 eV/atom. 图 13.11(b) 和图 13.11(c) 是存在离子轰击时的模拟结果, 表明致密程度随离子–原子相对通量比的增大而增大. 当 $J_{\mathrm{I}}/J_{\mathrm{A}}$ 较小时, 离子轰击使长而开放的空位闭合但留下微孔, 而当 $J_{\mathrm{I}}/J_{\mathrm{A}}$ 很大时, 微孔几乎完全消失.

图 13.12 展示了在 Ar 离子能量分别为 10 eV 和 50 eV 时, 离子–原子相对通量比对 Ni 薄膜密度的影响. Ni 薄膜密度由堆积密度表示, 堆积密度定义为基底上前 9 层中 Ni 原子占据的晶格位点与全部晶格位点的比值. 这些数据表明, 薄膜密度随着 $J_{\mathrm{I}}/J_{\mathrm{A}}$ 的增大而线性增大, 并且也随着离子能量的增大而增大.

13.3.3　应力

薄膜中的应力与微观结构和掺入的杂质有关. 通常, 热沉积的薄膜具有高空隙率 (即低原子密度) 并且含有残余拉伸应力. 如前所述, 当在离子辅助下进行热沉积时, 微观结构更加致密, 导致近邻原子间的相互吸引力增大, 使得拉伸应力增大到最大值. 随着 J_I/J_A 的增大, 显著的原子挤压导致极大的原子密度增大, 并且通过束流原子的强制注入 (即离子注入) 可以使拉伸应力向压缩应力转变. 图 13.13 展示了在能量为 100 eV 和 400 eV 的 Ar 离子辅助 Nb 和 W 沉积过程中这种行为随温度的变化 (Roy et al., 1988). 正应力值表示拉伸应力, 负应力值表示压缩应力. 温度升高导致原子迁移率升高, 此时, 拉伸应力的极大值和中性 (零) 应力的状态在离子通量较小时出现. 相似的效应对于离子能量也有所体现, 离子能量较高时达到中性应力所需的临界离子通量值较小.

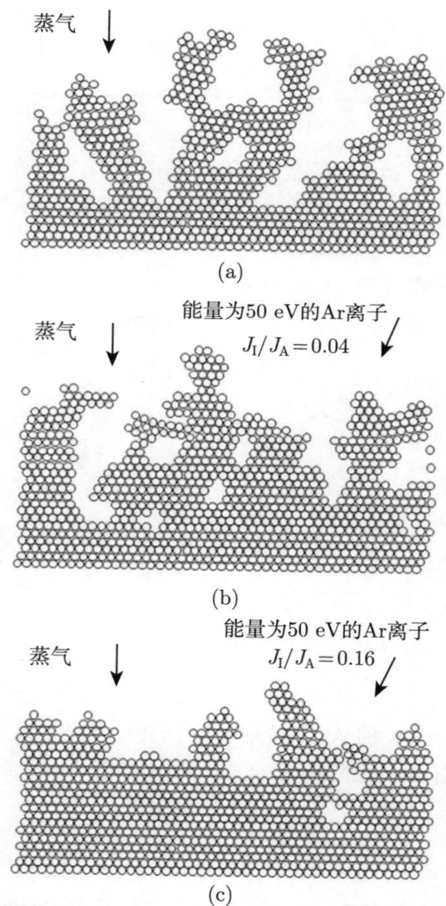

图 13.11 二维分子动力学模拟的致密 Ni 蒸气垂直沉积得到的微观结构的演化, (a) 无离子轰击, (b) 能量为 50 eV 的 Ar 离子轰击, $\alpha = 30°$, $J_I/J_A = 0.04$, (c) 能量为 50 eV 的 Ar 离子轰击, $\alpha = 30°$, $J_I/J_A = 0.16$ (引自参考文献 (Müller, 1987a))

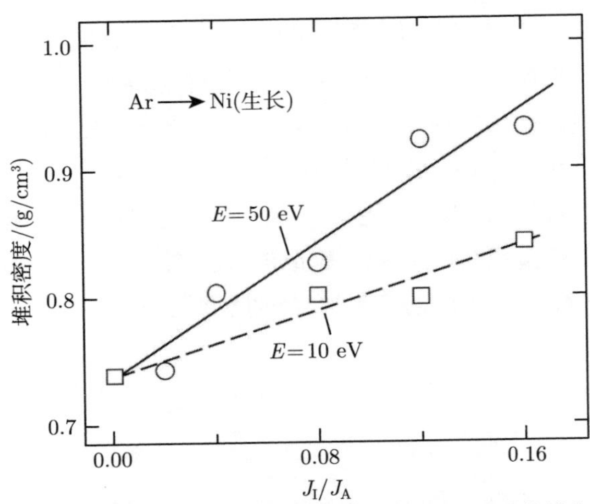

图 13.12　能量分别为 10 eV 和 50 eV 的 Ar 离子辅助下 Ni 原子的堆积密度与离子–原子相对通量比 J_I/J_A 之间的关系 (引自参考文献 (Müller, 1987a))

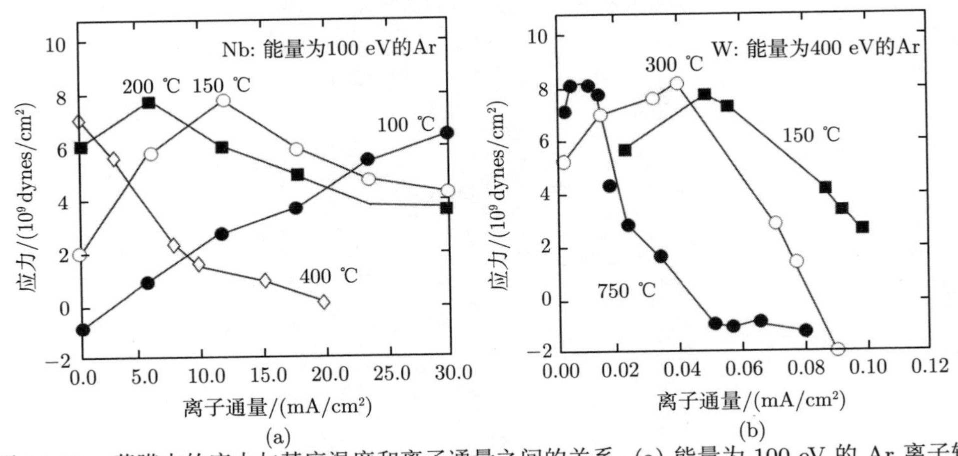

图 13.13　薄膜中的应力与基底温度和离子通量之间的关系. (a) 能量为 100 eV 的 Ar 离子辅助 Nb 沉积, (b) 能量为 400 eV 的 Ar 离子辅助 W 沉积. 当基底温度升高时, 拉伸应力极大值对应的离子通量减小 (引自参考文献 (Roy et al., 1988)). 注意：正应力值代表拉伸应力, 负应力值代表压缩应力

穆勒 (1987b) 用 13.3.2.2 部分中所述的二维分子动力学模拟方法在理论上研究了 Ar 离子辅助 Ni 沉积 IBAD 过程中应力与离子能量之间的关系. 图 13.14 展示了在离子–原子相对通量比为 $J_I/J_A = 0.16$ 时计算得到的 Ni 薄膜中的应力与 Ar 离子能量之间的关系. 在模拟中, 气相沉积的 Ni 原子到达基底时的动

能为 0.13 eV. 图 13.14 中的数据表明, 非 IBAD 下生长的 Ni 薄膜的初始应力状态为略有拉伸, 薄膜中的拉伸应力随着 Ar 离子能量的增大先增大, 在能量为 20 eV 左右时达到最大值, 之后随着离子能量的增大而减小. 图 13.11(a) 是无离子轰击下 Ni 薄膜生长的分子动力学模拟结果, 该图表明在非 IBAD 下生长的薄膜中存在较大的微孔和开放的空隙. 这些空隙和微孔的尺寸大于原子间相互作用的距离. 图 13.12 展示了随着离子能量增大, 微孔尺寸缩小并且导致堆积密度增大. 当微孔尺寸变得足够小, 从而原子间的短程吸引力可以有效地跨过空隙时, 拉伸应力达到最大值. 随着离子能量增大, 缺陷逐渐消失, 使得堆积密度增大, 并且生长出几乎为零应力的完美层状晶体薄膜.

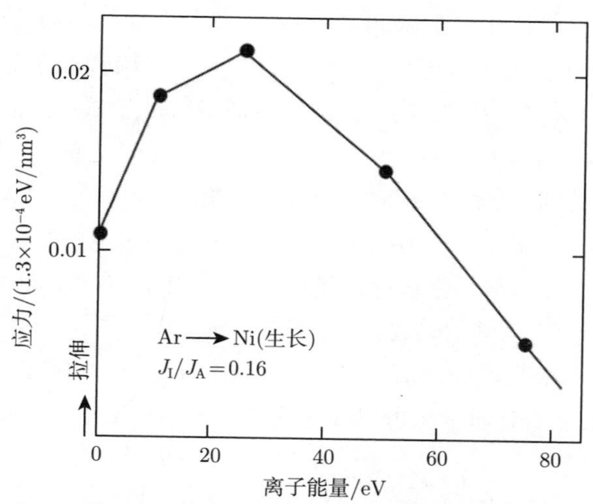

图 13.14 $J_I/J_A = 0.16$ 时, 采用 Ar 离子辅助 Ni 沉积的分子动力学模拟得到的应力与离子能量之间的关系 (引自参考文献 (Müller, 1987b))

当处于零应力状态时, 临界电流值与蒸气通量率的比值称为临界到达比. 沃尔夫 (Wolf) (1990) 证实, 零应力状态所需的条件取决于薄膜的组分和离子能量. 例如, Cr 需要 100 eV/atom 的能量才能消除应力, 而 C 或 B 需要的临界能量则要小一个数量级, 这是因为这两种原子的成键作用弱且有多种成键方式. 此外, 它们对能量的依赖程度也不同 (1990). 科莫 (Cuomo) 等人 (1982) 还对 Nb 薄膜生长时杂质 (例如, O_2) 的优先溅射和产生应力之间的关系进行了研究.

布赖顿 (Brighton) 和于布莱 (Hubler) (1987) 曾用蒙特卡罗模拟 (例如, 马洛程序, 见第 8 章) 来预测气相沉积的 Ge 中应力消失时的临界到达比. 他们假设应

力消失的条件是薄膜中的每个原子至少发生一次级联碰撞. 如果每次级联碰撞影响的平均体积是 V_{cas}, 且薄膜中的平均原子密度是 N, 那么每次级联碰撞影响的平均原子数是 NV_{cas}. 假定可以忽略级联的重叠, 那么临界离子–原子相对通量比 $J_{\mathrm{I}}/J_{\mathrm{A}}|_{\mathrm{c}}$ 可表示为

$$J_{\mathrm{I}}/J_{\mathrm{A}}|_{\mathrm{c}} = (NV_{\mathrm{cas}})^{-1}. \tag{13.8}$$

级联体积 V_{cas} 表示单次级联碰撞的体积, 可以使用 7.11.4 小节中讨论的方法 (见式 (7.69)—(7.71)) 来估算 Ar 离子的 V_{cas}. 当 Ar 离子的能量在 65—3000 eV 之间时, 离子主要通过弹性散射损失能量, 非弹性能损只占总离子能量的 5%—15%. 在这种情形下, 计算级联体积时, 通过离子射程分布来估算沉积的能量分布是合理的. 级联体积可以通过式 (7.69) 计算, 其中的射程和歧离可以由对非晶 Ge 上入射 Ar 离子的蒙特卡罗模拟获得. 布赖顿和于布莱 (1987) 将马洛程序计算得到的射程 R 拟合成了简单的幂指数的形式, 他们发现, 当能量在 0.2—2 keV 之间时, $R = 0.138E^{0.53}$; 当能量在 2—5 keV 之间时, $R = 0.0436E^{0.68}$. 相应地, 他们发现纵向和横向歧离与射程之间的关系分别为 $\langle \Delta X\rangle^{1/2} = 0.37R$ 和 $\langle Y^2\rangle^{1/2} = 0.23R$, 这与图 7.11 中 $M_2/M_1 = 1.83$ (即用 Ar 轰击 Ge) 时的数据非常吻合. 级联体积 V_{cas} 与马洛程序获得的级联体积 V_{s} 有关, 即 $V_{\mathrm{cas}} = \delta_{\mathrm{corr}}^3 V_{\mathrm{s}}$, 其中, δ_{corr} 为校正因子. 参考图 7.21 中的沃克–汤普森因子 (0.43) 和西格蒙德因子 (0.62), 布赖顿和于布莱近似选取二者的平均值, 即 $\delta_{\mathrm{corr}} = 0.52$, 则式 (13.8) 中给出的临界离子–原子相对通量比可以改写为

$$J_{\mathrm{I}}/J_{\mathrm{A}}|_{\mathrm{c}} = \frac{0.2}{NV_{\mathrm{cas}}} = \frac{0.2}{N\delta_{\mathrm{corr}}^3 V_{\mathrm{s}}}, \tag{13.9}$$

其中, 因子 0.2 表明不是所有的能量都沉积在由纵向歧离 $(\langle \Delta X^2\rangle_{\mathrm{I}})^{1/2}$ 和横向歧离 $(\langle Y^2\rangle_{\mathrm{I}})^{1/2}$ 所决定的损伤分布的椭球内①.

为了得到 Ar 离子轰击 Ge 的临界离子–原子相对通量比, 将上述数值代入式 (13.9), 且令 $N = 4.42 \times 10^{22}\ \mathrm{cm}^{-3}$, 可以得到

$$J_{\mathrm{I}}/J_{\mathrm{A}}|_{\mathrm{c}} = \begin{cases} 150E^{-1.59}, & 0.2\ \mathrm{keV} < E_{\mathrm{ion}} < 2\ \mathrm{keV}, \\ 4760E^{-2.04}, & 2\ \mathrm{keV} < E_{\mathrm{ion}} < 5\ \mathrm{keV}. \end{cases} \tag{13.10}$$

① 这里使用的 0.2 不同于式 (7.72) 和式 (7.73) 中使用的 0.32, 这种差异是由参考文献 (P. Sigmund, *Appl. Phys. Lett.* **25**(1975), 52) 对损伤分布的定义方式造成的, 这也是参考文献 (Brighton et al., 1987) 的研究中采用的修正方法.

这些不含自变量的结果与赫希 (Hirsch) 和瓦尔加 (Varga) 消除应力的实验数据 (1978) 符合，如图 13.15 所示．布赖顿和于布莱总结出了近似 $E^{-3/2}$ 的能量依赖性，这与赫希和瓦尔加的实验数据非常吻合．他们发现，计算出的临界电流密度与薄膜中的每个原子都被包含在级联体积中的点相对应．

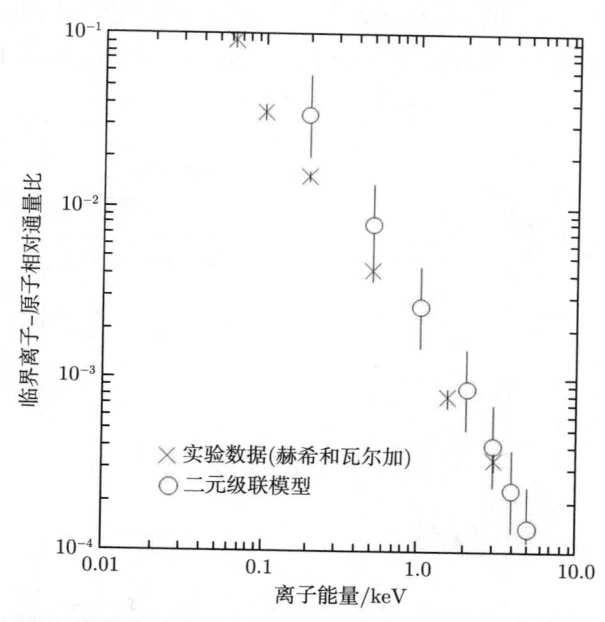

图 13.15　由计算和实验得到的薄膜中应力消失的临界离子–原子相对通量比 $J_{\mathrm{I}}/J_{\mathrm{A}}|_{\mathrm{c}}$ 与离子能量之间的关系 (引自参考文献 (Brighton et al., 1987))

13.3.4　晶粒尺寸

离子通量、离子能量和基底温度对晶粒尺寸具有重要影响．对于许多金属材料，随着离子–原子相对通量比 $J_{\mathrm{I}}/J_{\mathrm{A}}$，以及每个原子沉积的平均能量 E_{ave} 的增大，晶粒尺寸显著减小．罗伊 (Roy) 及其合作者对 IBAD 沉积的 Cu 薄膜的晶粒尺寸与基底温度、$J_{\mathrm{I}}/J_{\mathrm{A}}$ 和 E_{ave} 之间的关系进行了全面的研究 (1988, 1989)．图 13.16 展示了 Cu 薄膜在能量分别为 62 eV 和 600 eV 的 Ar 离子轰击下，基底温度在 62—230 ℃ 之间形成的晶粒尺寸与离子–原子相对通量比之间的关系．在无离子轰击的情况下，沉积的晶粒尺寸在 100—150 nm 之间，晶粒尺寸的差异取决于基底温度的不同．基底温度在 230 ℃ 且离子–原子相对通量比低至 0.03 时，能量为 600 eV 的 Ar 离子轰击使晶粒尺寸从 150 nm 减小到 60 nm．由式 (13.2) 可知，此

J_I/J_A 值对应的每个原子沉积的平均能量为 $E_{ave}=18$ eV/atom. 基底温度在 62—103 ℃ 时, 用能量为 600 eV 的 Ar 离子轰击, 晶粒尺寸在离子–原子相对通量比为 0.02 (即 $E_{ave}=12$ eV/atom) 时减到最小, 约 30 nm. 基底温度在 230 ℃ 时, 在离子–原子相对通量比约为 0.08 (即 $E_{ave}=48$ eV/atom) 时, 晶粒尺寸增大到 40 nm. 然而, 对于能量为 62 eV 的 Ar 离子轰击, 在不同基底温度时用不同的离子–原子相对通量比进行实验可知, 晶粒尺寸 (100 nm) 略微减小但几乎不随上述参量改变.

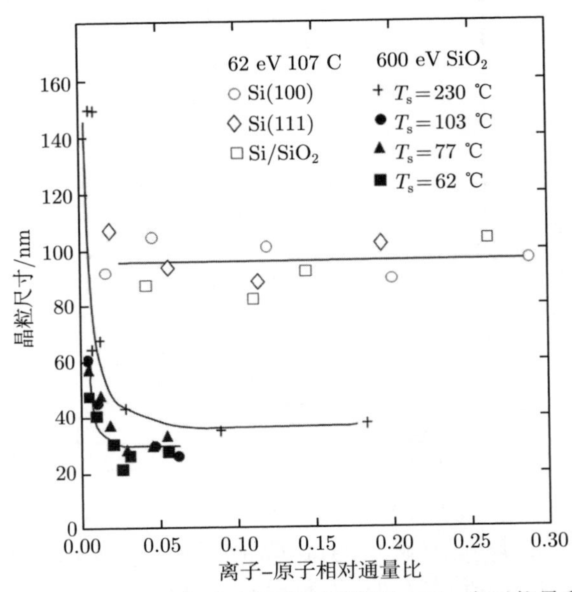

图 13.16　Cu 薄膜中的晶粒尺寸与离子–原子相对通量比、Ar 离子能量和基底温度之间的关系, 薄膜厚度在 5—6 μm 之间 (引自参考文献 (Roy et al., 1988))

许多金属的晶粒尺寸随着 J_I/J_A 值的增大而显著减小, 并且伴随着电阻率增大和显微硬度增大. 图 13.17 展示了 5—6 μm 厚的 Cu 薄膜中的电阻率和显微硬度的实验数据 (Roy et al., 1988). 数据分析结果表明, 显微硬度和电阻率与晶粒尺寸负相关. 随着晶粒尺寸减小, 晶界比例增大, 电子的平均自由程降低, 因此薄膜的导电性也降低了. 通过相似的方式可知, 晶界阻碍了塑性变形期间的位错运动, 这表现为显微硬度的增大.

目前, 没有任何一种单一的机制能够解释为什么晶粒尺寸会随着离子轰击而减小. 有人认为 Ar 离子会掺入生长中的 Cu 薄膜的晶界处, 并且随着 J_I/J_A 的增大, 在晶界聚集的 Ar 离子的浓度增大, 并能抑制晶粒生长. 另外, 随着离子能量

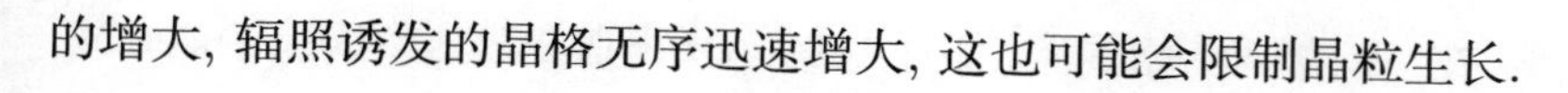

的增大，辐照诱发的晶格无序迅速增大，这也可能会限制晶粒生长.

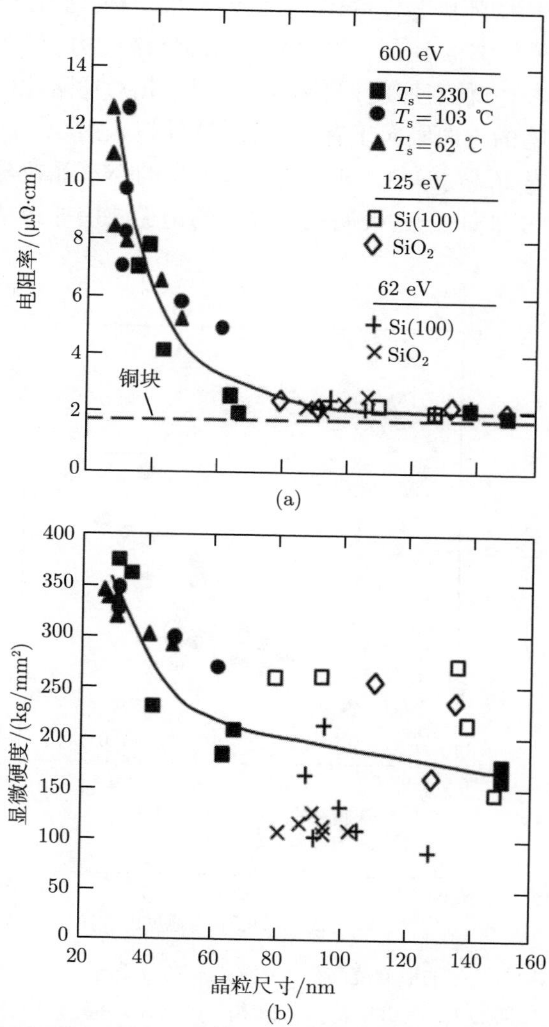

图 13.17 IBAD 处理的 Cu 薄膜的 (a) 电阻率和 (b) 显微硬度与晶粒尺寸之间的关系 (引自参考文献 (Roy et al., 1988))

13.3.5 织构

除了晶粒尺寸外，IBAD 沉积的薄膜中的晶粒取向也与离子能量和离子–原子相对通量比有很大关系. 图 13.18 展示了能量为 200 eV 且掠入射 (与薄膜法线方向之间的夹角为 70°) 的 Ar 离子轰击下生长的 Nb 薄膜的实验结果 (Yu et al., 1985, 1986). 薄膜中形成了一组 (110) 方向的纤维织构. 而在没有离子轰击的情况下, 沉积的 Nb 薄膜中也形成了 (110) 方向的纤维织构, 但有序度很低. 如实验数据所示, 取向度 (方位有序度) 随着离子–原子相对通量比的增大而增大. 实验中观察到晶粒织构的方向倾向于有序生长, 这使得入射 Ar 离子沿着 (110) 平面沟道方向排布. 当 $J_{\mathrm{I}}/J_{\mathrm{A}} = 1.3$ 时, 大约有一半的 Nb 晶粒与 (110) 平面沟道方向之间的夹角在 5° 以内. 这说明低能离子的沟道效应导致了该方向上的优先取向.

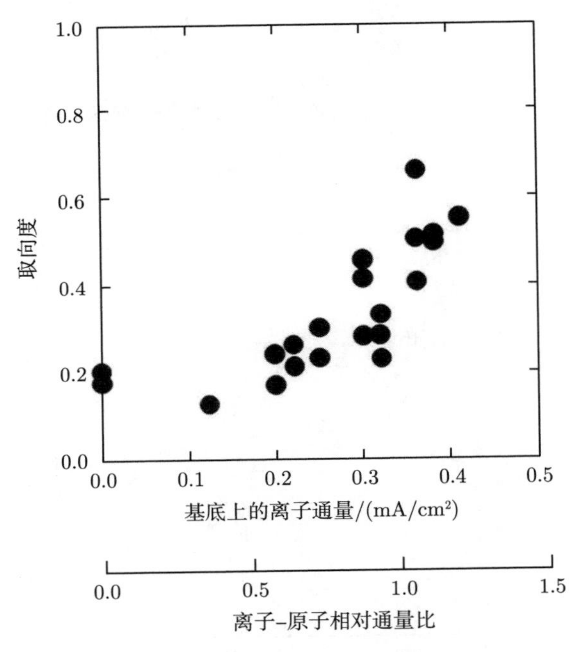

图 13.18　沉积的 Nb 薄膜中的取向度与掠入射 ($\alpha = 70°$) 离子通量或离子–原子相对通量比之间的关系 (引自参考文献 (Yu et al., 1985, 1986))

多布雷夫 (Dobrev) (1982) 提出了一个 IBAD 薄膜中由于轰击离子的优先取向而产生织构的模型. 离子在平面沟道中行进时的能损主要来自电子阻止, 因此离子在薄膜表面的能量沉积与沟道平面间距成反比. 对于 fcc 立方结构晶体, 平面沟道效应发生的难易程度按晶面的开放程度排序为: ⟨110⟩ ⟨100⟩ ⟨111⟩. 在多晶薄膜中, 当最开放的沟道方向 (最容易输运离子的沟道方向) 与离子入射方向平行时, 核阻止最小, 因此产生的晶格无序最少. 这些晶粒将作为周围晶粒再生长的“种子”, 周围晶粒最初没有在与离子入射方向平行的方向上生长, 因此受到了很高的核阻止导致的能量沉积 (热峰) 和辐照损伤, 如图 13.19 所示.

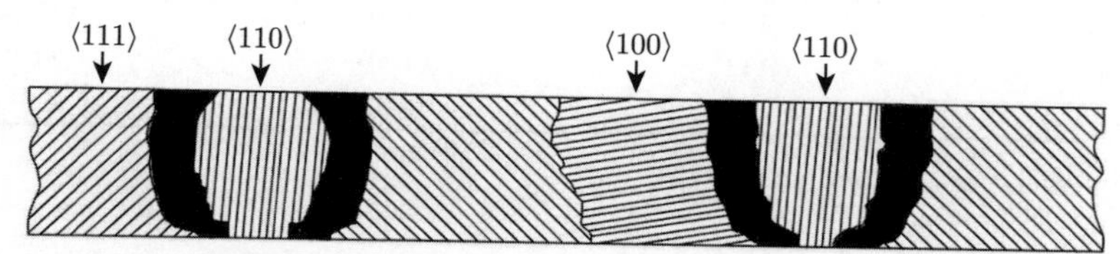

图 13.19　IBAD 薄膜 (面心立方结构) 中 ⟨100⟩ 织构的演化方式, 与离子入射方向平行的 ⟨100⟩ 晶面的晶粒提供了最容易输运离子的沟道, 并且会作为周围容易在离子轰击下受到损伤的晶粒外延再生长的 “种子” (引自参考文献 (Dobrev, 1982))

布拉德利 (Bradley) 等人 (1986) 提出了另一个基于在不同晶粒取向下溅射产额差异的模型来解释 IBAD 过程中织构的演化. 该模型假设薄膜沉积时存在一个与薄膜平面垂直的晶轴. 在一些材料中不同晶粒取向下溅射产额的差异可能高达 5 倍, 这导致溅射产额高的晶粒取向会被优先消除, 并且新沉积的物质会沿溅射产额低的方向外延生长. 根据这一基于溅射产额差异的模型进行的计算再现了参考文献 (Yu et al., 1985) 中给出的 Nb 的实验数据.

上面提到的两个 IBAD 织构模型 (多布雷夫的热峰再生长模型和布拉德利等人的优先溅射模型) 的提出都是基于相同的离子轰击现象, 即核阻止导致的能量沉积密度与沟道方向的开放程度成反比. 如第 9 章所述, 溅射产额与核阻止成正比, 因此当轰击离子沿着具有大的晶面间距的平面行进时, 溅射减少并且密集的级联碰撞减少. 基于以上结论, 斯米特 (Smidt) (1990) 总结了 IBAD 织构现象. 总体来说, 仅通过气相沉积而没有离子辅助生长的薄膜, 通常将在平行于基底表面的具有最高原子密度的平面上沉积. 这种晶粒取向的生长要求基底温度足够高, 即 $T_s > 0.15T_m$ (见图 13.1), 此时沉积原子在表面迁移充分. 在此情形下, fcc 结构薄膜具有 ⟨111⟩ 织构, bcc 结构薄膜具有 ⟨110⟩ 织构, 理想 c/a 比条件下的 hcp 结构薄膜具有 ⟨0002⟩ 织构. 在 IBAD 过程中, 晶粒取向将发生变化, 使得宽间距平面 (即最开放的沟道平面) 方向与离子入射方向平行. 表 13.1 中列出了最开放的沟道方向, 它们均可以由式 (A.4) 中给出的晶面间距确定.

基于上述讨论可知, 离子沿薄膜法线方向的 IBAD 处理会使气相沉积的 fcc 结构薄膜中的 ⟨111⟩ 织构向 ⟨110⟩ 织构转变. 当离子偏离薄膜法线方向入射时,

IBAD 处理也将产生不同的织构.

表 13.1　最开放的沟道方向

结构	晶向		
fcc	⟨110⟩	⟨100⟩	⟨111⟩
bcc	⟨111⟩	⟨100⟩	⟨110⟩
hcp	$\langle 11\bar{2}0\rangle$	⟨0002⟩	

注：表中内容引自参考文献 (Appleton et al., 1977).

13.3.6　外延生长

事实证明, 薄膜生长过程中的离子轰击对外延生长质量有很大的影响. 在许多体系中, 都能观察到外延生长温度 T_e 在非离子轰击值的基础上降低了一定量 (ΔT_e). 参考文献 (Atwater, 1992; Herbots et al., 1994) 对这一主题进行了总结. 部分实验数据见表 13.2.

表 13.2　IBAD 增强外延生长

蒸气	基底	离子/能量 (能量的单位为 eV)	T_e/K	ΔT_e/K	参考文献
Si	Si	Si/100	620	−100	Narusawa et al., 1979
Si	Al_2O_3	Si/100	700	−150	Narusawa et al., 1979
Ge	Si	Ge/50	503	−270	Thomas et al., 1982
Ge	Si	Ge/50	400	−375	Zalm, 1982
Ge	Ge_2Si	Ge/100	573		Yagi et al., 1977
Si	Si	Si/50	550	−375	Pranevicius, 1979
Sb	NaCl	Ne, Ar/400	423	−80	Babaev et al., 1977
Ag	Si	Ag, Si/25—100	300		Thomas et al., 1982

此前, 研究者提出了几种离子诱导薄膜外延生长增强的机制 (Smidt, 1990), 包括: (i) 去除天然表面氧化物, 增大同质外延的可能性 (例如, Si 蒸气与 Si 基底), (ii) 表面损伤增大提供了异质形核位点, (iii) 能量增大促进了沉积原子的表面扩散. 穆勒 (1987a) 使用分子动力学模拟研究了后一种机制对于在零温下的 Ni 基底上用 Ar 离子辅助沉积 Ni 薄膜中外延生长增强的影响 (同质外延). 图 13.11 展示了在入射角为 30° 时, 能量为 50 eV 的 Ar 离子轰击下的薄膜微观结构的分子动力学模拟结果. 图 13.20 展示了参数 $J_\mathrm{I}/J_\mathrm{A}$ 和 E_ion 对同质外延生长程度 α_e 的影响, 其中, 参数 α_e 定义为: 当 $\alpha_\mathrm{e}=0.2$ 时, 没有发生同质外延生长; 当 $\alpha_\mathrm{e}=1$ 时, 发生完美的同质外延生长. 图 13.20(a) 中的数据表明, 当 $E_\mathrm{ion}=50$ eV 时, 同

质外延生长程度随 J_I/J_A 的增大而增大. 图 13.20(b) 中的数据表明, 在离子–原子相对通量比为 0.16 时, 同质外延生长程度在低能量区间随能量的增大而急剧增大, 并在 $E_{ion} \cong 50$ eV 时达到稳定值.

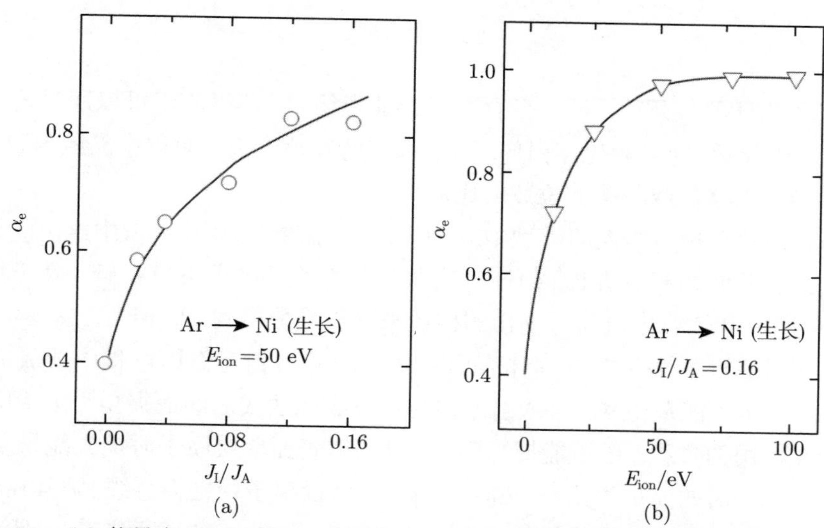

图 13.20 (a) 能量为 50 eV 的 Ar 离子轰击下, α_e 与离子–原子相对通量比之间的关系, (b) 在离子–原子相对通量比为 0.16 时, α_e 与离子能量之间的关系 (引自参考文献 (Müller, 1987a))

在外延生长过程中, 原子在表面上的迁移和有序程度对于外延生长质量来说至关重要, 并且低能离子辐照导致的原子移位也起到了重要作用. 然而, 正如在第 7 章、10 章和 12 章中讨论的, 离子辐照可诱导大量的辐照损伤和晶格无序, 这又可以促使亚稳相 (例如, 非晶相) 生成. 布赖斯等人 (1989) 使用解析的方法研究了低能离子入射到固体上产生表面移位和体移位的现象. 他们认为离子在避免产生体缺陷的同时, 产生了一定密度的可移动的表面缺陷, 促进了外延生长. 布赖斯等人 (1989) 的模型认为离子在固体表面和体内产生的缺陷可以用两体碰撞来描述. 对于 IBAD 中通常使用的较低能量 ($E_{ion} < 2$ keV) 的离子, 两体碰撞近似显然不再适用; 分子动力学模拟表明, 这些能量下的离子与固体相互作用是一个多体问题. 然而, 比较蒙特卡罗 (两体碰撞模拟) 和分子动力学 (多体模拟) 对低能离子与固体相互作用过程的模拟结果发现, 它们的差异很小, 因此两体碰撞近似仍是研究低能离子产生表面移位和体移位较为有效的方法.

布赖斯等人的模型中的另一个假设是表面原子由于配位数较低, 不像体原子那样束缚较强, 因此比体原子有更低的有效移位阈能. 由于表面原子的配位数约为体原子的一半, 因此表面移位阈能可近似为

$$E_{\mathrm{d}}^{\mathrm{s}} \cong 0.5E_{\mathrm{d}}^{\mathrm{b}}, \tag{13.11}$$

其中, $E_{\mathrm{d}}^{\mathrm{b}}$ 为体移位阈能. 所以会存在一个能量窗口, 使得离子可以通过表面移位有效地促进外延, 同时避免体损伤. 离子束辅助外延生长的效率由品质因数 R_{d} 定义, R_{d} 是表面移位数与体移位数的比值.

在严格的布赖斯等人的模型中, 计算 R_{d} 值需要使用第 4 章中给出的能量传递微分散射截面的积分方程, 但通过这些积分方程不能求得解析解. 在下面的讨论中, 将采用第 7 章中对离子损伤的描述来更直观地得到 R_{d} 值.

现在讨论低能离子在与固体表面和体内的晶格相互作用过程中造成的能损. 图 13.21 展示了能量为 E_0 且入射方向与固体表面法线之间的夹角为 α 的离子与固体相互作用的过程. 由于能损, 离子穿过固体表面单层原子时损失能量 ΔE_{ML}, 通过该层原子后的能量为 $E' = E_0 - \Delta E_{\mathrm{ML}}$. 假设离子径迹为直线, 则其在厚度为 t_{ML} 的单层原子中运动的路径长度为 $x_{\mathrm{ML}} = t_{\mathrm{ML}}/\cos\alpha$. 离子行进 x_{ML} 距离产生的能损为

$$\Delta E_{\mathrm{ML}} = S(E_0)Nx_{\mathrm{ML}} = [S_{\mathrm{n}}(E_0) + S_{\mathrm{e}}(E_0)]Nx_{\mathrm{ML}}, \tag{13.12}$$

其中, N 是固体中的原子密度, $S(E_0)$ 是总阻止截面, $S_{\mathrm{n}}(E_0)$ 和 $S_{\mathrm{e}}(E_0)$ 分别是核阻止截面和电子阻止截面.

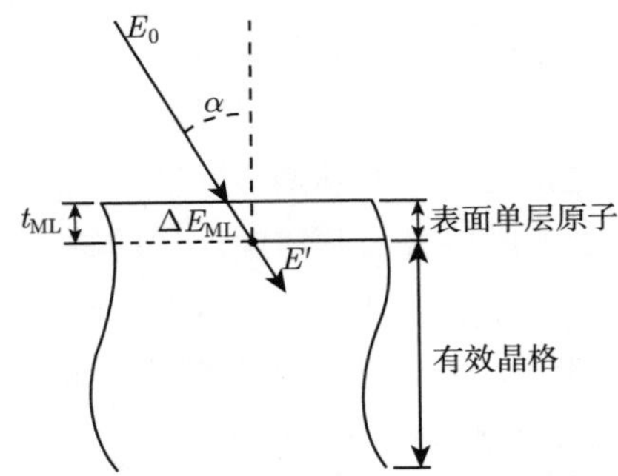

图 13.21　IBAD 外延生长实验中, 入射能量为 E_0 的离子在固体表面单层原子与内部有效晶格中损失能量的示意图

为了得到每个离子行进 x_{ML} 距离产生的表面移位数 $N_{\mathrm{d}}^{\mathrm{s}}(\Delta E_{\mathrm{ML}})$，可利用式 (7.46), 得

$$N_{\mathrm{d}}^{\mathrm{s}}(\Delta E_{\mathrm{ML}}) \cong \frac{0.4F_{\mathrm{D}}(E_0)}{E_{\mathrm{d}}^{\mathrm{s}}}x_{\mathrm{ML}}, \tag{13.13}$$

其中, $F_{\mathrm{D}}(E_0)$ 是在表面单位距离产生的损伤能量. 式 (7.40) 中定义了损伤能量, 结合式 (7.39a), 可以得到

$$F_{\mathrm{D}}(E_0) \cong 0.8NS_{\mathrm{n}}(E_0), \tag{13.14}$$

其中, N 是固体中的原子密度. 利用式 (13.14), 可以将式 (13.13) 改写为

$$N_{\mathrm{d}}^{\mathrm{s}}(\Delta E_{\mathrm{ML}}) \cong \frac{0.32Nx_{\mathrm{ML}}S_{\mathrm{n}}(E_0)}{E_{\mathrm{d}}^{\mathrm{s}}}. \tag{13.15}$$

结合式 (7.16), 可以得出表面单层原子下剩余晶体 (有效晶格) 中每个离子产生的移位数为

$$N_{\mathrm{d}}^{\mathrm{b}}(E') = \frac{0.4\nu(E')}{E_{\mathrm{d}}^{\mathrm{b}}}, \tag{13.16}$$

其中, $\nu(E')$ 是离子能量为 E' 时的损伤能量. 损伤能量可以用 7.4.1 小节中给出的 NRT 模型直接计算, 或者用式 (7.39) 对其进行近似描述, 由此可将式 (13.16) 改写为

$$N_{\mathrm{d}}^{\mathrm{b}}(E') \cong \frac{0.32E'}{E_{\mathrm{d}}^{\mathrm{b}}}. \tag{13.17}$$

结合式 (13.11)、式 (13.15) 和式 (13.17), 可以写出品质因数 R_{d} 的表达式:

$$R_{\mathrm{d}} = \frac{N_{\mathrm{d}}^{\mathrm{s}}}{N_{\mathrm{d}}^{\mathrm{b}}} = \frac{2Nx_{\mathrm{ML}}S_{\mathrm{n}}(E_0)}{E'}. \tag{13.18}$$

例如, 能量为 500 eV 的 Ar 离子以 $\alpha_{\mathrm{e}} = 60^\circ$ 入射, 在 $\langle 100\rangle$ Ge 基底上辅助 Ge 沉积. Ge 的 (100) 单层平面包含的原子密度为 6.25×10^{14} atoms/cm^2, 因为 Ge 的体原子密度为 4.41×10^{22} atoms/cm^3, 所以该单层厚度为 $t_{\mathrm{ML}} = 0.14$ nm. 对应 $\alpha_{\mathrm{e}} = 60^\circ$ 的离子, 路径长度 $x_{\mathrm{ML}} = 0.28$ nm, 或者说在离子径迹上的原子密度为 1.25×10^{15} atoms/cm^2. 由表 7.1 可知, 体移位阈能为 $E_{\mathrm{d}}^{\mathrm{b}} = 15$ eV, 由式 (13.11) 可得, 表面移位阈能为 $E_{\mathrm{d}}^{\mathrm{s}} = 7.5$ eV. 由式 (5.20)、式 (5.22) 和式 (5.23)

给出的 ZBL 表达式可以计算能量为 500 eV 的 Ar 离子入射时的核阻止截面, 其中, $\varepsilon = 0.0044$, $S_n(\varepsilon) = 0.1154$, $S_n(E_0) = 48.3 \times 10^{-15}$ eV·cm^2. 电子阻止截面由式 (5.58) 计算得到, 即 $S_e(E_0) = K_L E^{1/2} = 5.7 \times 10^{-15}$ eV·cm^2. 因此总阻止截面为 $S(E_0) = 54.0 \times 10^{-15}$ eV·cm^2, 并且表面单层原子中的能损 (见式 (13.12)) 为 67.5 eV, 离子进入有效晶格时的能量为 $E' = E_0 - \Delta E_{\text{ML}} = 432.5$ eV. 由式 (13.15) 可知, 每个离子产生的表面移位数 $N_d^s = 0.32 \times 1.25 \times 48.3/7.5 = 2.6$. 由式 (13.17) 可知, 有效晶格中每个离子产生的体移位数 $N_d^b = 0.32 \times 432.5/15 = 9.2$. 将上面最后两个计算中得到的数值代入式 (13.18), 可得 $R_d = 0.28$.

从上面的例子中可知, 能量为 500 eV 的 Ar 离子轰击 Ge 的 IBAD 过程由于产生了大量的体损伤而不能有效增强外延生长. 可以通过运动学分析, 得到离子增强外延生长的最优能量窗口. 能量为 E、质量为 M_1 的离子可以传递给质量为 M_2 的靶原子的最大能量为 (见式 (3.27))

$$T_{\text{M}} = \frac{4M_1M_2}{(M_1+M_2)^2}E = \gamma E, \tag{13.19}$$

其中, γ 是传递效率. 为了使表面原子移位, 离子传递给表面靶原子的能量必须等于 E_d^s, 由式 (13.19) 可知, 入射离子的能量 E_0 必须大于或等于 E_d^s/γ. 为了能在表面单层原子下方固体内部的有效晶格中产生移位, 离子传递给靶原子的最大能量必须等于 E_d^b, 这表示通过表面单层原子后的离子能量 E' 必须大于或等于 E_d^b/γ. 综上所述, 有

$$E_0 < E_d^s/\gamma, \quad \text{无移位,}$$

$$\left.\begin{array}{l} E_0 > E_d^s/\gamma, \\ E' < E_d^b/\gamma, \end{array}\right\} \quad \text{仅有表面移位,}$$

$$E' > E_d^b/\gamma, \quad \text{有表面和体移位.}$$

图 13.22 展示了 Ge 的外延生长过程中 R_d 在不同入射离子质量和能量下的等值曲线. 在表面阈值曲线 (即 $E_0 = E_d^s/\gamma$) 与有效晶格阈值曲线 (即 $E_0 = E' + \Delta E_{\text{ML}}$) 之间的区域应当不会产生体损伤. 在更高的离子能量下 (给定的离子质量), 由于产生大量体损伤而导致 R_d 值迅速降低. 图 13.22 中的计算结果与式 (13.18) 中的简化分析结果具有很好的一致性. 这种计算为理论的进一步发展奠定了重要基础, 也为研究者提供了初始的实验参数.

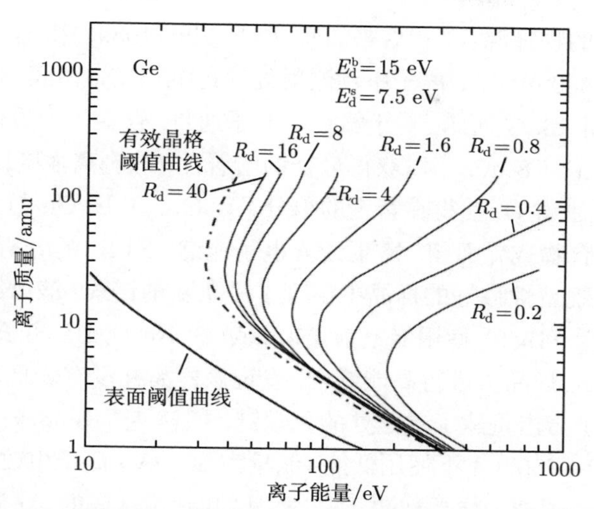

图 13.22 作为离子质量和能量函数的 Ge 外延生长过程中的 R_d 等值曲线. 表面阈值曲线 (即 $E_0 = E_d^s/\gamma$) 和有效晶格阈值曲线 (即 $E_0 = E' + \Delta E_{ML}$) 之间的区域应当不会产生体损伤. 在更高的离子能量下 (给定的离子质量), 由于产生大量体损伤而导致 R_d 值迅速降低 (引自参考文献 (Brice et al., 1989))

13.3.7 附着性

薄膜与基底的附着性取决于多种因素, 包括：界面的化学性质、应力、热膨胀差、界面处的污染物和表面形貌. 巴格兰 (Baglin) (1989) 对该领域进行了广泛研究. 真空中原位的离子束清洗是制备薄膜基底的极佳方法, 它可以去除污染物层 (例如, 吸附的水、碳氢化合物、氧化物等), 有时也可以选择性地去除表面材料 (织构) 以产生化学上或形态 (织构) 上利于键合的黏性表面. 后者常被用于金属与聚合物 (Teflon®①) 的黏合改进.

在多年以前已经实现用高能离子在基底上沉积金属薄膜. 然而, 该技术需要能够产生足够高能量离子的加速器, 以使离子能够穿透沉积在基底上的薄膜, 对于中等质量、能量上限为 200 keV 的离子, 这将实际薄膜厚度限制在几十到几百 nm 之间.

在传统 IBAD 处理中使用的低能 (能量通常小于 2 keV) 离子也能有效地用于增强附着性. 例如, 巴格兰及其合作者 (1985) 对使用高能 He 和 Ne 离子在 Al_2O_3 上沉积 Cu 薄膜的附着性做了许多研究. 他们发现, 附着性的增强不是简单地因

① Teflon® 是聚四氟乙烯的注册商标.

为 Cu 和 Al_2O_3 的物理混合. 在后来的研究 (Baglin, 1989) 中, 巴格兰先将 Al_2O_3 在低能 (能量为 500 eV) Ar 离子中预溅射处理再沉积 Cu 薄膜, 也得到了相似的结果. 然而, 如图 13.23 所示, 对于给定的离子通量, 存在一个最佳溅射剂量并且需要一定的时间 (7—8 min), 以获得最佳的附着性 (即剥离强度). 这个效应是因为 Al_2O_3 中优先溅射 O, 使得在特定的组分 (Al_2O_{3-x}) 下, Cu 与其反应强烈并形成稳定的三元化合物或界面相. X 射线光电子能谱 (XPS) 的分析结果显示, 在这种情况下制备的附着性最好的样品中出现了一条新的谱线, 该谱线对应于某种三元化合物. 巴格兰 (1989) 使用能量为 250 keV 的 Ne 或 He 离子, 对经过预溅射处理的 Cu–Al_2O_3 样品再进行高能缝合, 发现该样品并没有表现出系统的附着力增大, 这说明离子轰击重建了界面处的化学键. 凯洛克 (Kellock) 等人 (1991) 研究了在低温 (120—150 ℃) 下使用低能 (能量为 300 eV) 离子束改善 Au/GaAs 界面的附着力问题. 附着力主要取决于基底温度和到达基底的 Ar 离子与 Au 原子的比例. 他们假定离子束能够使 GaAs 表面层发生移位, 因此 As 可以被释放, 并在表面形成一个新的平衡态化合物.

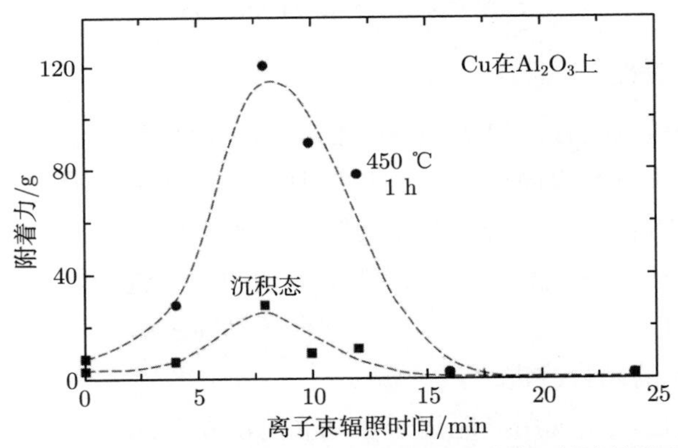

图 13.23　经过预溅射处理的 Al_2O_3 基底与 Cu 薄膜的附着力, 预溅射处理采用 Ar 离子 (能量为 500 eV, 离子通量为 50 μA/cm^2) (引自参考文献 (Baglin, 1989))

化学诱导黏合增强的另一个例子是 Au 附着到玻璃基底上来作为光反射层. 马丁 (Martin) 等人 (1986) 发现用 Ar 离子辅助 Au 在玻璃上沉积仅产生了极不明显的改善. 然而, 使用 O 离子或 O+Ar 离子, 可以使得附着性比未经离子辅助或仅有 Ar 离子辅助时提高 100—400 倍. 附着性的改善主要是由于一些化学键的形成引起的.

当两层物质之间没有或仅有微弱的化学亲和性时，需要在界面处形成较大的交界区才能得到良好的附着性 (Wolf, 1990). 对于 IBAD, 需要使用高能离子束. 然而, 所用的基底也对改善附着性所适宜的离子能量有重要影响. 例如, 埃布 (Ebe) 等人 (1995) 发现 Cu 薄膜在聚酰亚胺基底上的附着性在能量为 0.5 keV 的 Ar 离子辅助下比能量为 5 keV 或 10 keV 的离子辅助下更好. 这是由于聚酰亚胺在较高离子能量下发生碳化. 另一种较为成功的方法则是通过在化学不亲和的薄膜与基底之间加入中间层, 例如, 在金属与高分子之间 (Kellock et al., 1991). 理想情况下, 该中间层应与外层薄膜和基底均形成牢固的键连. 这一概念已经被巴格兰 (1989) 总结过了.

这些实验结果说明了附着性的复杂性, 以及离子束技术对改善附着性的有效性. 然而, 这些实例也说明每个系统都需要独立研究以获得最佳的附着性.

13.4 反应性 IBAD：化合物合成

通过在蒸气中添加某种化合物的一种或多种组分, 以及在离子束中添加一种或多种组分, 可以实现利用 IBAD 来进行化合物的合成. 利用反应性 IBAD 形成氮化物、碳化物和氧化物可以实现对薄膜组分的高度调控, 同时也能实现 IBAD 对薄膜微观结构的改性.

大部分关于 IBAD 形成化合物薄膜的工作集中于氮化物或氧化物, 因为大多数产生适用于 IBAD 的束流的离子源只以气体方式工作. 埃勒 (Erler) 等人 (1980) 发现, 要产生符合化学计量比的 Si_3N_4, N 离子与 Si 原子的比值存在一个临界值. 当离子通量超过此值时, 过量的 N 基本不再参与形成化合物, 使得薄膜中的 N–Si 比例保持恒定. 表 13.3 中列出了关于反应性 IBAD 研究的部分总结.

13.4.1 反应性 IBAD：理论模型

尽管关于 IBAD 过程中化合物形成的研究越来越多, 但是在这个过程中薄膜形成的理论模型却鲜有提及. 内特菲尔德 (Netterfield) 等人 (1988) 多年来一直研究 IBAD 在光学方面的应用, 并且提出了基于输运方程的理论模型来描述 AlN 和 Al_2O_3 薄膜的生长动力学过程, 其中引入了扩散和离子束混合项从而合理地解释了他们的实验结果. 这个模型试图解释薄膜与基底相互作用的初始过程, 并且可以解释瞬态和稳态现象.

表 13.3　反应性 IBAD 研究的部分总结

材料	蒸气	离子/能量 (能量的单位为 eV)	J_I/J_A	温度/K	参考文献
ZrO_2	ZrO_2	O_2/1200		550	McNally et al., 1986
TiO_2	TiO_2	O_2/1200	0.1—0.4	450	Williams et al., 1987
SiO_2	SiO	O,O_2/300, 500	0.25—1.70	325—550	McNally et al., 1986
Al_2O_3	Al	O_2/500	0.16	300	Netterfield et al., 1988
Ta_2O_5	Ta_2O_5	O_2/1200	2.6	575	Williams et al., 1988
Si_3N_4	Si	N_2/60, 100	2.1	300	Netterfield et al., 1988
AlN	Al	N_2/250—1000	0.5—2.7	375	Targove et al., 1987
TiN	Ti	N_2/1000	0.01—0.03		Kant et al., 1989
BN	B	N_2/25000—40000	0.7	475	Satou et al., 1985

13.4.2　反应性 IBAD：于布莱–范维克滕模型

于布莱等人 (1990) 和范维克滕 (van Vechten) 等人 (1990) 提出了一个简化的现象学模型 (后来称为于布莱–范维克滕模型) 来描述 IBAD 生长 $Si_{1-x}N_x$ 的过程, 这个模型忽略了最外层 (20 Å) 的表面区域. 该模型用来预测 Si 蒸气和考夫曼型离子源产生的 N 离子轰击下生长的 $Si_{1-x}N_x$ 的组分. 该模型是源于对 $Si_{1-x}N_x$ 组分在空间 (深度) 上产生精度在 3%以内变化的可控生长的需求, 用于生产光学滤光器.

反应性 IBAD 生长 $Si_{1-x}N_x$ 的于布莱–范维克滕模型的物理过程如图 13.24 所示. 在图 13.24 中, V 表示蒸气原子, 它们会撞击生长表面, 而离子束中的 N 离子会进入表面以下或从表面反射, 反射系数为 r. N 离子轰击也会导致沉积原子向外溅射, 溅射产额为 Y. N 离子轰击生长表面也可以促使已吸附在表面的环境气体原子 (用 G 表示) 从表面释放或与表面原子发生化学反应. 最后, 部分 N 离子穿过环境气体原子到达基底表面时, 可能会通过电荷交换而中性化, 并且不会被基底上的电流计捕捉到.

总体来说, 于布莱–范维克滕模型涉及六个参数: (1) 每个离子产生的有效 N 原子数; (2) 基底上 N 离子的反射系数; (3) 基底原子 (即 Si 和 N) 的溅射产额; (4) 离子束中性化因子; (5) 离子通量; (6) Si 沉积速率. 此外, 该模型假设: (a) 在薄膜中没有掺入环境气体原子; (b) 所有未被基底反射的离子均掺入了生长的薄膜中; (c) 离子停留在薄膜中后不发生扩散; (d) IBAD 生长的薄膜是非晶的.

在该模型中, 薄膜中 N 原子比例 x 的表达式中包含了上述六个参数, 即基底溅射、离子反射系数、N 原子比例、离子束中性化因子、离子通量和 Si 沉积速率. 在考虑系统误差后, 其中的五个参数可以通过实验确定. 薄膜中的 N 原子比例 (它是 Si 沉积速率的函数) 可由卢瑟福背散射得到, 反射系数可由 TRIM 程序计算得到.

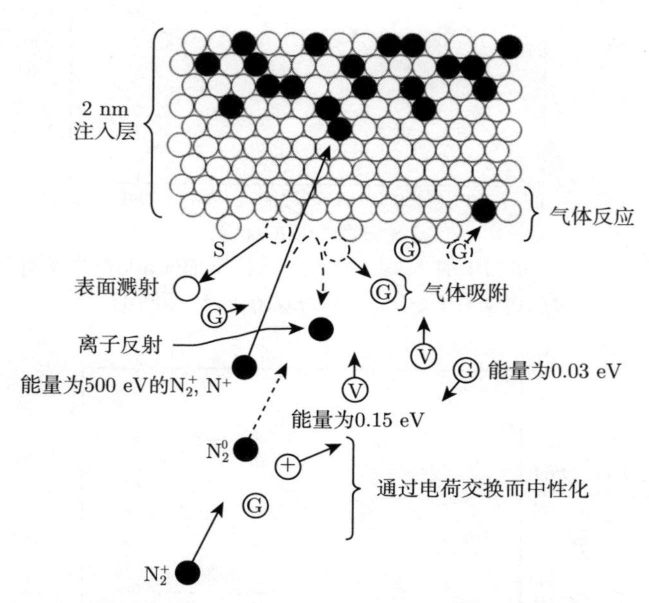

图 13.24 反应性 IBAD 生长 $Si_{1-x}N_x$ 的于布莱–范维克滕模型的物理过程 (引自参考文献 (Hubler et al., 1990; van Vechten et al., 1990))

图 13.25 展示了实验数据与于布莱–范维克滕模型预测结果的对比. 数据表明, 比起未考虑这些参数时, 在充分表征的 IBAD 薄膜中的组分变化可以由 15%—20%降低到 3%以下. 图 13.26 显示了压强对 IBAD 薄膜中 N 原子比例与束流强度之间关系的影响. 数据表明, 压强是反应性 IBAD 过程中需要控制的重要参数, 这是因为在给定的束流强度条件下离子束中性化因子与气体压强和温度指数相关, 会导致薄膜组分发生很大变化. 除非将这种依赖性考虑在内, 否则对不同系统的实验结果进行比较是很困难的.

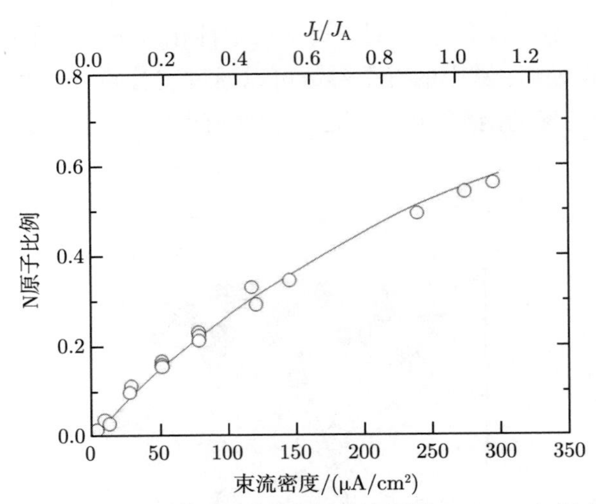

图 13.25　基底上 $Si_{1-x}N_x$ 薄膜中的 N 原子比例与法拉第 (Faraday) 杯束流密度之间的关系 (引自参考文献 (van Vechten et al., 1990))

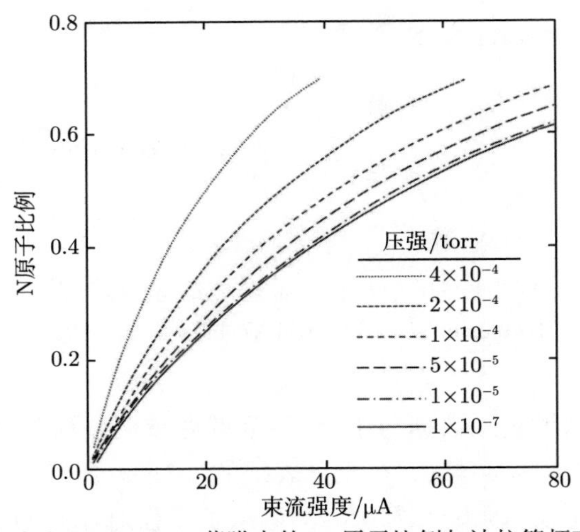

图 13.26　在不同的压强下, $Si_{1-x}N_x$ 薄膜中的 N 原子比例与法拉第杯束流强度之间的关系 (引自参考文献 (van Vechten et al., 1990))

参 考 文 献

Appleton, B. R. and G. Foti (1977), in *Ion Beam Handbook for Materials Analysis*, eds. J. W. Mayer and E. Rimini (Academic Press, New York), p. 67.

Atwater, H. A. (1992) Low Energy Ion-Solid Interactions During Epitaxial Growth, *Solid State Phenomena*, **27**, 67.

Babaev, V. D. *et al.* (1977) *Thin Solid Films* **38**, 829.

Baglin, J. E. E. (1989) Interface Structure and Thin Film Adhesion, in *Handbook of Ion Beam Processing Technology*, eds. J. J. Cuomo, S. M. Rossnagel, and H. R. Kaufman (Noyes Publications, Park Ridge, New Jersey), chap. 14.

Baglin, J. E. E. and G. J. Clark (1985) Ion Beam Bonding of Thin Films, *Nucl. Instrum. & Meth. in Phys. Res.* **B7/8**, 881.

Bradley, R. M., J. M. E. Harper, and D. A. Smith (1986) Theory of Thin Film Orientation by Ion Bombardment During Deposition, *J. Appl. Phys.* **60**, 4160.

Brice, D. K., J. Y. Tsao, and S. T. Picraux (1989) Partitioning of Ion-Induced Surface and Bulk Displacements, *Nucl. Instrum. & Meth.* **B44**, 68.

Brighton, D. R. and G. K. Hubler (1987) Binary Collision Cascade Prediction of Critical Ion-to-Atom Arrival Ratio in the Production of Thin Films with Reduced Intrinsic Stress, *Nucl. Instrum. & Meth.* **B28**, 527.

Brown, W. L., M. F. Jarrold, R. L. McEachem, M. Sosnowski, G. Takaoka, H. Usui, and I. Yamada (1991) Ion Cluster Beam Deposition of Thin Films, *Nucl. Instrum. & Meth. in Phys. Res.* **B59/60**, 182.

Bunshah, R. F., ed. (1982) Evaporation, in *Deposition Technologies for Film and Coatings* (Noyes Publications, Park Ridge, New Jersey), chap. 4.

Cuomo, J. J., J. M. E. Harper, C. R. Guarnieri, D. S. Yee, L. J. Attanasio, J. Angilello, C. R. Wu, and R. H. Hammond (1982) Modification of Niobium Film Stress by Low Energy Ion Bombardment During Deposition, *J. Vacuum Sci. Technol.* **20**, 349.

Cuomo, J. J. and S. M. Rossnagel (1987) Property Modification and Synthesis by Low Energy Particle Bombardment Concurrent with Film Growth, *Nucl. Instrum. & Meth.* **B19/20**, 963.

Cuomo, J. J., S. M. Rossnagel, and H. H. Kaufman, eds. (1989) *Handbook of Ion Beam Processing Technology* (Noyes Publications, Park Ridge, New Jersey).

Dobrev, D. (1982) Ion-Beam-Induced Texture Formation in Vacuum-Condensed Thin Metal Films, *Thin Solid Films* **92**, 41.

Ebe, A., N. Kuratani, S. Nishiyama, O. Imai, and K. Ogata (1995) Metallization on Polyimide Film by Ion and Vapor Deposition (IVD) Method, *Jpn J. Appl. Phys.*, in press.

Erler, H.-J., G. Reisse, and C. Weissmantel (1980) Nitride Deposition by Reactive Ion Beam Sputtering, *Thin Solid Films* **65**, 233.

Galuska, A. A. (1990) Ion-induced Adhesion Enhancement of Ni film on Polyester: Silicon Intermediate Layer and Kr+ implantation, *Nucl. Instrum. & Meth. in Phys. Res.*

44, 428.

Greene, J. E., S. A. Barnett, J.-E. Sundgren, and A. Rockett (1989) Low Energy Ion/Surface Interaction During Film Growth from the Vapor Phase, in *Ion Beam Assisted Film Growth*, ed. T. Itoh (Elsevier, Amsterdam), chap. 5.

Grovenor, C. R. M., H. T. G. Hentzell, and D. A. Smith (1984) The Development of Grain Structure During Growth of Metallic Films, *Acta Metallica* **32**, 773.

Harper, J. (1990) Particle Bombardment Effects in Thin Film Deposition, in *Plasma-Surface Interactions and Processing of Materials* (Kluwer Academic Publishers, The Netherlands), p. 251.

Harper, J. M. E., J. J. Cuomo, R. J. Gambino, and H. E. Kaufman, (1984) Modification of Thin Film Properties by Ion Bombardment during Deposition, in *Ion Bombardment Modification of Surfaces: Fundamentals and Applications*, eds. O. Auciello and R. Kelly (Elsevier Science Publ., Amsterdam), chap. 4.

Herbots, N., O. C. Hellman, O. Vancauwenberghe, P. Ye, and X. Wang, (1994) Chemical Reactions & Surface Modifications Stimulated by Low Energy Ions, in *Low Energy Ion Surface Interaction*, ed. J. Wayne Rabalais (John Wiley & Sons, Chichester), p. 387.

Hirsch, E. H. and I. K. Varga (1978) The Effects of Ion Irradiation on the Adherence of Germanium Films, *Thin Solid Films* **52**, 445.

Hirvonen, J. K. (1991) Ion Beam Assisted Thin Film Deposition, *Mater. Sci. Reports* **6**, 215.

Hubler, G. K., D. van Vechten, E. P. Donovan, and C. A. Carosella (1990) Fundamentals of Ion-Beam-Assisted Deposition. Ⅱ. Absolute Calibration of Ion and Evaporant Fluxes, *J. Vacuum Sci. Technol.* **A8**, 831.

Kant, R. A. *et al.* (1989) *Mater. Res. Soc. Symp. Proc.* **128**, 427.

Kellock, A. J., J. E. E. Baglin, and T. T. Barlin (1991) Adhesion Improvement of Au on GaAs using Ion Beam Assisted Deposition, *Nucl. Instrum. & Meth. in Phys. Res.* **B59/60**, 249.

McNally, J. J. *et al.* (1986) *Proc. SPIE* **678**, 151.

Martin, P. J. *et al.* (1986) Ion-enhanced Adhesion of Thin Gold Films, *Gold Bull.* **19**, 102.

Mattox, D. M. (1982) Ion Plating Technology, in *Deposition Technologies for Film and Coatings*, ed. R. F. Bunshah (Noyes Publications, Park Ridge, New Jersey), chap. 6.

Mattox, D. M. (1989) Particle Bombardment Effects on Thin-Film Deposition, *J. Vacuum Sci. Technol.* **A7**, 1105.

Messier, R., A. P. Girl, and R. A. Roy (1984) Revised Structure Zone Model for Thin Film Physical Structure, *J. Vacuum Sci. Technol.* **A2**, 500.

Miyake, K. and T. Tokuyama (1989) Direct Ion Beam Deposition, in *Ion Beam Assisted Film Growth*, ed. T. Itoh (Elsevier, Amsterdam), chap. 8.

Movchan, B. A. and A. V. Demchishin (1969) Investigation of the Structure and Properties of Thick Vacuum Deposited Films of Nickel, Titanium, Tungsten, Alumina and Zirconium Dioxide, *Fiz. Metallov Metalloved.* **28**, 653.

Müller, K.-H. (1986a) Monte Carlo Calculations for Structural Modification in Ion Assisted Thin Film Deposition Due to Thermal Spikes, *J. Vacuum Sci. Technol.* **4**, 184.

Müller, K.-H. (1986b) Model for Ion-Assisted Thin Film Densification, *J. Appl. Phys.* **59**, 2803.

Müller, K.-H. (1987a) Ion-Beam-Induced Epitaxial Vapor-Phase Growth: A Molecular Dynamics Study, *Phys. Rev.* ***B*** **35**, 7906.

Müller, K.-H. (1987b) Stress and Microstructure of Sputter-Deposited Thin Films: Molecular Dynamics Investigation, *J. Appl. Phys.* **51**, 1799.

Narusawa, T. *et al.* (1979) *J. Vacuum Sci. Technol.* **16**, 366.

Netterfield, R. P., K.-H. Müller, D. R. McKenzie, M. J. Goonan, and P. J. Martin (1988) Growth Dynamics of Aluminium Nitride and Aluminium Oxide Thin Films Synthesized by Ion-Assisted Deposition, *J. Appl. Phys.* **63**, 760.

Netterfield, R. P. *et al.* (1986) *Appl. Opt.* **25**, 3808.

Netterfield, R. P. *et al.* (1988) *J. Appl. Phys.* **63**, 760.

Pranevicius, L. (1979) Structure and Properties of Deposits Grown by Ion-Beam-Activated Vacuum Deposition Techniques, *Thin Solid Films* **63**, 77.

Roy, R. A., J. J. Cuomo, and D. S. Yee (1988) Control of Microstructure and Properties of Copper Films Using Ion-Assisted Deposition, *J. Vacuum Sci. Technol.* **A6**, 1621.

Roy, R. R. and D. S. Yee (1989) Control of Film Properties by Ion-Assisted Deposition Using Broad Beam Sources, in *Handbook of Ion Beam Processing Technology*, eds. J. J. Cuomo, S. M. Rossnagel, and H. H. Kaufman (Noyes Publications, Park Ridge, New Jersey), chap. 11.

Satou, M. *et al.* (1985) *Nucl. Instrum. & Meth.* **B7/8**, 910.

Smidt, F. A., (1990) Use of Ion Beam Assisted Deposition to Modify the Microstructure and Properties of Thin Films, *Int. Mater. Rev.* **35**, 61.

Takagi, T. and I. Yamada (1989) Ionized Cluster Beam Deposition, in *Ion Beam Assisted Film Growth*, ed. T. Itoh (Elsvier, Amsterdam), chap. 7B.

Targove, J. D. *et al.* (1987) *Mater. Res. Soc. Symp. Proc.* **93**, 311.

Thomas, G. E. *et al.* (1982) *J. Crystal Growth* **56**, 257.

Thornton, J. A. (1982) Coating Deposition by Sputtering, in *Deposition Technologies for Film and Coatings*, ed. R. F. Bunshah (Noyes Publications, Park Ridge, New Jersey), chap. 5.

Tu, King-Ning, J. W. Mayer, and L. C. Feldman (1992) *Electronic Thin Film Science for Electrical Engineers and Materials Scientists* (Macmillan Publishing Company, New York).

van Vechten, D., G. K. Hubler, E. P. Donovan, and F. D. Correll (1990) Fundamentals of Ion-Beam-Assisted Deposition. I. Model of Process and Reproducibility of Film Composition, *J. Vacuum Sci. Technol.* **A8**, 821.

Weissmantel, C., G. Reisse, H-J. Erler, F. Henny, K. Bewilogua, U. Ebersbach, and C. Schurer (1979) Preparation of Hard Coatings by Ion Beam Methods, *Thin Solid Films* **63**, 315.

Williams, F. L. *et al.* (1987) *J. Vacuum Sci. Technol.* **A5**, 2159.

Williams, F. L. *et al.* (1988) *J. Vacuum Sci. Technol.* **A6**, 2020.

Wolf, G. K. (1990) Modification of Chemical Properties by Ion Beam Assisted Deposition, *Nucl. Instrum. & Meth. in Phys. Res.* **B46**, 369.

Yagi, K. *et al.* (1977) *Jpn J. Appl. Phys.* **16**, 245.

Yamada, I. and G. H. Takaoka (1993) Ionized Cluster Beams: Physics and Technology, *Jpn J. Appl. Phys.* **32**, 2121.

Yehoda, J. E., B. Vedam, and R. Messier (1988) Investigation of the Void Structure in Amorphous Germanium Thin Films as a Function of Low Energy Ion Bombardment, *J. Vacuum Sci. Technol.* **A6**, 1631.

Yu, L. S., J. M. E. Harper, J. J. Cuomo, and D. A. Smith (1985) Alignment of Thin Films by Glancing Angle Ion Bombardment During Deposition, *Appl. Phys. Lett.* **47**, 932.

Yu, L. S., J. M. E. Harper, J. J. Cuomo, and D. A. Smith (1986) Control of Thin Film Orientation by Glancing Angle Ion Bombardment During Growth, *J. Vacuum Sci. Technol.* **A4**, 443.

Zalm, P. C. (1982) *Appl. Phys. Lett.* **41**, 167.

第 14 章　离子束系统的特征

14.1　引　　言

目前用于材料表面改性研究的离子束系统包括离子束直接注入和离子束辅助沉积，它们分别是以同位素分离器和探测性空间推进装置等为前身演变而来的. 这里将会首先讨论定向束离子注入机的特点，然后讨论等离子体离子源离子注入 (PSII) 的特征，最后讨论广泛应用于 IBAD 研究的低能量宽束离子源.

最早的离子注入机是从 20 世纪 40 年代及以后的同位素分离器演变而来的. 通常根据它们的离子束流承载能力，把它们按照低束流 (μA) 到高束流 (mA) 进行划分，具体设计标准主要由半导体器件制造中的特定通量 (剂量) 和深度情况决定. 离子注入机的发展本身就是一个有趣的技术转移研究，这在一系列会议记录中 (见本章末尾的推荐阅读部分) 都有全面介绍，它与自 20 世纪 70 年代初开始表现出爆炸性增长的硅器件技术的发展并行 (Rose, 1985). 虽然加速器的应用领域不是本书的重点，但是目前很多用于一般材料学研发的离子注入机都是从半导体离子注入机演变而来或是基于它们设计的，因此这些系统的基本设计和功能也会在此做一个简单介绍.

20 世纪 60 年代，商用的离子注入机从基于原子物理学的加速器技术和早期的同位素分离器发展而来，它们的设计主要受到半导体行业稳定增长的产量需求 (即晶片的生产速度) 的影响，同时也需要满足实现高束流同时伴随晶片冷却，以及掺杂均匀性和清洁度的需求.

14.2　定向束离子注入

通常，(定向束) 离子注入机主要由以下几部分组成:

(i) 离子源;

(ii) 质量分析部分 (一般是磁分析器);

(iii) 离子束扫描装置;

(iv) 靶室, 用于固定待注入的基体, 并用某种方法来监测注入基体的离子剂量.

一般的中等束流 (即 500—1000 μA 数量级) 的离子注入机如图 14.1 所示. 本章末尾的推荐阅读部分给出了对离子注入机的更详细的介绍.

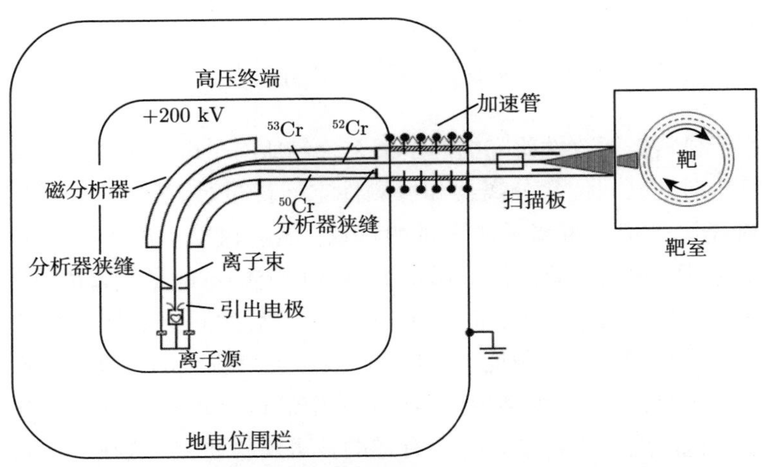

图 14.1　用于材料表面改性研究的中等束流可质量分析的离子注入机的简图 (引自参考文献 (Hubler, 1987))

14.2.1　离子注入机离子源

离子源的性能和可靠性在很大程度上决定了离子注入机的商业可行性, 因此大多数商业 (半导体) 离子注入机离子源的设计基于同位素分离器. 一些最新的离子源采用无灯丝设计, 可延长离子源的使用寿命并提供更高的束流. 这些离子源包括射频 (RF) 和电子回旋共振 (ECR) 离子源, 其设计目标是引出稳定且高纯的特定种类的强流正离子束, 且离子源的寿命更长、维护成本更低. 大多数基于等离子体的重离子源是利用低压气体放电来得到所需元素种类的离子 (Alton, 1981). 正离子通过引出电极和离子源之间的电场, 从等离子体中被提取出来, 然后聚焦并穿过质谱仪磁体来得到足够的离子纯度. 提纯对半导体加工至关重要, 但是对材料加工却不那么关键. 主要的商用离子源的种类会在下文简单讨论, 本章末尾的推荐阅读部分也包含这些, 并给出了更多离子源的详细数据. 表 14.1 中列出了几种离子源的优点和缺点. RF 和冷阴极离子源在任何形式的离子束加工中都没有应用, 因此不再具体讨论.

表 14.1 用于离子注入的不同离子源的比较

离子源类型	优点	缺点
RF 离子源	•结构简单 •寿命长	• 低束流
冷阴极离子源	• 结构简单	• 低束流
双等离子体离子源	• 高束流	• 结构复杂
弧放电离子源 (即弗里曼 (Freeman)、高温 CHORDIS 离子源)	•高束流 •运行稳定 •产生离子效率高 •很容易应用于不同的离子种类	• 寿命受到灯丝限制
金属蒸气真空电弧 (MEVVA) 离子源	•没有气体负载 •高电荷态 •束流相对纯净 (无质量分析)	•电荷态分布未知 •无质量分析模式下可能会有少量杂质
ECR 离子源	•高束流 •低运行压强	• 离子引出结构问题

译者注: 表中 "CHORDIS" 是 "Chemical Oxidation-Reduction Discharge System" 的缩写, 指的是化学氧化还原放电系统.

14.2.1.1 弗里曼离子源

弗里曼离子源最初由弗里曼 (1972) 开发, 通过将选定的核素注入薄的自支撑箔中来制造核物理实验需要的靶. 自 20 世纪 60 年代以来, 因其运行稳定且能够产生大多数元素的离子束流, 已被广泛用作离子注入机的离子源. 弗里曼离子源的基本设计如图 14.2 所示, 图中详细说明了中心 (负偏压) 灯丝向周围阳极 (源体) 发射电子的过程. 它通常采用轴向磁场来约束电子, 以增大电弧室内电子与气态物质进行电离碰撞时的平均自由程. 在灯丝末端有电子反射器以帮助束缚电子并进一步提高电离效率. 一些装载材料能以气态物质的形式应用于源, 例如, BF_3 用于产生 B 离子, PCl_3 用于产生 P 离子, 但许多源的材料主要以元素或挥发性元素化合物的形式通过烘箱或蒸发器 (加热到 1000 ℃) 引入源的腔室中. 由于分子峰的原因, 这通常能够产生具有较少外来峰的离子质谱, 因此通常通过含有特定元素的物质与活性气体 (例如, Cl) 在源的腔室中发生化学反应并分解的原位过程来产生带电材料 (如图 14.1 所示). 自 20 世纪 40 年代以来, 该技术已被广泛应用于同位素分离器中, 并且近年来已在改进过的半导体器件中用来生产用于腐蚀和磨损的金属离子.

14.2.1.2　高温 CHORDIS 离子源

高温 CHORDIS 离子源是一种模块化的离子源系统, 用于产生 mA 范围内的离子束 (Keller, 1991). 离子源包括四种不同的配置: (i) 冷气体型; (ii) 具有冷凝组件的用于蒸气和复合气体的热模式; (iii) 具有用于低熔点材料的内部烘箱; (iv) 利用离子束溅射产生装载材料离子.

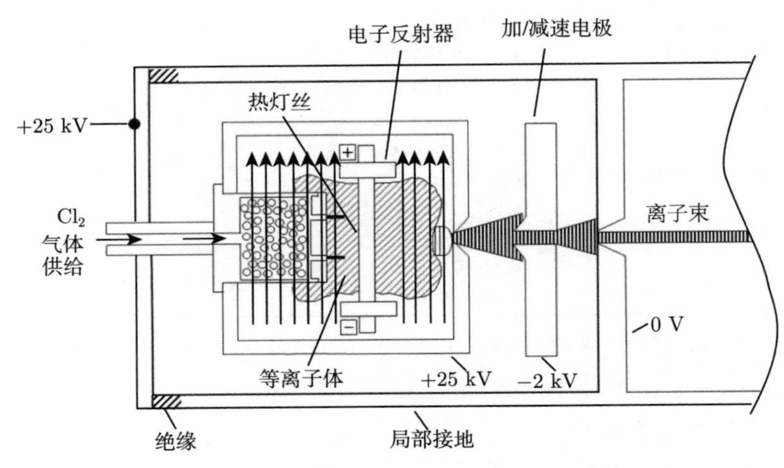

图 14.2　广泛应用于中高束流半导体离子注入机的弗里曼离子源的简图, 可通过应用原位加氯技术改造以产生重金属离子 (引自参考文献 (Hirvonen et al., 1981))

源的放电室包含一个热电子阴极, 由一个圆柱形阳极包围, 阳极内衬许多永磁体, 提供了多磁极会切场以限制电子. 负偏压反射电极在放电室两端, 通过单孔或多孔加速或减速引出离子束. 对于许多重金属元素来说, 得到的离子束流的强度为几百 μA(Torp et al., 1990).

14.2.1.3　金属蒸气真空电弧离子源

金属蒸气真空电弧离子源如图 14.3 所示, 它非质量分析模式工作, 而是大面积栅格脉冲模式工作, 脉冲宽度为 250 μs, 重复频率高达 100 pulses/s. 束流引出的电压高达几百 kV, 其中, 输送到离子源的靶的瞬时束流为 A 的数量级, 平均离子束流为十到几十 mA(Brown, 1993; Brown et al., 1991). 布朗 (Brown)(1993) 在对这项技术的评论中指出, 实验室离子源可能实现在规模上大两个数量级, 而在成本上低两个数量级. 其中的离子具有比来自气态等离子体离子源的离子更大的电荷态范围, 因此, 在通过给定电势加速后, 它们能实现更大的能量区间, 这对于扩展材料中的注入射程分布非常有用. 这种离子源的设计已成功实现规模的扩大, 使得处理大尺寸器件变得更加经济实惠. 例如, 布朗讨论了实验室中用于产生脉冲 Ti 离子束的直径为 50 cm 的栅格, 其中, 瞬时束流为几 A, 平均离子能量为 100 keV. 该小组还研究了该概念的直流电实例, 实现了在 18 keV 下 Ti 的大小为 600 mA 的束流.

特雷利奥 (Treglio) 及其同事 (Treglio, 1989; Treglio et al., 1992, 1994) 预计, 未来几代机器的大规模 (商业) 处理 (产量为 5000—80000 m^2/a) 成本将低于 0.01 美元/ cm^2, 且认为这是基于类似设计的小规模系统实际运营成本的保守估计值.

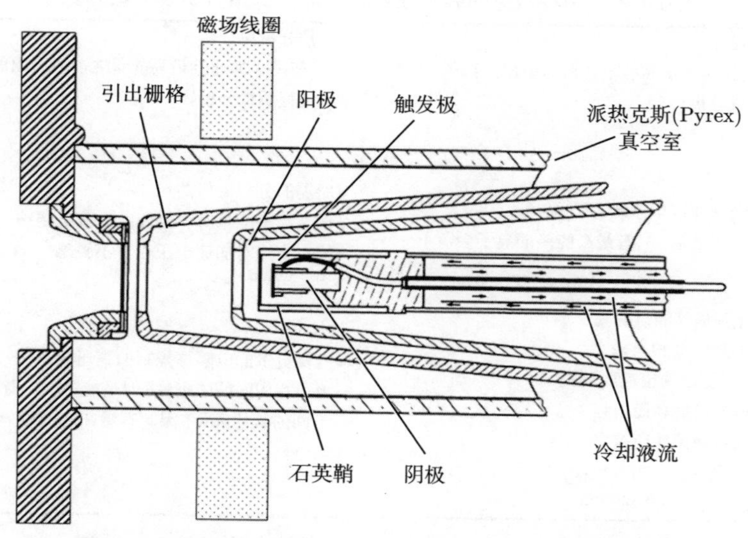

图 14.3 用于产生脉冲高密度金属蒸气离子束的 MEVVA 离子源的简图 (引自参考文献 (Brown, 1993))

14.2.2 离子束质量分析

由于对杂质的极端敏感性, 加速离子的质量分析对于半导体离子注入是必不可少的, 对于半导体设备的材料表面改性研究通常也是必需的. 例外是上述 MEVVA

离子源, 它能够产生相对纯净的离子束. 在其他情况下, 例如, 涉及 N 离子注入的某些磨损应用, 少量杂质的存在不被视为问题. 然而, 在几乎所有情况下, 都需要使用磁分析器进行质量分析, 如表 14.2 所示.

一个带电离子, 质量为 M、能量为 V, 在磁场 H 中运动, 其曲率半径 R_c 为

$$R_{\mathrm{c}}=\frac{144}{H}\left(\frac{MV}{n}\right)^{1/2}. \tag{14.1}$$

商用离子注入机中用于离子质量分析的磁铁通常在低束流 (20—40 keV) 下使离子束偏转 90°, 这就是所谓的预分析设计, 与离子加速到最高能量之后进行的质量分析 (即后分析设计) 相比, 它具有重量轻和节约成本等优点, 如表 14.2 所示.

表 14.2　两种常见的离子注入机中离子质量分析设计的特征

后分析设计 (在离子加速到最高能量之后对引出的离子进行质量分析)	预分析设计 (在离子加速到最高能量之前对引出的离子进行质量分析)
优点	
• 只有离子源处在高电压状态 • 进行质量分析之后, 只有最高能量的离子会留下	•所需的分析磁极的尺寸小 •调节离子能量时不需要改变分析磁铁 •输出束流对加速电压相对不敏感
缺点	
•为了使加速到最高能量的离子偏转, 分析磁极的尺寸会相对较大 •离子能量改变, 磁场也需要改变 •束流随加速能量提高而增强 •由于分析仪过滤掉的所有离子都以最高能量撞击分析仪表面, 因此 X 射线的产量相对较高	•需要更多的电隔离控制的高压设备 •由于有相同的磁刚度, 但是能量、电荷态不同的其他离子, 因此有潜在的能量污染问题

注: 该表引自参考文献 (Ryssel　et al., 1982).

14.2.3　离子束传输、束流扫描、靶的操作

如果离子束采用静电扫描扫过基体, 为了确保均匀性, 定向离子束离子注入机通常需要一个漂移空间. 半导体机器中会采用一些替代方法, 例如, (晶片) 基体相对于固定的离子束移动, 在较高束流的情况下需要这样做. 这是因为带正电的离子在沿束流行进期间会相互排斥, 即出现所谓的空间电荷爆炸. 这种效果在低

能量 (低速度) 和高质量时最为突出, 并且在采用静电转向或聚焦时会很麻烦. 该漂移空间还会引起离子飞行期间的离子中和, 这必须通过基体靶室的适当偏移来调节.

在中低束流离子注入机的使用中, 离子束扫描系统通常由两组电驱动的正交平行板组成, 它们具有线性梯度扫描电压, 以在 x 和 y 方向上产生偏转. 通常, 必须巧妙地选择扫描频率以避免 "节拍" 模式而导致不均匀. 表 14.3 中对不同离子束扫描技术的特征进行了比较.

均匀注入的另一个需要考虑的重要因素是离子束相对于目标表面的几何结构, 例如, 入射角太大将导致过度溅射和低注入剂量, 如第 9 章所述. 于布莱 (1987)、威特科尔 (Wittkower) 和希尔沃宁 (Hirvonen) (1985) 讨论了离子注入机的实际应用方面相关的问题.

表 14.3　不同离子束扫描技术的特征

扫描模式	优点	缺点
x-y 静电扫描	• 不需要对靶进行操作, 容易冷却	•高束流时难以聚焦 •对小区域注入时会引起局部升温
x-y 机械扫描	•减小束流的加热作用 •对束流精确聚焦的要求较低	• 靶的机械结构更复杂
混合扫描 (上述两种模式的结合)	•工作效率高 •适合应用于非平面基体	• 靶的机械结构更复杂

14.2.4　剂量的确定

使用离子进行表面改性的最终成果取决于测量离子剂量和预测杂质射程分布的能力. 后者由已有充足记录的射程与能量之间的关系, 以及溅射效应决定, 溅射效应也决定了平衡注入剂量. 利用能够收集和测量离子电荷的法拉第杯装置, 并采取足够的措施来避免离子轰击表面时产生的二次电子的影响, 可以实现离子束流的精确测定. 准确的束流密度测量需要消除离子束本身存在的二次电子的影响, 以及由于离子轰击靶表面而产生的二次电子的影响. 由于每个离子通常可以在单次碰撞中产生一个以上的二次电子, 因此对此的校正通常是高精度剂量确定中最大的困难.

14.2.5　基体温度的考量

由于所有在基体中停留下来的离子的能量最终都转化为对基体的加热，因此在离子注入期间有必要提供适当的降温措施，以限制特定材料 (例如，工具钢或对温度敏感的聚合物材料) 的温度变化. 尽管离子注入可以设计为低温过程，但问题的关键是基体与散热器之间的导热性能. 在真空中，接收束流能量的材料的温度升高取决于其热导率和辐照损耗，辐照损耗与绝对温度的四次方成正比，因此这种影响仅在 300—400 ℃ 以上的温度处才会变得显著. 所以，通常应该增强传导冷却，以限制离子注入期间束流引起的加热.

束功率密度为 J 的束流导致材料表面温度的瞬时升高由材料的热学性质决定. 对于平板材料，其最外面的温度升高可以表示为

$$T_{\mathrm{s}}(t)-T_0=\frac{2J}{k_{\mathrm{T}}}\left(\frac{k_{\mathrm{T}}t}{\rho C_{\mathrm{T}}}\right)^{1/2}, \tag{14.2}$$

其中，J 为束功率密度 (单位为 $\mathrm{W/cm^2}$)，k_{T} 为热导率 (单位为 $\mathrm{W/(cm{\cdot}K)}$)，t 为时间 (单位为 s)，ρ 为密度 (单位为 $\mathrm{g/cm^3}$)，C_{T} 为比热容 (单位为 $\mathrm{W{\cdot}s/(g{\cdot}K)}$)，$T_{\mathrm{s}}$ 为表面温度，T_0 为散热器温度.

在达到稳定状态之前，温度将会持续上升，这个过程受到散热的限制条件 (即基体的质量和基体与散热器之间的热导率) 的控制. 达到稳定状态的时间取决于材料的热扩散率 α_{T}(单位为 $\mathrm{cm^2/s}$)，也就是热导率除以比热容与密度的乘积，即 $\alpha_{\mathrm{T}}=k_{\mathrm{T}}/(\rho C_{\mathrm{T}})$，因此

$$t_{\mathrm{eq}}=L^2/\alpha_{\mathrm{T}}. \tag{14.3}$$

【例 1】　长度为 10 cm 的常见的工具钢 (AISI M2) 的平衡时间是多少?

解　由于 $\alpha_{\mathrm{T}}=0.058\ \mathrm{cm^2/s}$，$L=10$ cm，因此 $t_{\mathrm{eq}}=10^2/0.058\ \mathrm{s}=1724\ \mathrm{s}$(常用材料的 α_{T}，k_{T} 和 ρC_{T} 的值在表 14.4 中列出).

【例 2】　对于低碳钢 (或 Ti) 基体，当其受到能量为 100 keV 的离子束 ($100\ \mathrm{\mu A/cm^2}$) 轰击 60 s 后，其表面温度升高多少?

解　对于低碳钢 (见表 14.4)，$k_{\mathrm{T}}=0.65\ \mathrm{W/(cm{\cdot}K)}$，因此

$$\Delta T=\left[2\times\left(100\times10^3\right)\times\left(100\times10^{-6}\right)/0.65\right]\times(0.65\times60/3.5)^{1/2}\ \mathrm{K}\cong100\ \mathrm{K}.$$

对于 Ti 基体，其热导率、密度和热扩散率较低，因此温度升高值应该较大.

对于连接到散热器上的工件, 其最高温度取决于其几何形状及其与散热器之间的热导率. 对于面积为 A_{eff}、长度为 L、热稳态下的热负荷为 J(单位为 W) 的均匀杆, 其两端的温度差可以表示为

$$T_{\text{end}} - T_{\text{base}} = \frac{JL}{A_{\text{eff}}k_{\text{T}}}. \tag{14.4}$$

如果该工件在底座处连接到散热器, 则存在与该接触界面的热导率相关的另一温度梯度:

$$\Delta T_{\text{int}} = J/h_{\text{T}}, \tag{14.5}$$

其中, h_{T} 是接触界面的热导率 (单位为 $\text{W/(cm}^2\cdot\text{K)}$). 部分材料接触界面的热导率数值见表 14.5. 值得注意的是, 将高度抛光的金属试样放在另一个相似的光滑平面上, 接触界面的热导率为 $h_{\text{T}} \cong 0.05\ \text{W/(cm}^2\cdot\text{K)}$. 这样, 当束功率密度为 $J = 2\ \text{W/cm}^2$ 时, ΔT 的值最高可达 40 K, 对于能量为 100 keV 的离子束, 其平均束流密度应为 $20\ \mu\text{A/cm}^2$.

研究者们已经采用了几种方法来优化这种热传导, 例如, 在工件和散热器之间使用可延展的箔和导热黏合剂. 常用金属薄膜来增强工件和散热器之间的热传导, 由于延展性 (硬度) 与热导率相互制约, 因此薄膜厚度约为 100 μm 时的热导率能达到最大值. 一些研究人员还成功地使用了低蒸气压的有机物质, 例如, 真空润滑脂和低熔点共晶体, 用以将基体热耦合到散热器上. 该技术已经在商业上用于固定需冷却的工件, 图 14.4 中给出了离子注入期间在各种长度和直径的圆柱形工件端部测得的温度与直径之间的关系.

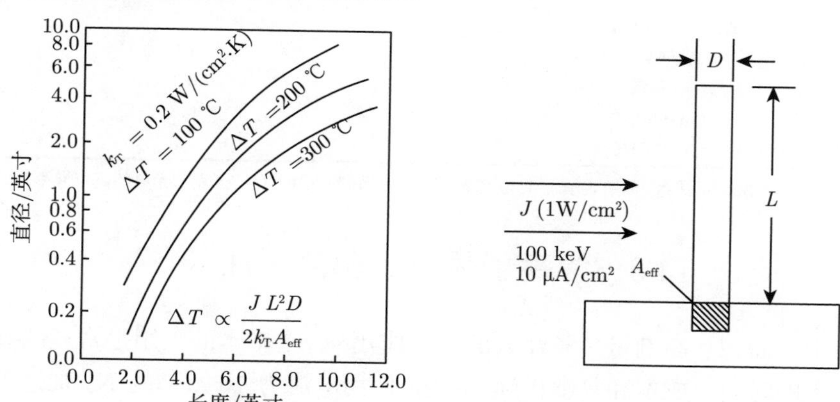

图 14.4 束功率密度为 1W/cm^2 的离子注入期间在工件端部测得的温度与直径之间的关系 (引自参考文献 (Hirvonen, 1989))

表 14.4 部分材料的热学性质

材料	$\alpha_T/(cm^2/s)$	$k_T/[W/(cm\cdot K)]$	$\rho C_T/[W\cdot s/(cm^3\cdot K)]$
Cu	1.1	3.9	3.4
Al	0.95	2.3	2.4
Al(2024-T4)	0.50	1.2	2.4
Si	0.53	0.84	1.6
黄铜 (Cu-30%Zn)	0.38	1.2	3.2
Ta	0.24	0.54	2.3
Fe	0.23	0.80	3.5
低碳钢	0.18	0.65	3.5
工具钢 (AISI M2)	0.058	0.21	3.7
Fe (304 不锈钢)	0.041	0.16	4.0
Ti	0.068	0.16	2.3
Ti-6Al-4V	0.026	0.068	2.6
超合金 (IN 738)	0.035	0.12	3.4

注: 表中数据引自参考文献 (Grabowski et al., 1983).

表 14.5 接触界面的热导率

界面	$h_T/[W/(cm^2\cdot K)]$
S.S./S.S.	0.04
S.S./Al	0.19
S.S./铝箔/S.S.	>0.3
S.S./In/S.S.	>0.6
S.S./银薄膜/S.S.	>5
Al/黄铜	0.5
Al/Cu	0.9
Al/OFHC-Cu	1.5
Al/Al	1.6
黄铜/黄铜	0.1
Cu/Cu	0.6
OFHC-Cu/OFHC-Cu	1.5

注: S.S. 表示 304 不锈钢, 黄铜表示 Cu-30%Zn, Cu 表示韧铜, OFHC-Cu 表示无氧的高电导率铜.

14.3 等离子体离子源离子注入[①]

对于大面积、高剂量离子注入的广泛应用, 一个基本的限制是常规的基于加速器技术的时间、成本和复杂程度. 例如, 使用电流为 10 mA 的 N_2 加速器系统在面积为 5 m^2 的表面上进行剂量为 5×10^{17} ions/cm^2 的离子注入需要超过 56 h,

① 本节的作者是唐纳德 (Donald).

成本约为百万美元数量级. 操作大而复杂的工件 (例如, 质量为吨级的模具) 可能非常不方便. 等离子体离子源离子注入 (也称为等离子体浸没离子注入或等离子体离子注入)(Conrad et al., 1987; Shamim et al., 1991; Rej et al., 1994) 可以简单、快速、有效且低成本地产生高剂量的离子, 有潜力克服上述限制.

等离子体离子源离子注入过程如图 14.5 所示. 工件浸没在等离子体中, 将负高压脉冲施加到其上, 则等离子体离子源离子将被电场加速并注入工件表面. PSII 相对于传统技术做了一些改进, 例如, 不需要加速器. PSII 是一种非束线过程, 能够进行保形注入, 即离子从所有方向同时加速到达工件的所有表面, 因此不需要复杂的工件操纵装置和束流光栅. 由于离子注入工件的径迹均与工件表面垂直, 因此不需要掩模, 可以提高系统的效率. 与束线技术相比, PSII 注入所需时间短, 因为与其兼容的高电流脉冲电源可提供比传统加速器高两个数量级的平均束流. 由于离子可以同时注入大面积区域, 因此可以将注入工件的离子束功率密度保持在较低水平, 以避免过热 (Smidt et al., 1985).

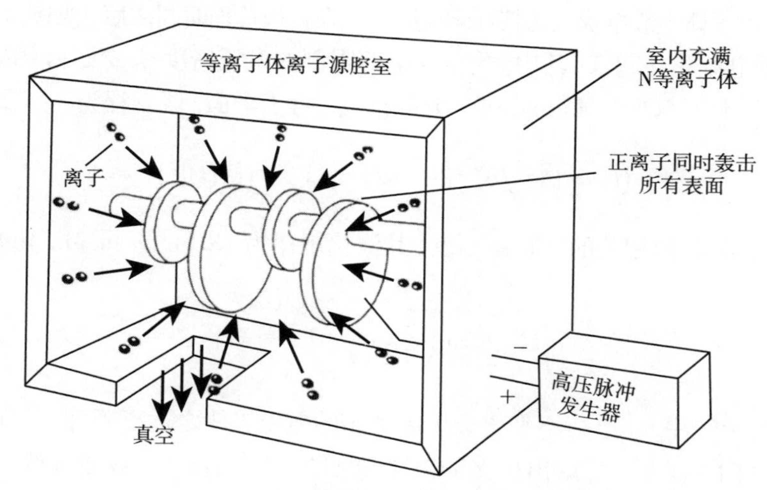

图 14.5 等离子体离子源离子注入过程图示

PSII 本质上是一种脉冲过程. 施加电压脉冲期间, 等离子体阵鞘层随时间的演化如图 14.6(a) 所示. 在施加电压后非常短的时间内 (通常为几 ns), 工件附近的电子被排斥, 从而远离工件表面, 暴露出离子. 这些电子的运动是对等离子体电容充电的位移电流. 在这个阶段 (见图 14.6(b)), 由于惯性较大, 离子基本保持不动. 这种初始的均匀离子层称为离子阵鞘层 (Scheuer et al., 1990). 当刚好有足够多的电子被移位时, 离子阵鞘层外边缘处的电势几乎为零. 离子阵鞘层的厚度 s_0 随施加电压 V 的增大而增大, 随等离子体密度 n 的增大而减小. 在平面情况下, s_0 可以通过高斯积分定律得到 (Andrews et al., 1971), 即

$$s_0 = [2\varepsilon_0 V/(en)]^{1/2}, \tag{14.6}$$

其中, ε_0=8.9×10^{-12} F/m 为真空中的介电常量, $e = 1.6\times10^{-19}$ C 为电子的电荷量. 例如, 若施加的电压为 100 kV, 等离子体密度为 10^{10} cm^{-3}, 则离子阵鞘层的厚度将为 33 mm. 在较长的时间尺度上, 例如, 几 μs, 离子被电场加速从而穿过阵鞘层并注入工件表面. 离子穿过阵鞘层的特征传输时间τ_{tr} 可以通过离子运动方程的积分来估计:

$$\tau_{tr} = 2\ [\varepsilon_0 M/(ne^2)]^{1/2}, \tag{14.7}$$

其中, M 是离子的质量. 式 (14.7) 可以改写为 $\tau_{tr}=2/\omega_{pi}$, 这里, $\omega_{pi}=[ne^2/(\varepsilon_0 M)]^{1/2}$ 是离子对等离子体中静电扰动的特征响应频率. 在特征传输时间之后 (见图 14.6(c)), 准稳态离子电流建立起来, 其中, 受空间电荷限制的束流密度 j_i 穿过阵鞘层, j_i 可由蔡尔德–兰米尔 (Child-Langmuir) 方程描述. 对于平面, 该方程为

$$j_i(t) = (4\varepsilon_0/9)\cdot(2e/M)^{1/2}\{V^{3/2}/[s(t)]^2\}, \tag{14.8}$$

其中, $s(t)$ 为与时间相关的阵鞘层厚度, 其演化规律为 (Scheuer et al., 1990):

$$s(t) = s_0\left(\frac{2}{3}\omega_{pi}t + 1\right)^{1/3}. \tag{14.9}$$

随着离子的注入, 电荷不平衡会排斥更多的电子, 使之远离工件, 从而迫使阵鞘层从工件向外扩展, 暴露出更多的离子 (见图 14.6(d)). 一般通过调节脉冲宽度和等离子体密度使阵鞘层保持在真空室中, 并使等离子体负载阻抗与电源相匹配. 通常脉冲宽度持续 1—40 μs. 等离子体密度一般保持较低水平, 通常在 10^8—10^{11} cm^{-3} 之间变化. 在脉冲之间, 必须通过扩散 (Wood, 1993) 或电离等方式在工件附近补充离子, 因为工件实际上就像离子泵一样. 等离子体提供了背景填充气体密度 n_0 的一小部分, 并被引入真空室中. 填充气体压力 p_0 保持较低水平, 以避免离子在加速穿过阵鞘层时由于碰撞带来的能损. 例如, 有中性 N_2 填充的能量

为 100 keV 的 N_2^+ 离子的电荷交换截面σ_c 约为 2×10^{-15} cm^2. 与 $s(t)$ 相比, 相应的平均自由程必须更大以避免碰撞. 对于厚度为 0.1 m 的阵鞘层, n_0 需要小于 5×10^{13} cm^{-3}(相应地, p_0 需要小于 0.2 Pa).

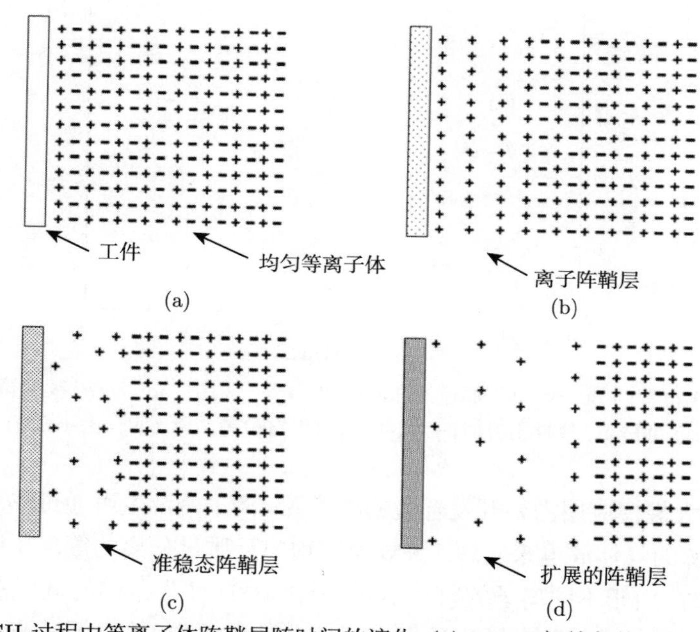

图 14.6 PSII 过程中等离子体阵鞘层随时间的演化, (a) $t=0$, 初始条件; (b) $t\sim5$ ns, 工件附近的电子排斥导致离子阵鞘层形成; (c) $t\sim1$ μs, 此时处于准稳态, 空间电荷限制了穿过阵鞘层的离子束流; (d) $t\sim10$ μs, 空间电荷限制了扩展的阵鞘层中的离子束流

在 PSII 过程中, 注入离子的能量分布 $f(E)$ 中可能有不可忽略的低能部分. 能量 $E\ll E_{\rm sh}$($E_{\rm sh}$ 为穿过阵鞘层后离子的最大能量) 的低能离子的比例取决于等离子体参数、工件的几何形状和高压脉冲发生器的特性. 在施加的电压从零上升到最大值的这段时间, 低能离子会注入工件. 当初始的电容负载很大时, 特别是对于大型工件和小尺寸的阵鞘层, 可能会出现超过 1 μs 的电压上升时间. 即使在电压上升时间较短的情况下, 低能离子也会注入. 在此情况下, 阵鞘层中的大多数离子只被部分应用电势产生的电场加速 (Wood, 1993). 在空间电荷限制离子束流之后, 注入的离子能量逐渐接近单能极限 $\delta(E-E_{\rm sh})$, 尽管在离子传输期间有限的阵鞘层扩展将导致注入的离子能量略低于 $E_{\rm sh}$. 通常的 PSII 脉冲期间注入离子的能量如图 14.7 所示. 低能离子比例的数量级为 $(\omega_{\rm pi}\tau)^{-1}$, 其中, τ 是高压脉冲宽

度. 在通常的实验中, 这个比例约为 10%—30%.

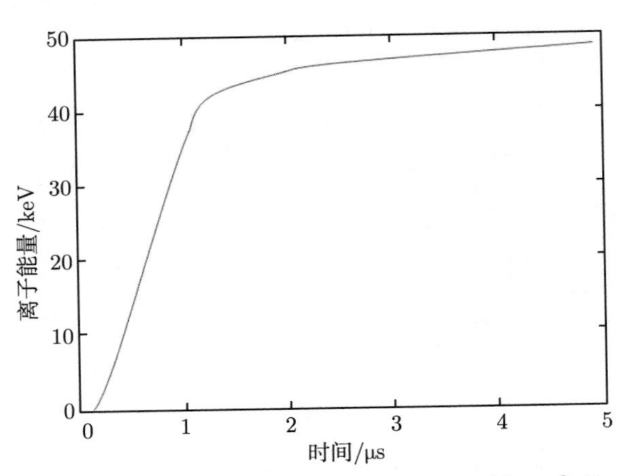

图 14.7　PSII 过程的 50 kV 电压加速的脉冲期间, $n = 4\times10^{14}\ \mathrm{m}^{-3}$ 的 N_2 等离子体中注入离子的能量, 线性上升时间为 0—1 μs(引自参考文献 (Wood, 1993))

PSII 的大规模应用需要开发合适的离子源. 离子的产生可通过热离子、射频或微波电离源的气体放电来实现. 大规模、均匀且质量分离的等离子体的产生通常是很困难的. 由于不同离子的射程不同, 因此 PSII 注入范围的宽度常常会增大. 例如, 对于常见的 N_2 等离子体, 原子离子比分子离子注入得更深. 真空电弧放电等非气态源 (Brown et al., 1987) 似乎很有前景, 但实用型 PSII 系统仍然需要大型、高电流的稳态源.

二次电子发射是 PSII 中的一个重要问题. 随着每个离子的注入, 电子从工件中释放出来并通过阵鞘层电势迅速加速. 在迄今为止的大多数实验中, 载能的二次电子沿着不会发生碰撞的径迹运动, 直到它们撞击处理室壁等接地物体而停止. 对于许多冶金方面的应用来说, 二次电子的发射系数 γ_e 很大, 如表 14.6 所示, 因此不受控制的次级能损会显著降低系统效率, 而由处理室壁的高能电子轰击产生的韧致辐射 X 射线则存在潜在的安全隐患. 目前已有一些抑制次级能损的方法, 例如, 磁绝缘或施加正电压下的负离子注入.

只要等离子体阵鞘层的尺寸与工件的特征尺寸相比保持足够小, 那么 PSII 注入即是保形的. 对于某些应用, 由于下述硬件限制, 这种情况可能不容易实现. 在准稳态、空间电荷限制电流相位期间, 等离子体充当高压脉冲电源的电阻负载. 将

式 (14.8) 与欧姆 (Ohm) 定律相结合, 可得平面阵鞘层的负载阻抗 Z_p 为

$$Z_p = [9/(4\varepsilon_0)] \cdot [M/(2e)]^{1/2} \cdot \left\{s^2/\left[A_{wp}(\gamma_e+1)V^{1/2}\right]\right\}, \tag{14.10}$$

其中, A_{wp} 为工件面积. 目前的高压开关技术可以驱动大约 100 Ω 或更高的负载阻抗. 对于特定的电压和工件面积, 该限制与最小阵鞘层尺寸 (或等离子体密度) 相关. 对于 $A_{wp} = 5\ m^2$, $\gamma_e = 7$, $Z_p = 100\ \Omega$, $V = -100$ kV, 以及相对较大的阵鞘层, N_2 等离子体和平面工件都要求 $s \geqslant 0.1$ m.

表 14.6 能量为 30 keV 的 Ar 离子的二次电子的发射系数 (γ_e)

材料	γ_e
铜	4.5
Ti-6Al-4V	4.6
304 不锈钢	5.3
石墨	11.7
铝 (刻蚀)	11.8
铝 (氧化)	16

注: 表中数据引自参考文献 (Shamim et al., 1991).

很多 PSII 研究都在加速电压高达 150 kV 的相对较小的设备上进行原理验证, 大型示范型设备也在使用中. 迄今为止, 最大的设备在洛斯阿拉莫斯国家实验室 (见图 14.8) 运行, 它由直径为 1.6 m、长度为 5 m 的等离子体处理室组成, 由 125 kV 和 60 A 的脉冲电流供电 (平均电流为 2.4 A). 虽然 PSII 的大部分研究都集中在冶金应用上, 但是目前正在研究使用 PSII 进行半导体处理, 例如, 用于亚微米电子电路的高通量、低电压浅沟槽注入 (Qian et al., 1991).

图 14.8 洛斯阿拉莫斯国家实验室的大型 PSII 设备

14.4　IBAD 离子源

在 1995 年, 大多数研究 IBAD 的人员使用由电子束蒸发器或溅射沉积系统与低能离子源组合而成的内部自主构建的系统. IBAD 离子源通常具有较低能量、较高束流的特点, 大部分 IBAD 工作由各种宽束栅格离子源完成.

14.4.1　宽束栅格离子源

到目前为止, 用于 IBAD 研究的大多数离子源是源自 1960 年美国宇航局空间电推进研究计划的宽束设计. 在本章末尾的推荐阅读部分列出了这些研究人员撰写的关于这些离子源运行的文章和书籍. 考夫曼和罗宾森 (1987) 编写了一份关于 IBAD 研究中常用的几种离子源的运行特性的综合手册.

图 14.9 显示了两种常见类型的宽束栅格离子源. 在使用中, 气体 (通常是氩气) 被引入离子源中并利用从负偏压灯丝 (阴极) 发射的高能电子使其电离. 通常施加磁场 (B) 以增大电子的平均自由程, 从而提高电离率, 并有助于约束放电室内的等离子体. 图 14.9(a) 所示的离子源使用轴向 (螺线管型) 磁场来帮助约束放电室内的等离子体, 图 14.9(b) 所示的离子源使用多个磁体和环形阳极结构的弱场多极设计, 称为多极磁场离子源或桶型离子源. 对于惰性 IBAD 处理或溅射方面的应用, 氩气通常用作离子束, 它可以在两种类型的离子源中都保持稳定的性能. 然而, 在这些类型的离子源中使用活性离子 (例如, O_2) 会显著缩短灯丝的寿命, 并在阳极上产生绝缘 (氧化物) 层, 这同时也会严重缩短离子源的寿命, 降低活性离子束流, 并需要经常清洗离子源. 为了减轻离子源中的这些问题, 研究人员 (Guarnieri et al., 1988) 用钍化铱灯丝替代了钨灯丝, 并在钍化铱层上涂覆了不锈钢阳极. 据报道, 对于较小直径 (2.5 cm) 的使用 O_2 的离子源, 离子源的寿命从几小时延长到超过 100 小时. 目前, 实际应用中倾向于在这些离子源中使用射频激发电离来代替灯丝.

如图 14.10 所示, 离子通过离子源中对齐栅格中的孔径从等离子体中引出来. 束流电压通常可在 100—2000 eV 之间变化. 各个独立的窄束分别通过两个栅格并合并成宽束. 内部栅格通常处于等离子体电位, 并且最外部的栅格通常被设置为负偏压, 以防止电子被吸到离子源中, 从而降低电源负荷. 这些离子源在市场上有售, 直径约为 1—38 cm.

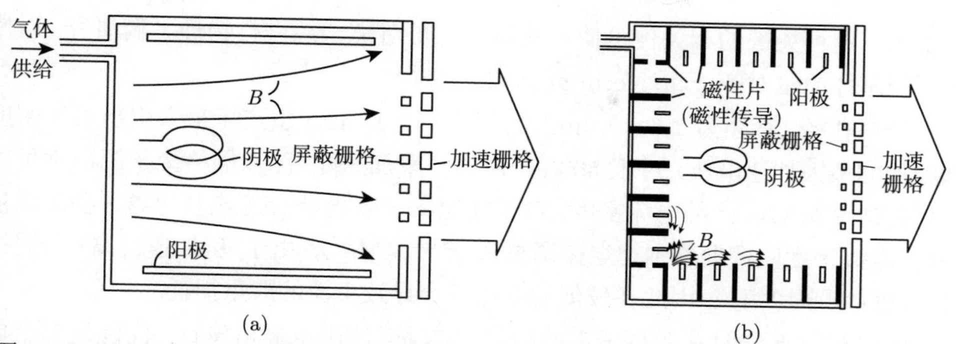

图 14.9　IBAD 研究中使用的宽束栅格离子源简图, (a) 螺线管型磁场离子源, (b) 多极磁场 (桶型) 离子源 (引自参考文献 (Kaufman et al., 1987))

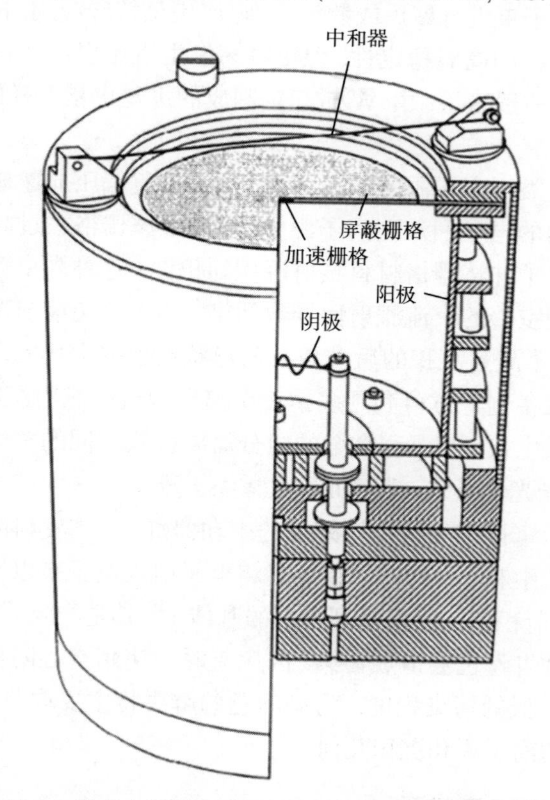

图 14.10　直径为 38 cm 的考夫曼型离子源简图 (引自参考文献 (Kaufman et al., 1987))

这些类型的离子源中的栅格由耐高温材料制成, 例如, 钼或热解石墨. 相邻栅格之间的微小位错可能对离子源下游束流的位置, 以及可获得的最大束流产生重大影响. 这种关键的相关性迫使一些研究人员对离子源进行物理平衡研究, 以使束流与基体原位对齐 (van Vechten et al., 1986).

栅格孔径 (直径为 1.6—2 mm) 的间距 (约 1 mm) 决定了最大引出束流密度和施加的最大加速电压. 对于 500 eV 的离子束加速能量, 双栅格离子源通常可以提供高达 2 mA/cm^2 的电流密度. 对于其他离子束能量 (E) 或其他离子物质质量 (M), 电流密度应根据蔡尔德定律调整为 $E^{3/2}/(ML^2)$. 由于 L(加速距离) 与栅格之间的间距密切相关, 因此在较低的电压下会导致束流的严重损耗.

为了消除低能时获取离子束的障碍, 有时会使用单栅格设计, 代价是单个栅格受到更强的离子轰击, 寿命缩短且栅格溅射引起的污染增大. 成形的 (金属) 栅格有时也用于对离子束进行聚焦或散焦处理, 以满足特殊应用, 例如, 溅射或刻蚀. 石墨栅格表现出优异的高温稳定性, 但更容易发生机械损伤并且容易与活性气体 (例如, O_2) 反应, 一般来说, 由 W 或 Ta 制成的灯丝也是一样的, 其氧化物也可能增大污染.

栅格只是这种类型离子源的潜在污染源之一, 负偏压加速栅格的作用是防止高电离度的束流内的电子回流到离子源中. 然而, 该栅格在过高的负偏压下的使用有可能吸引正离子并将栅格材料溅射沉积到靶上. 这种高束流离子源还可能由于固定装置和处理室壁的束流溅射而导致污染. 为了避免前向散射的高能离子束反弹到基体中, 用于溅射沉积的后向角几何形状也根据上述问题而改变. 这种类型离子源的商用设备制造方可利用多达三个离子源进行溅射沉积, 一个额外的离子源用于辅助薄膜生长. 当沉积合金的组分需要极其不同的蒸气压或极高纯度的薄膜时, 例如, 激光光学系统, 溅射沉积通常优于蒸发.

图 14.10 展示了位于加速栅格外部的中和器灯丝, 其发射的热电子被吸入束流以进行空间电荷中和. 中和器的目的是将电子引入离子束以平衡离子携带的正电荷, 从而避免电荷积累, 以及受到轰击的基体 (尤其是绝缘体) 上的电击穿造成的损坏. 使用这种灯丝也会造成污染, 因此有时会使用空心阴极中和器来得到更长的使用寿命和更低的污染程度. 污染问题的解决将主要取决于应用方式, 同时需要确定最合适的离子源和沉积几何.

14.4.2 端部霍尔离子源

最初用于空间推进测试的另一种离子源是端部霍尔 (Hall) 离子源 (见图 14.11), 它没有栅格. 在这种离子源中, 气体被引入离子源的背板, 来自灯丝 (阴极) 的电子跟随磁场线返回阳极，引起电离并产生等离子体. 产生的正离子向着阳极轴和阴极加速，形成相当发散的离子束. 这种类型离子源的另一个特征是宽能量范围. 它的优点是简单、可靠、坚固，然而它对真空室的压力敏感，并且离子能量和离子束流不能独立控制. 与其他离子源一样，其金属组件会成为污染源，特别是在使用活性气体 (例如，O_2) 时. 施特尔马克 (Stelmack) 等人 (1989) 对这种离子源的运行有详细的描述.

14.4.3 ECR 离子源

近来人们越来越多地尝试使用 ECR 离子源产生的等离子体进行半导体处理，该离子源可以应用于更小的器件和更多的刻蚀方式. 早期的 ECR 等离子体研究 (20 世纪 60 年代) 与等离子体聚变应用有关. 在 20 世纪 70 年代中期，萨库多 (Sakudo) 等人 (1977) 开发了一种用于半导体离子注入机的微波离子源，其目标是延长通常由灯丝故障决定的离子源的寿命.

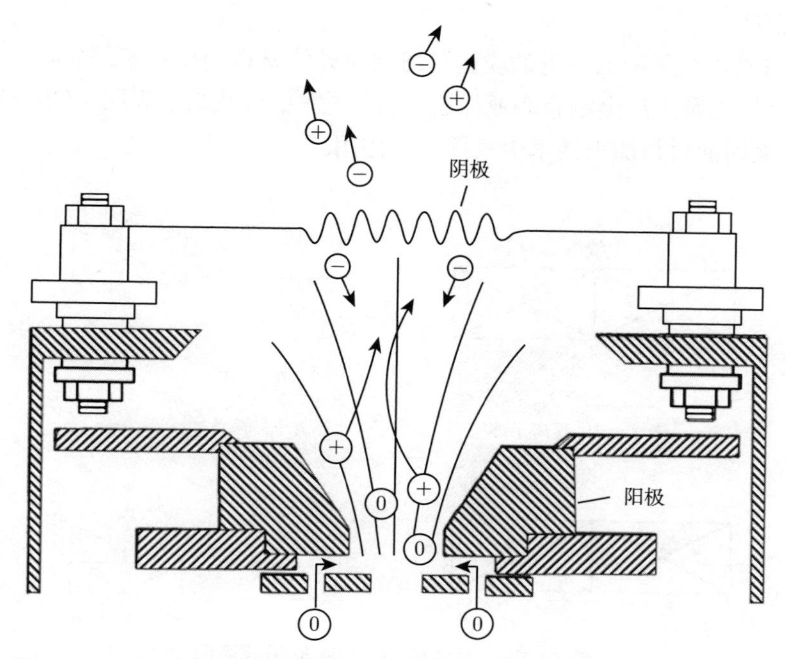

图 14.11　端部霍尔离子源简图 (引自参考文献 (Kaufman et al., 1987))

在适当选择的磁场 (875 G)、频率 (2.45 GHz) 和等离子体密度下，圆极化微波的功率可以非常有效地传递给等离子体中的电子. 对于简单的非磁化等离子体, 为了电磁波传播, 其密度必须保持低于临界等离子体密度. 在频率为 2.45 GHz 时, 该临界等离子体密度为 $7\times10^{10}\ \mathrm{cm}^{-3}$. 然而, 在合适的磁场中, 电磁波可以在等离子体密度为该临界等离子体密度的 10—100 倍时通过等离子体. 施加的螺线管型磁场将有助于降低处理室壁的等离子体损耗, 并且有助于等离子体引出. 图 14.12 展示了发散磁场 ECR 离子源简图.

发散磁场与做圆周运动的高能电子相互作用以在离离子源最远处产生负电位, 从而增强离开离子源的正离子传输, 达到材料处理 (刻蚀或沉积) 的目的. 在这些系统中测得的离子束流密度可以达到 $100\ \mathrm{\mu A/cm^2}$, 说明在等离子体内被吸收的微波功率高达 90%. 通常 ECR 离子源产生的等离子体具有 5—10 eV 的电子能量和 10—20 eV 的离子能量, 并且 ECR 离子源可以在比考夫曼型离子源所需的压强低约一个数量级的压力下工作. ECR 离子源中也可以使用栅格, 以改善均匀性或提供更好的准直效果. 可以通过改变基体的放置方式及其电偏置条件以满足不同的应用.

这些 ECR 离子源的最近的应用是研究半导体材料 (例如, Si, SiO_2, Si_3N_4) 的刻蚀和沉积, 以及生产金刚石和亚稳态立方氮化硼. 这些结果表明 ECR 离子源也将在离子束辅助材料加工技术中发挥重要作用.

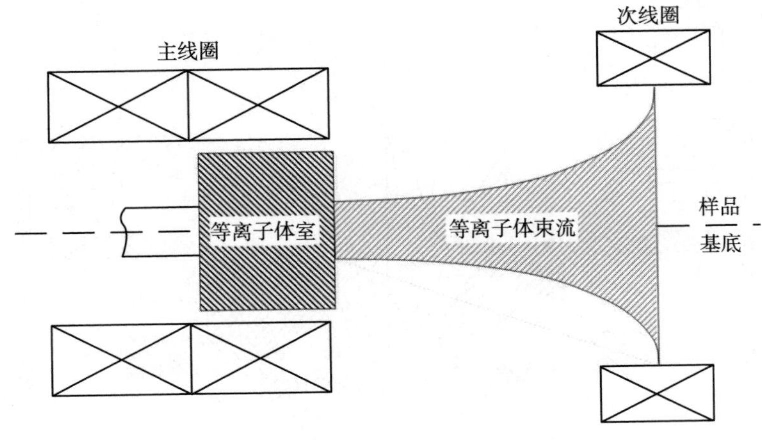

图 14.12　发散磁场 ECR 离子源简图

14.5 物理气相沉积系统和监视器

双离子束 (溅射) 沉积系统已经商业化多年. 最近, 业界研究人员报道了使用商业化的设备利用蒸发结合离子束辅助来生产具有工业用途的薄膜 (例如, 氮化钛). 尽管有商业化的系统, 但由于经济上的限制和特定应用的设计要求, 大多数研究人员仍采用自制的 IBAD 系统. 可以设想, 特定的面向产品的设备设计将与新的应用一起发展.

参 考 文 献

Alton, G. D. (1981) Aspects of the Physics, Chemistry, and Technology of High Intensity Heavy Ion Sources, *Nucl. Instrum. Meth.* **189**, 15.

Andrews, J. G. and R. H. Varey, (1971) Sheath Growth in a Low Pressure Plasma, *Phys. Fluids* **14**, 339.

Brown, I. G. (1993) Metal ion implantation For large Scale Surface Modification. *J. Vacuum Sci. Technol.* **A 11**(4), 1480.

Brown, I. G., M. R. Dickinson, J. E. Galvin, X. Godechot and R. A. MacGill (1991) Some Novel Surface Modification Applications of a New Kind of High Current Metal Ion Implantation Facility *J. Mater. and Eng.* **13**, 217.

Brown, I. G., and J. Washburn (1987) The Metal Vapor Vacuum Arc Ion Source for High-Current Metal Ion Implantation, *Nucl. Instrum. Meth. in Phys. Res.* **B21**, 201.

Conrad, J. R., J. L. Radtke, R. A. Dodd, F. J. Worzala, and N. C. Tran (1987) Plasma Source Ion-Implantation Technique for Surface Modification of Materials, *J. Appl Phys.* **62**, 4591.

Freeman, H. (1972) The Production and Manipulation of Ion Beams for Implantation, in *Ion Implantation*, eds. G. Dearnaley, J. H. Freeman, R. S. Nelson, and J. Stephen (North Holland, Amsterdam).

Grabowski, K. and R. A. Kant (1983) Methods to Control Target Heating During Ion Implantation, in *Ion Implantation: Equipment and Techniques*, eds. H. Ryssel and H. Glawischnig, (Springer-Verlag, New York), p. 364.

Guarnieri, C. R., K. V. Ramanathan, D. S. Yee, and J. J. Cuomo (1988) Improved Ion Source for Oxygen, *J. Vacuum Sci. Technol.* **A6**, 2582.

Hirvonen, J. K. (1989) Ion Beam Processing for Industrial Applications, *Mater. Sci. & Eng.* **A116**, 167.

Hirvonen, J. K., C. Carosella, and G. K. Hubler (1981) Production of High-Current Metal Ion Beams, *Nucl. Instrum. Meth.* **189**, 103.

Hubler, G. K. (1987) Ion Implantation Processing, NRL Memorandum Report 5928 (March 13, 1987). Naval Research Laboratory, Washington, DC.

Kaufman, H. R. and R. S. Robinson (1987) *Operation of Broad-Beam Sources* (Commonwealth Scientific Corp., Alexandria, VA).

Keller, R. (1991) Ion Extraction Systems: Optics and Design, *Nucl. Instrum. & Meth. in Phys. Res.* **298**(1/3), 247.

Qian, X. Y., N. W. Cheung, M. A. Lieberman, M. I. Current, P. K. Chu, W. L. Harrington, C. W. Magee, and E. M. Botnick (1991) A plasma Immersion Ion Implantation Reactor for ULSI Fabrication, *Nucl. Instrum. Meth. Phys. Res.* **B55**, 84.

Rej, D. J. and R. B. Alexander (1994) Cost Estimates for Commercial Plasma Source Ion Implantation, *J. Vacuum Sci. & Technol.* **B12**, 2380.

Rose, P. (1985) A History of Commercial Implantation, *Nucl. Instrum. Meth. Phys. Res.* **B6**, 1.

Ryssel, H. and Glawischnig, H. (1982) *Ion Implantation Techniques* (Springer-Verlag, Berlin).

Sakudo, N., K. Tokiguchi, H. Hoike and I. Kanamata (1977) R. F. Ion Source, *Rev. Sci. Instrum.* **48**, 762.

Scheuer, J. T., M. Shamim, and J. R. Conrad (1990) Model of Plasma Source Ion Implantation in Planar, Cylindrical, and Spherical Geometries, *J. Appl. Phys.* **67**, 1241.

Shamim, M. M., J. T. Scheuer, R. P. Fetherston, and J. R. Conrad (1991) Measurement of Electron Emission due to Energetic Ion Bombardment in Plasma Source Ion Implantation, *J. Appl. Phys.* **70**, 4756.

Smidt, F. A. and B. D. Sartwell (1985) Manufacturing Technology Program to Develop a Production Ion Implantation Facility for Processing Bearings and Tools, *Nucl. Instrum. Meth. Phys. Res.* **B6**, 70.

Stelmack, L., C. T. Thurman and G. R. Thompson (1989) Review of Ion-Assisted Deposition: Research to Production, *Nucl. Instrum. Meth.* **37/38**, 787.

Torp, B., B. R. Nielsen, D. M. Ruck, H. Emig, P. Spadtke, and B. H. Wolf (1990) High-Current Ion Beams of Metallic Elememnts, *Rev. Sci. Instrum.* **61**, 595.

Treglio, J. R. (1989) High Dose Metal Ion Implantation, *Nucl. Instrum. Meth. Phys. Res.* **B40/41**, 567.

Treglio, J. R., G. D. Magnuson, and R. J. Stinner (1992) Performance of the Advanced MEVVA IV 80-10 Metal Ion Implantation System, *Surface & Coatings Technol.* **51**, 546.

Treglio, J. R., A. J. Perry, and R. J. Stinner (1994) The Economics of Metal Ion Implantation.

van Vechten, D., G. K. Hubler, and E. P. Donovan (1986) Gimbal Mount for IBAD Ion Source, *Vacuum* **36**, 841.

Wittkower, A. and J. K. Hirvonen (1985) Some Practical Aspects of Ion Implantation for

Wear Reduction, *Nucl. Instrum. & Meth. in Phys. Res.* **B6**, 78.
Wood, B. P. (1993) Displacement Current and Multiple Pulse Effects in Plasma Source Ion Implantation, *J. Appl. Phys.* **73**, 4770.

推荐阅读

Ion Implantation: Science and Technology, ed. J. F. Ziegler (Academic Press, New York, 1984).
Ion Implantation Techniques. eds. H. Ryssel and H. Glawischnig (Springer-Verlag, Berlin, 1982).
Ion Implantation Technology, ed. J. F. Ziegler (North-Holland, Amsterdam, 1992).
Operation of Broad-Beam Sources, H. R. Kaufman, and R. S. Robinson (Commonwealth Scientific Corp., Alexandria, VA, 1987).
The Physics and Technology of Ion Sources, ed. I. G. Brown (Wiley, New York, 1989).

附录 A 晶 体 学

A.1 晶体学和符号

晶体由空间中周期排列的原子组成, 由一组格点定义. 包含这组格点的空间可以划分成一系列大小、形状和取向都相同的单元, 这个单元称为晶胞. 晶胞可以用三个单位矢量 (基矢)$\boldsymbol{a}$, $\boldsymbol{b}$ 和 $\boldsymbol{c}$ 描述, 称为晶轴. 它们的长度 a, b 和 c, 以及角度 α, β 和 γ 相互关联 (见图 A.1). 晶胞中的任意方向都可以描述为三个晶轴的线性组合, 即

$$\boldsymbol{r} = n_1\boldsymbol{a} + n_2\boldsymbol{b} + n_3\boldsymbol{c}, \tag{A.1}$$

其中, n_1, n_2 和 n_3 是整数.

共有七种晶胞可以描述所有可能的点阵. 这些晶胞组成了表 A.1 中列出的七大晶系. 这七大晶系的晶胞顶点都有一个格点, 每个格点在晶胞中具有与其他格点相同的环境. 基于这些格点的排列方式, 七大晶系总共可以产生十四种布拉维 (Bravais) 格子. 图 A.2(a) 展示了面心立方结构晶格, 其中, 虚线围成的圆圈代表隐藏面 (背面、侧面和底面) 中心的原子. 图 A.2(b) 展示了 Si 和 Ge 的金刚石结构, 它是由两组互相嵌套的面心立方结构晶格组成的.

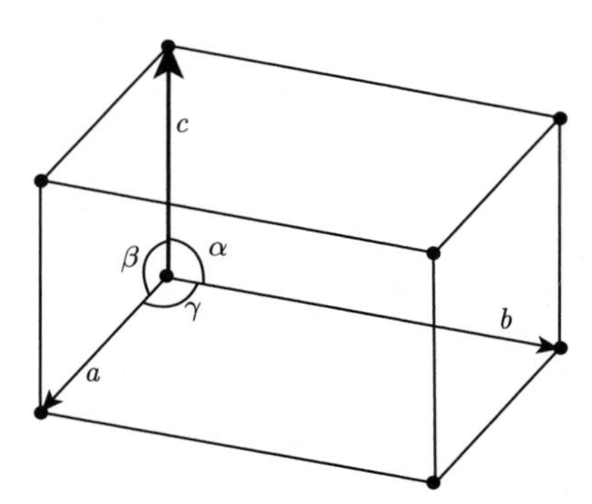

图 A.1 晶胞由基矢 $\boldsymbol{a}$, $\boldsymbol{b}$ 和 $\boldsymbol{c}$ 的长度, 以及它们两两之间的夹角 α, β 和 γ 定义

表 A.1 晶胞、七大晶系和十四种布拉维格子

晶系	晶轴长度和角度	布拉维格子
立方晶系	三个晶轴互成直角且相等, $a = b = c, \alpha = \beta = \gamma = 90^\circ$	简单 体心 面心
四方晶系	三个晶轴互成直角, 两个晶轴相等, $a = b \neq c, \alpha = \beta = \gamma = 90^\circ$	简单 体心
正交晶系	三个晶轴互成直角, $a \neq b \neq c, \alpha = \beta = \gamma = 90^\circ$	简单 体心 底心 面心
菱形晶系 ①	三个晶轴相等, 且倾斜角度相等, $a = b = c, \alpha = \beta = \gamma \neq 90^\circ$	简单
六角晶系	两个晶轴相等、共面且成120°, 第三个晶轴垂直于此面, $a = b \neq c$, $\alpha = \beta = 90^\circ, \gamma = 120^\circ$	简单
单斜晶系	三个晶轴不相等, 其中一对不成直角, $a \neq b \neq c, \alpha = \gamma = 90^\circ \neq \beta$	简单 底心
三斜晶系	三个晶轴不相等, 倾斜角度不同也没有直角	简单

注: ① 菱形晶系也称为三角晶系.

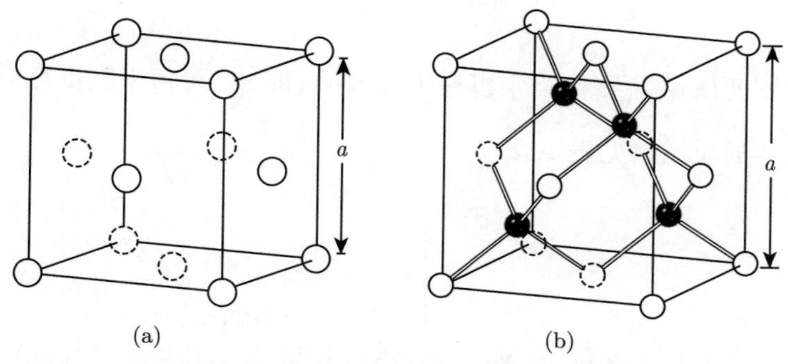

图 A.2 (a) 面心立方结构和 (b) 金刚石结构晶格, 晶格常数为 a

A.2 晶向和晶面

晶格中的任意方向都可以这样描述: 画一条过原点且平行于给定方向的直线, 然后用直线上任意一点的坐标 u, v, w 来指代这个方向. 把坐标写在方括号里, 即

$[uvw]$, 这就是晶向指数. 由于该直线也经过 $2u$, $2v$, $2w$ 和 $3u$, $3v$, $3w$ 等, 因此习惯把 u, v, w 转换为一组最小的互质整数. 晶向指数上方的横线 (上画线) 代表该指数为负.

晶格中的晶面方向也可以由米勒指数来定义. 我们将平面的米勒指数定义为平面在晶轴上的截距的倒数.

为了确定图 A.3 中平面 P 的米勒指数, 我们找到它沿基矢 $\boldsymbol{a}$, $\boldsymbol{b}$ 和 $\boldsymbol{c}$ 的截距. 设这些截距分别为 x, y 和 z. 通常, x 是 a 的分数倍, y 是 b 的分数倍, z 是 c 的分数倍. 这些截距的分数三元组是

$$\left(\frac{x}{a}\frac{y}{b}\frac{z}{c}\right),$$

将其取倒数可得

$$\left(\frac{a}{x}\frac{b}{y}\frac{c}{z}\right),$$

最后再将其乘以最小公因子以将其简化成由最小互质整数组成的集合. 最终的这个集合称为平面 P 的米勒指数, 用一组整数 (hkl) 表示. 例如, 考察一个截距为 $x = 2a/3$, $y = 3b$, $z = c$ 的平面. 利用这些截距, 可以得到

$$\left(\frac{x}{a}\frac{y}{b}\frac{z}{c}\right) = \left(\frac{2}{3}31\right),$$

将其取倒数则变成 $\left(\frac{3}{2}\frac{1}{3}1\right)$, 再乘以最小公因子 (即 6), 可得米勒指数为 (926). 关于这部分内容的总结请见表 A.2.

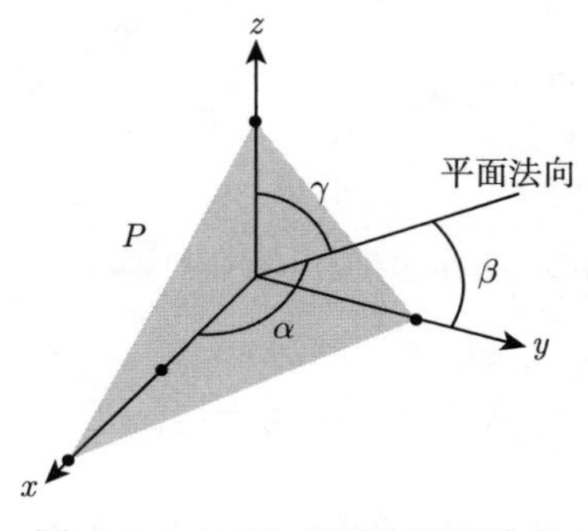

图 A.3 (122) 晶面和平面法向

A.3 具有相同米勒指数的晶面间距

晶面间距 d_{hkl} 取决于晶格结构. 为简单起见, 我们仅讨论晶轴正交的情况. 图 A.4 展示了一系列二维晶格平面的示例. 我们可以参考图 A.3 来计算晶面间距: 将参考系的原点放在两个平行平面中的一个上, 这两个平面之间的距离 d_{hkl} 就是它们之间的法向量的长度. 定义法向量与 $\boldsymbol{a}$, $\boldsymbol{b}$ 和 $\boldsymbol{c}$ 轴之间的夹角分别为 α, β 和 γ, 再定义平面 (hkl) 在 $\boldsymbol{a}$, $\boldsymbol{b}$ 和 $\boldsymbol{c}$ 轴上的截距分别为 x, y 和 z. 因此可得

$$d_{hkl} = x\cos\alpha = y\cos\beta = z\cos\gamma,$$

其中, $\cos\alpha$, $\cos\beta$ 和 $\cos\gamma$ 是法向量的方向余弦. 使用恒等式 $1 = \cos^2\alpha + \cos^2\beta + \cos^2\gamma$, 并将其与上式联立, 即可用 x, y 和 z 来表示 d_{hkl}, 即

$$d_{hkl} = \frac{1}{\left(\dfrac{1}{x^2} + \dfrac{1}{y^2} + \dfrac{1}{z^2}\right)^{1/2}}. \tag{A.2}$$

由 A.2 节可知, x, y 和 z 与米勒指数 h, k 和 l 有关, 即

$$h = n\frac{a}{x}, \quad k = n\frac{b}{y}, \quad l = n\frac{c}{z}, \tag{A.3}$$

其中, n 是用于将米勒指数减小到最小互质整数的公因子. 由式 (A.3) 中解出 x, y, z, 将其代入式 (A.2), 并考虑简单立方结构晶体的情形 (即 $a = b = c$), 可得

$$d_{hkl} = \frac{na_{\mathrm{c}}}{(h^2 + k^2 + l^2)^{1/2}}, \tag{A.4}$$

因此 (110) 平面在简单立方结构晶体中的晶面间距为 $d = na_{\mathrm{c}}/\sqrt{2}$, 其中, a_{c} 是晶格常数, 表示简单立方结构晶体的边长.

表 A.2 表示晶体学中的晶向和晶面指数的惯例

A. 方向: 从原点到坐标为 u, v, w 的某一点的连线

(1) 特定方向在方括号中给出, 即 $[uvw]$

(2) u, v, w 是一组最小互质整数, 因此 $\left[\frac{1}{2}\frac{1}{2}1\right]$ 要转换成 [112]

(3) 负指数要用上画线表示, 即 $[\bar{u}vw]$

(4) 与对称性有关的方向可写作 $\langle uvw\rangle$, 例如,[111], $[1\bar{1}1]$ 和 $[\bar{1}\bar{1}1]$ 都可以表示为 $\langle 111\rangle$

B. 平面: 在晶轴上的截距分别为 $\frac{1}{h}$, $\frac{1}{k}$, $\frac{1}{l}$ 的平面

(1) 方向在圆括号中给出, 即 (hkl)

(2) (hkl) 是米勒指数

(3) 负指数要用上画线表示, 即 $(\bar{h}kl)$

(4) 与对称性有关的平面可写作 $\{hkl\}$, 例如, (100), (010) 和 $(\bar{1}00)$ 都可以表示为 $\{100\}$

C. 在立方晶系 (bcc, fcc, dia) 中:

(1) 方向 $[hkl]$ 垂直于平面 (hkl)

(2) 晶面间距 $d_{hkl} = \dfrac{a_c}{(h^2+k^2+l^2)^{1/2}}$

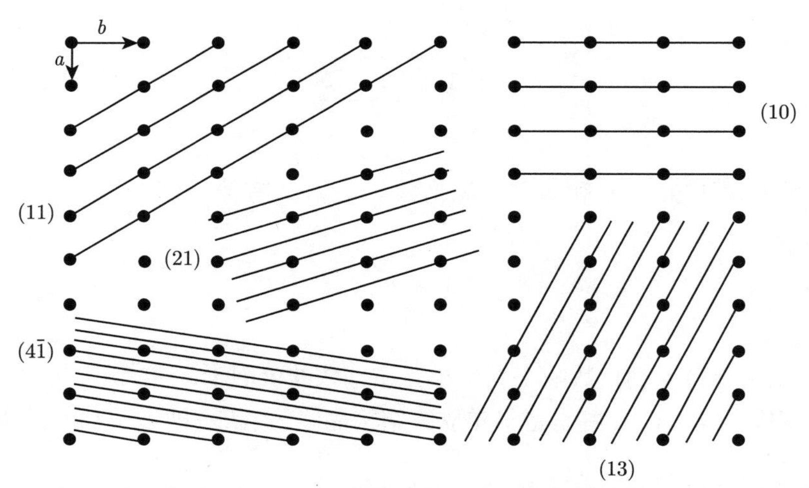

图 A.4 一系列二维晶格平面的示例, 该图表明拥有最小指数的直线之间有最大的间距和最大的格点密度

A.4 原子间距

元素周期表中，在 Al($Z = 13$) 和 Bi($Z = 83$) 之间的元素中, 固体原子的间距 (最近邻距离) 相差不到 2 倍. 表 A.3 列出了一些典型的元素, 以及它们对应的

原子序数、原子密度、晶格结构、晶格常数 a_c 和最近邻距离.

根据晶体学关系, 我们可以计算出最近邻距离. 例如, 在 fcc 结构中, 它表示单位晶胞中顶点原子与面心原子之间的距离, 即 $\sqrt{2}a_c/2$. 在 bcc 结构中, 它表示单位晶胞中顶点原子与体心原子之间的距离, 即 $\sqrt{3}a_c/2$.

表 A.3 元素特征: 原子间距

元素	原子序数 (Z)	原子密度/(atoms/cm^3)	晶格结构	晶格常数 a_c/nm	最近邻距离/nm
Al	13	6.02×10^{22}	fcc	0.40497	0.286
Si	14	5.00×10^{22}	dia	0.43090	0.235
Ti	22	5.66×10^{22}	bcc	0.33066	0.286
V	23	7.22×10^{22}	bcc	0.30232	0.262
Ni	28	9.14×10^{22}	fcc	0.35239	0.249
Cu	29	8.45×10^{22}	fcc	0.36148	0.256
Ge	32	4.41×10^{22}	dia	0.56577	0.245
Nb	41	5.56×10^{22}	bcc	0.33067	0.286
Mo	42	6.42×10^{22}	bcc	0.31469	0.272
Pd	46	6.80×10^{22}	fcc	0.38908	0.275
Ag	47	5.85×10^{22}	fcc	0.40863	0.289
Au	79	5.90×10^{22}	fcc	0.40786	0.288

A.5 晶面间距

七大晶系中的 (hkl) 晶面的间距 d 可以通过以下方程得到:

立方晶系 $\dfrac{1}{d^2} = \dfrac{h^2+k^2+l^2}{a_c^2}$;

四方晶系 $\dfrac{1}{d^2} = \dfrac{h^2+k^2}{a^2} + \dfrac{l^2}{c^2}$;

六角晶系 $\dfrac{1}{d^2} = \dfrac{4}{3}\left(\dfrac{h^2+hk+k^2}{a^2}\right) + \dfrac{l^2}{c^2}$;

三角晶系 $\dfrac{1}{d^2} = \dfrac{(h^2+k^2+l^2)\sin^2\alpha + 2(hk+kl+hl)(\cos^2\alpha - \cos\alpha)}{a^2(1-3\cos^2\alpha+2\cos^3\alpha)}$;

正交晶系 $\dfrac{1}{d^2} = \dfrac{h^2}{a^2} + \dfrac{k^2}{b^2} + \dfrac{l^2}{c^2}$;

单斜晶系 $\dfrac{1}{d^2} = \dfrac{1}{\sin^2\beta}\left(\dfrac{h^2}{a^2} + \dfrac{k^2\sin^2\beta}{b^2} + \dfrac{l^2}{c^2} - \dfrac{2hl\cos\beta}{ac}\right)$;

三斜晶系 $\frac{1}{d^2}=\frac{1}{V^2}\left(S_{11}h^2+S_{22}k^2+S_{33}l^2+2S_{12}hk+2S_{23}kl+2S_{13}hl\right)$, 其中, V 为晶胞体积, $S_{11}=b^2c^2\sin^2\alpha$, $S_{22}=a^2c^2\sin^2\beta$, $S_{33}=a^2b^2\sin^2\gamma$, $S_{12}=abc^2\left(\cos\alpha\cos\beta-\cos\gamma\right)$, $S_{23}=a^2bc\left(\cos\beta\cos\gamma-\cos\alpha\right)$, $S_{13}=ab^2c(\cos\gamma\cos\alpha-\cos\beta)$.

附录 B 元素表

元素	原子序数 (Z)	同位素质量/amu	相对丰度	原子质量/amu	原子密度/(atoms/cm^3)	质量密度/(g/cm^3)
H	1	1.0078	99.985	1.00794		
		2.0141	0.015			
He	2	3.0160	0.0001	4.002602		
		4.0026	99.9999			
Li	3	6.0151	7.5	6.941	4.60×10^{22}	0.53
		7.0160	92.5			
Be	4	9.0122	100	9.01218	1.24×10^{23}	1.85
B	5	10.0129	19.9	10.811	1.30×10^{23}	2.34
		11.0093	80.1			
C	6	12.0000	98.9	12.011	1.31×10^{23}	2.62
		13.0034	1.1			
N	7	14.0031	99.63	14.00674	5.38×10^{22}	1.251
		15.0001	0.37			
O	8	15.9949	99.762	15.9994	5.38×10^{22}	1.429
		16.9991	0.038			
		17.9992	0.2			
F	9	18.9984	100	18.9984032	5.38×10^{22}	1.696
Ne	10	19.9924	90.51	20.1797	2.69×10^{22}	0.901
		20.9938	0.27			
		21.9914	9.22			
Na	11	22.9898	100	22.989768	2.54×10^{22}	0.97
Mg	12	23.9850	78.99	24.305	4.31×10^{22}	1.74
		24.9858	10			
		25.9826	11.01			
Al	13	26.9815	100	26.981539	6.03×10^{22}	2.70
Si	14	27.9769	92.23	28.0855	5.00×10^{22}	2.33
		28.9765	4.67			
		29.9738	3.1			
P	15	30.9738	100	30.973762	3.54×10^{22}	1.82
S	16	31.9721	95.02	32.066	3.89×10^{22}	2.07
		32.9715	0.75			
		33.9679	4.21			
		35.9671	0.02			
Cl	17	34.9689	75.77	35.4527	5.38×10^{22}	3.17

续表

元素	原子序数 (Z)	同位素质量/amu	相对丰度	原子质量/amu	原子密度/(atoms/cm^3)	质量密度/(g/cm^3)
		36.9659	24.23			
Ar	18	35.9675	0.337	39.948	2.69×10^{22}	1.784
		37.9627	0.063			
		39.9624	99.6			
K	19	38.9637	93.2581	39.0983	1.32×10^{22}	0.86
		40	0.0117			
		40.9618	6.7302			
Ca	20	39.9626	96.941	40.078	2.33×10^{22}	1.55
		41.9586	0.647			
		42.9588	0.135			
		43.9555	2.086			
		45.9537	0.004			
		47.9525	0.187			
Sc	21	44.9559	100	44.95591	4.02×10^{22}	3.0
Ti	22	45.9526	8.0	47.88	5.66×10^{22}	4.50
		46.9518	7.3			
		47.9479	73.8			
		48.9479	5.5			
		49.9448	5.4			
V	23	49.9472	0.25	50.9415	6.86×10^{22}	5.8
		50.9440	99.75			
Cr	24	49.9461	4.35	51.9961	8.33×10^{22}	7.19
		51.9405	83.79			
		52.9407	9.5			
		53.9389	2.36			
Mn	25	54.9380	100	54.93805	8.14×10^{22}	7.43
Fe	26	53.9396	4.35	55.847	8.44×10^{22}	7.86
		55.9349	83.79			
		56.9354	9.5			
		57.9333	2.36			
Co	27	58.9332	100	58.9332	9.09×10^{22}	8.90
Ni	28	57.9353	68.27	58.69	9.13×10^{22}	8.90
		59.9308	26.1			
		60.9311	1.13			
		61.9283	3.59			
		63.9280	0.91			
Cu	29	62.9296	69.17	63.546	8.49×10^{22}	8.96
		64.9278	30.83			
Zn	30	63.9291	48.6	65.39	6.58×10^{22}	7.14
		65.9260	27.9			
		66.9271	4.1			

续表

元素	原子序数 (Z)	同位素质量/amu	相对丰度	原子质量/amu	原子密度/(atoms/cm^3)	质量密度/(g/cm^3)
		67.9248	18.8			
		69.9253	0.6			
Ga	31	68.9256	60.1	69.723	5.10×10^{22}	5.91
		70.9247	39.9			
Ge	32	69.9243	20.5	72.59	4.41×10^{22}	5.32
		71.9221	27.4			
		72.9235	7.8			
		73.9212	36.5			
		75.9214	7.8			
As	33	74.9216	100	74.92159	4.60×10^{22}	5.72
Se	34	73.9225	0.9	78.96	3.66×10^{22}	4.80
		75.9192	9			
		76.9199	7.6			
		77.9173	23.5			
		79.9165	49.6			
		81.9167	9.4			
Br	35	78.9183	50.69	79.904	2.35×10^{22}	3.12
		80.9163	49.31			
Kr	36	77.9204	0.35	83.8	2.69×10^{22}	3.74
		79.9164	2.25			
		81.9135	11.6			
		82.9141	11.5			
		83.9115	57			
		85.9106	17.3			
Rb	37	84.9118	72.17	85.4678	1.08×10^{22}	1.53
		86.9092	27.83			
Sr	38	83.9134	0.56	87.62	1.79×10^{22}	2.6
		85.9093	9.86			
		86.9089	7			
		87.9056	82.58			
Y	39	88.9059	100	88.90585	3.05×10^{22}	4.5
Zr	40	89.9047	51.45	91.224	4.28×10^{22}	6.49
		90.9056	11.27			
		91.9050	17.17			
		93.9063	17.33			
		95.9083	2.78			
Nb	41	92.9064	100	92.90635	5.54×10^{22}	8.55
Mo	42	91.9068	14.84	95.94	6.40×10^{22}	10.2
		93.9051	9.25			
		94.9058	15.92			
		95.9047	16.68			

续表

元素	原子序数 (Z)	同位素质量/amu	相对丰度	原子质量/amu	原子密度/(atoms/cm^3)	质量密度/(g/cm^3)
		96.9060	9.55			
		97.9054	24.13			
		99.9075	9.63			
Tc	43	98	100			11.5
Ru	44	95.9076	5.52	101.07	7.27×10^{22}	12.2
		97.9053	1.88			
		98.5059	12.7			
		99.9042	12.6			
		100.9056	17.0			
		101.9043	31.6			
		103.9054	18.7			
Rh	45	102.9055	100	102.9055	7.26×10^{22}	12.4
Pd	46	101.9056	1.02	106.42	6.79×10^{22}	12.0
		103.9040	11.14			
		104.9051	22.33			
		105.9035	27.33			
		107.9039	26.46			
		109.9052	11.72			
Ag	47	106.9051	51.84	107.8682	5.86×10^{22}	10.5
		108.9048	48.16			
Cd	48	105.9065	1.25	112.411	4.63×10^{22}	8.65
		107.9042	0.89			
		109.9030	12.49			
		110.9042	12.80			
		111.9028	24.13			
		112.9044	12.22			
		113.9034	28.73			
		115.9048	7.49			
In	49	112.9041	4.3	114.82	3.83×10^{22}	7.31
		114.9039	95.7			
Sn	50	111.9048	1	118.69	3.70×10^{22}	7.30
		113.9028	0.7			
		114.9033	0.4			
		115.9017	14.7			
		116.9030	7.7			
		117.6016	24.3			
		118.9033	8.6			
		119.9022	32.4			
		121.9034	4.6			
		123.9053	5.6			
Sb	51	120.9038	57.3	121.75	3.30×10^{22}	6.68

续表

元素	原子序数 (Z)	同位素质量/amu	相对丰度	原子质量/amu	原子密度/(atoms/cm^3)	质量密度/(g/cm^3)
		122.9042	42.7			
Te	52	119.9041	0.096	127.6	2.94×10^{22}	6.24
		121.9031	2.6			
		122.9043	0.908			
		123.9028	4.816			
		124.9044	7.14			
		125.9033	18.95			
		127.9045	31.69			
		129.9062	33.8			
I	53	126.9045	100	126.90447	2.33×10^{22}	4.92
Xe	54	123.9061	0.10	131.29	2.70×10^{22}	5.89
		125.9043	0.09			
		127.9035	1.91			
		128.9048	26.40			
		129.9035	4.10			
		130.9051	21.20			
		131.9041	26.90			
		133.9054	10.40			
		135.9072	8.90			
Cs	55	132.9054	100	132.90543	8.47×10^{21}	1.87
Ba	56	129.9063	0.106	137.327	1.53×10^{22}	3.5
		131.9050	0.101			
		133.9045	2.417			
		134.9057	6.592			
		135.9046	7.854			
		136.9058	11.230			
		137.9052	71.700			
La	57	137.9071	0.09	138.9055	2.90×10^{22}	6.7
		138.9063	99.91			
Ce	58	135.9071	0.19	140.115	2.91×10^{22}	6.78
		137.9060	0.25			
		139.9054	88.48			
		141.9092	11.08			
Pr	59	140.9077	100	140.90765	2.89×10^{22}	6.77
Nd	60	141.9077	27.13	144.24	2.92×10^{22}	7.00
		142.9098	12.18			
		143.9101	23.80			
		144.9126	8.30			
		145.9131	17.19			
		147.9169	5.76			
		149.9209	5.64			

续表

元素	原子序数 (Z)	同位素质量/amu	相对丰度	原子质量/amu	原子密度/(atoms/cm^3)	质量密度/(g/cm^3)
Pm	61	145	100	(145)	2.69×10^{22}	6.475
Sm	62	143.9120	3.1	150.36	3.02×10^{22}	7.54
		146.9149	15.0			
		147.9148	11.3			
		148.9172	13.8			
		149.9173	7.4			
		151.9197	26.7			
		153.9222	22.7			
Eu	63	150.9198	47.8	151.965	2.08×10^{22}	5.26
		152.9212	52.2			
Gd	64	151.9198	0.2	157.25	3.02×10^{22}	7.89
		153.9209	2.18			
		154.9226	14.8			
		155.9221	20.47			
		156.9240	15.65			
		157.9241	24.84			
		159.9271	21.86			
Tb	65	158.9253	100	158.92534	3.13×10^{22}	8.27
Dy	66	155.9243	0.06	162.5	3.16×10^{22}	8.54
		157.9244	0.1			
		159.9252	2.34			
		160.9269	18.9			
		161.9268	25.5			
		162.9287	24.9			
		163.9292	28.2			
Ho	67	164.9303	100	164.930	3.21×10^{22}	8.80
Er	68	161.9288	0.14	167.26	3.26×10^{22}	9.05
		163.9292	1.61			
		165.9303	33.6			
		166.9320	22.95			
		167.9324	26.8			
		169.9355	14.9			
Tm	69	168.9342	100	168.93421	3.33×10^{22}	9.33
Yb	70	167.9339	0.13	173.04	2.43×10^{22}	6.98
		169.9348	3.05			
		170.9363	14.30			
		171.9364	21.90			
		172.9382	16.12			
		173.9389	31.80			
		175.9426	12.70			
Lu	71	174.9408	97.4	174.967	3.39×10^{22}	9.84

续表

元素	原子序数 (Z)	同位素质量/amu	相对丰度	原子质量/amu	原子密度/(atoms/cm^3)	质量密度/(g/cm^3)
		175.9427	2.6			
Hf	72	173.9400	0.16	178.49	4.42×10^{22}	13.1
		175.9414	5.20			
		176.9432	18.60			
		177.9437	27.10			
		178.9458	13.74			
		179.9465	35.20			
Ta	73	179.9475	0.012	180.9479	5.52×10^{22}	16.6
		180.9480	99.988			
W	74	179.9467	0.13	183.85	6.32×10^{22}	19.3
		181.9482	26.30			
		182.9502	14.30			
		183.9509	30.67			
		185.9544	28.60			
Re	75	184.9530	37.4	186.207	6.79×10^{22}	21.0
		186.9557	62.6			
Os	76	183.9525	0.02	190.2	7.09×10^{22}	22.4
		185.9538	1.58			
		186.9557	1.6			
		187.9558	13.3			
		188.9581	16.1			
		189.9584	26.4			
		191.9615	41.0			
Ir	77	190.9606	37.3	192.22	7.05×10^{22}	22.5
		192.9629	62.7			
Pt	78	189.9599	0.01	195.09	6.61×10^{22}	21.4
		191.9610	0.79			
		193.9627	32.9			
		194.9650	33.8			
		195.9650	25.3			
		197.9679	7.2			
Au	79	196.9666	100	196.96654	5.90×10^{22}	19.3
Hg	80	195.9658	0.15	200.59	4.06×10^{22}	13.53
		197.9668	10.1			
		198.9683	17			
		199.9683	23.1			
		200.9703	13.2			
		201.9706	29.65			
		203.9735	6.8			
Tl	81	202.9723	29.524	204.37	3.49×10^{22}	11.85
		204.9744	70.476			

续表

元素	原子序数 (Z)	同位素质量/amu	相对丰度	原子质量/amu	原子密度/(atoms/cm^3)	质量密度/(g/cm^3)
Pb	82	203.9730	1.4	207.2	3.31×10^{22}	11.4
		205.9745	24.1			
		206.9759	22.1			
		207.9767	52.4			
Bi	83	208.9804	100	208.98037	2.82×10^{22}	9.8
Po	84	208.9824	100	(209)	2.71×10^{22}	9.4
At	85	210	100	(210)		
Rn	86	222.0176	100	(222)	2.69×10^{22}	9.91
Fr	87	223	100	(223)		
Ra	88	226.0254	100	226.0254	1.33×10^{22}	5
Ac	89	227	100	227.0278	2.67×10^{22}	10.07
Th	90	232.0381	100	232.0381	3.04×10^{22}	11.7
Pa	91	231.0359	100	231.0359	4.01×10^{22}	15.4
U	92	234.0410	0.0055	238.0289	4.78×10^{22}	18.9
		235.0439	0.7200			
		238.0400	99.2745			
Np	93	237.0482	100	237.0482	5.18×10^{22}	20.4
Pu	94	244.0642	100	(244)	4.89×10^{22}	19.8
Am	95	243.0614	100	(243)	3.37×10^{22}	13.6

注：括号中的数据表示原子质量的估计值. 表中数据引自 *Nuclides and Isotopes*, 14th edn, revised 1989 (General Electric Co., San Jose, California).

附录 C 态 密 度

C.1 电子的波动性

电子具有波动性, 其波长与动量 $m_{\mathrm{e}}v$ 成反比, 即

$$\lambda = \frac{h}{m_{\mathrm{e}}v}, \tag{C.1}$$

其中, $h = 6.626 \times 10^{-34}\mathrm{J\cdot s}$ 为普朗克常量. 动能为 0.026 eV、速度为 10^7 cm/s 的自由电子的波长为

$$\lambda = \frac{h}{m_{\mathrm{e}}v} = \frac{6.626 \times 10^{-34}}{9.1 \times 10^{-31} \times 10^5}\ \mathrm{m} = 7.3 \times 10^{-9}\ \mathrm{m} = 7.3\ \mathrm{nm}.$$

这个值相当于晶格间距的许多倍. 光或光子 (能量为 $E = h\nu$) 的波长为

$$\lambda = \frac{hc}{E}, \tag{C.2}$$

其中, $c = 2.998 \times 10^8$ m/s 为光速. 波长为 7.3×10^{-9} m(为了与电子对比) 的光子的能量为

$$E = \frac{hc}{\lambda} = \frac{6.626 \times 10^{-34} \times 2.998 \times 10^8}{7.3 \times 10^{-9}}\mathrm{J} = 2.7 \times 10^{-17}\mathrm{J} = 170\ \mathrm{eV},$$

其中, 1 eV $= 1.602 \times 10^{-19}$ J. 由此可知, 光子的能量比相同波长电子的能量大几个数量级. 能量为 1 eV 的光子的波长为 1.24 μm.

在讨论波动性时, 通常使用波矢 $\boldsymbol{k}$, 在一维时通常使用波数 k, 其中,

$$k = \frac{2\pi}{\lambda}. \tag{C.3}$$

波长为 7.3×10^{-9} m 的电子的波数为

$$k = \frac{2\pi}{\lambda} = \frac{2\pi}{7.3 \times 10^{-9}}\ \mathrm{m}^{-1} = 8.6 \times 10^8\ \mathrm{m}^{-1} = 8.6 \times 10^6\ \mathrm{cm}^{-1}.$$

我们可以引入一般性描述, 即任何粒子都具有波动性, 其波矢 $\boldsymbol{k}$ 平行于其动量 $\boldsymbol{p}$, 使得

$$p = \hbar k, \tag{C.4}$$

其中, $\hbar = h/(2\pi)$. 根据经典力学, 有 $E = m_e v^2/2 = p^2/(2m_e)$, 因此可以将自由电子的能量表示为

$$E = \frac{\hbar^2 k^2}{2m_e}. \tag{C.5}$$

能量与波数之间的关系如图 C.1 所示, 即 E-k 图. 自由电子可以占据 E-k 图中连续曲线上的任意点. 对于那些熟悉量子力学的人来说, 式 (C.5) 就是 $V = 0$ 时, 含时薛定谔 (Schrödinger) 方程的解.

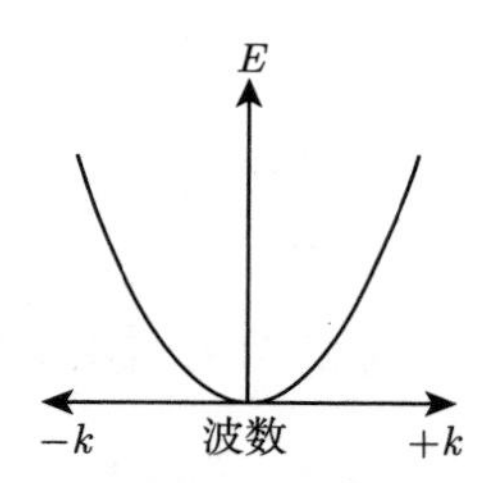

图 C.1　自由电子的能量随波数的变化 (E-k 图)

C.2　盒子里的驻波和电子

当电子被限制在一定范围内运动时, 只有某些 E 和 k 值是允许的. E-k 图中的连续曲线将由一系列点代替, 每个点对应于特定的 E 和相应的 k 值. 这是因为根据薛定谔方程, 此时电子能量的解是量子化的.

对于限制在长度为 L 的区域中的电子, 其能量可以写作

$$E_n = \frac{\hbar^2 k_n^2}{2m_e} = \frac{h^2 n^2}{8m_e L^2}, \tag{C.6}$$

其中, $n = 1, 2, 3, \cdots$, 电子能量解的量子化导致 E-k 图由一系列离散的、允许的 E 值组成, 如图 C.2 所示. 图中夸大了能量尺度, 事实上能量之间的差值是非常小

的. 允许的能量值是 $h^2/(8m_\mathrm{e}L^2)$ 的整数倍. 当 $L=10^{-2}$ m, $n=1$ 时,

$$E_1=\frac{(6.626\times10^{-34})^2}{8\times9.1\times10^{-31}\times10^{-4}}\ \mathrm{J}=6.03\times10^{-34}\ \mathrm{J}=3.77\times10^{-15}\ \mathrm{eV}.$$

即使在电子能量接近 $k_\mathrm{B}T=0.025$ eV 时, n 的值也超过了 2×10^6. 正是因为有这些高的能态, 我们才能在描述电流和晶体管行为时将电子视为粒子.

在三维情形中, 限制在边长为 L 的立方体中的电子能量可以写作

$$E=\frac{\hbar^2}{2m_\mathrm{e}}\left(k_x^2+k_y^2+k_z^2\right)=\frac{h^2}{8m_\mathrm{e}L^2}\left(n_x^2+n_y^2+n_z^2\right), \tag{C.7}$$

其中, n_x, n_y 和 n_z 是整数.

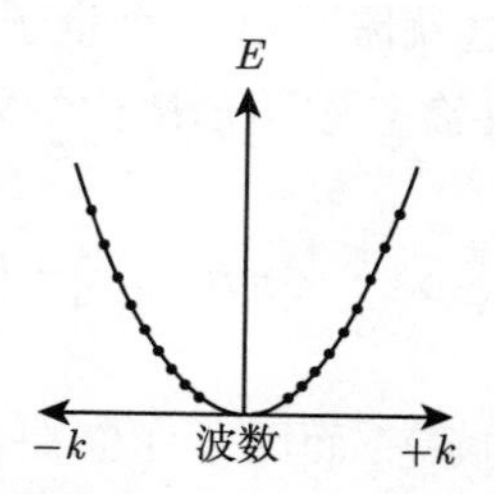

图 C.2 限制在长度为 L 的区域中的电子的 E-k 图, 其中, 点代表允许的值

C.3 态 密 度

对于限制在边长为 L 的立方体中的电子, 其能量可以写作

$$E=E_1\left(n_x^2+n_y^2+n_z^2\right), \tag{C.8}$$

其中, $E_1=h^2/(8m_\mathrm{e}L^2)$. 每组 n_x, n_y 和 n_z 值都对应一个能级. 我们现在构造一个由 n_x, n_y 和 n_z 轴构成的 n 空间 (见图 C.3). 图中仅显示了 1/8 球, 因为 n_x, n_y 和 n_z 均为正整数, 所以在此空间中, 每个整数组都代表一个态, 任意体积中态的数量就等于该体积的大小. 限制在其中的电子的能量为

$$E=R^2E_1, \tag{C.9}$$

其中, $R^2=n_x^2+n_y^2+n_z^2$.

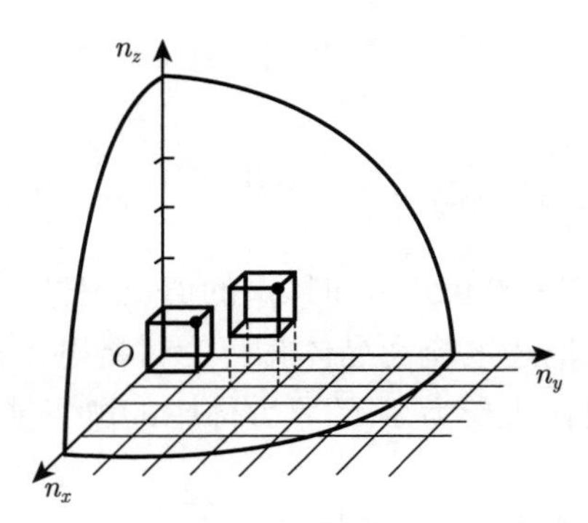

图 C.3 限制在边长为 L 的立方体中的电子的能量 $E=E_1\left(n_x^2+n_y^2+n_z^2\right)$

为了得到可能占据这些态的电子的数量, 我们必须从量子力学中引入另一个概念: 电子具有 2 个自旋态 (这就需要第 4 个量子数来描述电子所占据的态), 因此每个 n 空间的态对应 2 个自旋态. 半径 R 内的状态数 N 为

$$N=2\times\frac{1}{8}\times\frac{1}{3}\times\pi R^3=\frac{1}{3}\pi\left(\frac{E}{E_1}\right)^{3/2}, \tag{C.10}$$

其中, 因子 2 是由于有 2 个自旋态, 而因子 1/8 是因为图中为 1/8 球.

为了确定能量 E—$E+\mathrm{d}E$ 之间有多少个态, 我们对式 (C.10) 取微分, 可得

$$\mathrm{d}N=\frac{\pi}{2}E_1^{-3/2}E^{1/2}\mathrm{d}E=\frac{\pi}{2}\left(\frac{8m_\mathrm{e}L^2}{h^2}\right)^{3/2}E^{1/2}\mathrm{d}E. \tag{C.11}$$

由于单位体积内的态密度 $n(E)=V^{-1}\mathrm{d}N/\mathrm{d}E$, 因此可得

$$n(E)=\frac{\pi}{2}\left(\frac{8m_\mathrm{e}}{h^2}\right)^{3/2}E^{1/2}=CE^{1/2}, \tag{C.12}$$

其中, 体积 $V=L^3$, $C=4\pi\left(2m_\mathrm{e}/h^2\right)^{3/2}$.

式 (C.12) 就是在第 2 章中给出的态密度方程 (2.20).

推 荐 阅 读

Electronic Materials Science: For Integrated Circuits in Si and GaAs, J.W. Mayer and S. S. Lau (Macmillan Publishing Company, New York, 1990).

附录 D　TF 方程的推导

我们在 2.8 节中建立了电荷密度 $-e\rho$、静电势 $-V(r)/e$ 和泊松方程之间的关系, 得到了式 (2.24):

$$\nabla^2 V = \frac{1}{r^2}\frac{\mathrm{d}}{\mathrm{d}r}\left(r^2\frac{\mathrm{d}V}{\mathrm{d}r}\right) = \frac{-4e^2\left[-2m_\mathrm{e}V(r)\right]^{3/2}}{3\pi\hbar^3}. \tag{D.1}$$

边界条件满足式 (2.25):

$$V(r) = -\frac{Ze^2}{r}\chi(x), \tag{D.2}$$

以及式 (2.26):

$$r = a_\mathrm{TF}x, \tag{D.3}$$

其中,

$$a_\mathrm{TF} = \frac{1}{2}\left(\frac{3\pi}{4}\right)^{2/3}\frac{\hbar^2}{m_\mathrm{e}e^2Z^{1/3}} = \frac{0.885\,a_0}{Z^{1/3}}. \tag{D.4}$$

由上述式子可以得到无量纲的 TF 方程, 如式 (2.28) 所示.

首先将式 (D.1) 改写为

$$\begin{aligned}\nabla^2 V &= \frac{1}{r^2}\frac{\mathrm{d}}{\mathrm{d}r}\left(r^2\frac{\mathrm{d}V}{\mathrm{d}r}\right) = \frac{\mathrm{d}^2V}{\mathrm{d}r^2} + \frac{2}{r}\frac{\mathrm{d}V}{\mathrm{d}r}\\ &= \frac{-4e^2\left[-2m_\mathrm{e}\,V(r)\right]^{3/2}}{3\pi\hbar^3},\end{aligned} \tag{D.5}$$

对 $V(r)$ 取一阶导数可得

$$\frac{2}{r}\frac{\mathrm{d}V}{\mathrm{d}r} = Ze^2\left(\frac{2\chi}{r^3} - \frac{2}{r^2}\frac{\mathrm{d}\chi}{\mathrm{d}r}\right), \tag{D.6}$$

对 $V(r)$ 取二阶导数可得

$$\begin{aligned}\frac{\mathrm{d}^2V}{\mathrm{d}r^2} &= Ze^2\frac{\mathrm{d}}{\mathrm{d}r}\left(\frac{\chi}{r^2}-\frac{\mathrm{d}\chi}{r\,\mathrm{d}r}\right)\\ &= Ze^2\left(\frac{2}{r^2}\frac{\mathrm{d}\chi}{\mathrm{d}r}-\frac{1}{r}\frac{\mathrm{d}^2\chi}{\mathrm{d}r^2}-\frac{2}{r^3}\chi\right).\end{aligned} \tag{D.7}$$

将式 (D.6) 和式 (D.7) 相加可得

$$\frac{\mathrm{d}^2V}{\mathrm{d}r^2}+\frac{2}{r}\frac{\mathrm{d}V}{\mathrm{d}r}=-\frac{Ze^2}{r}\frac{\mathrm{d}^2\chi}{\mathrm{d}r^2}=\frac{-4e^2[-2m_\mathrm{e}V(r)]^{3/2}}{3\pi\hbar^3}. \tag{D.8}$$

由式 (D.2) 可得

$$\frac{\mathrm{d}\chi}{\mathrm{d}r}\frac{\mathrm{d}r}{\mathrm{d}x}=\frac{\mathrm{d}\chi}{\mathrm{d}x}=a_\mathrm{TF}\frac{\mathrm{d}\chi}{\mathrm{d}r}, \tag{D.9}$$

$$\frac{\mathrm{d}\chi}{\mathrm{d}r}=\frac{1}{a_\mathrm{TF}}\frac{\mathrm{d}\chi}{\mathrm{d}x}, \tag{D.10}$$

$$\frac{\mathrm{d}^2\chi}{\mathrm{d}r^2}=\frac{1}{a_\mathrm{TF}^2}\frac{\mathrm{d}^2\chi}{\mathrm{d}x^2}, \tag{D.11}$$

将式 (D.2)、式 (D.3) 和式 (D.10) 代入式 (D.8), 可得

$$\frac{Ze^2}{r}\ \frac{\mathrm{d}^2\chi}{\mathrm{d}r^2}\ =\ \frac{Ze^2}{x\,a_\mathrm{TF}}\ \frac{\mathrm{d}^2\chi}{a_\mathrm{TF}^2\,\mathrm{d}x^2}\ =\ \frac{4e^2\left(\dfrac{2\,m_\mathrm{e}\,Z\,e^2}{x\,a_\mathrm{TF}}\chi\right)^{3/2}}{3\,\pi\,\hbar^3}, \tag{D.12}$$

由此可得

$$\frac{\mathrm{d}^2\chi}{\mathrm{d}x^2}=\frac{(2m_\mathrm{e}a_\mathrm{TF})^{3/2}4e^3Z^{1/2}}{3\pi\hbar^3}\frac{\chi^{3/2}}{x^{1/2}}. \tag{D.13}$$

由式 (D.4) 可得

$$a_\mathrm{TF}^{3/2}=\frac{3\pi\hbar^3}{4(2m_\mathrm{e})^{3/2}e^3Z^{1/2}}. \tag{D.14}$$

再由式 (D.12) 可得

$$\frac{\mathrm{d}^2\chi}{\mathrm{d}x^2}=\frac{\chi^{3/2}}{x^{1/2}}, \tag{D.15}$$

此即式 (2.28) 所示的 TF 方程.

附录 E　质心系和实验室系下的散射角

根据守恒定律可知, 质心系下的 θ_c 和 ϕ_c 可以取任意值, 但是实验室系下的 θ 和 ϕ 并非如此. θ 可取的值可以通过图 3.3 和图 E.1 中重建的速度矢量图来确定.

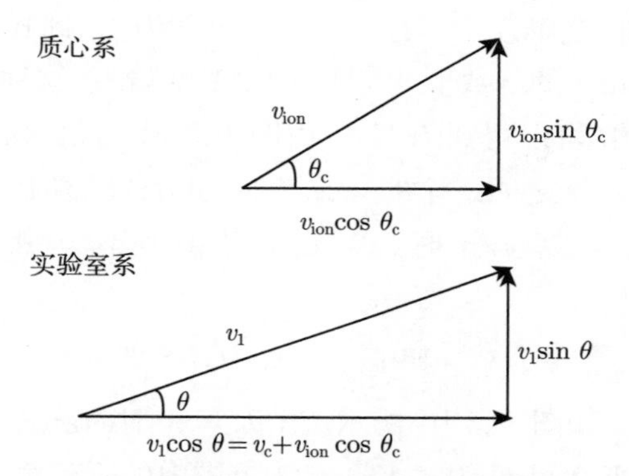

图 E.1　质心系和实验室系下的速度矢量图

在实验室系下, 有

$$\tan\theta = \frac{\sin\theta}{\cos\theta} = \frac{v_1\sin\theta}{v_1\cos\theta}. \tag{E.1}$$

由图 3.3 和图 E.1 可知, 速度的 y 分量在质心系和实验室系下是相同的, 即 $v_1\sin\theta = v_{ion}\sin\theta_c$. 而且, 实验室系下的速度 v_1 的 x 分量由 v_{ion} 的投影 $v_{ion}\cos\theta_c$ 和质心速度 v_c 组成. 因此

$$v_1\cos\theta = v_c + v_{ion}\cos\theta_c,$$

将之代入式 (E.1), 可得

$$\tan\theta = \frac{v_{ion}\sin\theta_c}{v_c + v_{ion}\cos\theta_c} = \frac{\sin\theta_c}{\dfrac{v_c}{v_{ion}} + \cos\theta_c}. \tag{E.2}$$

由式 (3.12) 和式 (3.13) 可得

$$\frac{v_{\text{ion}}}{v_{\text{c}}} = \frac{M_2}{M_1}.$$

结合式 (E.2) 可得

$$\tan\theta = \frac{\sin\theta_{\text{c}}}{\dfrac{M_1}{M_2} + \cos\theta_{\text{c}}}. \tag{E.3}$$

从式 (E.3) 中, 我们可以得到实验室系下的 θ 与 M_1/M_2 之间的函数关系. θ 的最大值可以通过求导, 或者画图的方式确定.

由式 (E.3) 可知, 当 $M_1 > M_2$ 时, 分母永不为 0, 即式 (E.3) 左边的 $\tan\theta$ 不会为无穷大. 由 $\tan\theta$ 的函数形式 (见图 E.2) 可知, 在这种情况下, θ 一定小于 $\pi/2$. 将式 (E.3) 画图, 可以得到图 E.3. 由图 E.3(a) 可得, $\tan\theta$ 的最大值出现在 $\theta_{\text{c}} = \theta_0$ 处, 介于 $\pi/2$—π 之间. 当 $\theta_{\text{c}} = \pi/2$ 时, 式 (E.3) 给出 $\tan\theta = M_2/M_1$, 即 $\theta = \tan^{-1}(M_2/M_1)$. 当 $\theta_{\text{c}} = \pi$ 时, 式 (E.3) 给出 $\tan\theta = 0$, 即 $\theta = 0$. 因此, 当 $M_1 > M_2$ 时,

$$0 \leqslant \theta \leqslant \tan^{-1}(M_2/M_1) < \pi/2.$$

当 $M_1 = M_2$ 时, 如图 E.3(b) 所示, 当 $\theta_{\text{c}} = \pi$ 时, $\tan\theta$ 为无穷大; 当 $\theta_{\text{c}} = 0$ 时, $\tan\theta = 0$. 由图 E.2 可知, $0 \leqslant \theta \leqslant \pi/2$ 范围内的所有角度都是式 (E.3) 的可能解, 因此

$$0 \leqslant \theta \leqslant \pi/2.$$

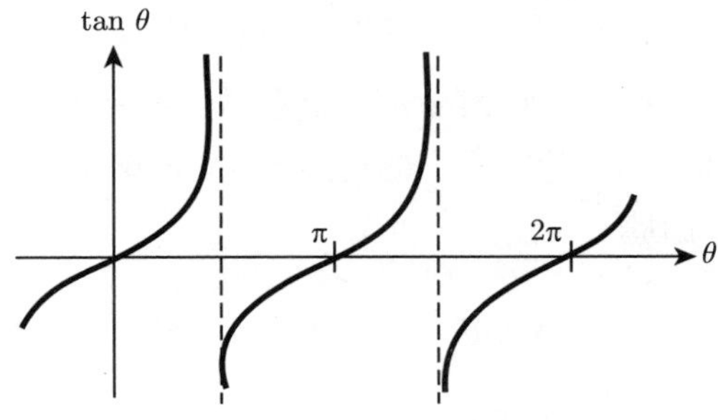

图 E.2　$\tan\theta$ 的函数形式

当 $M_1 < M_2$ 时, 如图 E.3(c) 所示, 当 $\theta_{\text{c}} = 0$ 或 π 时, $\tan\theta$ 为 0; 当 $\theta_{\text{c}} = \theta_0$ 时, $\tan\theta$ 为无穷大. 当 $\theta_{\text{c}} = 0$ 或 π 时, 式 (E.3) 给出 $\tan\theta = 0$, 因此 θ 的极限是

0 和 θ_0. $\tan\theta$ 为无穷大的条件指出 $\theta = \pi/2$ 也在取值范围内, 因此

$$0 \leqslant \theta \leqslant \pi.$$

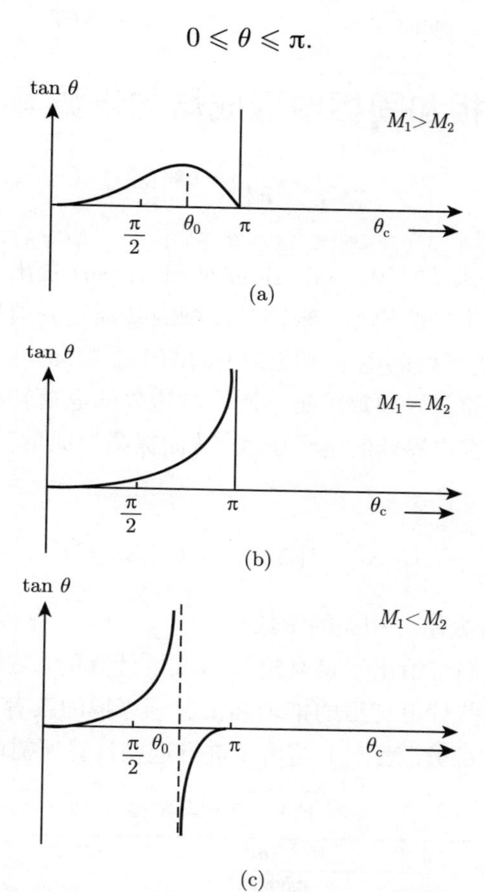

图 E.3　式 (E.3) 的图示, (a) 当 $M_1 > M_2$ 时, $\tan\ \theta$ 不会为无穷大, 因此 $0 \leqslant \theta \leqslant \tan^{-1}(M_2/M_1) < \pi/2$. (b) 当 $M_1 = M_2$ 时, 若 $\theta_c = \pi$, 则 $\tan\theta$ 为无穷大, 因此 $0 \leqslant \theta \leqslant \pi/2$ 范围内的所有角度都是式 (E.3) 的可能解. (c) 当 $M_1 < M_2$ 时, 若 $\theta_c = \theta_0$, 则 $\tan\theta$ 为无穷大, 因此 $0 \leqslant \theta \leqslant \pi$ 范围内的所有角度都是式 (E.3) 的可能解

推荐阅读

Mechanics, 2nd edn, Berkeley Physics Course, Vol. 4, C. Kittel, W. D. Knight, and M. A. Ruderman (McGraw-Hill, New York, 1973).

附录 F　液相和固相中形成焓的米德马半经验模型

F.1　引　　言

如第 10 章所述, 米德马等人 (de Boer et al., 1989) 提出了一个用来预测二元合金体系中形成焓的半经验模型. 米德马模型的基础是分别与二元合金的化学势和威格纳–塞茨原胞边界处的电子密度相关的两个参数 ϕ^* 和 n_{ws}. 原胞模型中二元合金组分之间 ϕ^* 的差异导致跨越不同原胞边界的电荷转移, 从而降低形成焓. n_{ws} 的差异对应于原胞边界处的电子密度, 从而提高形成焓. 式 (10.34) 给出了二元合金的形成焓, 即

$$\Delta H_{\mathrm{f}} \propto -P\left(\Delta\phi^*\right)^2 + Q\left(\Delta n_{\mathrm{ws}}^{1/3}\right)^2, \tag{F.1}$$

其中, P 和 Q 是与合金组分相关的常数.

在本附录中, 我们将给出米德马进行形成焓计算的方法, 但不对其中的物理知识进行解释. 对这些计算背后的推理和发展感兴趣的读者可参考本附录末尾的参考文献和推荐阅读部分. 表 F.1 给出了进行这些计算所需的米德马常数.

表 F.1　米德马常数

元素	ϕ^*/V	$n_{\mathrm{ws}}^{1/3}/\mathrm{d.u.}^{1/3}$	$\Omega^{2/3}/\mathrm{cm}^2$	a_{vc}	$(R/P)/\mathrm{V}^2$	$\Delta H_{\mathrm{trans}}/(\mathrm{kJ/mol})$
Sc	3.25	1.27	6.09	0.07	0.7	0
Ti	3.8	1.52	4.82	0.04	1	0
V	4.25	1.64	4.12	0.04	1	0
Cr	4.65	1.73	3.74	0.04	1	0
Mn	4.45	1.61	3.78	0.04	1	0
Fe	4.93	1.77	3.69	0.04	1	0
Co	5.1	1.75	3.55	0.04	1	0
Ni	5.2	1.75	3.52	0.04	1	0
Y	3.2	1.21	7.34	0.07	0.7	0
Zr	3.45	1.41	5.81	0.04	1	0
Nb	4.05	1.64	4.89	0.04	1	0
Mo	4.65	1.77	4.45	0.04	1	0
Tc	5.3	1.81	4.21	0.04	1	0

续表

元素	ϕ^*/V	$n_{\mathrm{ws}}^{1/3}$/d.u.$^{1/3}$	$\Omega^{2/3}$/cm^2	a_{vc}	(R/P)/V^2	$\Delta H_{\mathrm{trans}}$/(kJ/mol)
Ru	5.4	1.83	4.06	0.04	1	0
Rh	5.4	1.76	4.1	0.04	1	0
Pd	5.45	1.67	4.29	0.04	1	0
La	3.17	1.18	7.98	0.07	0.7	0
Ce	3.18	1.19	7.76	0.07	0.7	0
Pr	3.19	1.2	7.56	0.07	0.7	0
Nd	3.19	1.2	7.51	0.07	0.7	0
Pm	3.19	1.21	7.63	0.07	0.7	0
Sm	3.2	1.21	7.37	0.07	0.7	0
Eu2	2.5	0.88	9.43	0.1	0.4	0
Eu3	3.2	1.21	7.36	0.07	0.7	96
Gd	3.2	1.21	7.34	0.07	0.7	0
Tb	3.21	1.22	7.2	0.07	0.7	0
Dy	3.21	1.22	7.12	0.07	0.7	0
Ho	3.22	1.22	7.06	0.07	0.7	0
Er	3.22	1.23	6.98	0.07	0.7	0
Tm	3.22	1.23	6.9	0.07	0.7	0
Yb2	2.58	0.92	8.52	0.1	0.4	0
Yb3	3.22	1.23	6.86	0.07	0.7	41
Lu	3.22	1.24	6.81	0.07	0.7	0
Hf	3.6	1.45	5.65	0.04	1	0
Ta	4.05	1.63	4.89	0.04	1	0
W	4.8	1.81	4.5	0.04	1	0
Re	5.2	1.85	4.28	0.04	1	0
Os	5.4	1.85	4.15	0.04	1	0
Ir	5.55	1.83	4.17	0.04	1	0
Pt	5.65	1.78	4.36	0.04	1	0
Th	3.3	1.28	7.32	0.04	0.7	0
U	3.9	1.51	5.57	0.04	1	0
Pu	3.8	1.44	5.26	0.04	1	0
Cu	4.45	1.47	3.7	0.07	0.3	0
Ag	4.35	1.36	4.72	0.07	0.15	0
Au	5.15	1.57	4.7	0.07	0.3	0
H	5.2	1.5	1.42	0.14	3.9	100
Li	2.85	0.98	5.53	0.14	0	0
Na	2.7	0.82	8.27	0.14	0	0
K	2.25	0.65	12.77	0.14	0	0
Rb	2.1	0.6	14.65	0.14	0	0
Cs	1.95	0.55	16.86	0.16	0	0
Be	4.2	1.6	2.88	0.1	0.4	0
Mg	3.45	1.17	5.81	0.1	0.4	0

续表

元素	ϕ^*/V	$n_{ws}^{1/3}$/d.u.$^{1/3}$	$\Omega^{2/3}$/cm^2	a_{vc}	(R/P)/V^2	ΔH_{trans}/(kJ/mol)
Ca	2.55	0.91	8.82	0.1	0.4	0
Sr	2.4	0.84	10.48	0.1	0.4	0
Ba	2.32	0.81	11.32	0.1	0.5	0
Zn	4.1	1.32	4.38	0.1	1.4	0
Cd	4.05	1.24	5.53	0.1	1.4	0
Hg	4.2	1.24	5.83	0.1	1.4	0
B	5.4	1.75	2.8	0.07	1.9	30
Al	4.2	1.39	4.64	0.07	1.9	0
Ga	4.1	1.31	5.19	0.07	1.9	0
In	3.9	1.17	6.28	0.07	1.9	0
Tl	3.9	1.12	6.67	0.07	1.9	0
C	6.2	1.9	1.8	0.04	2.1	100
Si	4.7	1.5	4.2	0.04	2.1	34
Ge	4.55	1.37	4.6	0.04	2.1	25
Sn	4.15	1.24	6.43	0.04	2.1	0
Pb	4.1	1.15	6.94	0.04	2.1	0
N	7	1.6	2.2	0.04	2.3	238
P	5.55	1.65	4.15	0.04	2.3	1
As	4.8	1.44	5.2	0.04	2.3	0
Sb	4.4	1.26	6.6	0.04	2.3	0
Bi	4.15	1.16	7.2	0.04	2.3	0

注: n_{ws} 的单位是经验密度单位 d.u..

F.2　浓度相关的形成焓

由 A 和 B 原子组成的二元合金中与浓度相关的形成焓为

$$\Delta H_{\mathrm{f}} = x_A \Omega_A^{2/3} f_B^A \Delta H_{\mathrm{amp}}, \tag{F.2}$$

其中, x_A 和 x_B 是 A 和 B 原子的浓度 (且 $x_A + x_B$=1), Ω_A 是 A 原子的原子量, f_B^A 是 A 原子被近邻 B 原子包围的程度, ΔH_{amp} 是反映 A 和 B 原子之间化学相互作用大小的量. 式 (F.2) 中各项的解析形式分别为

$$f_B^A = 1 - c_A^{\mathrm{s}}, \quad \text{随机溶液 (液相或固相)}, \tag{F.3}$$

$$f_B^A = (1 - c_A^{\mathrm{s}})\{1 + 8[c_A^{\mathrm{s}}(1 - c_A^{\mathrm{s}})]^2\}, \quad \text{有序化合物}, \tag{F.4}$$

$$\Omega_A^{2/3}(\text{合金}) = \Omega_A^{2/3}[1 + a_{\mathrm{vc}} f_B^A(\phi_A^* - \phi_B^*)], \tag{F.5}$$

$$\Delta H_{\mathrm{amp}} = [-P(\Delta\phi^*)^2 + Q(\Delta n_{\mathrm{ws}}^{1/3})^2 - R^*]/[(n_{\mathrm{ws}}^A)^{-1/3}(n_{\mathrm{ws}}^B)^{-1/3}], \tag{F.6}$$

其中, c_A^{s} 是金属 A 的表面浓度, 可表示为

$$c_A^{\mathrm{s}} = x_A \Omega_A^{2/3} / \left[x_A \Omega_A^{2/3} + (1 + x_A)\Omega_B^{2/3}\right]. \tag{F.7}$$

式 (F.5) 中的常数 a_{vc} 可以由金属间化合物的体积收缩实验得到, 即

$$\begin{aligned} a_{\mathrm{vc}} &= 0.14, \quad \text{碱金属或一价金属}, \\ a_{\mathrm{vc}} &= 0.10, \quad \text{二价金属}, \\ a_{\mathrm{vc}} &= 0.07, \quad \text{贵金属和三价金属}, \\ a_{\mathrm{vc}} &= 0.04, \quad \text{其他金属}. \end{aligned} \tag{F.8}$$

分析式 (F.3)、式 (F.4)、式 (F.5) 和式 (F.7), 我们发现 f_B^A 与 $\Omega_A^{2/3}$ 相关, 且在式 (F.5) 中, 在计算 $\Omega_A^{2/3}$(合金) 时, 需要一个迭代过程, 多数情况下需要两步.

为了完成式 (F.2) 中给出的与浓度相关的形成焓的计算, 需要知道常数 P, Q 和 R 的值. 表 F.1 中给出了 R/P 的值, Q 和 R 的值取决于合金元素在元素周期表中的位置.

F.2.1 两种过渡金属的合金

根据米德马的理论分析过程可知, 过渡金属包括: Ti, V, Cr, Mn, Fe, Co, Ni, Cu, Y, Ru, Pd, Ag, W, Pt 和 Au. 这些金属在固相和液相时的 Q/P 值为

$$\frac{Q}{P} = 9.4\ \mathrm{V}^2/\mathrm{d.u.}^{2/3}, \tag{F.9}$$

其中, P 有 2 个值. 对于化合价大于 2 的两种金属的合金, 有

$$P = 14.2; \tag{F.10}$$

对于两种一价或二价金属的合金, 有

$$P = 10.7. \tag{F.11}$$

对于 $P = 14.2$ 和 $P = 10.7$ 之间的金属的合金, 建议取 $P = 12.35$ 的中间值.

F.2.2　两种非过渡金属的合金

非过渡金属包括: Li, Na, Cs, Be, Mg, Zn, Al, In, Si, Ge, Sn, Pb 和 Bi. 这些金属在固相和液相时的 Q/P 值与两种过渡金属的合金的情况相同, 即

$$\frac{Q}{P} = 9.4\ \mathrm{V}^2/\mathrm{d.u.}^{2/3}, \tag{F.12}$$

其中,

$$P = 10.7. \tag{F.13}$$

F.2.3　两种多价非过渡金属和气相元素的合金

这里讨论的元素包括: H, B, C, Si, Ge, N 和 P. 在考虑合金的形成时, 式 (F.2) 假设所有元素的初始状态都是金属. 如果一个非过渡元素的初始状态是半导体 (例如, Si 和 Ge) 而不是金属, 则式 (F.2) 需要被修正, 即需要加入从半导体转化为金属时所需的能量. 这种情况也适用于气相元素, 它们转化为假想的金属时所需的能量也必须包含在计算中. 修正后的米德马方程为

$$\Delta H_{\mathrm{f}} = x_A(\Omega_A^{2/3} f_B^A \Delta H_{\mathrm{amp}} + \Delta H_{\mathrm{trans}}), \tag{F.14}$$

其中, $\Delta H_{\mathrm{trans}}$ 的值在表 F.1 中给出. 这些元素在固相和液相时的 Q/P 值是常数, 即

$$\frac{Q}{P} = 9.4\ \mathrm{V}^2/\mathrm{d.u.}^{2/3}, \tag{F.15}$$

其中,

$$P = 10.7. \tag{F.16}$$

F.2.4　过渡金属与非过渡金属的合金

在这种合金条件下, 式 (F.6) 中需要额外的 R^* 项. 此外, 这种合金中液相和固相要分开讨论, 因为

$$R_{\mathrm{liquid}} = 0.73 R_{\mathrm{solid}}. \tag{F.17}$$

将过渡金属与非过渡金属的 R/P 值 (都可在表 F.1 中找到) 相乘之后再乘以式 (F.17) 中的固相或液相因子, 可以得到 R^*/P 值. 例如, 对于 Ti 和 N 的固相合金, $R^*/P = 1.0 \times 2.3 \times 1.0\ \mathrm{V}^2 = 2.3\ \mathrm{V}^2$; 对于 Au 和 Al 的液相合金, $R^*/P = 0.3 \times 1.9 \times 0.73\ \mathrm{V}^2 = 0.42\ \mathrm{V}^2$.

F.3 无限稀释溶液

对于 A 原子在 B 原子中的无限稀释溶液, A 原子完全被近邻的 B 原子包围, 其有序合金或液体的每摩尔 A 原子的形成焓为

$$\Delta H_{A\,\mathrm{in}\,B}^{\mathrm{sol}}=\frac{\Omega_A^{2/3}[-P(\Delta\phi^*)^2+Q(\Delta n_{\mathrm{ws}}^{1/3})^2-R^*]}{(n_{\mathrm{ws}}^A)^{-1/3}+(n_{\mathrm{ws}}^B)^{-1/3}}. \tag{F.18}$$

在金属 A 溶于金属 B 的无序固溶体中, 由于尺寸不匹配产生的焓 $\Delta H_{\langle A\,\mathrm{in}\,B\rangle}^{\mathrm{elastic}}$, 以及将一个原子放入与其标准结构不同的晶格结构中产生的焓 $\Delta H_{\langle A\,\mathrm{in}\,B\rangle}^{\mathrm{structure}}$, 都需要包含在计算中. 对于 A 原子在 B 原子中的无限稀释固溶体, 形成焓为

$$\Delta H_{\langle A\,\mathrm{in}\,B\rangle}^{\mathrm{sol}}=\Delta H_{A\,\mathrm{in}\,B}^{\mathrm{sol}}+\Delta H_{\langle A\,\mathrm{in}\,B\rangle}^{\mathrm{elastic}}+\Delta H_{\langle A\,\mathrm{in}\,B\rangle}^{\mathrm{structure}}, \tag{F.19}$$

其中, $\langle A\,\mathrm{in}\,B\rangle$ 表示固态, $\Delta H_{A\,\mathrm{in}\,B}^{\mathrm{sol}}$ 由式 (F.18) 给出. $\Delta H_{\langle A\,\mathrm{in}\,B\rangle}^{\mathrm{elastic}}$ 和 $\Delta H_{\langle A\,\mathrm{in}\,B\rangle}^{\mathrm{structure}}$ 分别在表 F.2 和表 F.3 中给出. 表 F.3 中的值以溶质和溶剂中每个原子的平均价电子数 $Z_{\mathrm{solute}A}$ 和 $Z_{\mathrm{solvent}B}$ 给出. 表 F.2 中给出的焓 $\Delta H_{\langle A\,\mathrm{in}\,B\rangle}^{\mathrm{elastic}}$, 以如下形式计算:

$$\Delta H_{\langle A\,\mathrm{in}\,B\rangle}^{\mathrm{elastic}}=\frac{2K_A\mu_B(W_B-W_A)^2}{3K_AW_B+4\mu_BW_A}, \tag{F.20}$$

其中, μ_B 是体系的剪切模量, K_A 是溶液中原子的体积模量. 形成合金时, 各原子的体积变化 W 的经验表达式为

$$W_B=\Omega_B+\alpha\frac{\phi_B^*-\phi_A^*}{n_{\mathrm{ws}}^B}, \tag{F.21}$$

$$W_A=\Omega_A+\alpha\frac{\phi_B^*-\phi_A^*}{n_{\mathrm{ws}}^B}, \tag{F.22}$$

其中,

$$\alpha=\frac{-3\Omega_A^{2/3}(\text{合金})}{4[(n_{\mathrm{ws}}^A)^{-1/3}+(n_{\mathrm{ws}}^B)^{-1/3}]}. \tag{F.23}$$

表 F.2 $\Delta H^{\text{elastic}}_{\langle A\,\text{in}\,B\rangle}$ 值 (单位为 kJ/mol)

A	*B*																							
	Sc	Ti	V	Cr	Mn	Fe	Co	Ni	Y	Zr	Nb	Mo	Tc	Ru	Rh	Pd	La	Hf	Ta	W	Re	Os	Ir	Pt
Sc		+26	+67	+99	+88	+109	+118	+121	+14	+1	+30	+65	+94	+105	+97	+78	+24	+4	+31	+69	+91	+103	+104	+91
Ti	+19		+12	+32	+26	+37	+45	+47	+59	+19	0	+7	+19	+26	+21	+11	+65	+14	0	+7	+17	+24	+23	+14
V	+41	+11		+4	+3	+6	+10	+11	+86	+54	+17	+3	0	+1	0	0	+84	+50	+17	+3	0	0	0	0
Cr	+62	+35	+6		0	0	+2	+2	+107	+103	+62	+29	+11	+4	+6	+15	+96	+102	+66	+35	+16	+8	+8	+18
Mn	+71	+35	+5	0		+1	+3	+4	+119	+109	+56	+21	+5	+1	+2	+8	+107	+104	+59	+23	+8	+3	+3	+8
Fe	+54	+32	+6	0	0		+1	+1	+95	+92	+58	+30	+13	+6	+8	+16	+87	+192	+61	+35	+18	+10	+11	+21
Co	+61	+42	+12	+2	+1	+1		0	+103	+108	+76	+43	+22	+13	+15	+24	+92	+109	+80	+51	+29	+19	+19	+30
Ni	+63	+45	+14	+2	+2	+1	0		+104	+113	+84	+50	+26	+16	+18	+27	+92	+115	+88	+60	+35	+23	+23	+36
Y	+15	+76	+131	+168	+155	+179	+190	+193		+27	+84	+131	+164	+177	+168	+147	+3	+35	+85	+135	+162	+175	+176	+162
Zr	+1	+18	+58	+91	+81	+100	+111	+113	+22		+20	+51	+77	+90	+81	+60	+32	0	+20	+53	+75	+87	+86	+70
Nb	+11	0	+12	+28	+24	+31	+37	+38	+44	+12		+5	+13	+19	+16	+7	+51	+9	0	+5	+12	+17	+16	+9
Mo	+19	+2	+6	+25	+24	+28	+39	+40	+56	+33	+7		+4	+9	+6	+1	+58	+31	+8	0	+2	+7	+5	0
Tc	+17	+4	+2	+16	+18	+17	+27	+29	+51	+39	+18	+4		+2	+1	0	+51	+40	+19	+6	0	0	0	+2
Ru	+22	+9	0	+9	+11	+10	+19	+20	+55	+49	+29	+11	+2		0	+3	+54	+51	+31	+16	+4	+1	+1	+7
Rh	+23	+9	0	+8	+10	+10	+18	+19	+59	+50	+27	+8	+1	0		+2	+57	+51	+28	+12	+3	0	0	+4
Pd	+16	+3	+1	+9	+10	+10	+16	+17	+49	+31	+11	+2	0	+2	+1		+51	+30	+11	+2	0	+1	+1	0
La	+20	+62	+94	+114	+107	+121	+127	+129	+2	+30	+66	+93	+113	+120	+115	+104		+35	+67	+96	+111	+118	+119	+112
Hf	+2	+16	+62	+103	+92	+113	+127	+130	+28	+1	+17	+53	+83	+99	+88	+61	+38		+18	+55	+81	+96	+94	+74
Ta	+14	0	+19	+44	+39	+50	+60	+62	+51	+16	0	+8	+22	+32	+26	+12	+56	+13		+8	+20	+29	+27	+15
W	+14	+1	+10	+34	+34	+37	+50	+51	+48	+27	+5	0	+5	+13	+9	+1	+50	+26	+5		+4	+9	+8	+1
Re	+14	+2	+4	+22	+24	+23	+35	+36	+46	+33	+13	+2	0	+4	+2	0	+47	+33	+14	+4		+1	+1	+1
Os	+17	+5	+2	+16	+19	+17	+28	+30	+49	+41	+22	+6	0	+1	0	+1	+49	+43	+23	+11	+2		0	+1
Ir	+14	+4	+2	+17	+21	+18	+30	+31	+45	+37	+20	+5	0	+1	0	+1	+46	+39	+21	+9	+1	0		+3
Pt	+7	+1	+5	+16	+18	+17	+24	+25	+32	+18	+6	0	+1	+3	+3	0	+36	+18	+6	+1	0	+2	+1	

表 F.3 $\Delta H_{\langle A\,\mathrm{in}\,B\rangle}^{\mathrm{structure}}$ 值 (单位为 kJ/mol)

$Z_{\mathrm{solvent}\,B}$	$Z_{\mathrm{solute}\,A}$							
	3	4	5	6	7	8	9	10
3		−1	+7	+5	−3	0	−2	−11
4 (hcp)	−1		+16	+32	+21	+32	+37	+36
4 (bcc)	+6	+5	+7	0	−14	−16	−23	−38
5	+34	+12		−4	−15	−14	−18	−30
6	−21	−17	−4		+9	+30	+46	+54
7	+70	+52	+43	+25		−3	−12	−28
8	+2	0	+8	+6	−3		−1	−8
9	−19	−17	−5	−3	−8	−1		0
10	−55	−47	−30	−22	−21	−8	0	

F.4 无定形固溶体

在非晶态合金中, 结构和弹性问题的贡献可以忽略. 在大多数焓的比较中, 我们希望在低于各个合金组分熔点的某些温度下, 比较非晶相与平衡结晶相的能量. 在进行这样的比较时, 必须选择标准状态来进行计算. 通常, 所选择的标准状态是在给定温度下元素的每种合金组分的晶格结构.

在估算无定形固溶体的形成焓时, 必须考虑将每种合金组分从其标准状态转变为假定的无定形状态所需的焓. 对于液体, 这种焓贡献等于熔化热 ΔH_{melt}, 对于元素 A 来说, 其熔化热可以由理查德定律估算 (Swalin, 1972), 即

$$\Delta H_{\mathrm{melt}}^{A} = 8.4T_{\mathrm{melt}}^{A}, \tag{F.24}$$

其中, T_{melt}^{A} 是元素 A 的熔点. 液态与无定形状态类似, 因为两者在结构上都是无序的. 然而, 非晶态合金处于固态并且存在一定程度的弛豫, 所以由结构无序引起的焓贡献将低于液态. 勒夫 (Loeff) 等人 (1988) 估算了元素 A 在无定形状态下的焓为

$$\Delta H_{\mathrm{amor}}^{A} \cong 3.5T_{\mathrm{melt}}^{A}. \tag{F.25}$$

可以使用下式估算无定形固溶体的焓:

$$\Delta H_{\mathrm{amor}}^{AB} = \Delta H_{\mathrm{f}} + x_A\Delta H_{\mathrm{amor}}^{A} + x_B\Delta H_{\mathrm{amor}}^{B}, \tag{F.26}$$

其中, ΔH_{f} 由式 (F.2) 计算得到, f_B^A 由式 (F.3) 计算得到.

参 考 文 献

de Boer, F. R., R. Boom, W. C. M. Mattens, A. R. Miedema, and A. K. Niessen (1989) *Cohesion in Metals* (North-Holland, Amsterdam).

Loeff, P. I. *et al.* (1988) Diagrams of Formation Enthalpies of Amorphous Alloys in Comparison with the Crystalline Solid Solution, in *Solid State Amorphizing Transformations*, eds. R. B. Schwarz and W. L. Johnson, Vol. 140 in *Journal of Less-Common Metals*, p. 299.

Swalin, R. A. (1972) *Thermodynamics of Solids* (Wiley-Interscience, New York).

推 荐 阅 读

Cohesion in Alloys-Fundamentals of a Semi-Empirical Model, A. R. Miedema, P. F. de Chatel, and F. R. de Boer, *Physica* **100B** (1980), 1.

Model prediction for the Enthalpy of Formation of Transition Metal Alloys II, A. K. Niessen, F. R. de Boer, R. Boom, P. F. de Chatel, W. C. M. Mattens, and A. R. Miedema, *CALPHAD* **7** (1983), 51.